# 수학 플러스

교과서 기본과 응용 문제를 한 번에 잡는 **교과서 기본+응용**

BOOK 1
본책

2-1

# 이 책의 구성과 특징

BOOK 1 본책

## 단원 도입

단원을 시작할 때 주어진 그림과 글을 읽으면,
공부할 내용에 대해 흥미를 갖게 됩니다.

## 교과서 개념 다지기

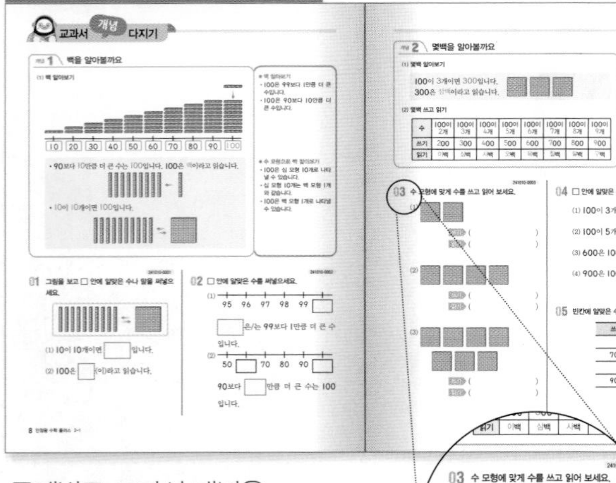

주제별로 교과서 개념을 공부하는 단계입니다. 다양한 예와 그림을 통해 핵심 개념을 쉽게 익힙니다.

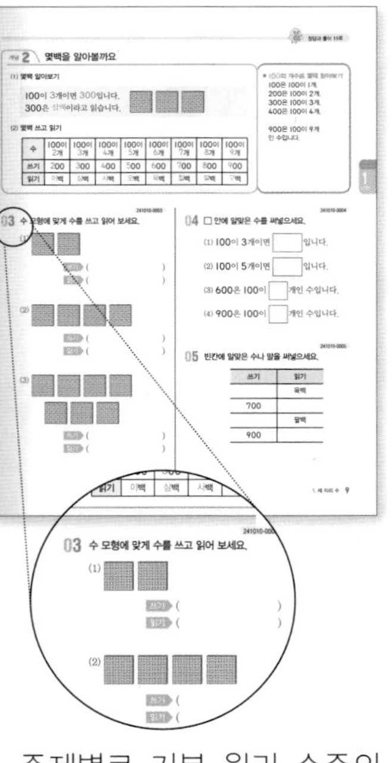

주제별로 기본 원리 수준의 쉬운 문제를 풀면서 개념을 확실히 이해합니다.

## 교과서 넘어 보기

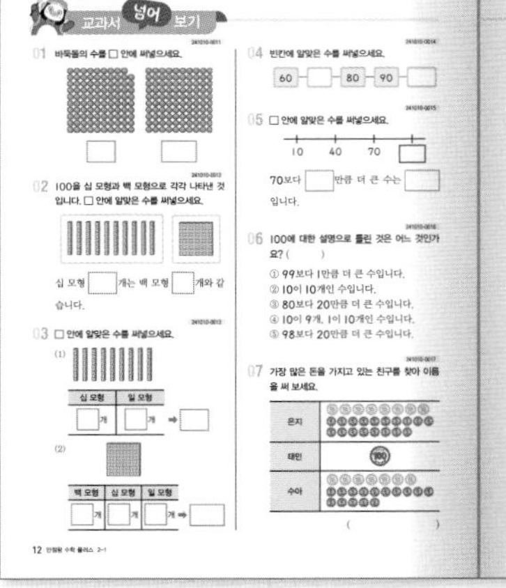

교과서와 익힘책의 기본+응용 문제를 풀면서 수학의 기본기를 다지고 문제해결력을 키웁니다.

**★교과서 속 응용 문제**

교과서와 익힘책 속 응용 수준의 문제를 유형별로 정리하여 풀어 봅니다.

## 응용력 높이기

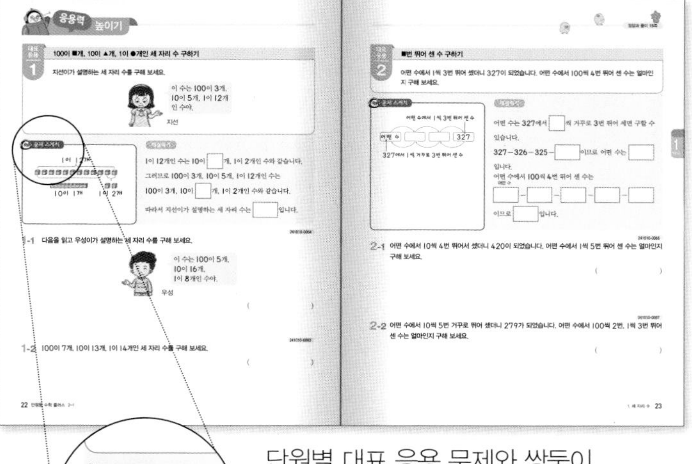

단원별 대표 응용 문제와 쌍둥이 문제를 풀어 보며 실력을 완성합니다.

**★문제 스케치**
문제를 이해하고 해결하기 위한 키포인트를 한눈에 확인할 수 있습니다.

## 단원 평가 LEVEL1, LEVEL2

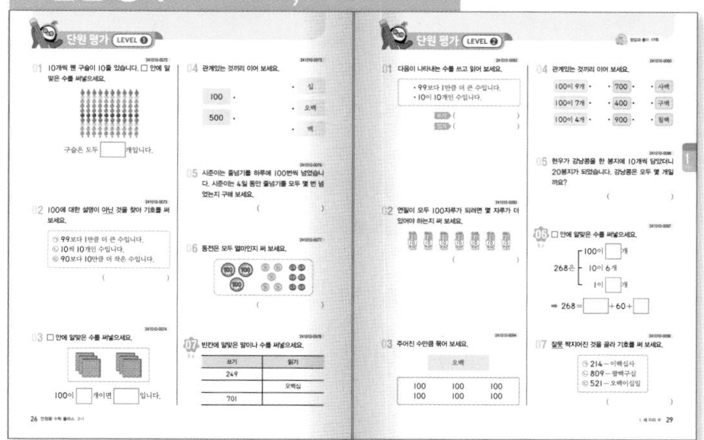

학교 단원 평가에 대비하여 단원에서 공부한 내용을 마무리하는 문제를 풀어 봅니다. 틀린 문제, 실수했던 문제는 반드시 개념을 다시 확인합니다.

# BOOK 2 복습책

## 기본 문제 복습

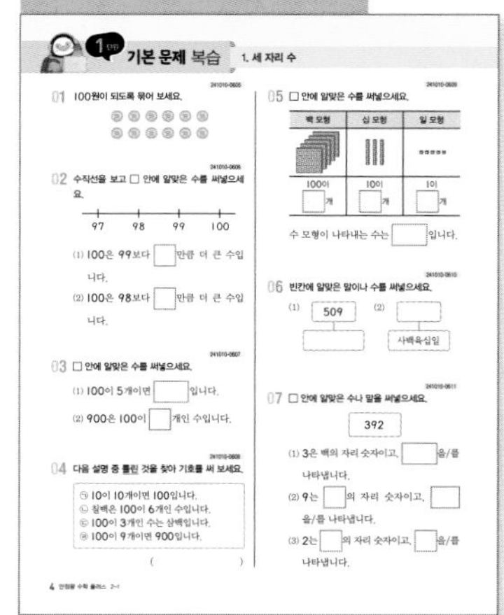

기본 문제를 통해 학습한 내용을 복습하고, 자신의 학습 상태를 확인해 봅니다.

## 응용 문제 복습

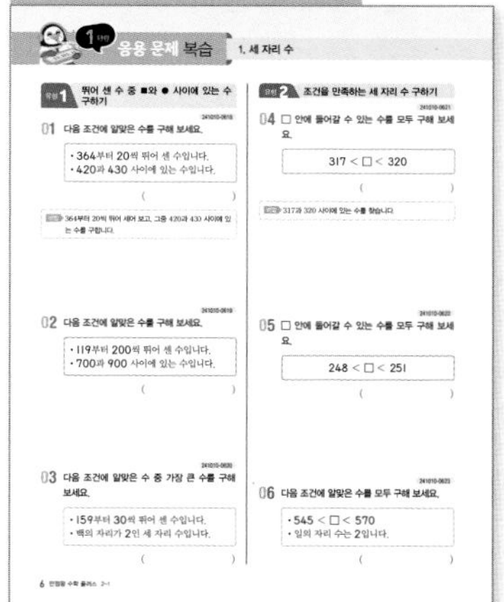

응용 문제를 통해 다양한 유형을 연습함으로써 문제해결력을 기릅니다.

## 단원 평가

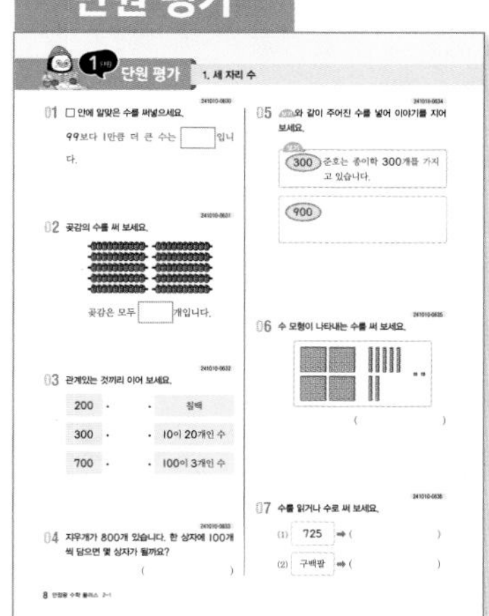

시험 직전에 단원 평가를 풀어 보면서 학교 시험에 철저히 대비합니다.

# 만점왕 수학 플러스로 기본과 응용을 모두 잡는 공부 비법

## 만점왕 수학 플러스를 효과적으로 공부하려면?

### 교재 200% 활용하기

각 단원이 시작될 때마다 나와 있는 **단원 진도 체크**를 참고하여 공부하면 보다 효과적으로 수학 실력을 쑥쑥 올릴 수 있어요!

**응용력 높이기** 에서 단원별 난이도 높은 4개 대표 응용문제를 **문제 스케치** 를 보면서 문제 해결의 포인트를 찾아보세요. 어려운 문제에 이미지를 활용하면 문제를 훨씬 쉽게 해결할 수 있을 거예요!

## 교재로 혼자 공부했는데, 잘 모르는 부분이 있나요?
## 만점왕 수학 플러스 강의가 있으니 걱정 마세요!

### 인터넷(TV) 강의로 공부하기

만점왕 수학 플러스 강의는 TV를 통해 시청하거나 EBS 초등사이트를 통해 언제 어디서든 이용할 수 있습니다.

- 방송 시간 : EBS 홈페이지 편성표 참조
- EBS 초등사이트 : primary.ebs.co.kr

**인공지능 DANCHOQ**
**푸리봇 문|제|검|색**

**EBS 초등사이트**와 **EBS 초등 APP** 하단의 **AI 학습도우미 푸리봇**을 통해 문항코드를 검색하면 푸리봇이 해당 문제의 해설 강의를 찾아 줍니다.

문제별 문항코드 확인

[241010-0001]

1. 아래 그래프를 이해한 내용으로 가장 적절한 것은?

241010-0001

문항코드 검색

# 차 례

# 1 세 자리 수

단원 학습 목표

1. 100을 이해하고, 쓰고 읽을 수 있습니다.
2. 세 자리 수는 100이 몇 개, 10이 몇 개, 1이 몇 개로 이루어짐을 이해하고 세 자리 수를 쓰고 읽을 수 있습니다.
3. 세 자리 수의 각 자리의 숫자가 나타내는 값이 얼마인지를 이해할 수 있습니다.
4. 1씩, 10씩, 100씩 뛰어 세기를 통해 세 자리 수의 계열을 익힐 수 있습니다.
5. 세 자리 수의 크기를 비교할 수 있습니다.

단원 진도 체크

| 학습일 | | | 학습 내용 | 진도 체크 |
|---|---|---|---|---|
| 1일째 | 월 | 일 | 개념 1 백을 알아볼까요<br>개념 2 몇백을 알아볼까요<br>개념 3 세 자리 수를 알아볼까요<br>개념 4 각 자리의 숫자는 얼마를 나타낼까요 | ✓ |
| 2일째 | 월 | 일 | 교과서 넘어 보기 + 교과서 속 응용 문제 | ✓ |
| 3일째 | 월 | 일 | 개념 5 뛰어 세어 볼까요<br>개념 6 수의 크기를 비교해 볼까요(1)<br>개념 7 수의 크기를 비교해 볼까요(2) | ✓ |
| 4일째 | 월 | 일 | 교과서 넘어 보기 + 교과서 속 응용 문제 | ✓ |
| 5일째 | 월 | 일 | 응용 1 100이 ■개, 10이 ▲개, 1이 ●개인 세 자리 수 구하기<br>응용 2 ■번 뛰어 센 수 구하기 | ✓ |
| 6일째 | 월 | 일 | 응용 3 수 카드를 사용하여 가장 큰(작은) 세 자리 수 구하기<br>응용 4 조건을 만족하는 수 찾기 | ✓ |
| 7일째 | 월 | 일 | 단원 평가 LEVEL ❶ | ✓ |
| 8일째 | 월 | 일 | 단원 평가 LEVEL ❷ | ✓ |

이 단원을 진도 체크에 맞춰 8일 동안 학습해 보세요.
해당 부분을 공부하고 나서 ✓표를 하세요.

도경이네 가족은 과자 축제에 갔어요. 맛있어 보이는 초콜릿과 쿠키, 사탕을 구경하며 즐거운 시간을 보냈어요.

과자는 10개씩 상자에 넣어 진열대에 가지런히 놓여 있어요. 상자가 10개이면 과자는 모두 몇 개일까요?

도경이는 한 개에 400원짜리 막대 사탕을 사기 위해 지갑을 꺼냈어요. 400원짜리 막대 사탕 한 개를 사려면 100원짜리 동전이 몇 개 필요할까요?

이번 1단원에서는 백을 알아보고, 몇백, 세 자리 수에 대해 알아볼 거예요.

# 교과서 개념 다지기

## 개념 1 백을 알아볼까요

(1) 백 알아보기

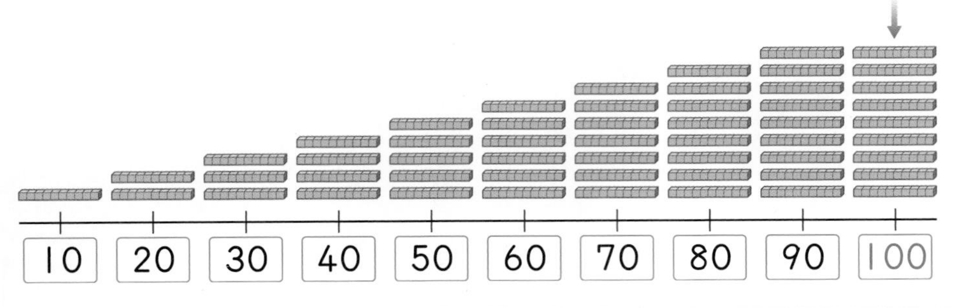


• 90보다 10만큼 더 큰 수는 100입니다. 100은 백이라고 읽습니다.

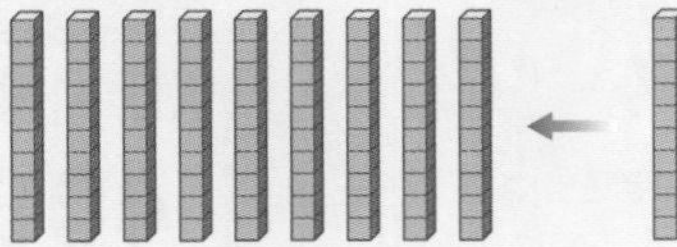

• 10이 10개이면 100입니다.

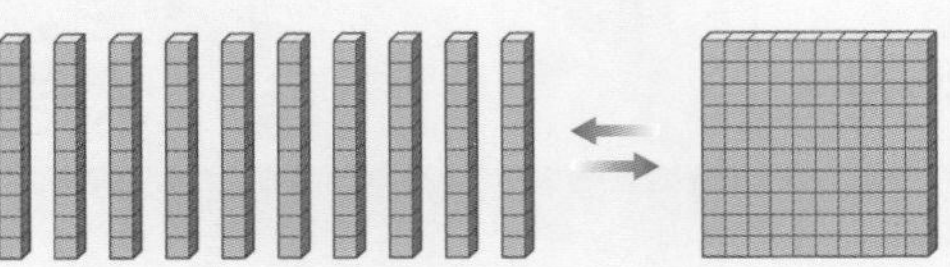

● 백 알아보기
- 100은 99보다 1만큼 더 큰 수입니다.
- 100은 90보다 10만큼 더 큰 수입니다.

● 수 모형으로 백 알아보기
- 100은 십 모형 10개로 나타낼 수 있습니다.
- 십 모형 10개는 백 모형 1개와 같습니다.
- 100은 백 모형 1개로 나타낼 수 있습니다.

241010-0001

**01** 그림을 보고 □ 안에 알맞은 수나 말을 써넣으세요.

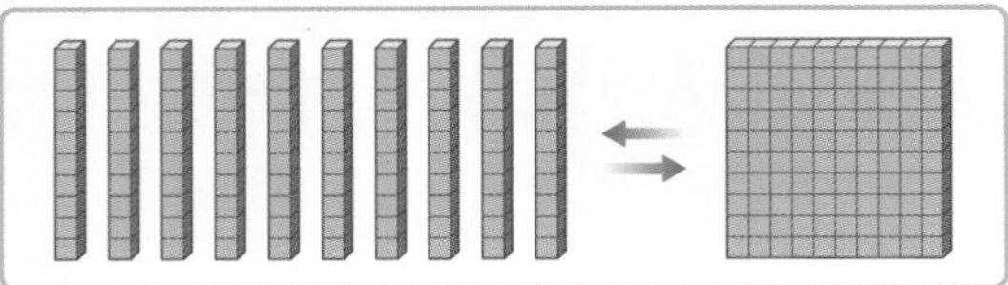

(1) 10이 10개이면 □ 입니다.

(2) 100은 □ (이)라고 읽습니다.

241010-0002

**02** □ 안에 알맞은 수를 써넣으세요.

(1)

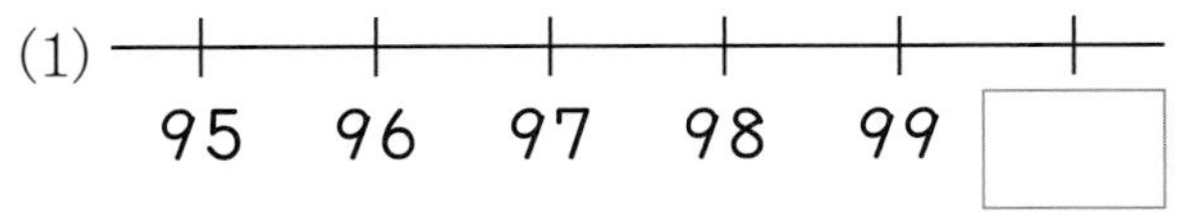


□ 은/는 99보다 1만큼 더 큰 수입니다.

(2)

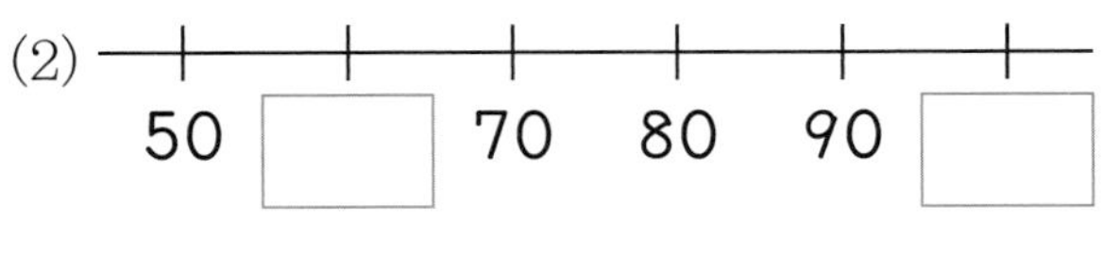


90보다 □ 만큼 더 큰 수는 100입니다.

## 개념 2 몇백을 알아볼까요

(1) 몇백 알아보기

100이 3개이면 300입니다.
300은 삼백이라고 읽습니다.

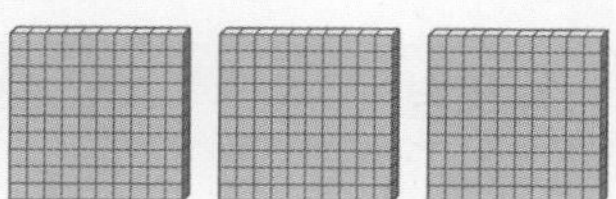

(2) 몇백 쓰고 읽기

| 수 | 100이 2개 | 100이 3개 | 100이 4개 | 100이 5개 | 100이 6개 | 100이 7개 | 100이 8개 | 100이 9개 |
|---|---|---|---|---|---|---|---|---|
| 쓰기 | 200 | 300 | 400 | 500 | 600 | 700 | 800 | 900 |
| 읽기 | 이백 | 삼백 | 사백 | 오백 | 육백 | 칠백 | 팔백 | 구백 |

● 100의 개수로 몇백 알아보기
100은 100이 1개,
200은 100이 2개,
300은 100이 3개,
400은 100이 4개,
⋮
900은 100이 9개
인 수입니다.

1 단원

241010-0003

### 03 수 모형에 맞게 수를 쓰고 읽어 보세요.

(1)

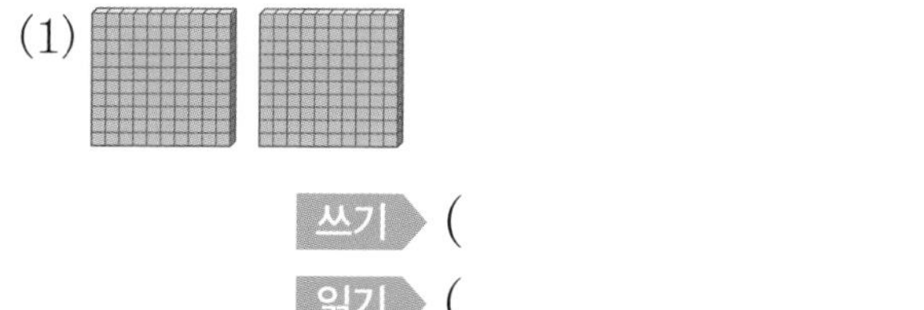

쓰기 (                    )

읽기 (                    )

(2)

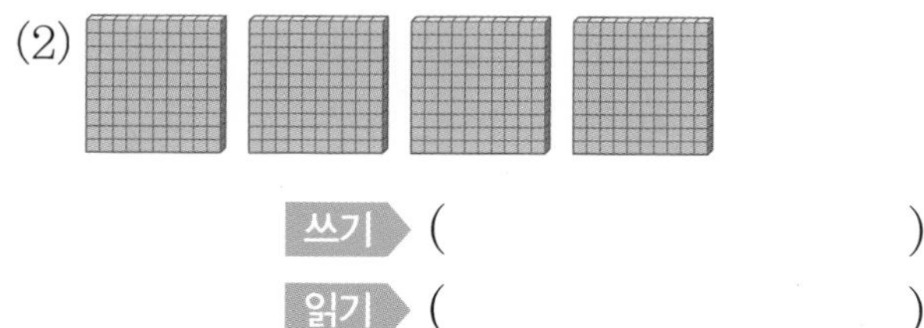

쓰기 (                    )

읽기 (                    )

(3)

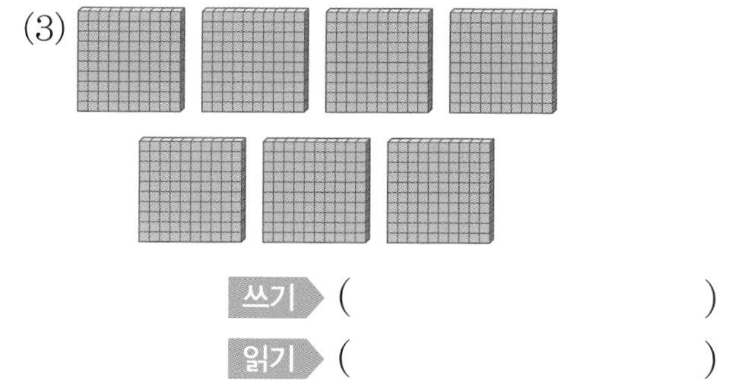

쓰기 (                    )

읽기 (                    )

241010-0004

### 04 □ 안에 알맞은 수를 써넣으세요.

(1) 100이 3개이면 □입니다.

(2) 100이 5개이면 □입니다.

(3) 600은 100이 □개인 수입니다.

(4) 900은 100이 □개인 수입니다.

241010-0005

### 05 빈칸에 알맞은 수나 말을 써넣으세요.

| 쓰기 | 읽기 |
|---|---|
|  | 육백 |
| 700 |  |
|  | 팔백 |
| 900 |  |

## 개념 3 세 자리 수를 알아볼까요

(1) 세 자리 수 알아보기

| 백 모형 | 십 모형 | 일 모형 |
|---|---|---|
| | | |
| 100이 3개 | 10이 4개 | 1이 7개 |

100이 3개, 10이 4개, 1이 7개이면 347입니다.
347은 삼백사십칠이라고 읽습니다.

- 100이 ■개, 10이 ▲개, 1이 ●개이면 ■▲●

- 0이 있는 세 자리 수 읽기
  - 0인 자리는 읽지 않습니다.

  예 408 ➡ 사백팔

  예 650 ➡ 육백오십

241010-0006

## 06 완두콩은 모두 몇 개인지 세어 보세요.

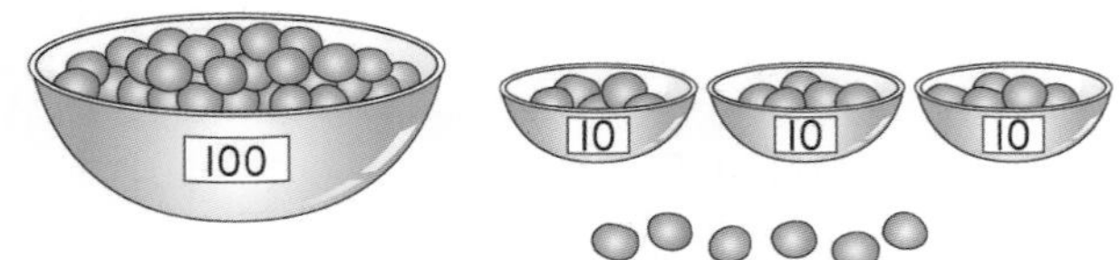


(1) 완두콩의 수만큼 수 모형을 묶고 □ 안에 알맞은 수를 써넣으세요.

| 백 모형 | 십 모형 | 일 모형 |
|---|---|---|
| | | |
| 100이 □개 | 10이 □개 | 1이 □개 |

(2) 완두콩은 모두 □개입니다.

241010-0007

## 07 □ 안에 알맞은 수를 써넣으세요.

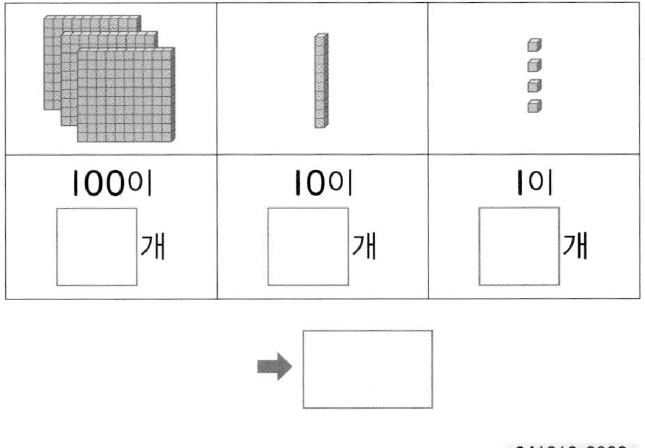

| | | |
|---|---|---|
| | | |
| 100이 □개 | 10이 □개 | 1이 □개 |

➡ □

241010-0008

## 08 빈칸에 알맞은 말이나 수를 써넣으세요.

| | | |
|---|---|---|
| (1) | 523 | |
| (2) | 705 | |
| (3) | | 팔백육십구 |
| (4) | | 사백이십 |

## 개념 4 각 자리의 숫자는 얼마를 나타낼까요

(1) 각 자리의 숫자가 얼마를 나타내는지 알아보기

| 백의 자리 | 십의 자리 | 일의 자리 |
|---|---|---|
| 7 | 4 | 8 |

⬇

| | | |
|---|---|---|
| 7 | 0 | 0 |
| | 4 | 0 |
| | | 8 |

7은 백의 자리 숫자이고, 700을 나타냅니다.
4는 십의 자리 숫자이고, 40을 나타냅니다.
8은 일의 자리 숫자이고, 8을 나타냅니다.

748=700+40+8

● 숫자가 같더라도 자리에 따라 나타내는 값이 다릅니다.

백 십 일
3 3 3

- 일의 자리 3 → 3을 나타냅니다.
- 십의 자리 3 → 30을 나타냅니다.
- 백의 자리 3 → 300을 나타냅니다.

241010-0009

**09** 253을 보고 □ 안에 알맞은 말이나 수를 써넣으세요.

| 백의 자리 | 십의 자리 | 일의 자리 |
|---|---|---|
| 2 | 5 | 3 |

(1) 2는 □의 자리 숫자이고,
□을/를 나타냅니다.

(2) 5는 □의 자리 숫자이고,
□을/를 나타냅니다.

(3) 3은 □의 자리 숫자이고,
□을/를 나타냅니다.

241010-0010

**10** □ 안에 알맞은 수를 써넣으세요.

(1) 217

| 백의 자리 | 십의 자리 | 일의 자리 |
|---|---|---|
| 2 | 1 | 7 |
| 100이 2개 | 10이 1개 | 1이 7개 |
| 200 | □ | □ |

217=200+□+□

(2) 803

| 백의 자리 | 십의 자리 | 일의 자리 |
|---|---|---|
| 8 | 0 | 3 |
| 100이 8개 | 10이 □개 | 1이 3개 |
| □ | □ | 3 |

803=□+□+3

241010-0011

**01** 바둑돌의 수를 □ 안에 써넣으세요.

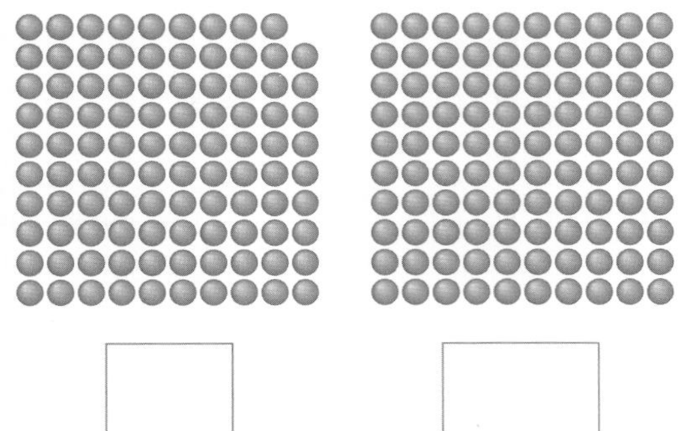

□ □

241010-0012

**02** 100을 십 모형과 백 모형으로 각각 나타낸 것입니다. □ 안에 알맞은 수를 써넣으세요.

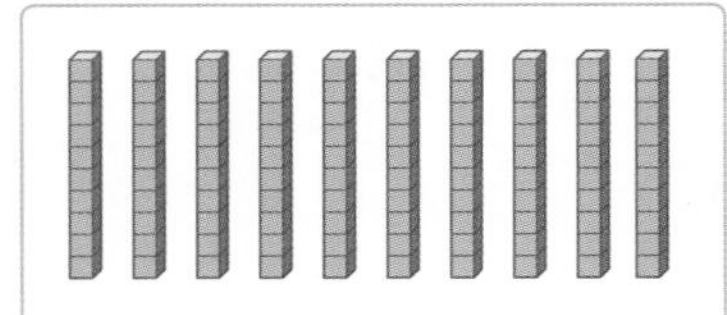 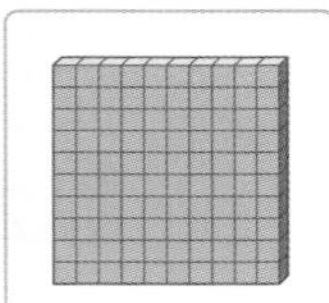

십 모형 □개는 백 모형 □개와 같습니다.

241010-0013

**03** □ 안에 알맞은 수를 써넣으세요.

(1) 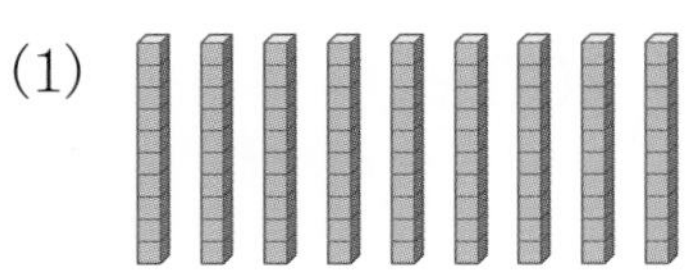

| 십 모형 | 일 모형 |
|---|---|
| □개 | □개 |

➡ □

(2) 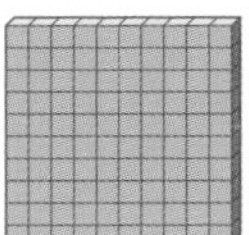

| 백 모형 | 십 모형 | 일 모형 |
|---|---|---|
| □개 | □개 | □개 |

➡ □

241010-0014

**04** 빈칸에 알맞은 수를 써넣으세요.

60 — □ — 80 — 90 — □

241010-0015

**05** □ 안에 알맞은 수를 써넣으세요.

□

70보다 □만큼 더 큰 수는 □입니다.

241010-0016

**06** 100에 대한 설명으로 틀린 것은 어느 것인가요? (　　　)

① 99보다 1만큼 더 큰 수입니다.
② 10이 10개인 수입니다.
③ 80보다 20만큼 더 큰 수입니다.
④ 10이 9개, 1이 10개인 수입니다.
⑤ 98보다 20만큼 더 큰 수입니다.

241010-0017

**07** 가장 많은 돈을 가지고 있는 친구를 찾아 이름을 써 보세요.

| 은지 | 10원 8개, 1원 17개 |
|---|---|
| 태민 | 100원 1개 |
| 수아 | 10원 7개, 1원 14개 |

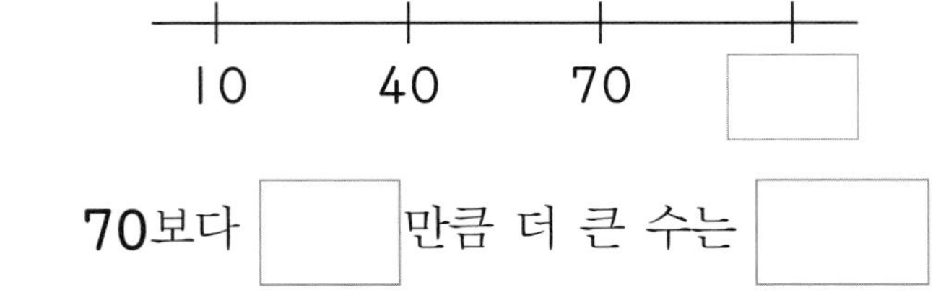

(　　　　　　　　)

241010-0018

## 08 □ 안에 알맞은 수를 써넣으세요.

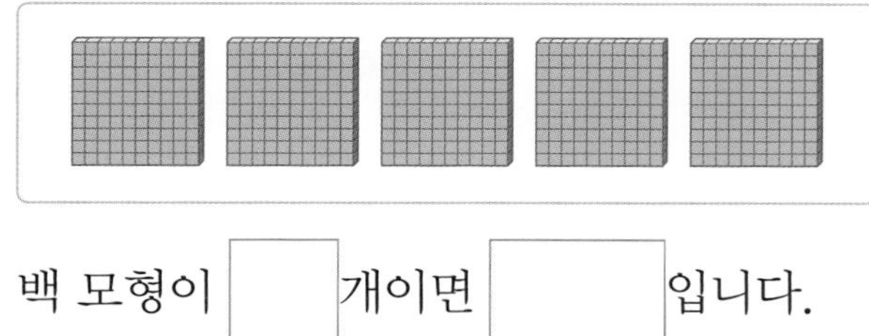

백 모형이 □ 개이면 □ 입니다.

241010-0019

## 09 관계있는 것끼리 이어 보세요.

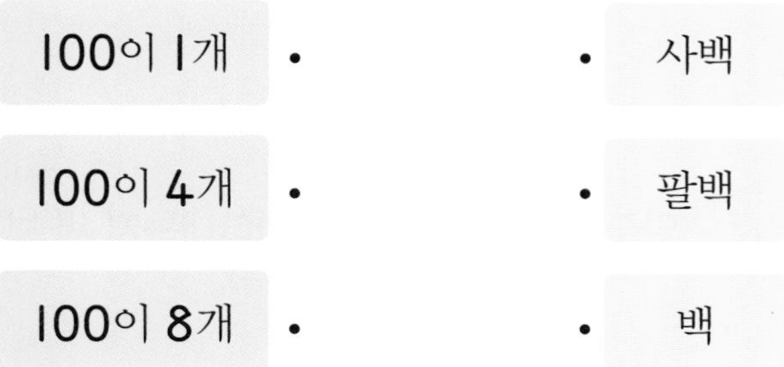

| | |
|---|---|
| 100이 1개 • | • 사백 |
| 100이 4개 • | • 팔백 |
| 100이 8개 • | • 백 |

241010-0020

## 10 맞는 것에 ○표, 틀린 것에 ×표 하세요.

(1) 100이 3개이면 30입니다. (　　)

(2) 900은 10이 9개인 수입니다. (　　)

(3) 100이 7개이면 700입니다. (　　)

241010-0021

## 11 □ 안에 알맞은 수를 써넣으세요.

중요

| 백의 자리 | 십의 자리 | 일의 자리 |
|---|---|---|
| | | |
| 100이 □ 개 | 10이 □ 개 | 1이 □ 개 |

➡ □

241010-0022

## 12 빈칸에 알맞은 말이나 수를 써넣으세요.

| | | |
|---|---|---|
| (1) | 654 | |
| (2) | | 오백십 |
| (3) | 901 | |

241010-0023

## 13 수 모형이 나타내는 수를 쓰고 읽어 보세요.

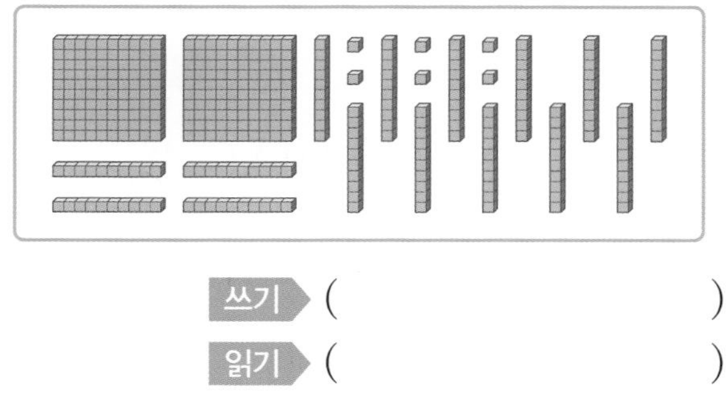

쓰기 (　　　　　　　　)

읽기 (　　　　　　　　)

241010-0024

## 14 동전은 모두 얼마인가요?

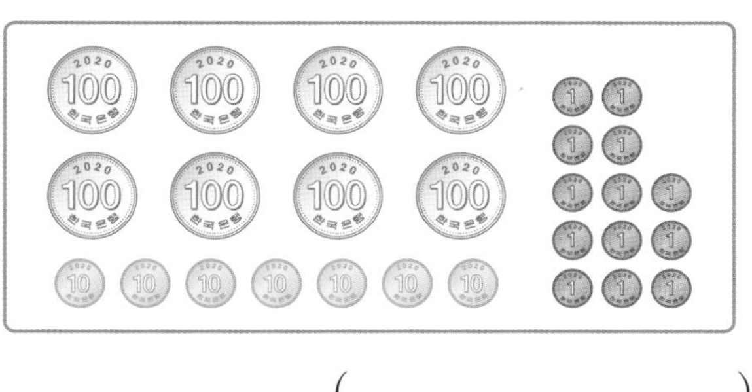

(　　　　　　　　)

241010-0025

**15** 수 모형 4개 중 3개를 사용하여 나타낼 수 있는 세 자리 수를 모두 찾아 ○표 하세요.

도전

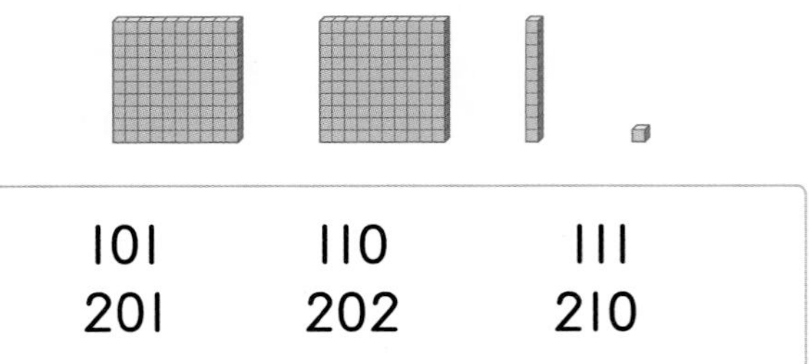

| 101 | 110 | 111 |
|---|---|---|
| 201 | 202 | 210 |

241010-0026

**16** □ 안에 알맞은 수를 써넣으세요.

(1)

| 546 | | |
|---|---|---|
| 100이 5개 | 10이 4개 | 1이 6개 |
| 500 | □ | □ |

546=500+□+□

(2)

| 670 | | |
|---|---|---|
| 100이 6개 | 10이 □개 | 1이 □개 |
| 600 | 70 | □ |

670=600+70+□

241010-0027

**17** 빈칸에 알맞은 수를 써넣으세요.

구백칠십이

| 백의 자리 | 십의 자리 | 일의 자리 |
|---|---|---|
| | | |

241010-0028

**18** 수를 보고 □ 안에 알맞은 수를 써넣으세요.

843

- 8은 □ 을/를 나타냅니다.
- 4는 □ 을/를 나타냅니다.
- 3은 □ 을/를 나타냅니다.

241010-0029

**19** 밑줄 친 숫자는 얼마를 나타내는지 써 보세요.

중요

(1) 2<u>8</u>4 (　　　　)

(2) <u>8</u>10 (　　　　)

(3) 15<u>8</u> (　　　　)

241010-0030

**20** 귤 238개를 보기 와 같은 방법으로 나타내 보세요.

보기

귤 100개 — □
귤 10개 — ○
귤 1개 — △

| 백의 자리(□) | 십의 자리(○) | 일의 자리(△) |
|---|---|---|
| | | |

교과서, 익힘책 속 응용 문제를 유형별로 풀어 보세요.

정답과 풀이 11쪽

## 세 자리 수의 활용

예 구슬이 100개씩 3상자, 10개씩 4봉지, 낱개 5개 있을 때 구슬은 모두 몇 개일까요?

100개씩 3상자 → 300개
10개씩 4봉지 → 40개
낱개 5개 → 5개
345개

따라서 구슬은 모두 345개입니다.

241010-0031

**21** 야구공이 100개씩 2상자, 10개씩 4봉지, 낱개 5개 있습니다. 야구공은 모두 몇 개일까요?

( )

241010-0032

**22** 사탕이 100개씩 3상자, 10개씩 5봉지 있습니다. 사탕은 모두 몇 개일까요?

( )

241010-0033

**23** 지우네 농장에서 오늘 딴 귤을 한 상자에 100개씩 포장했더니 5상자가 되었고 남은 귤이 4개였습니다. 지우네 농장에서 오늘 딴 귤은 모두 몇 개일까요?

( )

## 각 자리 숫자가 나타내는 값

예 다음 중 숫자 2가 나타내는 값이 더 큰 것을 찾아 기호를 써 보세요.

| ㉠ 120 | ㉡ 342 |
|---|---|

㉠에서 2는 십의 자리 숫자이고, 20을 나타냅니다.
㉡에서 2는 일의 자리 숫자이고, 2를 나타냅니다.
따라서 숫자 2가 나타내는 값이 더 큰 것은 ㉠입니다.

241010-0034

**24** 다음 중 숫자 5가 나타내는 값이 가장 큰 것을 찾아 기호를 써 보세요.

| ㉠ 500 | ㉡ 795 | ㉢ 651 |
|---|---|---|

( )

241010-0035

**25** 다음 중 숫자 7이 나타내는 값이 가장 작은 것을 찾아 기호를 써 보세요.

| ㉠ 710 | ㉡ 271 | ㉢ 987 |
|---|---|---|

( )

241010-0036

**26** ㉠이 나타내는 값은 ㉡이 나타내는 값이 몇 개인 수인지 구해 보세요.

7 7 3
㉠ ㉡

( )

1 단원

## 개념 5 뛰어 세어 볼까요

(1) 뛰어 세기

① 100씩 뛰어 세기: 백의 자리 수가 1씩 커집니다.

십의 자리, 일의 자리 수는 변하지 않습니다.

100 – 200 – 300 – 400 – 500 – 600 – 700

② 10씩 뛰어 세기: 십의 자리 수가 1씩 커집니다.

일의 자리 수는 변하지 않습니다.

910 – 920 – 930 – 940 – 950 – 960 – 970

③ 1씩 뛰어 세기: 일의 자리 수가 1씩 커집니다.

993 – 994 – 995 – 996 – 997 – 998 – 999

(2) 1000 알아보기

999보다 1만큼 더 큰 수는 1000입니다.
1000은 천이라고 읽습니다.

● 100씩 뛰어 세기
- 500보다 100만큼 더 큰 수는 600입니다.
- 500보다 100만큼 더 작은 수는 400입니다.

● 100씩 거꾸로 뛰어 세기
900–800–700–600–500–400–300–200–100
- 100씩 작아집니다.
- 십의 자리, 일의 자리 수는 그대로이고 백의 자리 수만 1씩 작아집니다.

241010-0037

**01** 동전은 모두 얼마인지 알아보세요.

(1) 100원짜리 동전을 먼저 세어 보세요.

100 – 200 – ☐ – ☐ – ☐

(2) 이어서 10원짜리 동전을 세어 보세요.

510 – 520 – ☐ – ☐ – ☐

(3) 동전은 모두 ☐ 원입니다.

241010-0038

**02** 10씩 뛰어 세어 보세요.

241010-0039

**03** 1씩 뛰어 세어 보세요.

241010-0040

**04** ☐ 안에 알맞은 수나 말을 써넣으세요.

999보다 1만큼 더 큰 수는 ☐(이)라 쓰고, ☐(이)라고 읽습니다.

## 개념 6 수의 크기를 비교해 볼까요(1)

예 154와 213의 크기 비교 → 백의 자리 수가 다른 경우

| | 백 모형 | 십 모형 | 일 모형 |
|---|---|---|---|
| 154 ➡ | | | |
| 213 ➡ | | | |

백 모형끼리 비교하기: 154는 백 모형이 1개, 213은 백 모형이 2개이므로 213은 154보다 큽니다.

$154 < 213$

$1 < 2$

백의 자리 수가 큰 쪽이 더 큰 수입니다.

● 수의 크기를 $>$ 또는 $<$로 나타내기

▲$>$● ▲는 ●보다 큽니다.

예 594는 342보다 큽니다.
➡ $594 > 342$

▲$<$● ▲는 ●보다 작습니다.

예 267은 672보다 작습니다.
➡ $267 < 672$

● 백의 자리 수가 다르면
- 백의 자리 수만 비교하면 됩니다.
- 십의 자리와 일의 자리의 수는 비교할 필요가 없습니다.

241010-0041

**05** □ 안에 알맞은 수를 써넣고, 알맞은 말에 ○표 하세요.

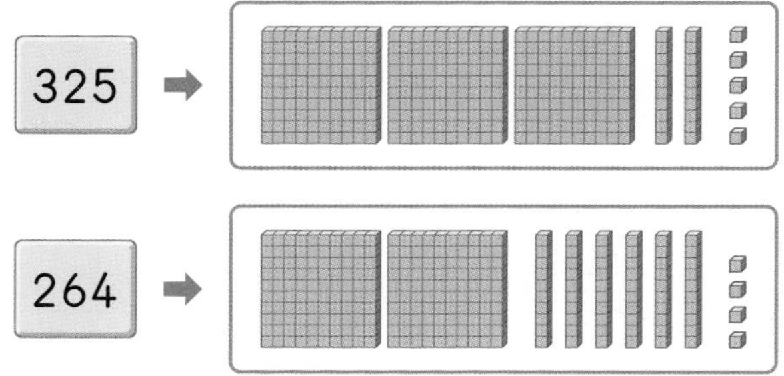


(1) 325는 백 모형이 □개, 264는 백 모형이 □개입니다.

(2) 325는 264보다 ( 큽니다 , 작습니다 ).

241010-0042

**06** 빈칸에 알맞은 수를 써넣고, 두 수의 크기를 비교하여 ○ 안에 $>$, $<$를 알맞게 써넣으세요.

(1)

| | 백의 자리 | 십의 자리 | 일의 자리 |
|---|---|---|---|
| 458 | | 5 | 8 |
| 604 | | | 4 |

458 ○ 604

(2)

| | 백의 자리 | 십의 자리 | 일의 자리 |
|---|---|---|---|
| 826 | | | 6 |
| 573 | | | 3 |

826 ○ 573

## 개념 7 수의 크기를 비교해 볼까요(2)

예 356과 381의 크기 비교 → 백의 자리 수가 같은 경우

| | 백의 자리 | 십의 자리 | 일의 자리 |
|---|---|---|---|
| 356 ➡ | 3 | 5 | 6 |
| 381 ➡ | 3 | 8 | 1 |

356 < 381
5<8

백의 자리 수가 같을 때
십의 자리 수가 큰 쪽이 더 큽니다.

예 459와 452의 크기 비교 → 백의 자리 수와 십의 자리 수가 각각 같은 경우

| | 백의 자리 | 십의 자리 | 일의 자리 |
|---|---|---|---|
| 459 ➡ | 4 | 5 | 9 |
| 452 ➡ | 4 | 5 | 2 |

459 > 452
9>2

백의 자리 수와 십의 자리 수가 각각 같으면 일의 자리 수가 큰 쪽이 더 큽니다.

● 세 자리 수의 크기를 비교하는 방법

① 백의 자리 수끼리 비교하기
② 백의 자리 수가 같으면, 십의 자리 수끼리 비교하기
③ 백의 자리 수, 십의 자리 수가 각각 같으면, 일의 자리 수끼리 비교하기

241010-0043

**07** 두 수의 크기를 비교하여 더 큰 수에 ○표 하세요.

(1)

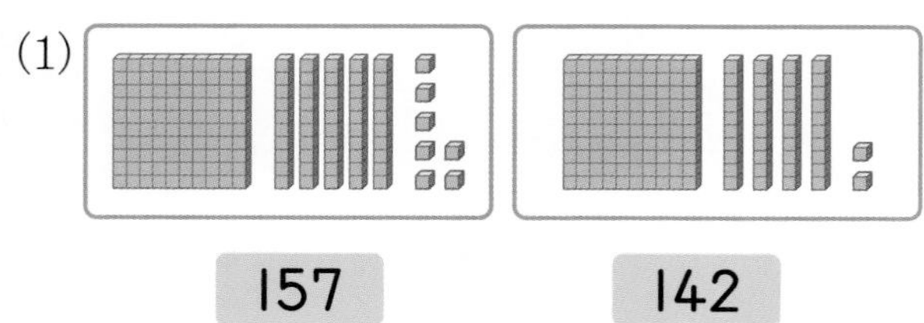

157 142

(2)

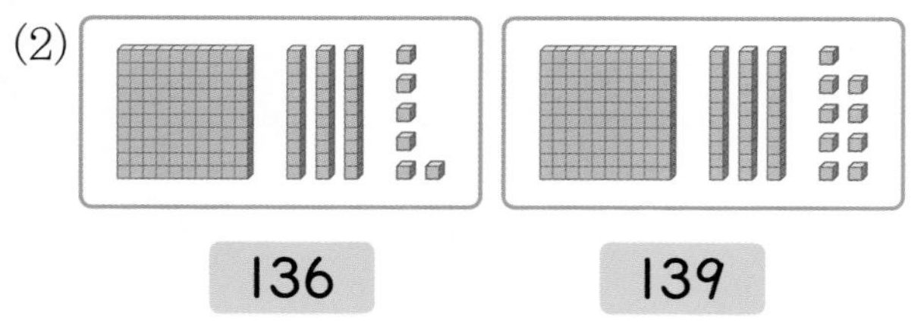

136 139

241010-0044

**08** 빈칸에 알맞은 수를 써넣고, 두 수의 크기를 비교하여 ○ 안에 >, <를 알맞게 써넣으세요.

(1)

| | 백의 자리 | 십의 자리 | 일의 자리 |
|---|---|---|---|
| 642 | | | 2 |
| 674 | 6 | | 4 |

642 ○ 674

(2)

| | 백의 자리 | 십의 자리 | 일의 자리 |
|---|---|---|---|
| 835 | 8 | 3 | |
| 832 | 8 | | |

835 ○ 832

정답과 풀이 13쪽

241010-0045

**27** 100씩 뛰어 세어 보세요.

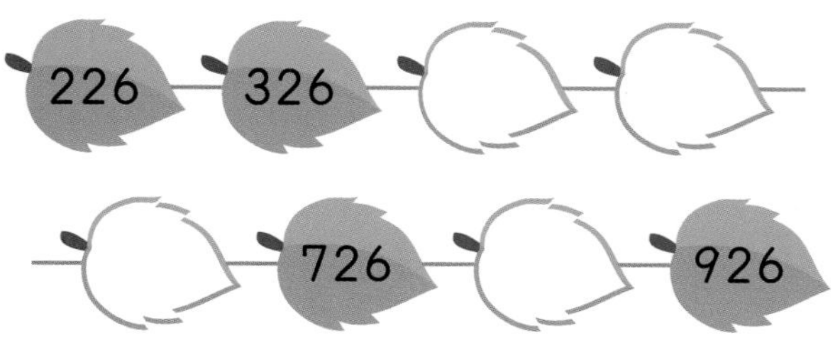


241010-0046

**28** 10씩 뛰어 세어 보세요.

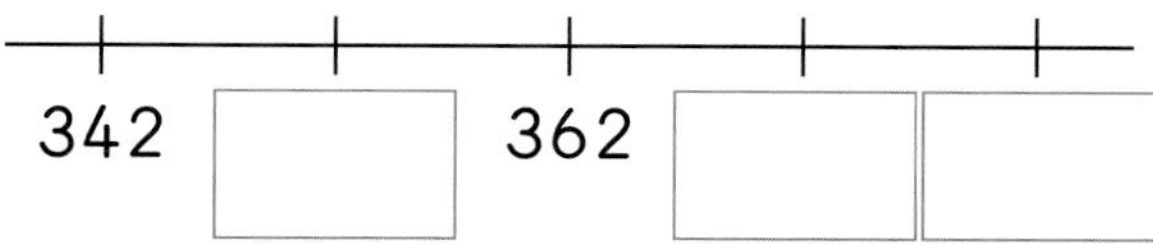


241010-0047

**29** 1씩 뛰어 세어 보세요.

241010-0048

**30** 빈칸에 알맞은 수를 써넣으세요.

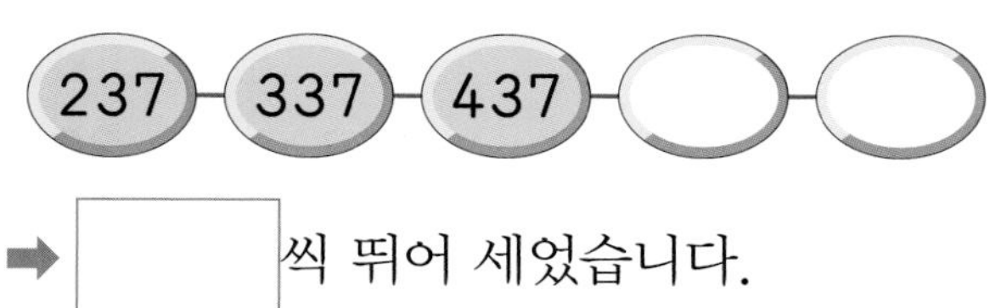


241010-0049

**31** 470부터 10씩 뛰어 세면서 선으로 이어 보세요.

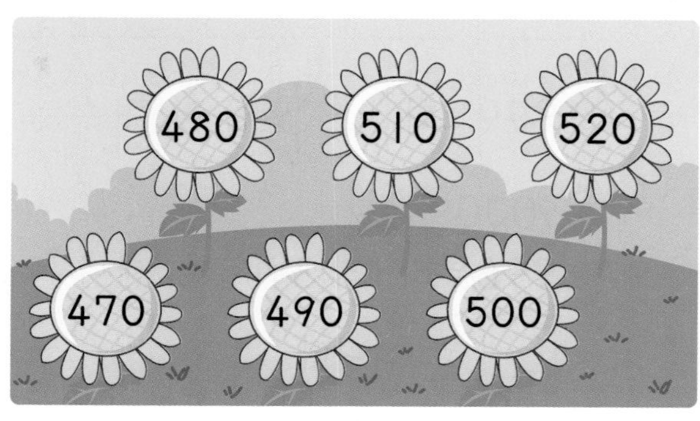


1 단원

241010-0050

**32** 1씩 거꾸로 뛰어 세어 보세요.

241010-0051

**33** 중요 10씩 거꾸로 뛰어 세어 보세요.

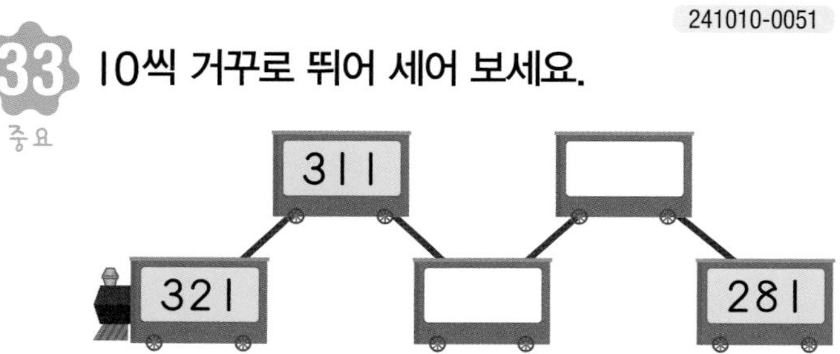

241010-0052

**34** 빈칸에 알맞은 수를 써넣으세요.

(1) 999보다 □만큼 더 큰 수는 1000입니다.

(2) 996부터 1씩 3번 뛰어 센 수는 □입니다.

241010-0053

**35** 세인이와 주안이가 나눈 이야기를 읽고 물음에 답하세요.

세인: 난 600에서 출발하여 1씩 뛰어 세었어.
주안: 난 800에서 출발하여 100씩 거꾸로 뛰어 세었어.

(1) 세인이의 방법으로 뛰어 세어 보세요.

(2) 주안이의 방법으로 뛰어 세어 보세요.

241010-0054

**36** 두 수의 크기를 비교하여 ○ 안에 >, <를 알맞게 써넣으세요.

(1) 459 ○ 659

(2) 750 ○ 728

241010-0055

**37** 보기와 같이 두 수를 수직선 위에 표시하고, 크기를 비교하여 ○ 안에 >, <를 알맞게 써넣으세요.

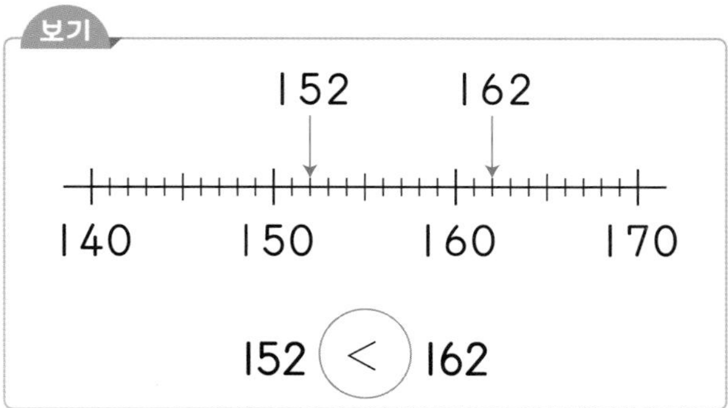


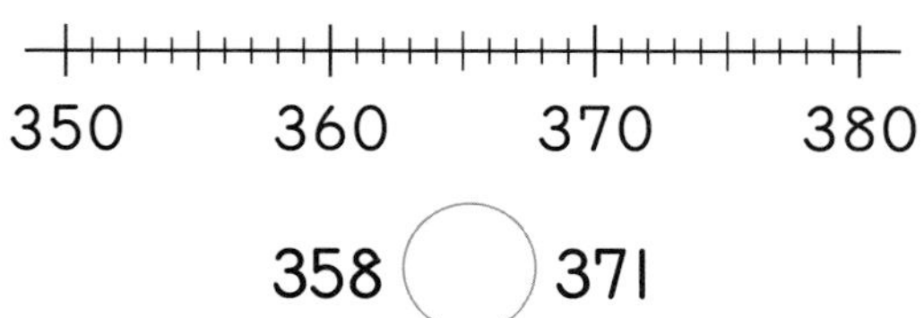


358 ○ 371

241010-0056

**38** 빈칸에 알맞은 수를 써넣으세요.

중요

| | 백의 자리 | 십의 자리 | 일의 자리 |
|---|---|---|---|
| 734 ➡ | 7 | 3 | 4 |
| 698 ➡ | | | |
| 730 ➡ | | | |

(1) 가장 큰 수는 □입니다.

(2) 가장 작은 수는 □입니다.

241010-0057

**39** 수의 크기를 비교하여 큰 수부터 순서대로 써 보세요.

397 739 379

( )

교과서, 익힘책 속 응용 문제를 유형별로 풀어 보세요.

정답과 풀이 13쪽

241010-0058

**40** 도윤이는 줄넘기를 157번, 민아는 줄넘기를 153번, 우진이는 줄넘기를 159번 했습니다. 줄넘기를 가장 많이 한 학생은 누구인지 써 보세요.

(　　　　　　　　　　)

241010-0059

**41** 민영이는 수 카드를 한 번씩만 사용하여 세 자리 수를 만들려고 합니다. □ 안에 알맞은 수를 써넣으세요.

2　8　1

(1) 가장 큰 수는 □입니다.

(2) 가장 작은 수는 □입니다.

241010-0060

**42** 도전

글을 읽고 나는 어떤 수인지 써 보세요.

- 나는 세 자리 수입니다.
- 백의 자리 수는 4보다 크고 6보다 작습니다.
- 십의 자리 숫자는 50을 나타냅니다.
- 십의 자리 수와 일의 자리 수의 합은 8입니다.

(　　　　　　　　　　)

## 두 수의 크기 비교 응용

예 0부터 9까지의 수 중에서 □ 안에 들어갈 수 있는 수를 모두 구해 보세요.

143 > 14□

백의 자리 수와 십의 자리 수가 각각 같으므로 일의 자리 수를 비교하면 3 > □입니다.

➡ □ 안에 들어갈 수 있는 수: 0, 1, 2

**[43~44]** □ 안에 들어갈 수 있는 수를 모두 찾아 ○표 하세요.

241010-0061

**43** 956 ( > ) 95□

2　3　4　5　6　7　8　9

241010-0062

**44** 784 ( < ) 78□

2　3　4　5　6　7　8　9

241010-0063

**45** 0부터 9까지의 수 중에서 □ 안에 들어갈 수 있는 수는 모두 몇 개인지 구해 보세요.

462 ( > ) 4□1

(　　　　　　　　　　)

1 단원

대표 응용 1

## 100이 ■개, 10이 ▲개, 1이 ●개인 세 자리 수 구하기

지선이가 설명하는 세 자리 수를 구해 보세요.

이 수는 100이 3개,
10이 5개, 1이 12개
인 수야.
지선


**문제 스케치**

1이 12개

10이 1개　1이 2개

**해결하기**

1이 12개인 수는 10이 [ ]개, 1이 2개인 수와 같습니다.

그러므로 100이 3개, 10이 5개, 1이 12개인 수는

100이 3개, 10이 [ ]개, 1이 2개인 수와 같습니다.

따라서 지선이가 설명하는 세 자리 수는 [ ]입니다.

241010-0064

**1-1** 우성이가 설명하는 세 자리 수를 구해 보세요.

이 수는 100이 5개,
10이 16개,
1이 8개인 수야.
우성


(　　　　　　　)

241010-0065

**1-2** 100이 7개, 10이 13개, 1이 14개인 세 자리 수를 구해 보세요.

(　　　　　　　)

정답과 풀이 15쪽

대표 응용 2

## ■번 뛰어 센 수 구하기

어떤 수에서 1씩 3번 뛰어 셌더니 327이 되었습니다. 어떤 수에서 100씩 4번 뛰어 센 수는 얼마인지 구해 보세요.

**문제 스케치**

어떤 수에서 1씩 3번 뛰어 센 수

| 어떤 수 | | | 327 |
|---|---|---|---|

327에서 1씩 거꾸로 3번 뛰어 센 수

**해결하기**

어떤 수는 327에서 ☐씩 거꾸로 3번 뛰어 세면 구할 수 있습니다.

327−326−325−☐이므로 어떤 수는 ☐입니다.

어떤 수에서 100씩 4번 뛰어 센 수는

어떤 수

☐−☐−☐−☐−☐

이므로 ☐입니다.

241010-0066

**2-1** 어떤 수에서 10씩 4번 뛰어 셌더니 420이 되었습니다. 어떤 수에서 1씩 5번 뛰어 센 수는 얼마인지 구해 보세요.

(　　　　　　　　)

241010-0067

**2-2** 어떤 수에서 10씩 5번 거꾸로 뛰어 셌더니 279가 되었습니다. 어떤 수에서 100씩 2번, 1씩 3번 뛰어 센 수는 얼마인지 구해 보세요.

(　　　　　　　　)

대표 응용 **3**

## 수 카드를 사용하여 가장 큰(작은) 세 자리 수 구하기

4장의 수 카드 4, 7, 2, 1 중 3장을 골라 한 번씩만 사용하여 세 자리 수를 만들려고 합니다. 만들 수 있는 세 자리 수 중에서 가장 큰 수와 가장 작은 수를 각각 구해 보세요.

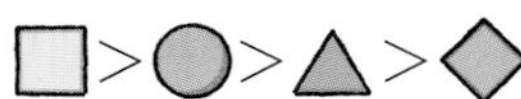


□>○>△>◇

➡ 가장 큰 세 자리 수: □ ○ △
가장 작은 세 자리 수: ◇ △ ○

해결하기

• 7>4>2>1이므로 만들 수 있는 가장 큰 세 자리 수는 백의 자리, 십의 자리, 일의 자리에 ( 작은 , 큰 ) 수부터 순서대로 놓습니다. ➡ 가장 큰 수: □

• 1<2<4<7이므로 만들 수 있는 가장 작은 세 자리 수는 백의 자리, 십의 자리, 일의 자리에 ( 작은 , 큰 ) 수부터 순서대로 놓습니다. ➡ 가장 작은 수: □

241010-0068

**3-1** 4장의 수 카드 9, 3, 5, 4 중 3장을 골라 한 번씩만 사용하여 세 자리 수를 만들려고 합니다. 만들 수 있는 세 자리 수 중에서 가장 큰 수와 가장 작은 수를 각각 구해 보세요.

가장 큰 수 (　　　　　　　　)
가장 작은 수 (　　　　　　　　)

241010-0069

**3-2** 4장의 수 카드 9, 0, 8, 1 중 3장을 골라 한 번씩만 사용하여 세 자리 수를 만들려고 합니다. 만들 수 있는 세 자리 수 중에서 가장 큰 수와 가장 작은 수를 각각 구해 보세요.

가장 큰 수 (　　　　　　　　)
가장 작은 수 (　　　　　　　　)

대표 응용 4

## 조건을 만족하는 수 찾기

조건을 모두 만족하는 수를 구해 보세요.

㉠ 200보다 작은 세 자리 수입니다.
㉡ 십의 자리 숫자가 나타내는 값은 50입니다.
㉢ 일의 자리 수는 십의 자리 수보다 2만큼 더 큰 수입니다.

문제 스케치

| 백 | 십 | 일 |
|---|---|---|
| 2 | 0 | 0 |

200보다 작은 세 자리 수

| 백 | 십 | 일 |
|---|---|---|
| ① | ▲ | ● |

2보다 작고 0이 아니에요.

해결하기

㉠에서 200보다 작은 세 자리 수의 백의 자리 수는 ☐ 입니다.

㉡에서 십의 자리 숫자가 나타내는 값이 50이므로 십의 자리 수는 ☐ 입니다.

㉢에서 일의 자리 수는 ☐ +2= ☐ 입니다.

따라서 조건을 모두 만족하는 수는 ☐ 입니다.

241010-0070

**4-1** 조건을 모두 만족하는 수를 구해 보세요.

㉠ 899보다 큰 세 자리 수입니다.
㉡ 십의 자리 숫자가 나타내는 값은 40입니다.
㉢ 일의 자리 수는 십의 자리 수보다 1만큼 더 작은 수입니다.

( )

241010-0071

**4-2** 조건을 모두 만족하는 수보다 10만큼 더 큰 수를 구해 보세요.

㉠ 647보다 크고 800보다 작은 수입니다.
㉡ 십의 자리 수는 백의 자리 수보다 4만큼 더 작습니다.
㉢ 백의 자리 수, 십의 자리 수, 일의 자리 수의 합은 15입니다.

( )

1 단원

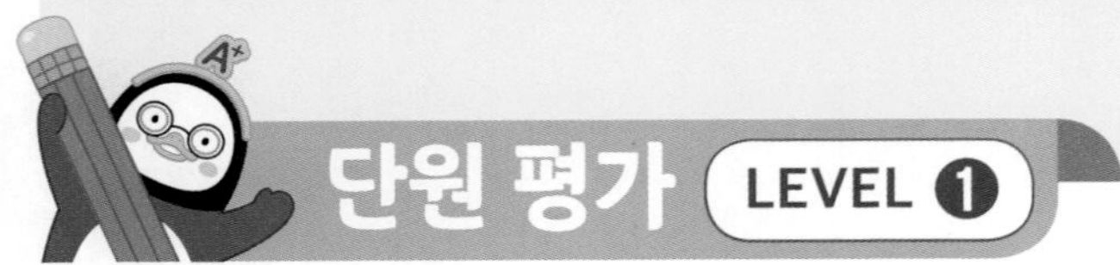


241010-0072

**01** 10개씩 꿴 구슬이 10줄 있습니다. □ 안에 알맞은 수를 써넣으세요.

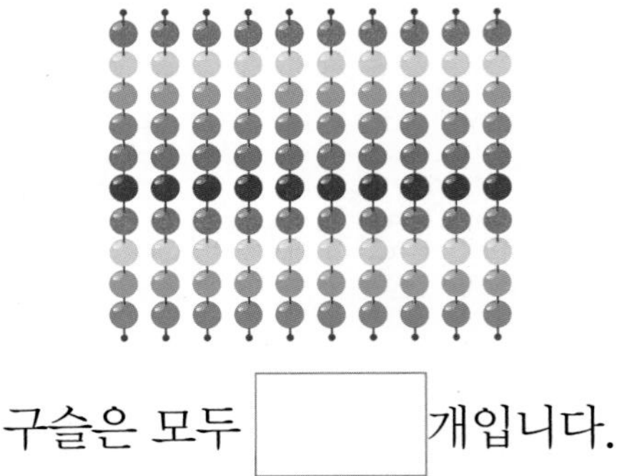

구슬은 모두 □개입니다.

241010-0073

**02** 100에 대한 설명이 아닌 것을 찾아 기호를 써 보세요.

㉠ 99보다 1만큼 더 큰 수입니다.
㉡ 10씩 10개인 수입니다.
㉢ 90보다 10만큼 더 작은 수입니다.

(　　　　　　　)

241010-0074

**03** □ 안에 알맞은 수를 써넣으세요.

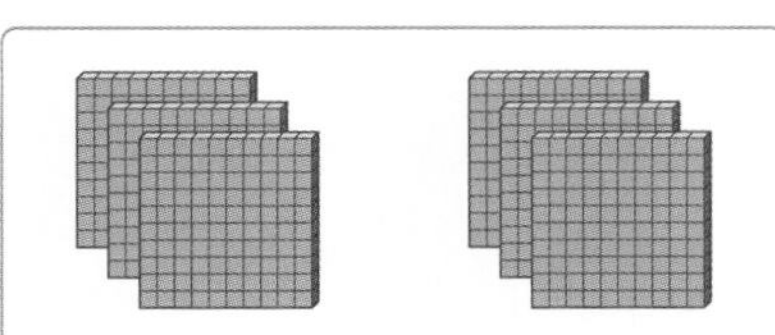

100이 □개이면 □입니다.

241010-0075

**04** 관계있는 것끼리 이어 보세요.

| | | |
|---|---|---|
| 100 • | | • 십 |
| 500 • | | • 오백 |
| | | • 백 |

241010-0076

**05** 시준이는 줄넘기를 하루에 100번씩 넘었습니다. 시준이는 4일 동안 줄넘기를 모두 몇 번 넘었는지 구해 보세요.

(　　　　　　　)

241010-0077

**06** 동전은 모두 얼마인지 써 보세요.

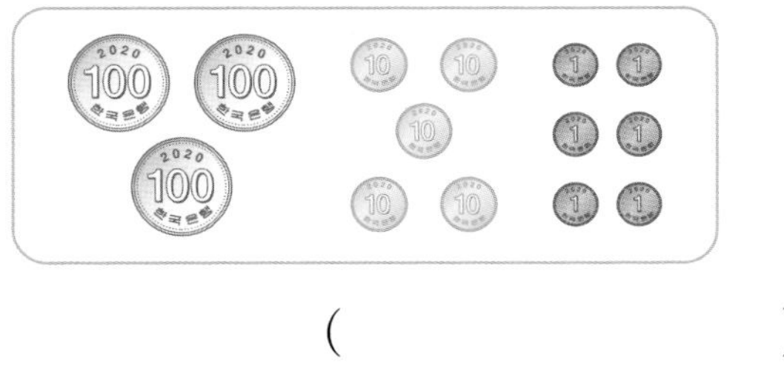

(　　　　　　　)

241010-0078

**07** 중요 빈칸에 알맞은 말이나 수를 써넣으세요.

| 쓰기 | 읽기 |
|---|---|
| 249 | |
| | 오백십 |
| 701 | |

정답과 풀이 16쪽

241010-0079

**08** 나타내는 수가 다른 것을 찾아 기호를 써 보세요.

> ㉠ 308
> ㉡ 100이 3개, 10이 8개인 수
> ㉢ 삼백팔십

( )

241010-0080

**09** 과자 공장에서 오늘 생산한 사탕을 포장했더니 100개씩 5상자, 10개씩 10봉지가 되고 5개가 남았습니다. 오늘 생산한 사탕은 모두 몇 개일까요?

( )

241010-0081

**10** 빈칸에 알맞은 수를 써넣으세요.

| 백의 자리 | 십의 자리 | 일의 자리 | 수 |
|---|---|---|---|
| 5 | 2 | 3 | |
| 2 | | 3 | 203 |
| | 8 | | 784 |

241010-0082

**11** 숫자 5가 50을 나타내는 수는 어느 것인가요? ( )

① 215 ② 502 ③ 925
④ 563 ⑤ 358

241010-0083

**12** 백의 자리 숫자가 5, 십의 자리 숫자가 2, 일의 자리 숫자가 9인 세 자리 수를 써 보세요.

( )

241010-0084

**13** 10씩 뛰어 세어 보세요.

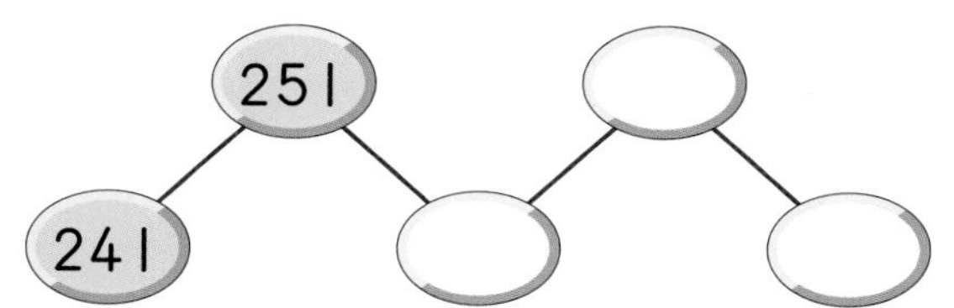


241010-0085

**14** □ 안에 알맞은 수를 써넣으세요.

(1) □씩 뛰어 셌습니다.

(2) ★에 올 수는 □입니다.

241010-0086

**15** 서술형 **주머니에 바둑돌이 462개 있습니다. 이 주머니에서 바둑돌을 1개씩 5번 꺼냈을 때, 남은 바둑돌은 몇 개인지 구해 보세요.**

풀이

(1) 남은 바둑돌의 수는 462에서 1씩 5번 ( 뛰어 , 거꾸로 뛰어 ) 세면 구할 수 있습니다.

(2) (1)과 같은 방법으로 뛰어 세면
462－(　　　)－(　　　)－(　　　)－(　　　)－(　　　)입니다.

(3) 따라서 남은 바둑돌은 (　　　)개입니다.

답 ______________

241010-0087

**16** **수 모형을 보고 두 수의 크기를 비교하여 ○ 안에 >, <를 알맞게 써넣으세요.**

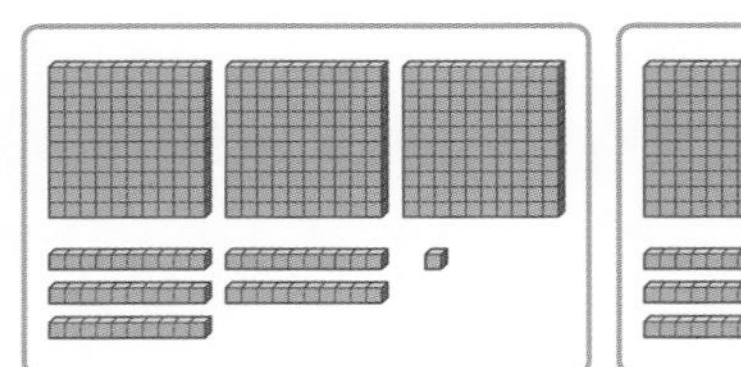
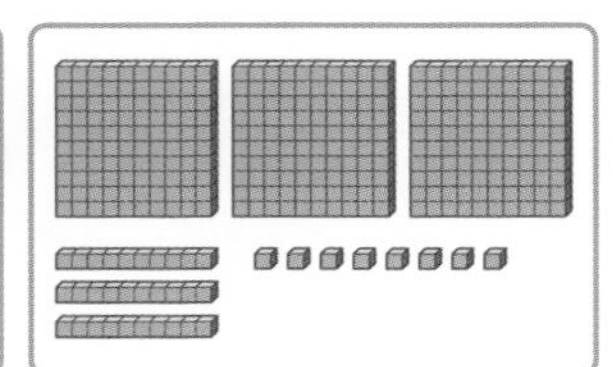

351 ○ 338

241010-0088

**17** **다인이와 소율이가 축제에 입장하기 위해 번호표를 받아서 기다리고 있습니다. 다인이의 번호표는 451번, 소율이의 번호표는 449번입니다. 누가 먼저 축제에 입장할 수 있을까요?**

(　　　　　　)

241010-0089

**18** **세 수의 크기를 비교하여 □ 안에 알맞은 수를 써넣으세요.**

621　　457　　626

□ < □ < □

241010-0090

**19** 서술형 **㉠과 ㉡ 중 더 큰 수를 찾아 기호를 써 보세요.**

㉠ 100이 7개, 10이 3개, 1이 5개인 수
㉡ 칠백구

풀이

(1) ㉠은 100이 7개, 10이 3개, 1이 5개이므로 (　　　)입니다.

(2) 칠백구를 수로 쓰면 ㉡은 (　　　)입니다.

(3) ㉠과 ㉡은 백의 자리 수가 같으므로 십의 자리 수를 비교하면
(　　)>(　　)이므로 더 큰 수의 기호를 쓰면 (　　)입니다.

답 ______________

241010-0091

**20** 도전 **4장의 수 카드 [5], [0], [6], [3] 중 3장을 골라 한 번씩만 사용하여 세 자리 수를 만들려고 합니다. 만들 수 있는 세 자리 수 중에서 가장 큰 수와 가장 작은 수를 각각 구해 보세요.**

가장 큰 수 (　　　　　　)
가장 작은 수 (　　　　　　)

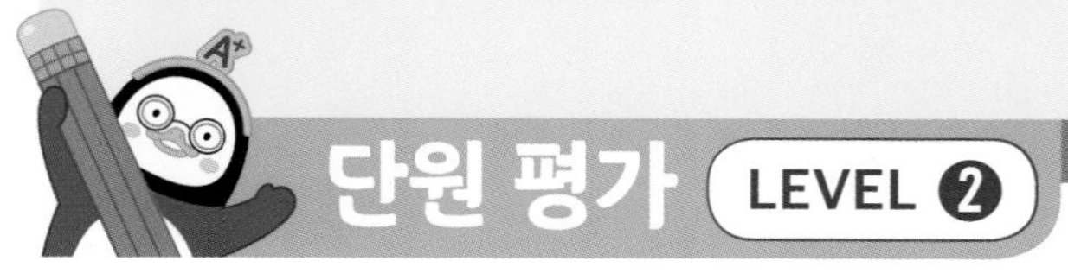


정답과 풀이 17쪽

241010-0092

01 다음이 나타내는 수를 쓰고 읽어 보세요.

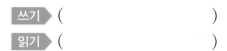

• 99보다 1만큼 더 큰 수입니다.
• 10이 10개인 수입니다.

쓰기 (　　　　　　　)
읽기 (　　　　　　　)

241010-0093

02 연필이 모두 100자루가 되려면 몇 자루가 더 있어야 하는지 써 보세요.

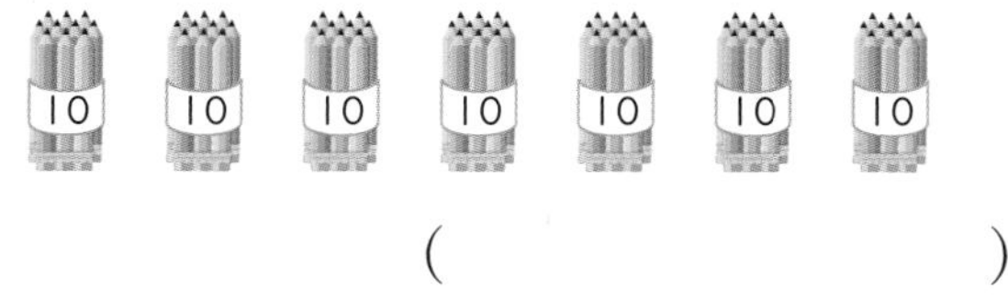


(　　　　　　　)

241010-0094

03 주어진 수만큼 묶어 보세요.

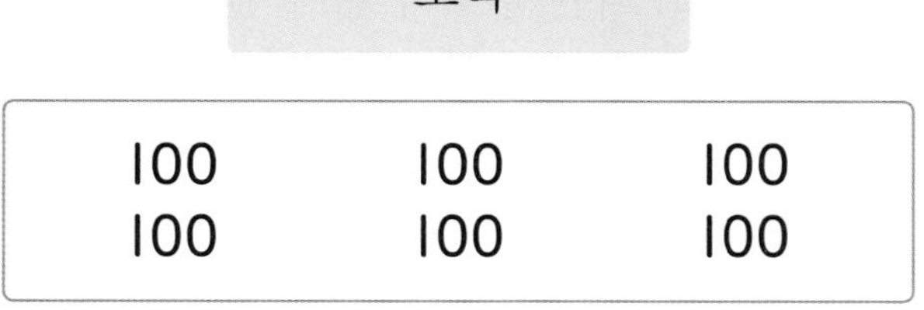


241010-0095

04 관계있는 것끼리 이어 보세요.

| | | |
|---|---|---|
| 100이 9개 • | • 700 • | • 사백 |
| 100이 7개 • | • 400 • | • 구백 |
| 100이 4개 • | • 900 • | • 칠백 |

241010-0096

05 현우가 강낭콩을 한 봉지에 10개씩 담았더니 20봉지가 되었습니다. 강낭콩은 모두 몇 개일까요?

(　　　　　　　)

241010-0097

06 중요 □ 안에 알맞은 수를 써넣으세요.

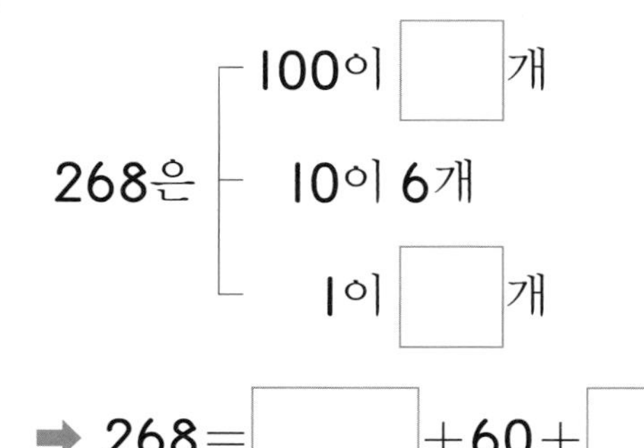


➡ 268=□+60+□

241010-0098

07 잘못 짝지어진 것을 골라 기호를 써 보세요.

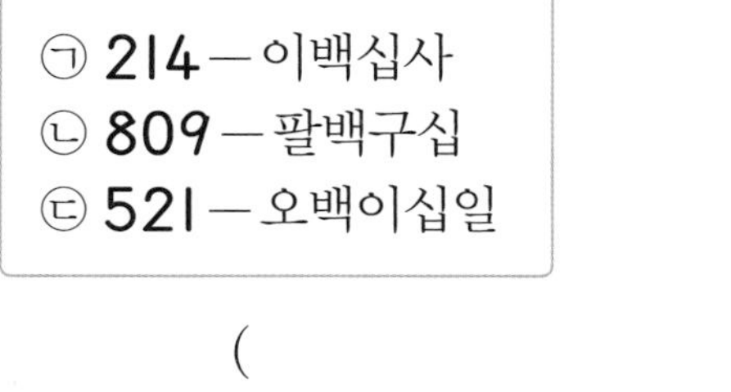

㉠ 214－이백십사
㉡ 809－팔백구십
㉢ 521－오백이십일


(　　　　　　　)

241010-0099

**08** 수 모형 5개 중 3개를 사용하여 나타낼 수 있는 세 자리 수를 모두 찾아 ○표 하세요.

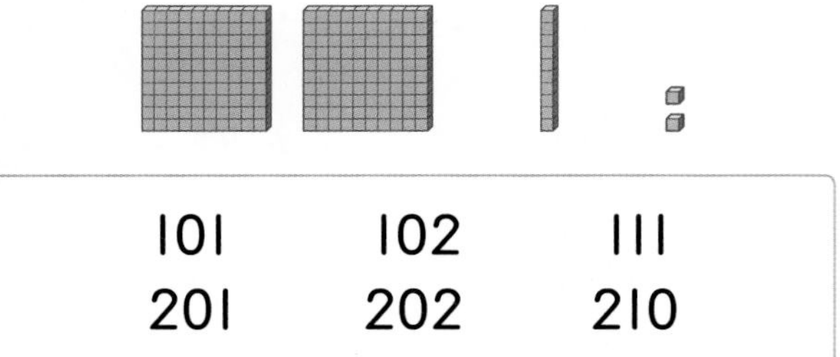

| | | |
|---|---|---|
| 101 | 102 | 111 |
| 201 | 202 | 210 |

241010-0100

**09** 수를 보고 물음에 답하세요.

806 938 684 179 369

(1) 백의 자리 숫자가 9인 수를 찾아 써 보세요.

( )

(2) 십의 자리 숫자가 6인 수를 찾아 써 보세요.

( )

241010-0101

**10** 보기 와 같이 □ 안에 알맞은 수를 써넣으세요.

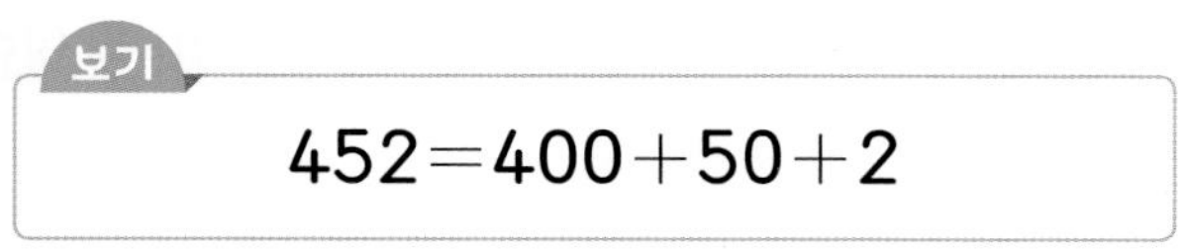


(1) 621=□+□+□

(2) 203=□+□+3

241010-0102

**11** 숫자 6이 나타내는 값이 가장 큰 수에 ○표, 가장 작은 수에 △표 하세요.

| 564 | 628 | 936 |
|---|---|---|
| ( ) | ( ) | ( ) |

241010-0103

**12** 137을 보기 와 같은 방법으로 나타내 보세요.

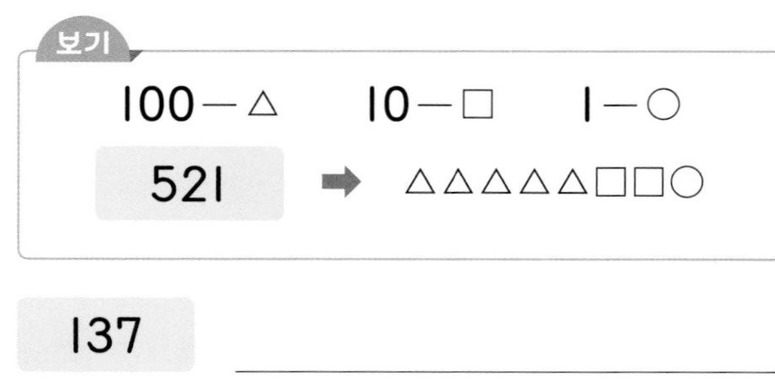


137 ______________

241010-0104

**13** 뛰어 세는 규칙을 찾아 빈칸에 알맞은 수를 써넣으세요.

579 — 589 — □ — □ — □ — 629 — □ — 649

241010-0105

**14** 중요 다음을 읽고 연희가 뛰어 센 수는 얼마인지 구해 보세요.

우주: ★씩 뛰어 세었더니 백의 자리 수가 1씩 커졌어.
연희: 나는 우주가 뛰어 센 방법으로 241부터 3번 뛰어 센 수를 구해 볼거야.

( )

241010-0106

**15** **다음 수를 구해 보세요.**

486부터 20씩 5번 뛰어 센 수

(          )

241010-0107

**16** **두 수의 크기를 비교하여 ○ 안에 >, <를 알맞게 써넣으세요.**

354 ○ 352

241010-0108

**17** **더 큰 수를 찾아 기호를 써 보세요.**

㉠ 798부터 1씩 5번 뛰어 센 수
㉡ 772부터 10씩 3번 뛰어 센 수

풀이

(1) 798부터 1씩 5번 뛰어 세면 798−799−(     )−(     )−(     )−(     )이므로 ㉠은 (     )입니다.

(2) 772부터 10씩 3번 뛰어 세면 772−782−(     )−(     )이므로 ㉡은 (     )입니다.

(3) 따라서 ㉠과 ㉡ 중 더 큰 수는 (     )입니다.

답 ______________

241010-0109

**18** 도전 **이서, 지원, 도준이가 가지고 있는 색종이 수를 나타낸 표입니다. 누가 색종이를 가장 많이 가지고 있는지 써 보세요.**

| 이서 | 지원 | 도준 |
|---|---|---|
| 35□장 | 2□7장 | 34□장 |

(          )

241010-0110

**19** 서술형 **0부터 9까지의 수 중에서 □ 안에 들어갈 수 있는 가장 큰 수를 써 보세요.**

962>9□3

풀이

(1) 일의 자리 수를 비교하면 2<3이므로 □ 안에 들어갈 수 있는 수는 (     )보다 작아야 합니다.

(2) □ 안에 들어갈 수 있는 수를 모두 써 보면 (     ), (     ), (     ), (     ), (     ), (     )입니다.

(3) 따라서 □ 안에 들어갈 수 있는 수 중에서 가장 큰 수는 (     )입니다.

답 ______________

241010-0111

**20** **백의 자리 숫자가 4, 십의 자리 숫자가 7인 세 자리 수 중에서 473보다 작은 수를 모두 구해 보세요.**

(          )

# 2 여러 가지 도형

**단원 학습 목표**

1. 삼각형, 사각형, 원을 직관적으로 이해하고 그 모양을 그릴 수 있습니다.
2. 삼각형과 사각형에서 꼭짓점과 변을 알고 찾을 수 있습니다.
3. 삼각형, 사각형에서 각각의 공통점을 찾아 말할 수 있습니다.
4. 쌓기나무를 이용하여 여러 가지 모양을 만들고, 그 모양에 대해 위치나 방향을 이용하여 설명할 수 있습니다.

**단원 진도 체크**

| 학습일 | | | 학습 내용 | 진도 체크 |
|---|---|---|---|---|
| 1일째 | 월 | 일 | 개념 1 △을 알아볼까요<br>개념 2 □을 알아볼까요<br>개념 3 ○을 알아볼까요<br>개념 4 칠교판으로 모양을 만들어 볼까요 | ✓ |
| 2일째 | 월 | 일 | 교과서 넘어 보기 + 교과서 속 응용 문제 | ✓ |
| 3일째 | 월 | 일 | 개념 5 쌓은 모양을 알아볼까요<br>개념 6 여러 가지 모양으로 쌓아 볼까요 | ✓ |
| 4일째 | 월 | 일 | 교과서 넘어 보기 + 교과서 속 응용 문제 | ✓ |
| 5일째 | 월 | 일 | 응용 1 조건을 보고 어떤 도형인지 찾기<br>응용 2 크고 작은 도형의 수 구하기 | ✓ |
| 6일째 | 월 | 일 | 응용 3 쌓기나무로 쌓은 모양을 앞에서 본 모양 알아보기<br>응용 4 필요한 쌓기나무의 수 구하기 | ✓ |
| 7일째 | 월 | 일 | 단원 평가 LEVEL ❶ | ✓ |
| 8일째 | 월 | 일 | 단원 평가 LEVEL ❷ | ✓ |

이 단원을 진도 체크에 맞춰 8일 동안 학습해 보세요.
해당 부분을 공부하고 나서 ✓표를 하세요.

오늘은 건이네 가족이 소풍을 가는 날이에요. 엄마가 준비한 샌드위치 재료에는 사각형 모양인 식빵과 햄, 치즈도 보이고 원 모양인 오이와 토마토, 올리브도 보여요. 아빠는 김밥은 원 모양, 샌드위치는 삼각형 모양이 보이게 잘랐어요.

이번 2단원에서는 삼각형, 사각형, 원을 알아보고 칠교판 조각과 쌓기나무로 여러 가지 모양을 만들어 볼 거예요.

# 교과서 개념 다지기

## 개념 1 △을 알아볼까요

**(1) △ 알아보기**

그림과 같은 모양의 도형을 삼각형이라고 합니다.

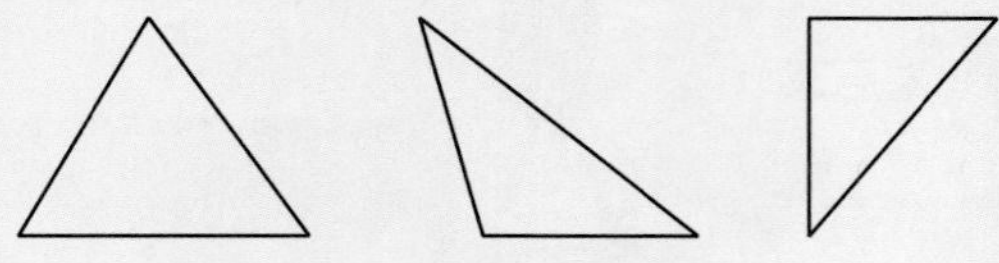

**(2) 삼각형의 변과 꼭짓점 알아보기**

삼각형에서 ┌ 곧은 선을 변이라고 합니다.
└ 두 곧은 선이 만나는 점을 꼭짓점이라고 합니다.

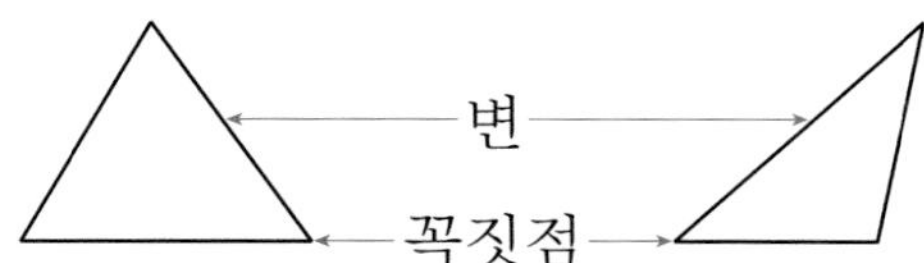


**(3) 삼각형의 특징**

- 삼각형은 변이 3개, 꼭짓점이 3개입니다.
- 삼각형은 곧은 선들로 둘러싸여 있습니다.

● 삼각형이 아닌 이유 알아보기

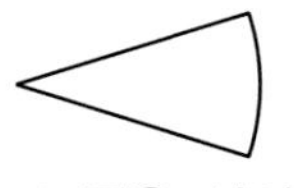

➡ 굽은 선이 있는 도형이기 때문입니다.

➡ 변과 꼭짓점이 3개보다 많기 때문입니다.

➡ 끊어진 부분이 있기 때문입니다.

241010-0112

**01** 왼쪽에 그린 삼각형과 같은 삼각형을 그려 보세요.

(1)

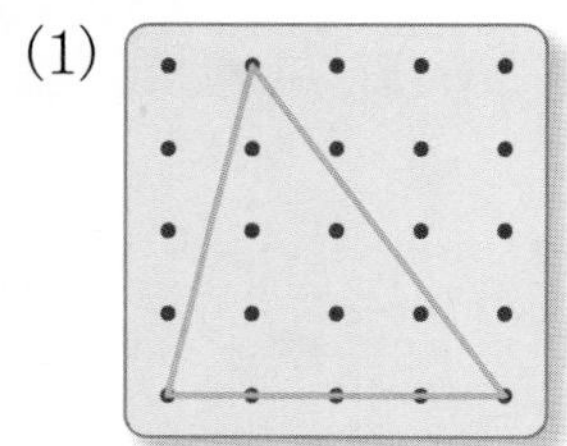

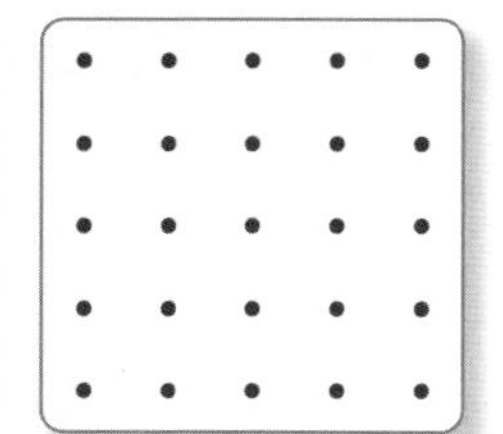

(2)

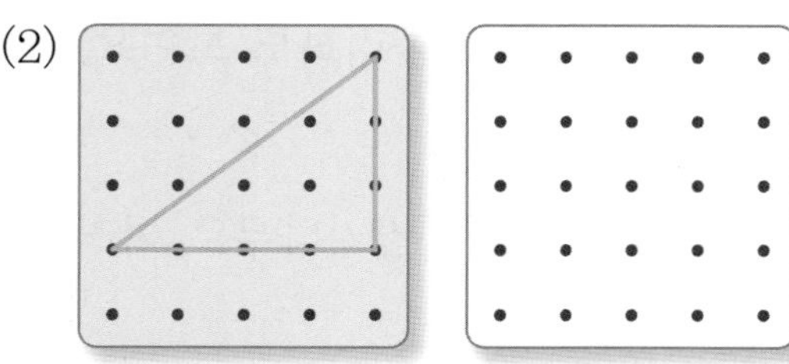

241010-0113

**02** 삼각형을 모두 찾아 ○표 하세요.

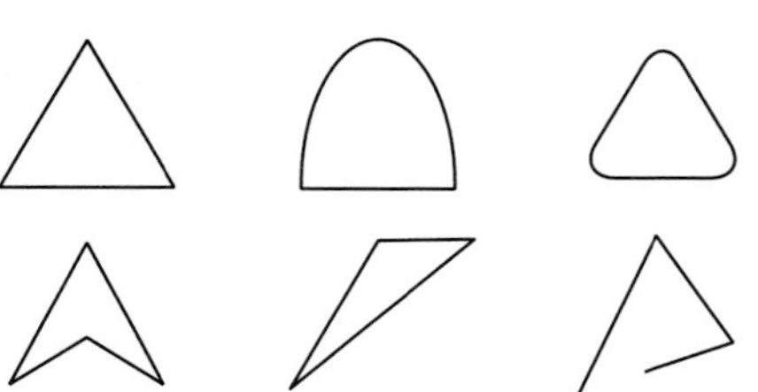

241010-0114

**03** □ 안에 알맞은 말을 써넣으세요.

삼각형에서 곧은 선을 □, 두 곧은 선이 만나는 점을 □(이)라고 합니다.

## 개념 2 □을 알아볼까요

(1) □ 알아보기

그림과 같은 모양의 도형을 사각형이라고 합니다.

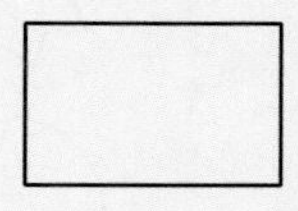 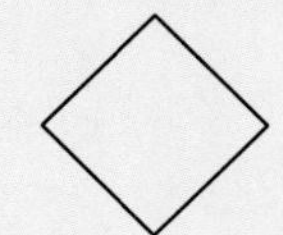 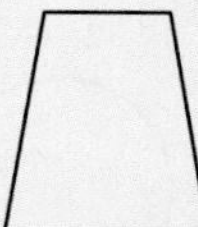

(2) 사각형의 변과 꼭짓점 알아보기

사각형에서
- 곧은 선을 변이라고 합니다.
- 두 곧은 선이 만나는 점을 꼭짓점이라고 합니다.

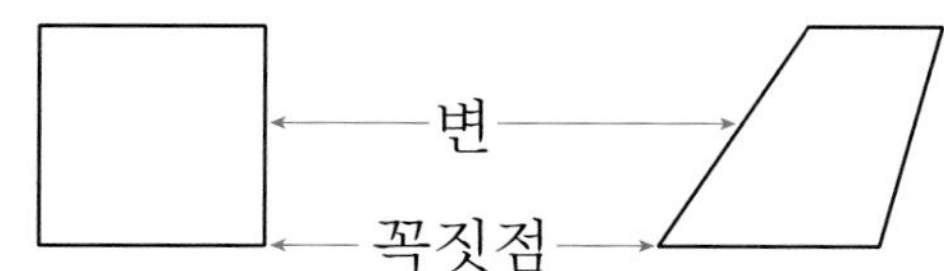


(3) 사각형의 특징

- 사각형은 변이 4개, 꼭짓점이 4개입니다.
- 사각형은 곧은 선들로 둘러싸여 있습니다.

● 사각형이 아닌 이유 알아보기

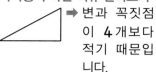

➡ 변과 꼭짓점이 4개보다 적기 때문입니다.

➡ 끊어진 부분이 있기 때문입니다.

● 삼각형과 사각형 비교하기

• 공통점
- 곧은 선으로 둘러싸여 있습니다.
- 뾰족한 부분이 있습니다.
- 굽은 선이나 끊어진 부분이 없습니다.

• 차이점

| | 삼각형 | 사각형 |
|---|---|---|
| 변의 수(개) | 3 | 4 |
| 꼭짓점의 수(개) | 3 | 4 |

241010-0115

**04** 왼쪽 사각형과 똑같은 사각형을 그려 보세요.

(1)

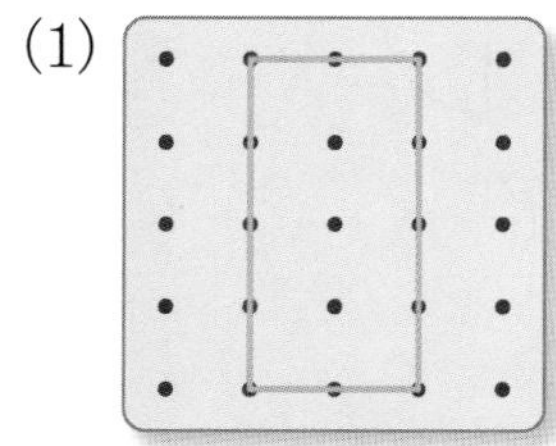 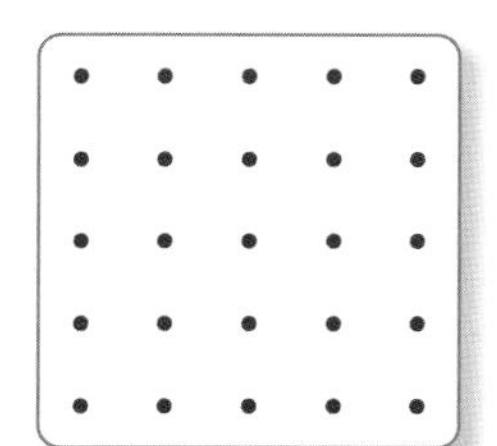

(2)

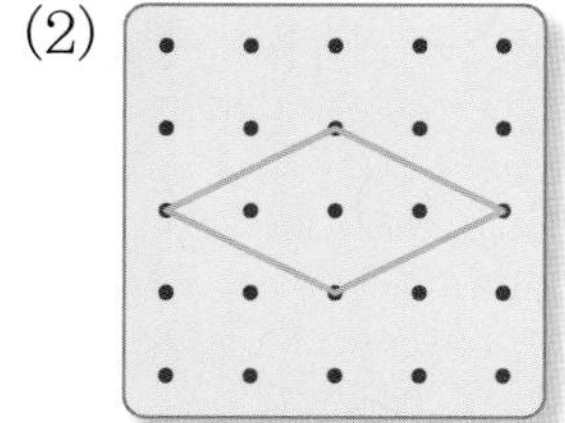 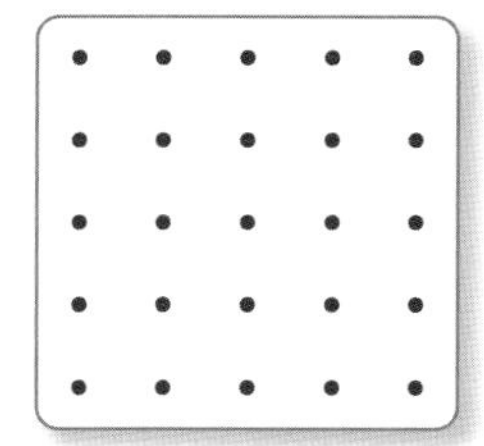

241010-0116

**05** 사각형을 모두 찾아 ○표 하세요.

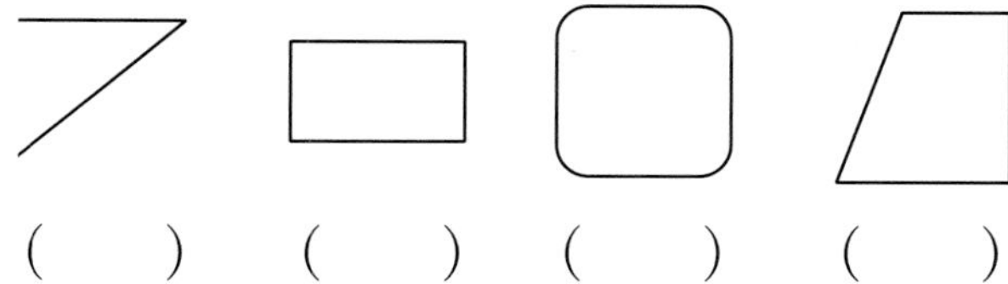

( ) ( ) ( ) ( )

241010-0117

**06** 사각형의 꼭짓점에 모두 ○표 하고, □ 안에 알맞은 수를 써넣으세요.

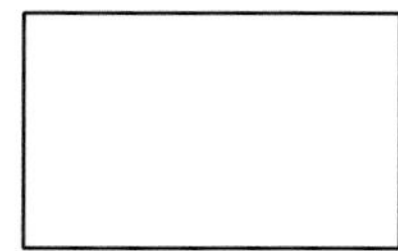

➡ 사각형의 꼭짓점은 □개입니다.

## 개념 3 ○을 알아볼까요

(1) ○ 알아보기

그림과 같은 모양의 도형을 원이라고 합니다.

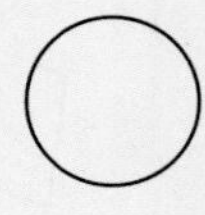  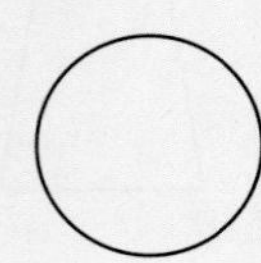

(2) 원의 특징

- 뾰족한 부분이 없습니다.
- 곧은 선이 없습니다.
- 굽은 선으로 이어져 있습니다.
- 길쭉하거나 찌그러진 곳 없이 어느 쪽에서 보아도 똑같이 동그란 모양입니다.
- 크기는 다르지만 생긴 모양이 서로 같습니다.

● 원이 아닌 이유 알아보기

 ➡ 뾰족한 부분이 있기 때문입니다.

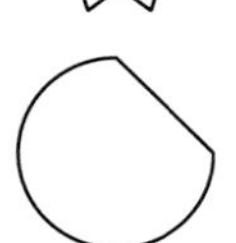 ➡ 곧은 선이 있기 때문입니다.

 ➡ 동그랗지 않고 길쭉하기 때문입니다.

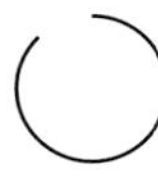 ➡ 동그랗지만 끊어진 부분이 있기 때문입니다.

241010-0118

**07** 음료수 캔의 아래쪽 부분을 본 떠 그렸습니다. 물음에 답하세요.

(1) 본 떠 그린 모양에 ○표 하세요.

 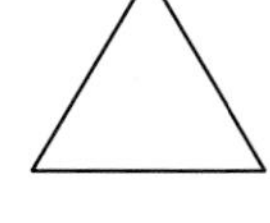 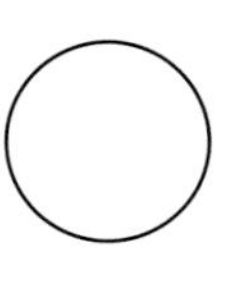

( ) ( ) ( )

(2) 음료수 캔의 아래쪽 부분을 본 떠 그린 모양의 이름을 써 보세요.

( )

241010-0119

**08** 원을 찾아 ○표 하세요.

(1) 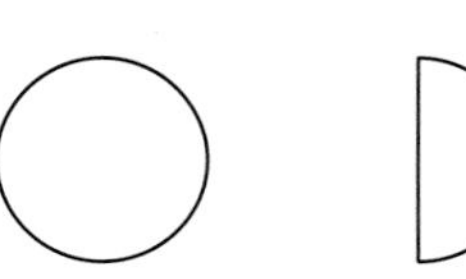 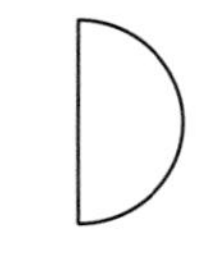 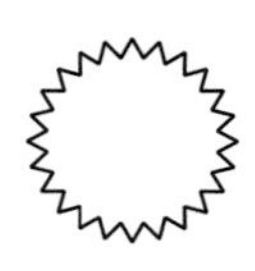

( ) ( ) ( )

(2) 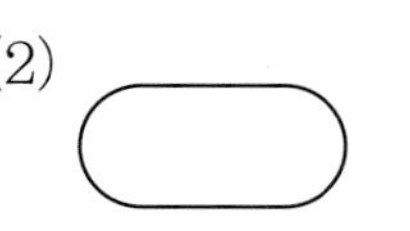 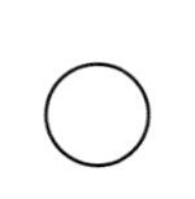 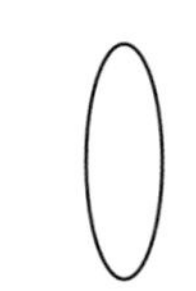

( ) ( ) ( )

(3)  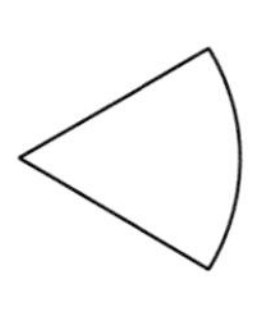 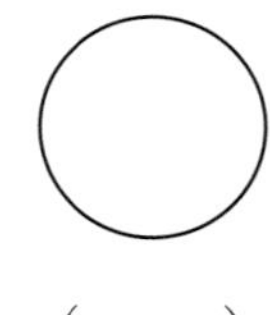

( ) ( ) ( )

## 개념 4 칠교판으로 모양을 만들어 볼까요

**(1) 칠교판 알아보기**

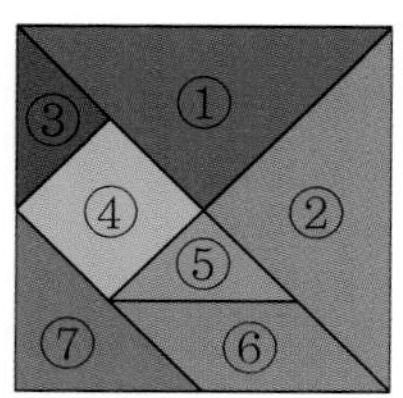


| 삼각형 | ①, ②, ③, ⑤, ⑦ |
|---|---|
| 사각형 | ④, ⑥ |

• 칠교판 조각은 모두 7개입니다.

• 칠교판에는 ┌ 삼각형 모양 조각이 5개 있습니다.
　　　　　　└ 사각형 모양 조각이 2개 있습니다.

**(2) 칠교판으로 모양 만들기**

예 세 조각을 모두 이용하여 삼각형과 사각형 만들기

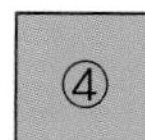

| 삼각형 | 사각형 |
|---|---|
| | |

● 색종이를 잘라서 칠교판 만들기

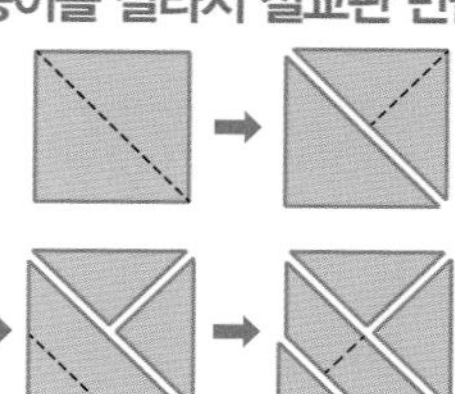
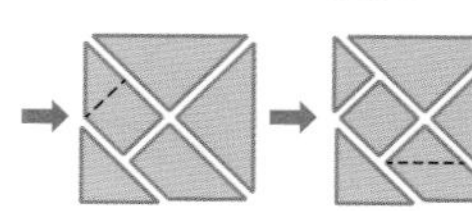
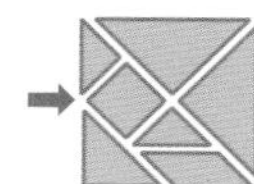

241010-0120

**09** 칠교판을 보고 물음에 답하세요.

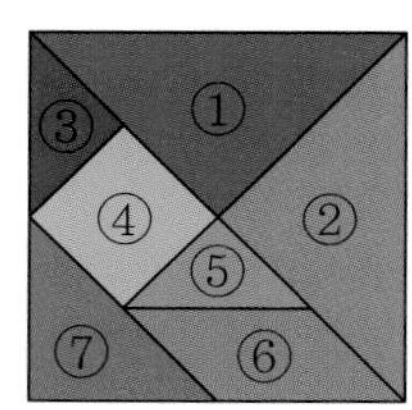


(1) 칠교판 조각은 모두 몇 개인가요?

(　　　　　　　　　　)

(2) 삼각형 모양 조각을 모두 찾아 번호를 써 보세요.

(　　　　　　　　　　)

(3) 사각형 모양 조각을 모두 찾아 번호를 써 보세요.

(　　　　　　　　　　)

241010-0121

**10** 두 조각을 모두 이용하여 만든 모양입니다. 어떻게 이용한 것인지 보기 와 같이 선을 그어 보세요.

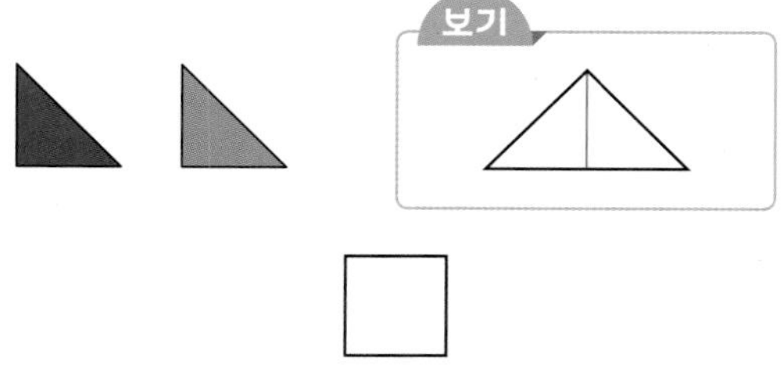


241010-0122

**11** 두 조각을 모두 이용하여 주어진 모양을 만들어 보세요.

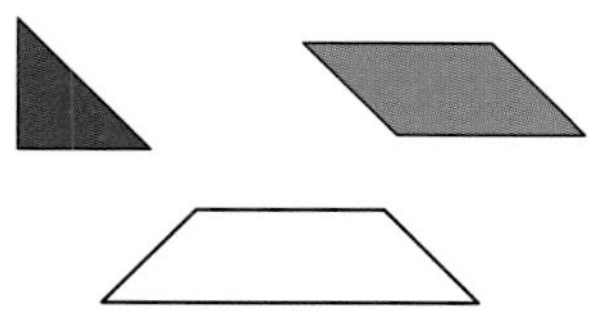

## 교과서 넘어 보기

241010-0123

**01** 삼각형을 모두 찾아 기호를 써 보세요.

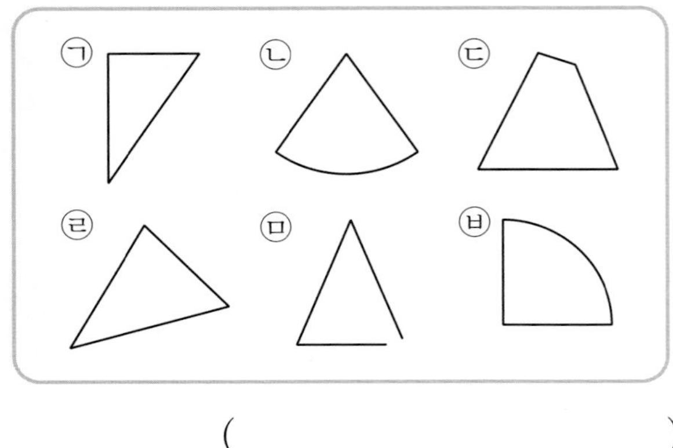


(　　　　　　　　　　)

241010-0124

**02** 삼각형은 모두 몇 개일까요?

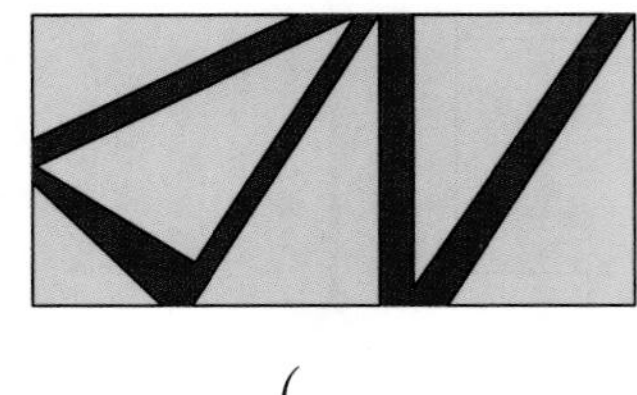

(　　　　　　　　　　)

241010-0125

**03** 사각형이 아닌 것을 모두 고르세요. (　　　　)

① 
② 
③ 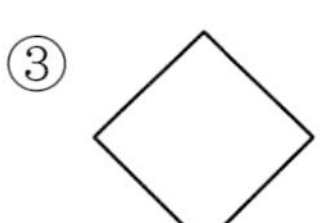
④ 
⑤ 

241010-0126

**04** 중요 □ 안에 알맞은 말을 써넣으세요.

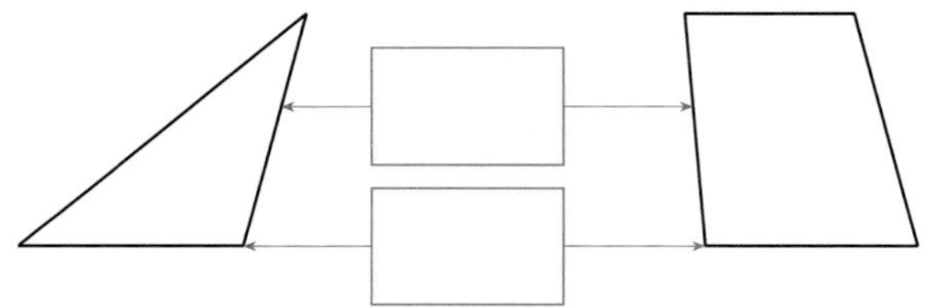

241010-0127

**05** 오른쪽 색종이를 점선을 따라 자르면 어떤 도형이 몇 개 생길까요?

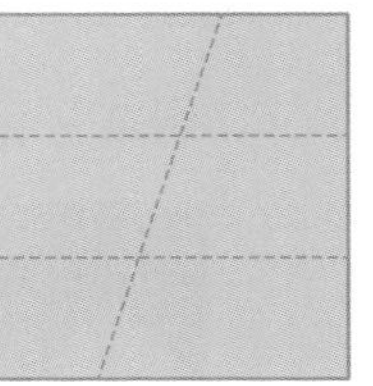

(　　　　　　　　), (　　　　　　　　)

**[06~07]** 그림을 보고 물음에 답하세요.

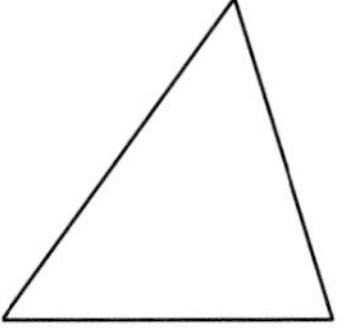
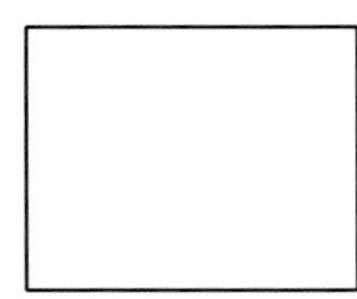

241010-0128

**06** 빈칸에 알맞은 수를 써넣으세요.

| | 변의 수(개) | 꼭짓점의 수(개) |
|---|---|---|
| 삼각형 | 3 | |
| 사각형 | | |

241010-0129

**07** 삼각형과 사각형의 공통점으로 틀린 것을 찾아 기호를 써 보세요.

㉠ 곧은 선으로 둘러싸여 있습니다.
㉡ 끊어진 부분이 있습니다.
㉢ 뾰족한 부분이 있습니다.

(　　　　　　　　)

241010-0130

**08** 주변에 있는 물건이나 모양 자를 이용하여 크기가 다른 원을 2개 그려 보세요.

241010-0131

**09** 원은 모두 몇 개일까요?

도전

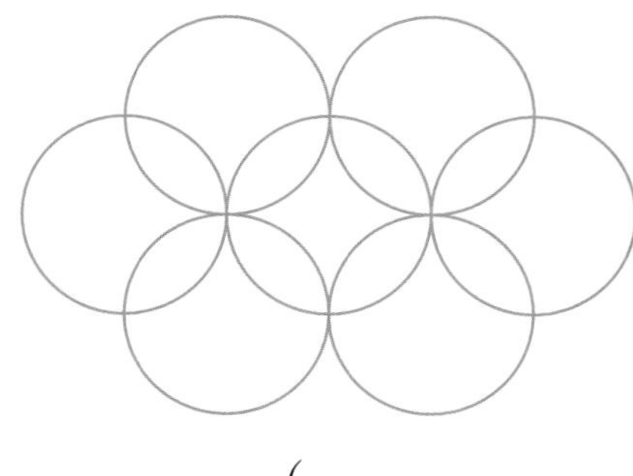

( )

241010-0132

**10** 원에 대한 설명으로 틀린 것을 찾아 기호를 써 보세요.

중요

㉠ 원은 뾰족한 부분이 없습니다.
㉡ 원은 동그란 모양입니다.
㉢ 모든 원은 크기와 모양이 같습니다.
㉣ 원은 굽은 선으로 이어져 있습니다.

( )

**[11~12] 그림을 보고 물음에 답하세요.**

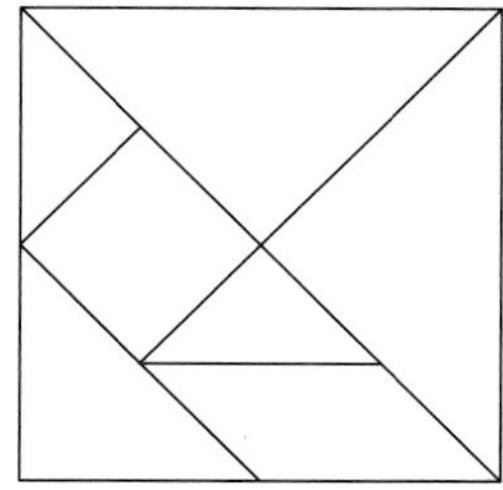

241010-0133

**11** 칠교판 조각 중 삼각형 모양에 빨간색, 사각형 모양에 파란색으로 색칠해 보세요.

241010-0134

**12** 칠교판 조각에서 삼각형과 사각형은 각각 몇 개인지 써 보세요.

| 삼각형의 수(개) | 사각형의 수(개) |
|---|---|
| | |

**교과서 속 응용 문제** 교과서, 익힘책 속 응용 문제를 유형별로 풀어 보세요.

정답과 풀이 19쪽

**칠교판으로 모양 만들기**

㉯ 다음 두 조각을 모두 이용하여 주어진 모양을 만들어 보세요.

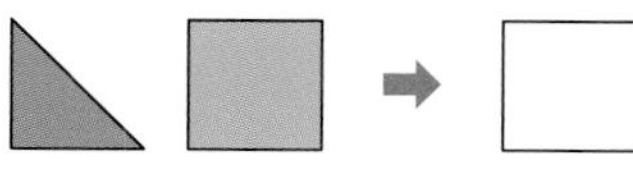

• 두 조각을 어떻게 붙이면 주어진 모양이 될지 생각해 봅니다.

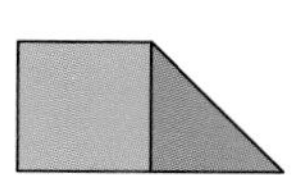

**[13~14] 칠교판을 보고 물음에 답하세요.**

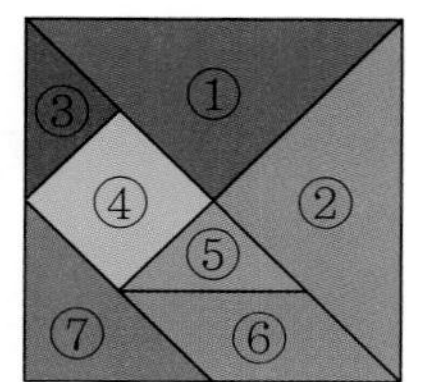


241010-0135

**13** ③, ④, ⑤ 세 조각을 모두 이용하여 삼각형과 사각형을 만들어 보세요.

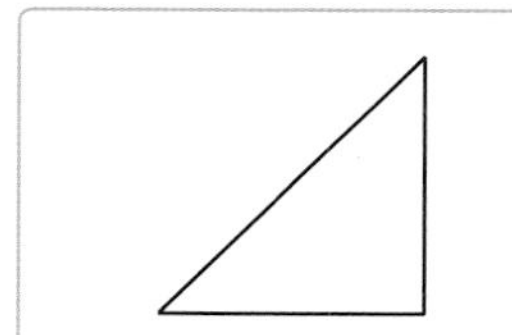

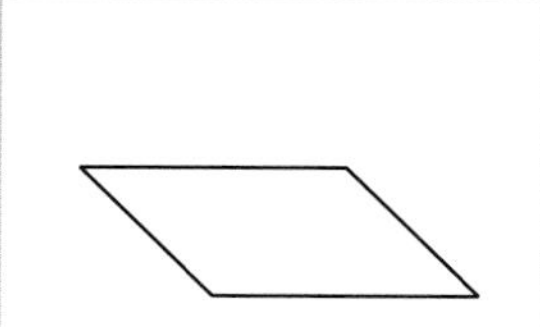

241010-0136

**14** 칠교판 조각을 모두 이용하여 다음 모양을 만들어 보세요.

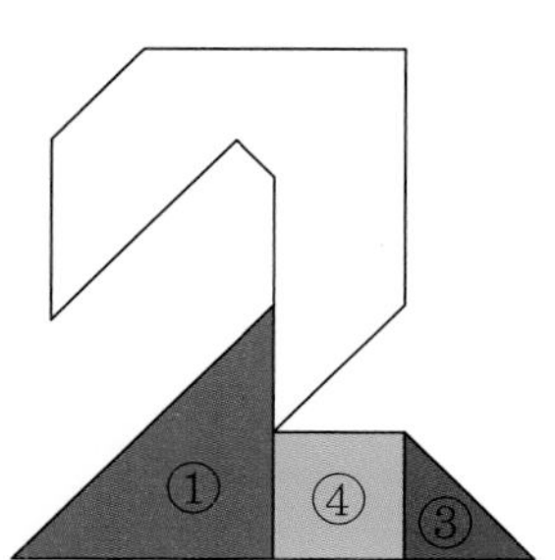


2 단원

# 교과서 개념 다지기

## 개념 5 쌓은 모양을 알아볼까요

(1) 쌓은 모양에서 위치 알아보기

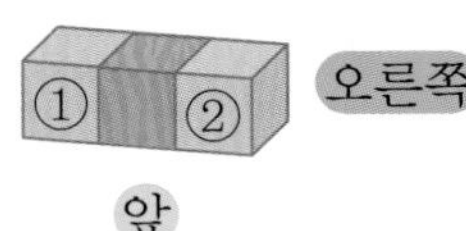


분홍색 쌓기나무의
왼쪽에 있는 쌓기나무: ①
오른쪽에 있는 쌓기나무: ②

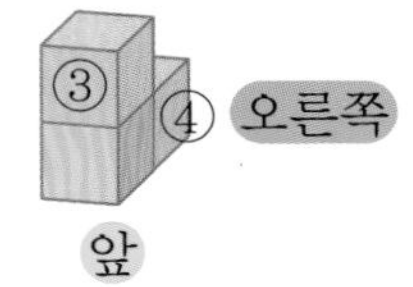


연두색 쌓기나무의
위에 있는 쌓기나무: ③
뒤에 있는 쌓기나무: ④

(2) 쌓은 모양에 대한 설명을 듣고 똑같이 쌓기

쌓기나무의 수와 색깔, 쌓기나무를 놓는 위치와 방향, 쌓기나무의 층수 등을 생각하며 쌓습니다.

분홍색 쌓기나무 1개가 있고, 그 오른쪽에 쌓기나무 2개가 2층으로 있습니다. ➡

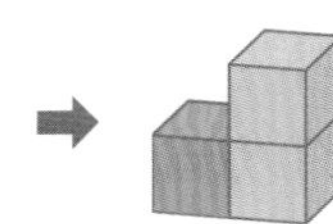

● 쌓기나무에서 위치 알아보기

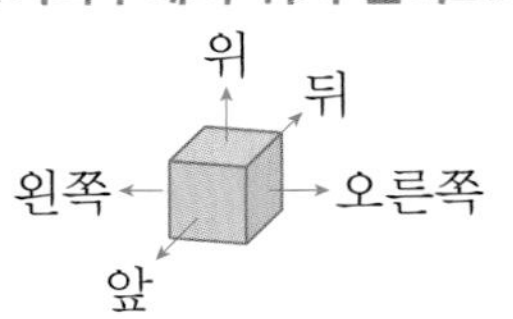


● 층수로 쌓은 모양 알아보기

예

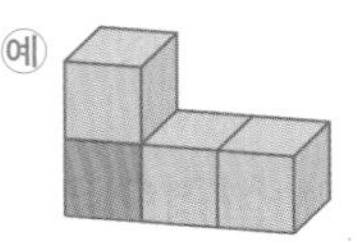

- 2층으로 쌓은 모양입니다.
- 쌓기나무는 1층에 3개가 나란히 있습니다.
- 분홍색 쌓기나무 위에 쌓기나무 1개가 있습니다.

241010-0137

**01** 분홍색 쌓기나무의 왼쪽에 있는 쌓기나무를 찾아 ○표 하세요.

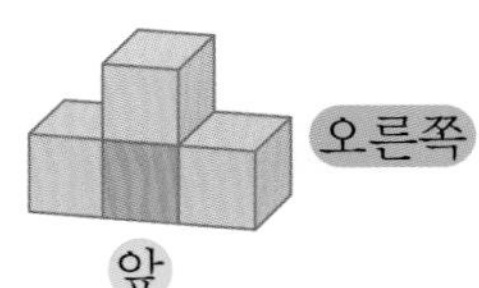


241010-0138

**02** 분홍색 쌓기나무의 오른쪽에 있는 쌓기나무를 찾아 ○표 하세요.

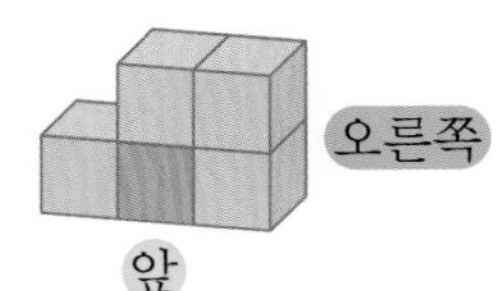


241010-0139

**03** 쌓은 모양을 바르게 나타내도록 보기 에서 알맞은 말을 골라 □ 안에 써넣으세요.

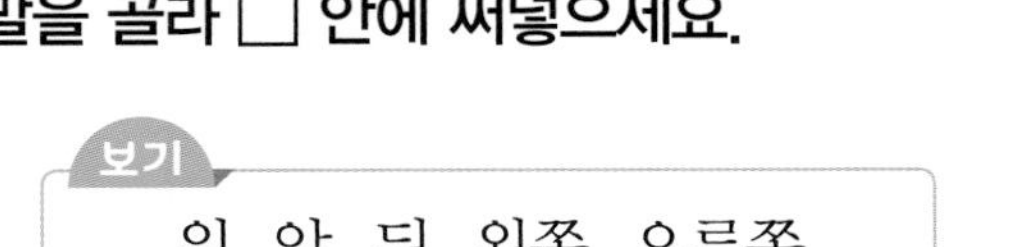

보기

위, 앞, 뒤, 왼쪽, 오른쪽

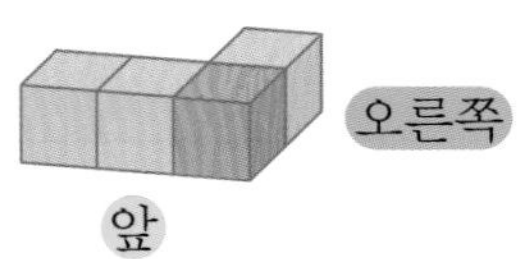


(1) 분홍색 쌓기나무 □에 쌓기나무 2개가 있습니다.

(2) 분홍색 쌓기나무 □에 쌓기나무 1개가 있습니다.

## 여러 가지 모양으로 쌓아 볼까요

(1) **쌓기나무로 모양 만들기**

• 쌓기나무 3개로 모양 만들기

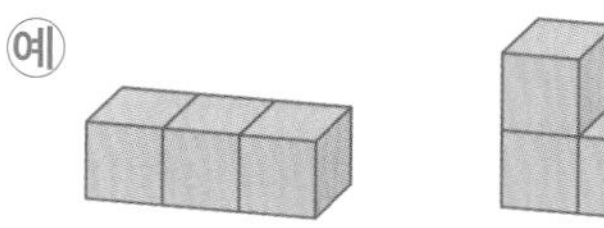


• 쌓기나무 4개로 모양 만들기

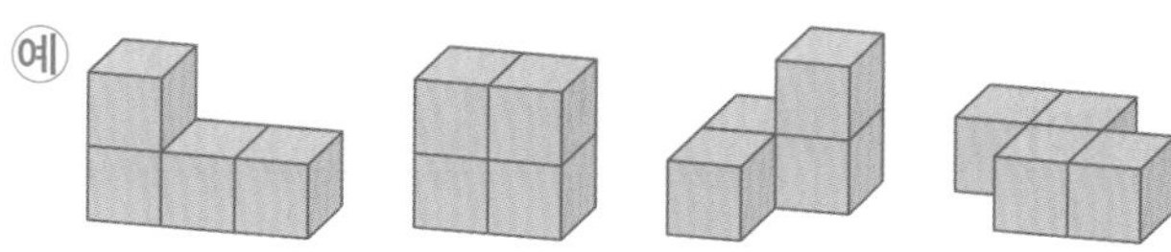


(2) **쌓은 모양 설명하기**

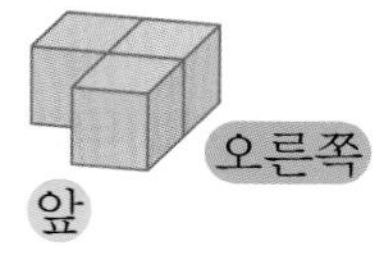


➡ 쌓기나무 2개가 옆으로 나란히 있고, 오른쪽 쌓기나무의 앞에 쌓기나무 1개가 있습니다.

➡ 쌓기나무 3개가 옆으로 나란히 있고, 왼쪽 쌓기나무의 위에 쌓기나무 1개가 있습니다.

● **쌓기나무 5개로 모양 만들기**

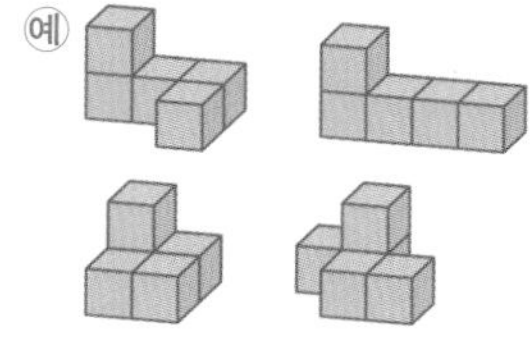


● **보이지 않는 쌓기나무 알아보기**

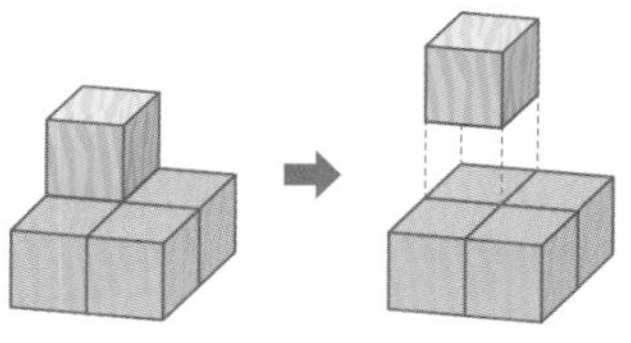

• 파란색 쌓기나무 아래에 보이지 않는 쌓기나무가 있습니다.

• 쌓기나무 5개로 쌓은 모양입니다.

241010-0140

**04** **쌓기나무로 만든 모양을 보고 물음에 답하세요.**

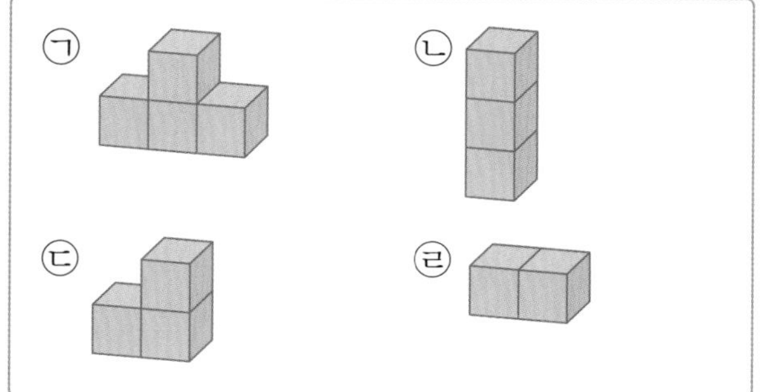


(1) 쌓기나무 3개로 만든 모양을 모두 찾아 기호를 써 보세요.

( )

(2) 쌓기나무 4개로 만든 모양을 찾아 기호를 써 보세요.

( )

241010-0141

**05** **설명대로 쌓은 모양이 맞으면 ○표, 틀리면 ×표 하세요.**

> 쌓기나무 2개가 옆으로 나란히 있고, 왼쪽 쌓기나무 위에 쌓기나무 1개가 있습니다.

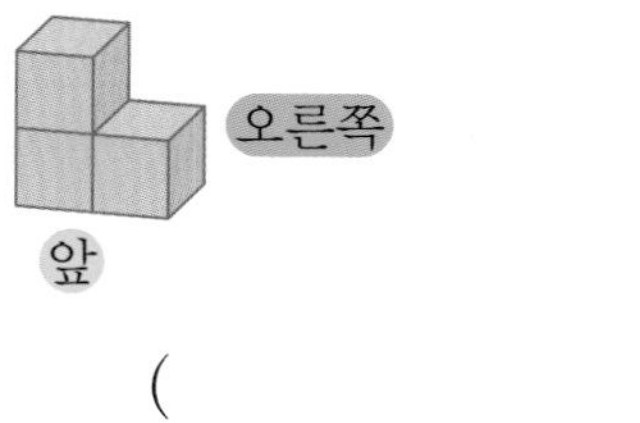


( )

2 단원

241010-0142

15 분홍색 쌓기나무의 왼쪽에 있는 쌓기나무를 찾아 ○표 하세요.

241010-0143

16 분홍색 쌓기나무의 뒤에 있는 쌓기나무를 찾아 ○표 하세요.

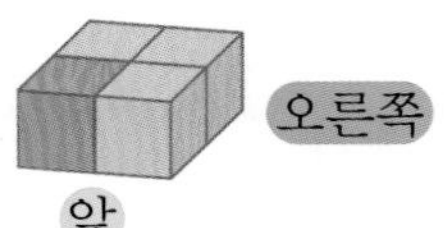


241010-0144

17 주어진 조건에 맞게 쌓기나무를 색칠해 보세요.

중요

- 분홍색 쌓기나무의 앞에 초록색 쌓기나무
- 노란색 쌓기나무의 위에 파란색 쌓기나무

241010-0145

18 2층으로 쌓은 모양을 모두 찾아 기호를 써 보세요.

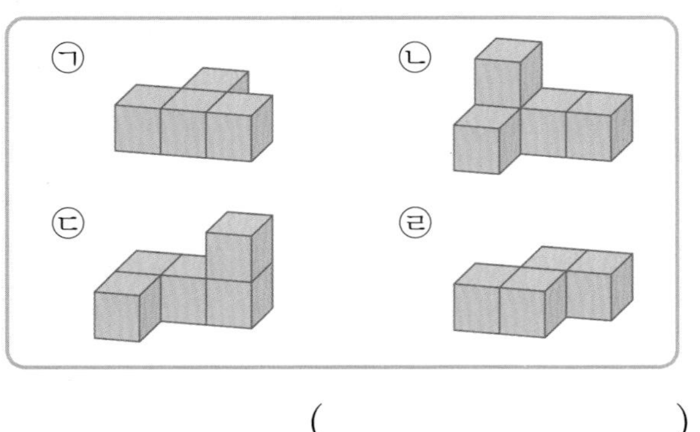


( )

241010-0146

19 쌓은 모양을 보고 알맞은 말에 ○표 하세요.

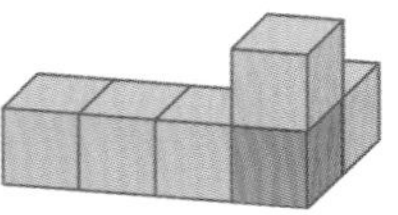

분홍색 쌓기나무 ( 오른쪽 , 왼쪽 )에 쌓기나무 3개가 나란히 있습니다. 분홍색 쌓기나무 ( 앞 , 뒤 )에 쌓기나무가 1개 있습니다.

[20~21] 똑같은 모양으로 쌓으려면 쌓기나무가 몇 개 필요한가요?

241010-0147

20

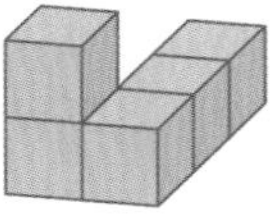

( )

241010-0148

21

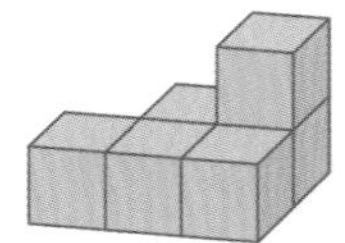

( )

241010-0149

22 왼쪽 모양에서 쌓기나무 1개를 빼서 오른쪽과 똑같은 모양을 만들려고 합니다. 빼야 할 쌓기나무는 어느 것인가요? ( )

중요

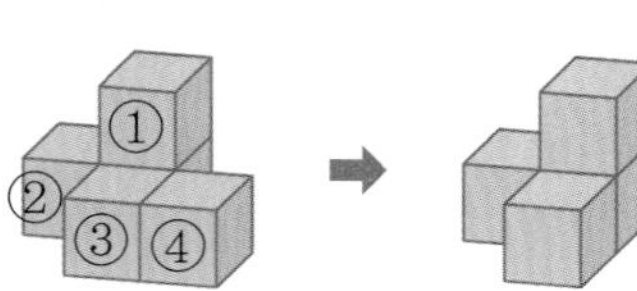

241010-0150

**23** 쌓기나무 5개로 만든 모양이 아닌 것을 찾아 기호를 써 보세요.

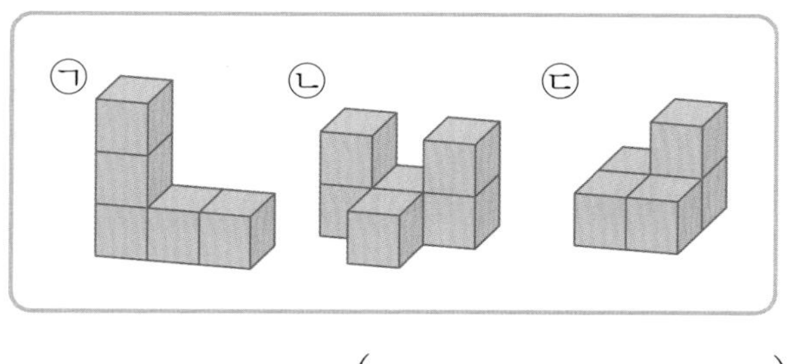


( )

241010-0151

**24** 설명대로 쌓은 모양을 찾아 이어 보세요.

| I층에 3개, 2층에 2개가 있습니다. | 3개가 옆으로 나란히 있고, 오른쪽 쌓기나무 뒤에 I개가 있습니다. |
|---|---|

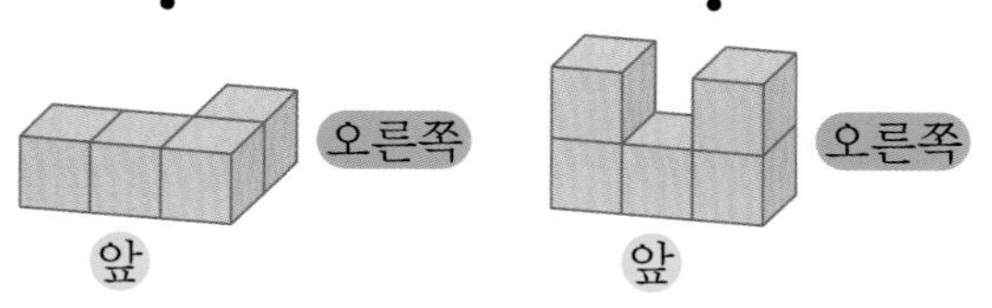


241010-0152

**25** 도전 쌓기나무로 쌓은 모양에 대한 설명입니다. 틀린 부분을 모두 찾아 바르게 고쳐 보세요.

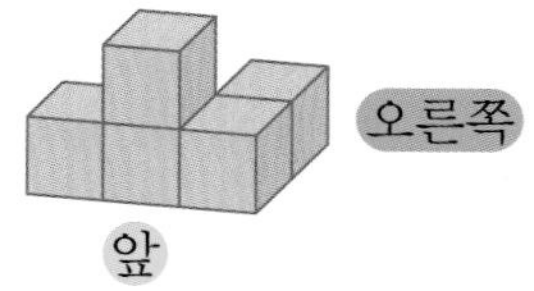


I층에 쌓기나무 3개를 옆으로 나란히 놓고, 가운데 쌓기나무의 뒤에 쌓기나무 I개를, 오른쪽 쌓기나무의 위에 쌓기나무 2개를 놓습니다.

정답과 풀이 20쪽

## 쌓기나무를 옮겨서 똑같이 쌓기

예 왼쪽 모양에서 쌓기나무 I개를 옮겨 오른쪽과 똑같은 모양을 만들어 보세요.

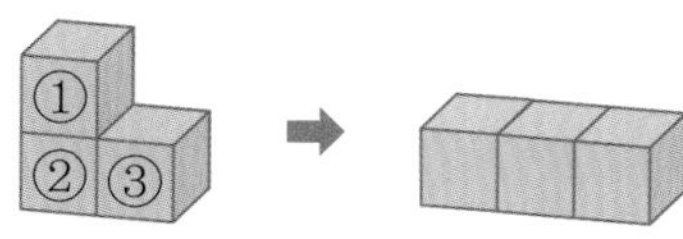


➡ ①을 ②의 왼쪽 또는 ③의 오른쪽으로 옮깁니다.

**[26~27]** 왼쪽 모양에서 쌓기나무 I개를 옮겨 오른쪽과 똑같은 모양을 만들려고 합니다. 옮겨야 할 쌓기나무에 ○표 하세요.

241010-0153

**26**

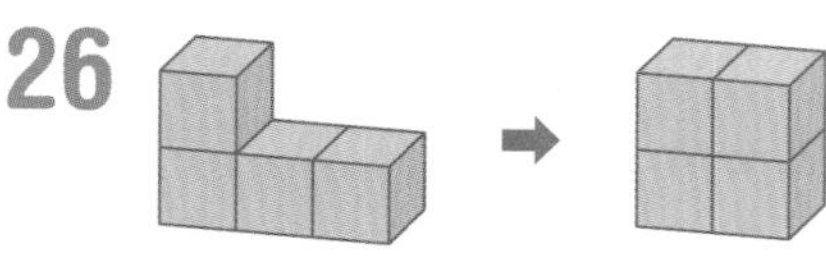

241010-0154

**27**

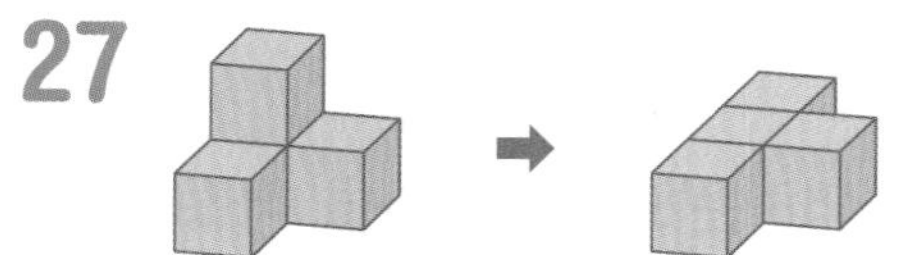

241010-0155

**28** 왼쪽 모양에서 쌓기나무 I개를 옮겨 오른쪽과 똑같은 모양을 만들려고 합니다. □ 안에 알맞은 번호를 써넣으세요.

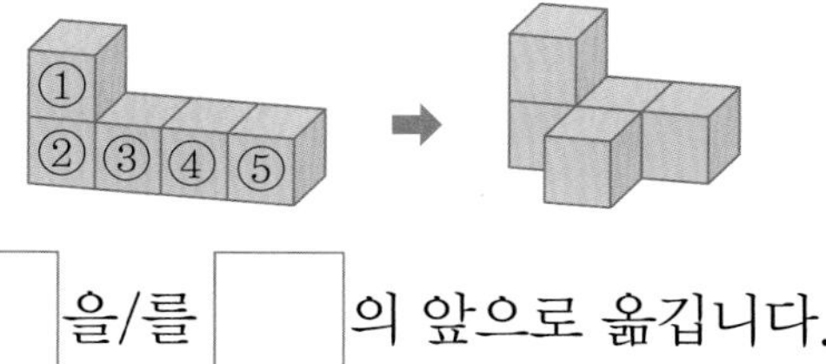


□을/를 □의 앞으로 옮깁니다.

2 단원

## 대표 응용 1 조건을 보고 어떤 도형인지 찾기

다음에서 설명하는 도형의 이름을 써 보세요.

- 곧은 선으로 둘러싸인 도형입니다.
- 변의 수는 삼각형의 변의 수보다 1만큼 더 큽니다.

**문제 스케치**

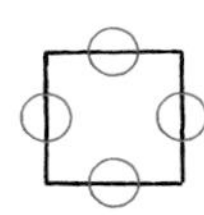

변의 수

삼각형: 3개
사각형: 4개 (+1)

**해결하기**

삼각형의 변의 수는 ☐개입니다.

삼각형의 변의 수보다 1만큼 더 큰 수는

☐ $+1=$ ☐입니다.

변의 수가 4개이고 곧은 선으로 둘러싸인 도형은 ☐ 입니다.

따라서 설명하는 도형의 이름은 ☐ 입니다.

241010-0156

**1-1** 다음에서 설명하는 도형의 이름을 써 보세요.

- 곧은 선으로 둘러싸인 도형입니다.
- 꼭짓점의 수는 사각형의 꼭짓점의 수보다 1만큼 더 작습니다.

(　　　　　　　　)

241010-0157

**1-2** 다음에서 설명하는 도형의 이름을 써 보세요.

- 곧은 선으로 둘러싸인 도형입니다.
- 변의 수와 꼭짓점의 수의 합은 6입니다.

(　　　　　　　　)

정답과 풀이 21쪽

대표 응용 2

## 크고 작은 도형의 수 구하기

오른쪽 도형에서 찾을 수 있는 크고 작은 삼각형은 모두 몇 개일까요?

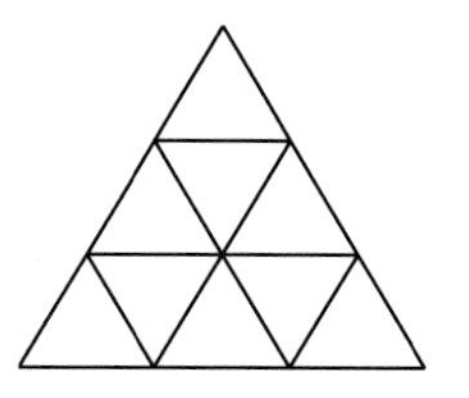

문제 스케치

크고 작은 삼각형 모양이 어떤 것이 있는지 생각해 보아요.

해결하기

가장 작은 삼각형 1개로 이루어진 삼각형은 ☐개,

가장 작은 삼각형 4개로 이루어진 삼각형은 ☐개,

가장 작은 삼각형 9개로 이루어진 삼각형은 ☐개입니다.

따라서 찾을 수 있는 크고 작은 삼각형은 모두

☐ + ☐ + ☐ = ☐(개)입니다.

241010-0158

**2-1** 다음 도형에서 찾을 수 있는 크고 작은 사각형은 모두 몇 개일까요?

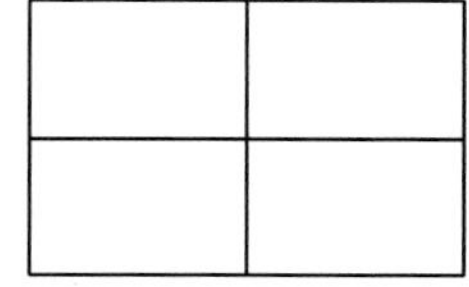

(　　　　　　　　)

241010-0159

**2-2** 다음 도형에서 보라색 삼각형을 포함하는 크고 작은 삼각형은 모두 몇 개일까요?

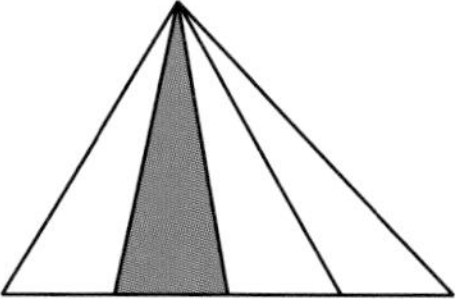

(　　　　　　　　)

2 단원

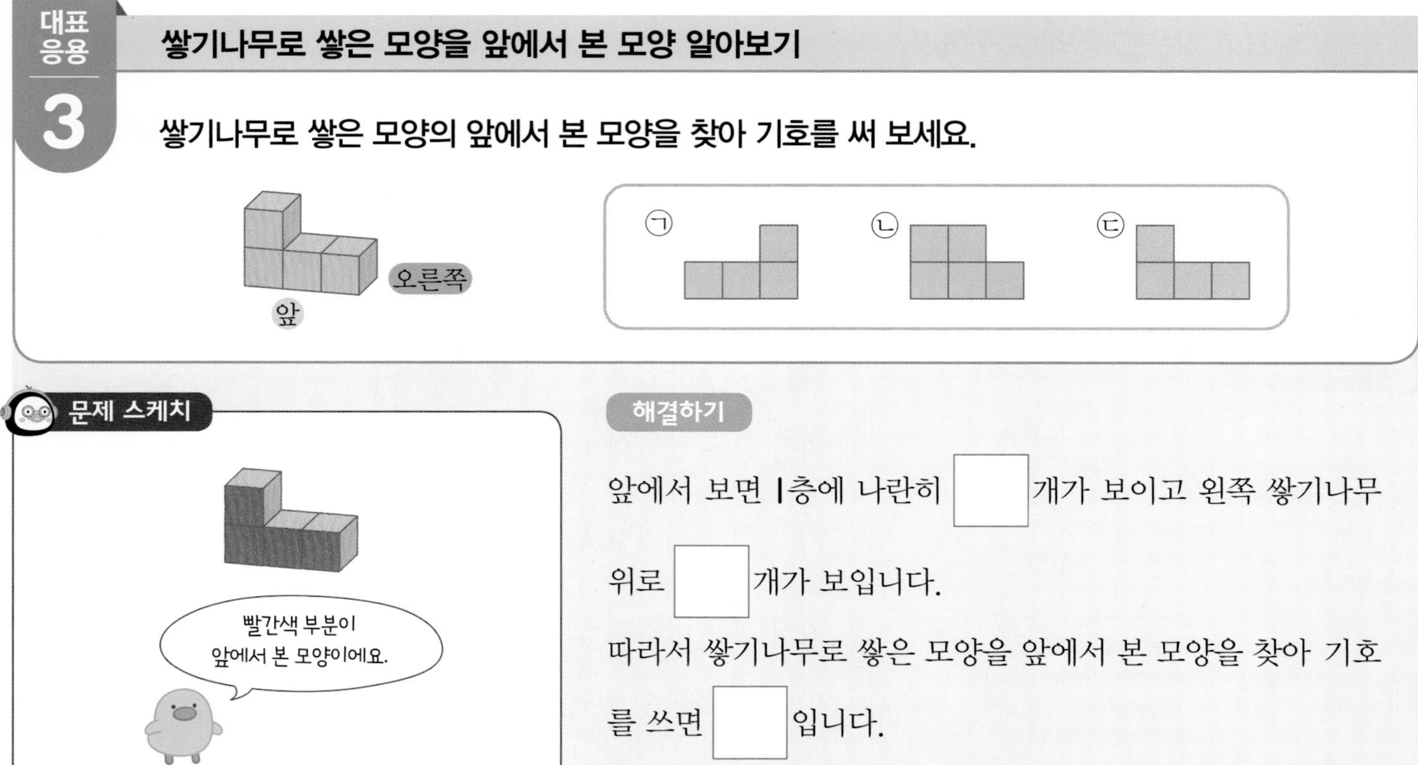

대표응용 3

## 쌓기나무로 쌓은 모양을 앞에서 본 모양 알아보기

쌓기나무로 쌓은 모양의 앞에서 본 모양을 찾아 기호를 써 보세요.



**문제 스케치**



**해결하기**

앞에서 보면 1층에 나란히 ☐개가 보이고 왼쪽 쌓기나무 위로 ☐개가 보입니다.

따라서 쌓기나무로 쌓은 모양을 앞에서 본 모양을 찾아 기호를 쓰면 ☐입니다.

241010-0160

**3-1** 쌓기나무로 쌓은 모양의 앞에서 본 모양을 찾아 ○표 하세요.

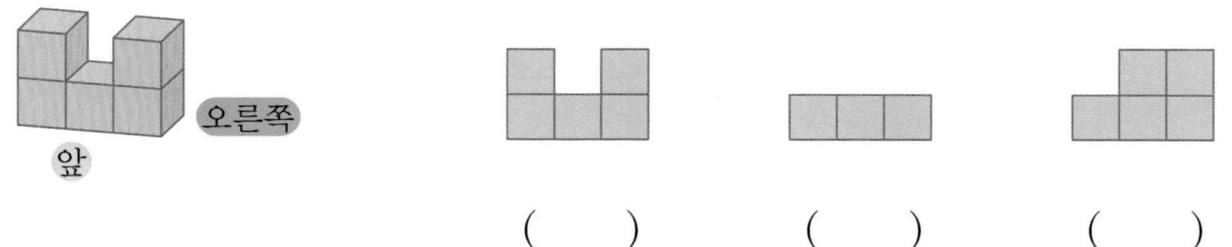


(　　)　　(　　)　　(　　)

241010-0161

**3-2** 쌓기나무로 쌓은 모양을 앞에서 본 모양이 오른쪽 그림과 같은 것을 모두 찾아 기호를 써 보세요.

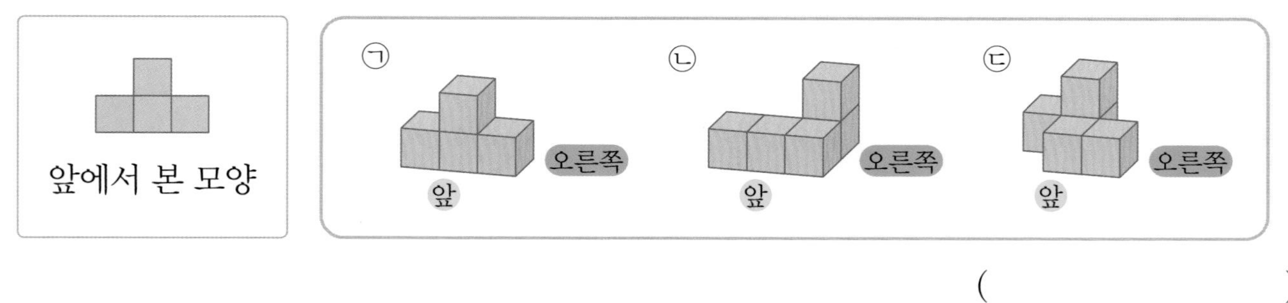


(　　　　　　)

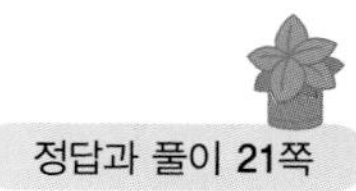

정답과 풀이 21쪽

대표 응용 4

## 필요한 쌓기나무의 수 구하기

다음과 같은 모양으로 쌓기나무를 벽에 붙여서 쌓을 때 필요한 쌓기나무는 몇 개일까요?

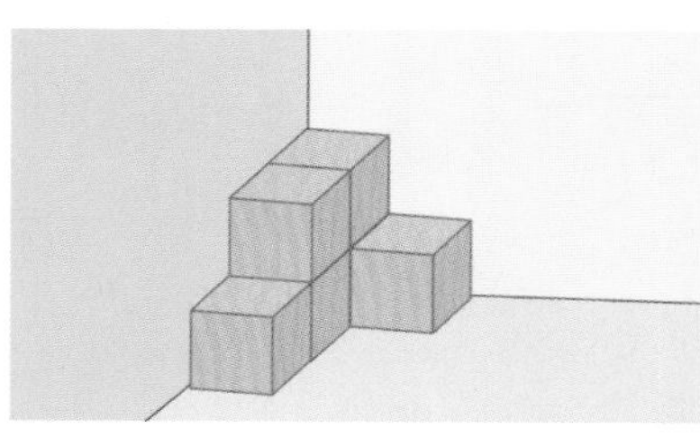

문제 스케치

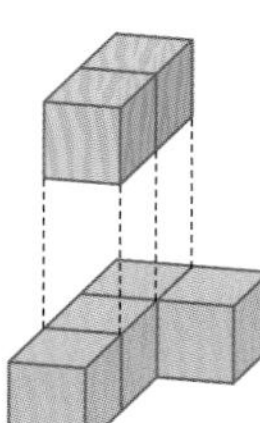

2층 — 2개

1층 — 4개

해결하기

1층에 있는 쌓기나무는 가려진 쌓기나무를 포함하여 ☐개입니다.

2층에 있는 쌓기나무는 ☐개입니다.

따라서 필요한 쌓기나무는 ☐+☐=☐(개)입니다.

2 단원

241010-0162

**4-1** 오른쪽과 같은 모양으로 쌓기나무를 벽에 붙여서 쌓을 때 필요한 쌓기나무는 몇 개일까요?

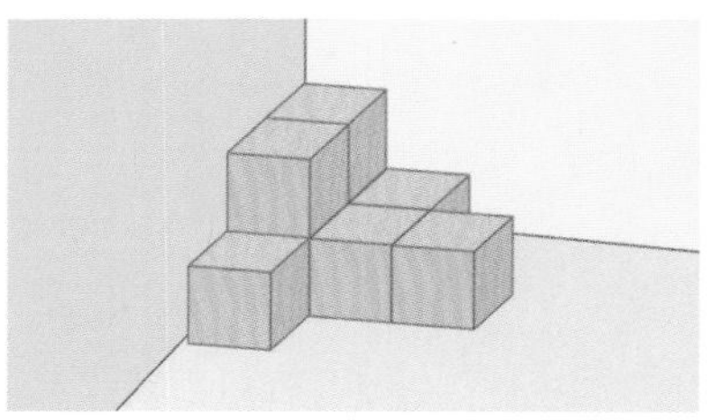

(　　　　　　　　)

241010-0163

**4-2** 사용한 쌓기나무의 수가 더 많은 것의 기호를 써 보세요.

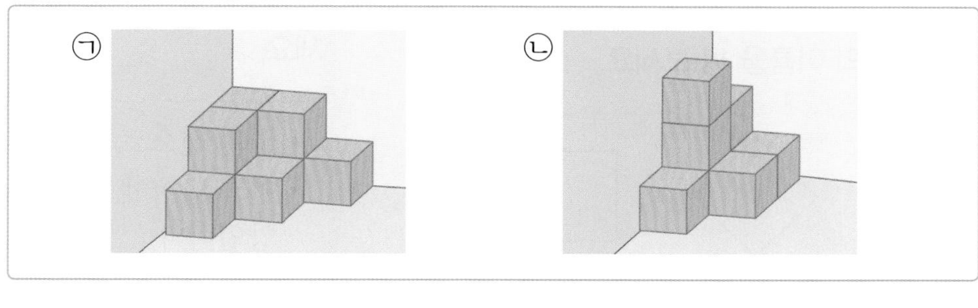


(　　　　　　　　)

# 단원 평가 LEVEL 1

241010-0164

**01** 삼각형을 찾아 ○표 하세요.

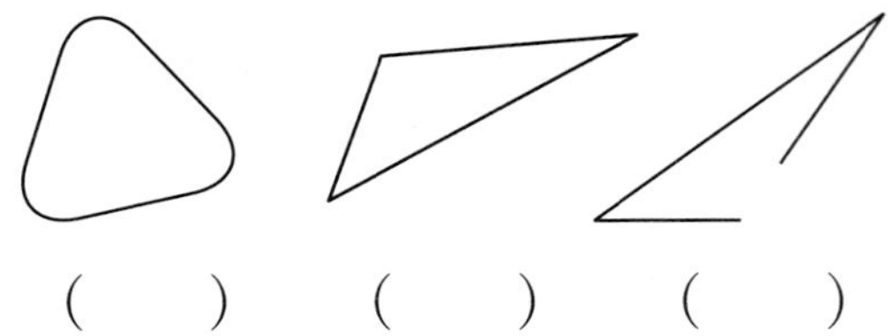

( ) ( ) ( )

241010-0165

**02** □ 안에 알맞은 말을 써넣으세요.

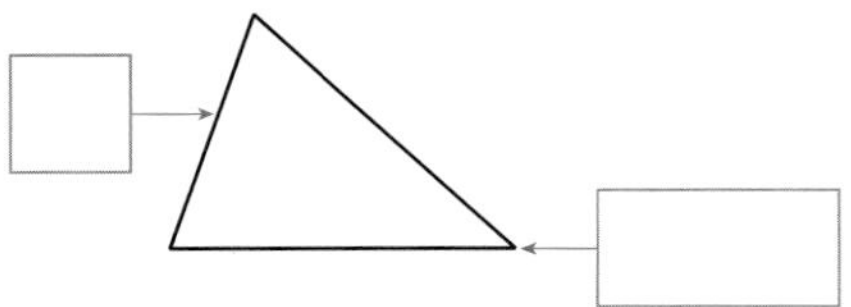

241010-0166

**03** 모눈종이에 삼각형을 그려 보세요.

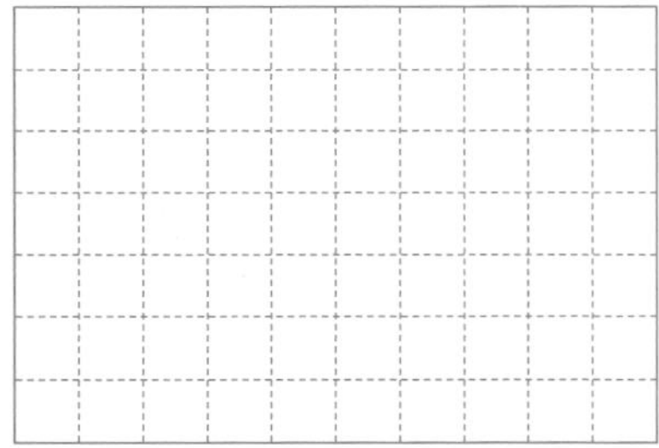

241010-0167

**04** 그림과 같은 도형의 이름을 써 보세요.

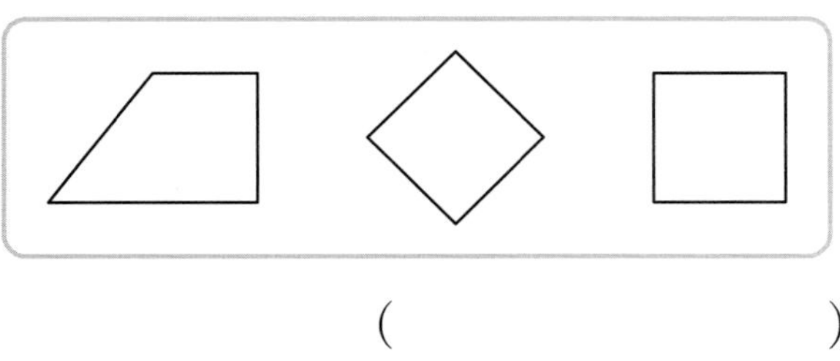

( )

241010-0168

**05** 주변에서 찾아볼 수 있는 사각형 모양의 물건을 모두 고르세요. ( )

① 
② 
③ 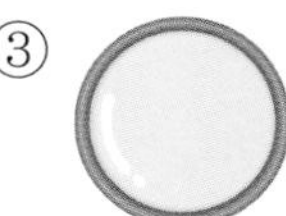
④ 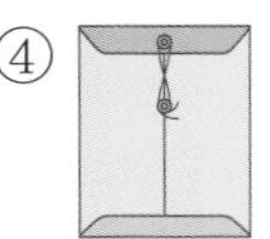
⑤ 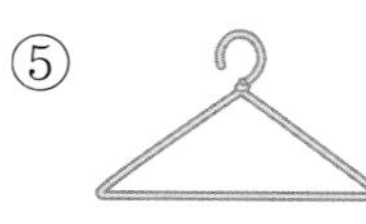

241010-0169

**06** 사각형을 완성해 보세요.

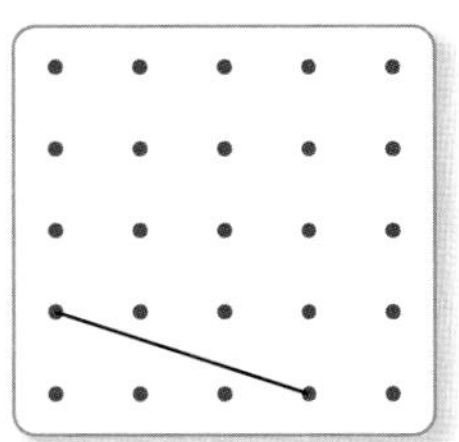

241010-0170

**07** 중요 빈칸에 알맞은 수를 써넣으세요.

| | 삼각형 | 사각형 |
|---|---|---|
| 변의 수(개) | | |
| 꼭짓점의 수(개) | | |

241010-0171

**08** 다음을 읽고 어떤 도형에 대한 설명인지 써 보세요.

- 굽은 선으로 둘러싸여 있는 도형입니다.
- 어느 방향에서 보아도 똑같이 동그란 모양입니다.

( )

241010-0172

**09** 물건을 본 떠 원을 그릴 수 없는 것은 어느 것인가요? (　　)

①  ②  ③ 

④  ⑤ 

241010-0173

**10** 원이 아닌 것에 ×표 하세요.

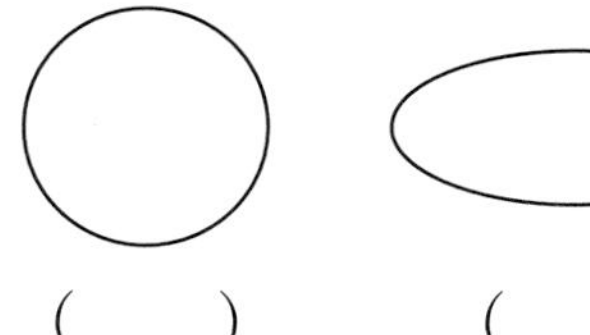
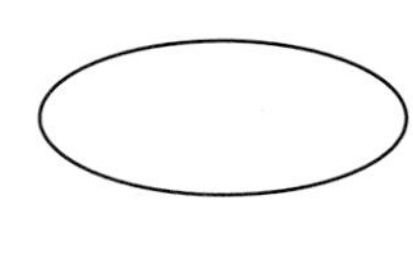
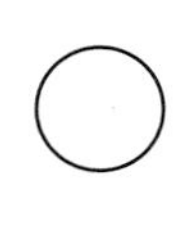

(　　)　(　　)　(　　)

241010-0174

**11** 서술형 다음 두 도형의 변과 꼭짓점은 모두 몇 개인지 구해 보세요.

풀이

(1) 사각형은 변과 꼭짓점이 각각 □개, 삼각형은 변과 꼭짓점이 각각 □개 입니다.

(2) 따라서 두 도형의 변과 꼭짓점은 모두 □+□+□+□ =□(개)입니다.

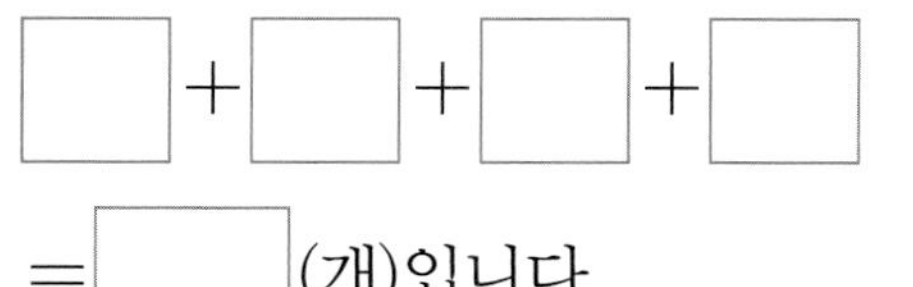

답 

241010-0175

**12** 원은 모두 몇 개일까요?

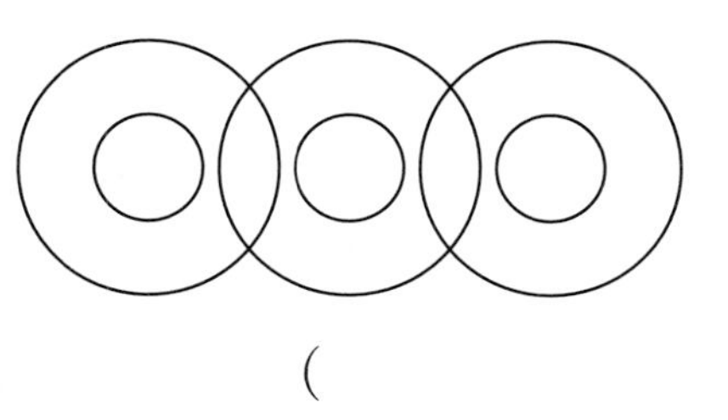

(　　　　　)

[13~14] 칠교판을 보고 물음에 답하세요.

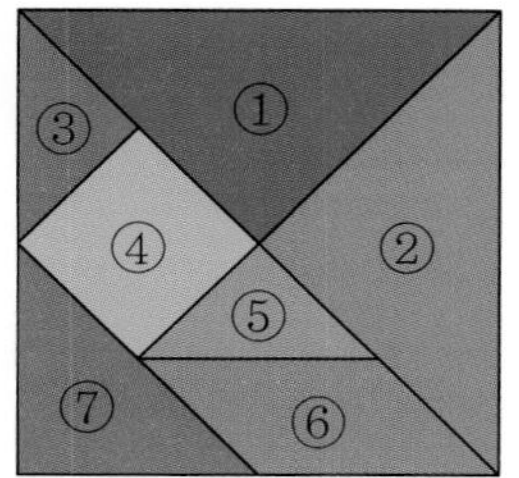


241010-0176

**13** 칠교판 조각에 있는 도형을 모두 찾아 ○표 하세요.

| 삼각형 | 사각형 | 원 |
|---|---|---|
| (　　) | (　　) | (　　) |

241010-0177

**14** 칠교판의 조각 중 ③, ④, ⑤, ⑥, ⑦을 모두 이용하여 주어진 모양을 만들어 보세요.

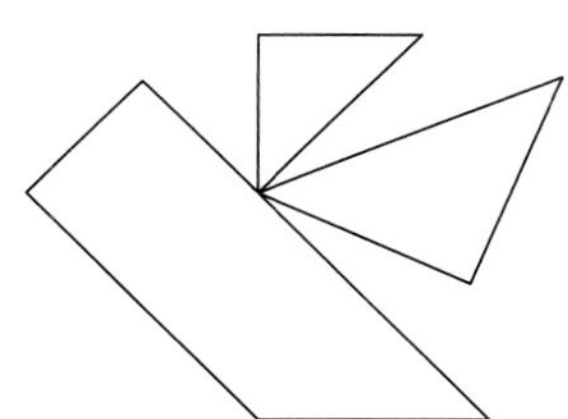

241010-0178

**15** 쌓기나무 3개로 만든 모양이 아닌 것을 찾아 기호를 써 보세요.

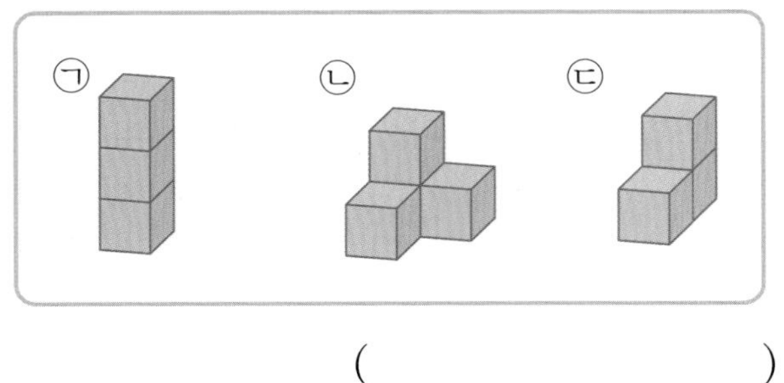


(　　　　　　)

241010-0179

**16** 똑같은 모양으로 쌓으려면 쌓기나무는 몇 개 필요한가요?

(　　　　　　)

241010-0180

**17** 중요 쌓기나무로 쌓은 모양을 보고 보기 에서 알맞은 말을 골라 □ 안에 써넣으세요.

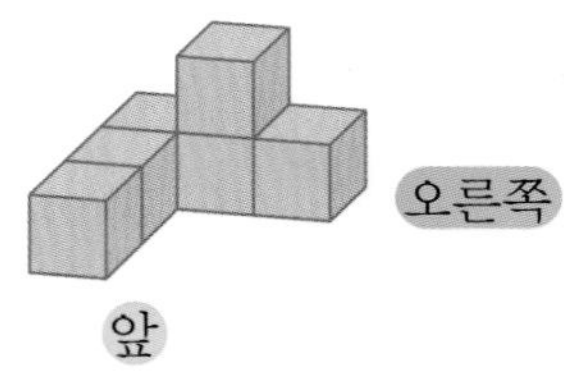


보기

오른쪽, 왼쪽, 앞, 뒤, 위

쌓기나무 3개를 나란히 놓습니다. 왼쪽 쌓기나무 □에 쌓기나무 2개를 나란히 놓고, 가운데 쌓기나무 □에 쌓기나무 1개를 놓습니다.

241010-0181

**18** 도전 노란색 쌓기나무는 어느 것일까요? (　　　　)

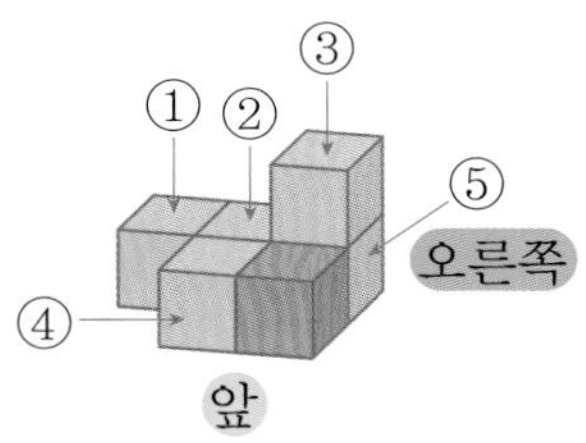


- 분홍색 쌓기나무 뒤에 파란색 쌓기나무
- 파란색 쌓기나무 왼쪽에 보라색 쌓기나무
- 보라색 쌓기나무 앞에 노란색 쌓기나무

241010-0182

**19** 왼쪽 모양에서 쌓기나무 1개를 옮겨 오른쪽과 똑같은 모양을 만들려고 합니다. 옮겨야 할 쌓기나무에 ○표 하세요.

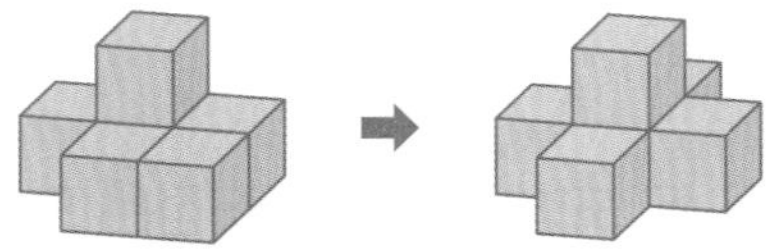

241010-0183

**20** 서술형 똑같은 모양으로 쌓는 데 쌓기나무가 가장 많이 필요한 것을 찾아 기호를 써 보세요.

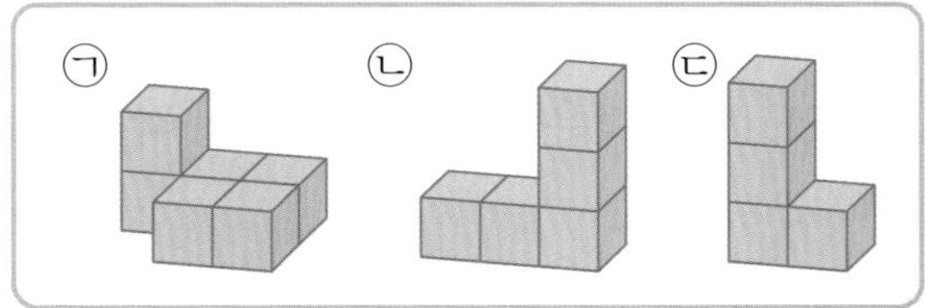


풀이

(1) 똑같은 모양으로 쌓는 데 필요한 쌓기나무는 ㉠은 (　　)개, ㉡은 (　　)개, ㉢은 (　　)개입니다.

(2) 따라서 쌓기나무가 가장 많이 필요한 것은 (　　)입니다.

답 ____________

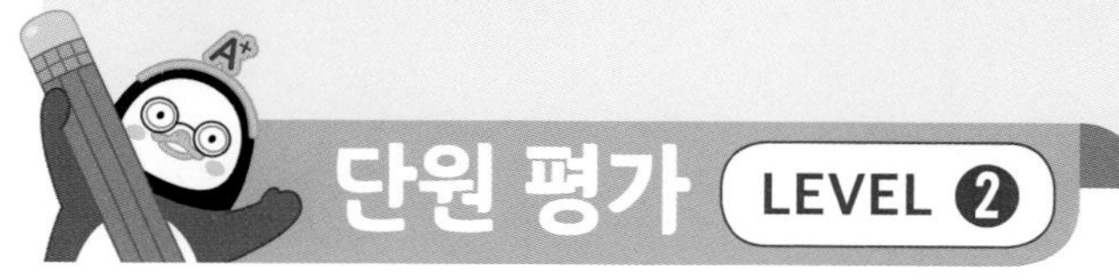

정답과 풀이 23쪽

241010-0184

01 세 점을 곧은 선으로 이어 만들 수 있는 도형에 ○표 하세요.

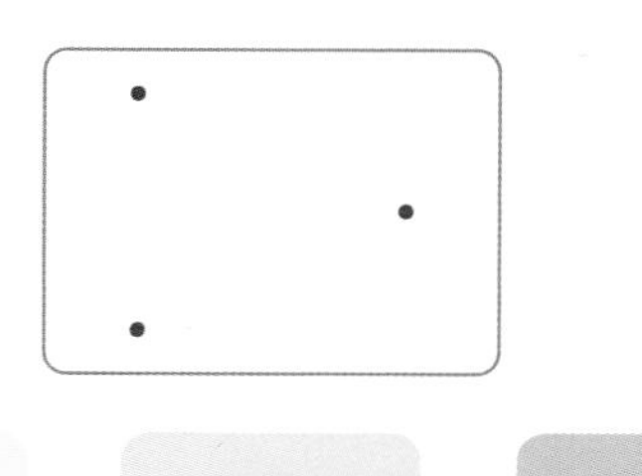

| 원 | 사각형 | 삼각형 |
|---|---|---|
| (    ) | (    ) | (    ) |

241010-0185

02 삼각형의 꼭짓점을 모두 찾아 ○표 하세요.

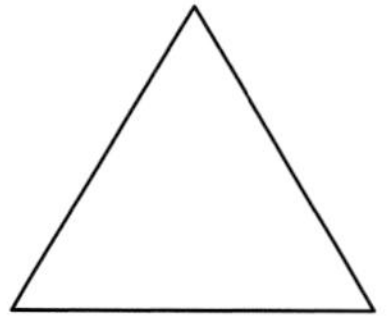

241010-0186

03 사각형을 점선을 따라 자르면 삼각형이 몇 개 만들어지나요?

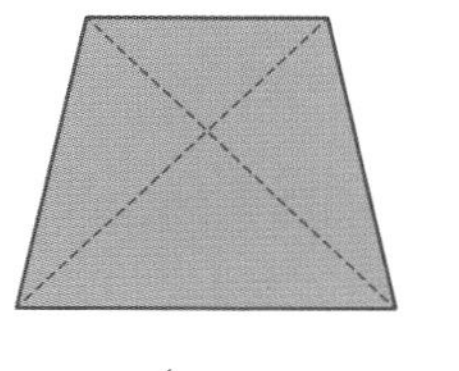

(                    )

241010-0187

04 사각형은 모두 몇 개인가요?

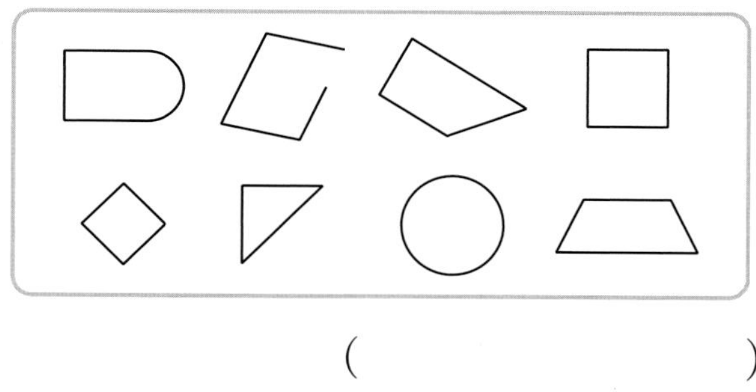

(                    )

[05~07] 다음 설명을 읽고 물음에 답하세요.

㉠ 변이 3개 있습니다.
㉡ 변이 4개 있습니다.
㉢ 꼭짓점이 3개 있습니다.
㉣ 꼭짓점이 4개 있습니다.
㉤ 곧은 선으로 둘러싸여 있습니다.
㉥ 변과 꼭짓점이 있습니다.

241010-0188

05 삼각형에 대한 설명을 모두 찾아 기호를 써 보세요.

(                    )

241010-0189

06 사각형에 대한 설명을 모두 찾아 기호를 써 보세요.

(                    )

241010-0190

07 중요 삼각형과 사각형의 공통점을 모두 찾아 기호를 써 보세요.

(                    )

2 단원

241010-0191

**08** 서술형 **색종이를 점선을 따라 자르면 사각형은 삼각형보다 몇 개 더 많은지 구해 보세요.**

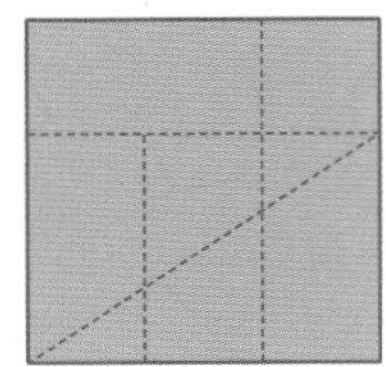

풀이

(1) 색종이를 점선을 따라 자르면 사각형은 (　　)개, 삼각형은 (　　)개 만들어집니다.

(2) 따라서 사각형은 삼각형보다 (　　)−(　　)=(　　)(개) 더 많습니다.

답 ____________

241010-0192

**09 크고 작은 사각형은 모두 몇 개일까요?**

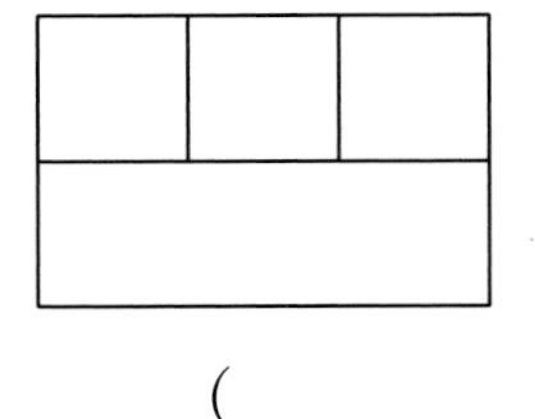

(　　　　　)

241010-0193

**10 원을 모두 찾아 기호를 써 보세요.**

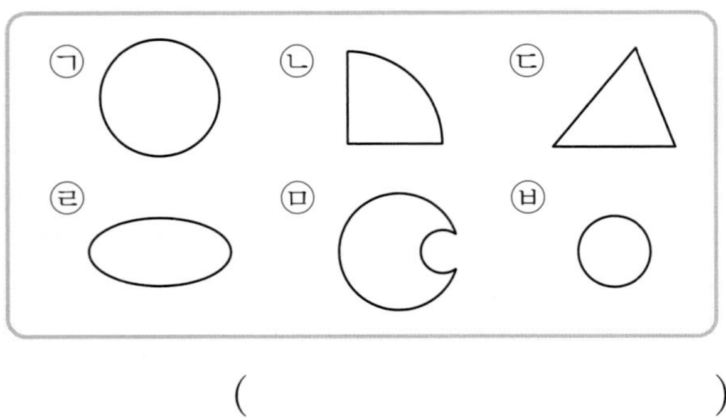


(　　　　　)

241010-0194

**11** 중요 **원에 대한 설명으로 틀린 것을 모두 고르세요.**

(　　　　)

① 모든 원은 크기가 같습니다.
② 뾰족한 부분이 없습니다.
③ 굽은 선으로 이어져 있습니다.
④ 곧은 선으로 둘러싸여 있습니다.
⑤ 어느 방향에서 보아도 동그란 모양입니다.

241010-0195

**12 그림에서 원을 모두 찾아 색칠해 보세요.**

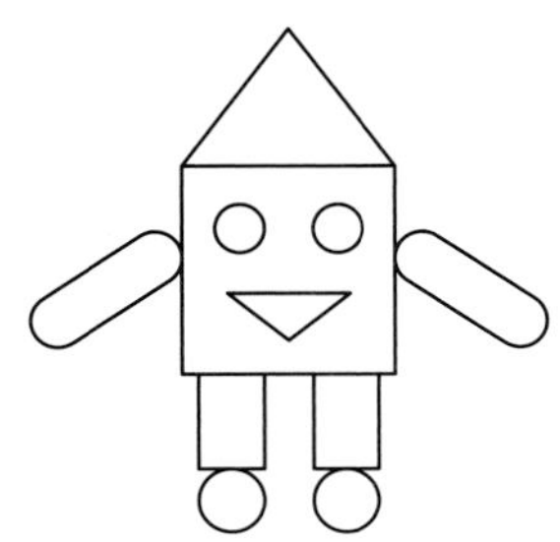

**[13~14] 칠교판을 보고 물음에 답하세요.**

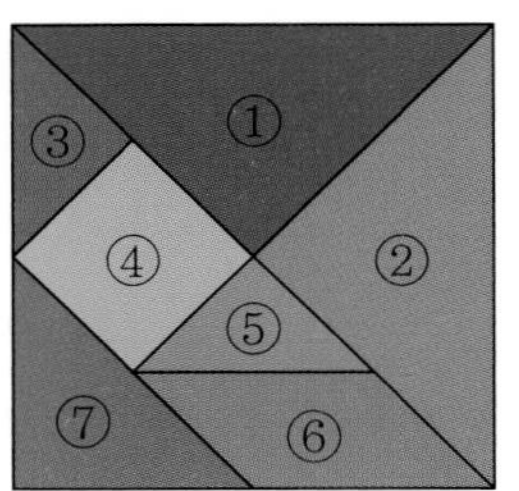


241010-0196

**13 □ 안에 알맞은 수를 써넣으세요.**

칠교판 조각 중에서 삼각형은 □개,
사각형은 □개입니다.

241010-0197

**14 칠교판 조각 중 ③, ⑤, ⑥을 모두 이용하여 오른쪽과 같은 삼각형을 만들어 보세요.**

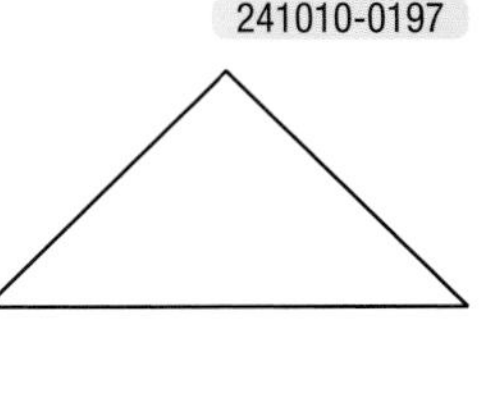

241010-0198

15 도전 칠교판 조각을 모두 이용하여 다음과 같은 모양을 완성해 보세요.

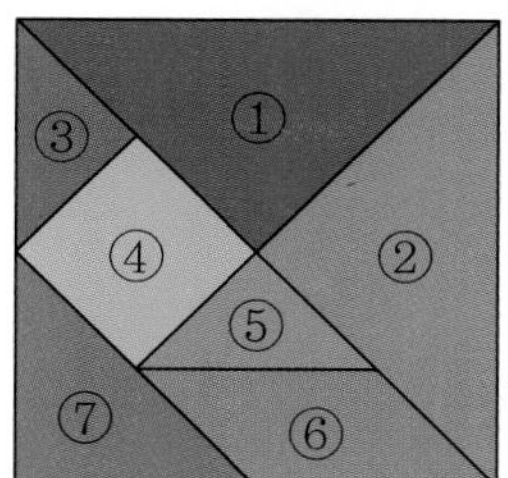


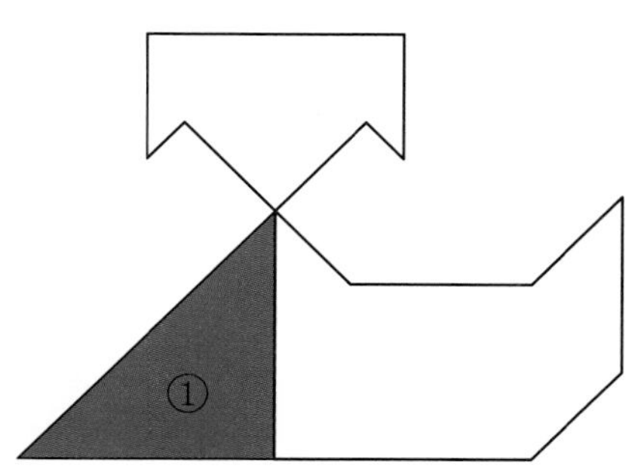


241010-0199

16 주어진 조건에 맞게 쌓기나무를 색칠해 보세요.

- 분홍색 쌓기나무의 위에 주황색 쌓기나무
- 노란색 쌓기나무의 앞에 초록색 쌓기나무

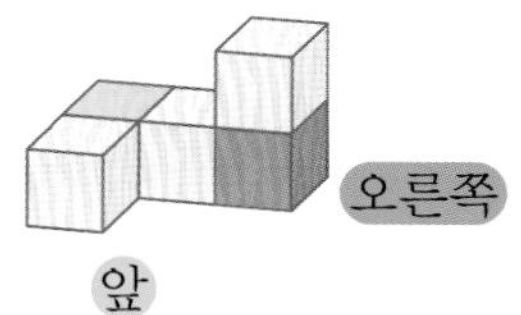


241010-0200

17 왼쪽 모양에서 쌓기나무 1개를 옮겨 오른쪽 쌓기나무와 똑같은 모양을 만들려고 합니다. □ 안에 알맞은 번호나 말을 써넣으세요.

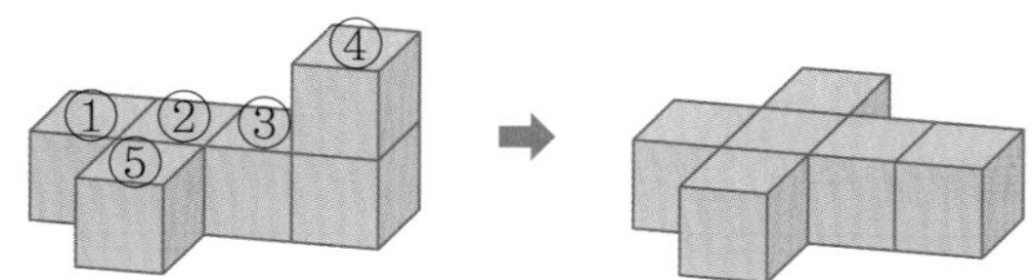


□번 쌓기나무를 □번 쌓기나무 □에 놓으면 됩니다.

241010-0201

18 다음 설명대로 쌓은 모양에 ○표 하세요.

1층에 3개가 옆으로 나란히 있고, 가운데 쌓기나무 위에 1개가 있습니다.

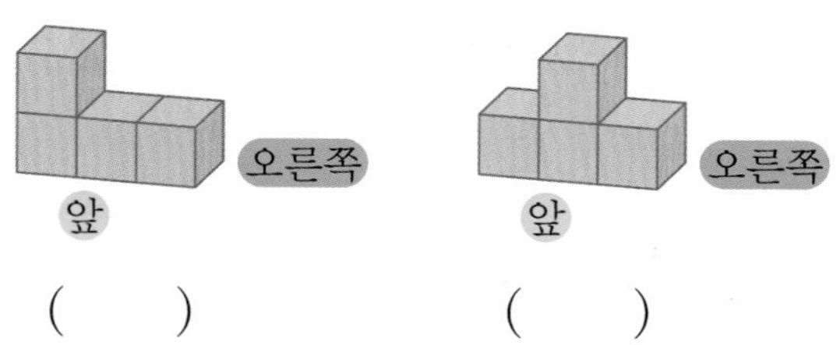


(　　)　　(　　)

241010-0202

19 왼쪽 모양을 오른쪽 모양과 똑같이 만들려고 합니다. 쌓기나무는 몇 개 더 필요할까요?

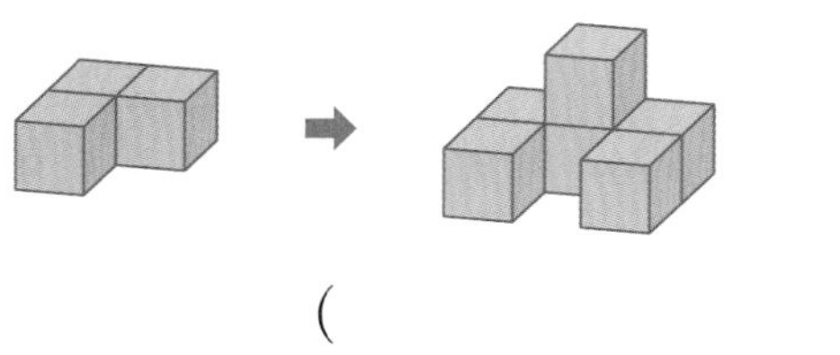

(　　　　　　　　)

241010-0203

20 서술형 정민이는 가지고 있던 쌓기나무로 오른쪽과 똑같은 모양으로 쌓았더니 쌓기나무가 7개 남았습니다. 정민이가 처음에 가지고 있던 쌓기나무는 몇 개인지 구해 보세요.

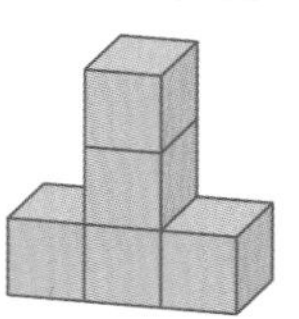

풀이

(1) 쌓기나무는 1층에 (　　)개, 2층에 (　　)개, 3층에 (　　)개 있습니다.

(2) 쌓는 데 사용한 쌓기나무는 모두 (　　)개입니다.

(3) 따라서 정민이가 처음에 가지고 있던 쌓기나무는 7＋(　　)＝(　　)(개)입니다.

 답 ________________

2 단원

# 3 덧셈과 뺄셈

**단원 학습 목표**

1. 받아올림이 있는 덧셈과 받아내림이 있는 뺄셈을 할 수 있습니다.
2. 세 수의 계산을 할 수 있고 □의 값을 구할 수 있습니다.

**단원 진도 체크**

| 학습일 | | | 학습 내용 | 진도 체크 |
|---|---|---|---|---|
| 1일째 | 월 | 일 | 개념 1 덧셈을 하는 여러 가지 방법을 알아볼까요(1)<br>개념 2 덧셈을 하는 여러 가지 방법을 알아볼까요(2)<br>개념 3 덧셈을 하는 여러 가지 방법을 알아볼까요(3) | ✓ |
| 2일째 | 월 | 일 | 교과서 넘어 보기 + 교과서 속 응용 문제 | ✓ |
| 3일째 | 월 | 일 | 개념 4 뺄셈을 하는 여러 가지 방법을 알아볼까요(1)<br>개념 5 뺄셈을 하는 여러 가지 방법을 알아볼까요(2)<br>개념 6 뺄셈을 하는 여러 가지 방법을 알아볼까요(3) | ✓ |
| 4일째 | 월 | 일 | 교과서 넘어 보기 + 교과서 속 응용 문제 | ✓ |
| 5일째 | 월 | 일 | 개념 7 세 수의 계산을 해 볼까요<br>개념 8 덧셈과 뺄셈의 관계를 식으로 나타내 볼까요(1)<br>개념 9 덧셈과 뺄셈의 관계를 식으로 나타내 볼까요(2)<br>개념 10 □가 사용된 덧셈식을 만들고 □의 값을 구해 볼까요<br>개념 11 □가 사용된 뺄셈식을 만들고 □의 값을 구해 볼까요 | ✓ |
| 6일째 | 월 | 일 | 교과서 넘어 보기 + 교과서 속 응용 문제 | ✓ |
| 7일째 | 월 | 일 | 응용 1 바르게 계산한 값 구하기<br>응용 2 □ 안에 들어갈 수 있는 수 구하기 | ✓ |
| 8일째 | 월 | 일 | 응용 3 실생활에서 □의 값 구하기 활용<br>응용 4 약속에 따라 계산하기 | ✓ |
| 9일째 | 월 | 일 | 단원 평가 LEVEL ❶ | ✓ |
| 10일째 | 월 | 일 | 단원 평가 LEVEL ❷ | ✓ |

이 단원을 진도 체크에 맞춰 10일 동안 학습해 보세요.
해당 부분을 공부하고 나서 ✓표를 하세요.

즐거운 체육 시간에 줄넘기 게임을 하였어요.

우리 모둠은 나와 유리, 승현, 성준 이렇게 4명인데, 나와 승현, 유리와 성준이가 한 팀이 되었어요. 줄넘기를 나는 74번, 승현이는 45번 하였고, 유리는 68번, 성준이는 49번 하였어요. 나와 승현이가 줄넘기를 한 횟수는 모두 몇 번일까요? 또, 유리는 성준이보다 줄넘기를 몇 번 더 넘었을까요?

덧셈과 뺄셈을 하여 답을 알아보아요.

이번 3단원에서는 여러 가지 덧셈과 뺄셈 문제를 계산해 보는 방법에 대해 배울 거예요.

## 개념 1 덧셈을 하는 여러 가지 방법을 알아볼까요 (1)

받아올림이 있는 (몇십몇)+(몇)의 계산

예 15+8의 계산

일 모형 13개 중 10개를 십 모형 1개로 바꾸어 십 모형 1개와 일 모형 3개로 나타낼 수 있습니다.

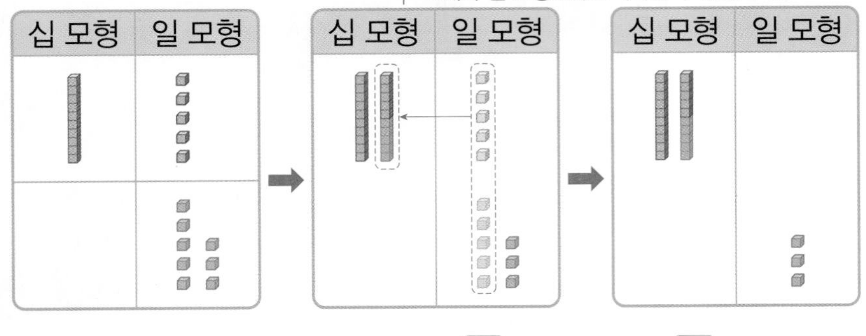


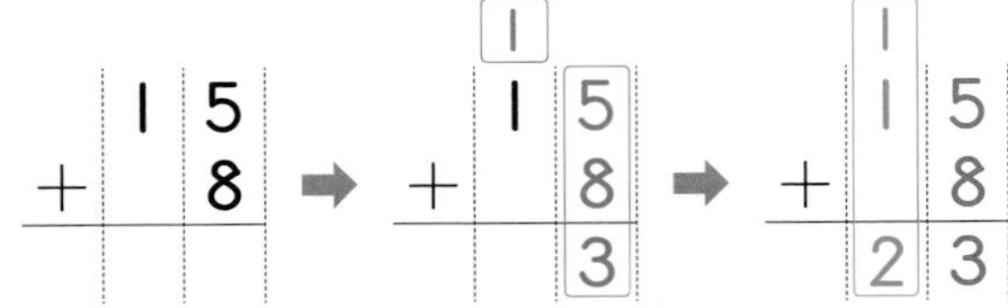


자리에 맞추어 수를 씁니다.

① 일의 자리 수끼리의 합 5+8=13에서 10은 십의 자리로 받아올림하여 십의 자리 위에 작게 1로 나타내고, 남은 3은 일의 자리에 내려 씁니다.

② 받아올림한 수는 십의 자리 수와 합하여 내려 씁니다.

● 이어 세기로 알아보기

15 16 17

18 19 20 21 22 23

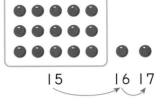

● 수판에 더하는 수만큼 △를 그려 넣어 알아보기

수판에 △를 8개 더 그리고 ○와 △가 모두 몇 개인지 세어 봅니다.

| ○ | ○ | ○ | ○ | ○ |
|---|---|---|---|---|
| ○ | ○ | ○ | ○ | ○ |

| ○ | ○ | ○ | ○ | ○ |
|---|---|---|---|---|
| △ | △ | △ | △ | △ |

| △ | △ | △ | | |
|---|---|---|---|---|
| | | | | |

241010-0204

**01** 그림을 보고 덧셈을 해 보세요.

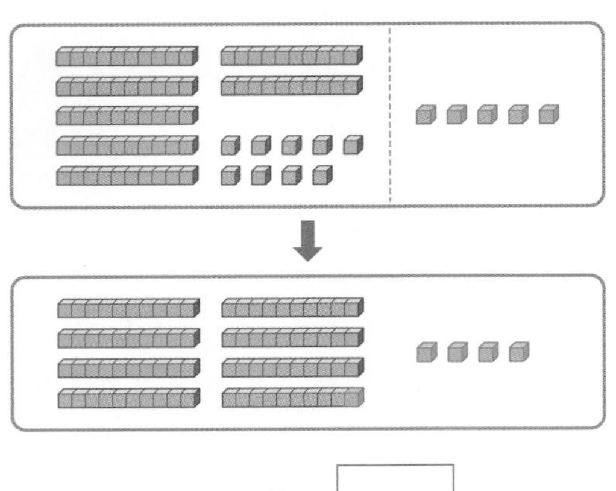

79+5=□

241010-0205

**02** □ 안에 알맞은 수를 써넣으세요.

(1)
```
   □
   8  7
+     6
  □  □
```

(2)
```
   □
   2  3
+     9
  □  □
```

(3) 13+8=□

(4) 7+26=□

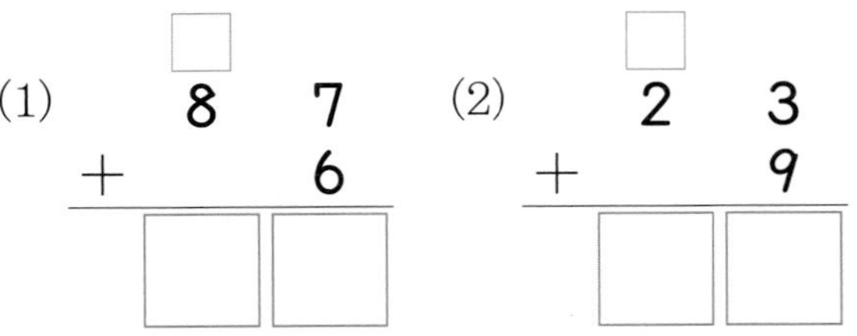

## 개념 2 덧셈을 하는 여러 가지 방법을 알아볼까요(2)

예 14＋27의 계산 → 일의 자리에서 받아올림이 있는 (몇십몇)＋(몇십몇)의 계산

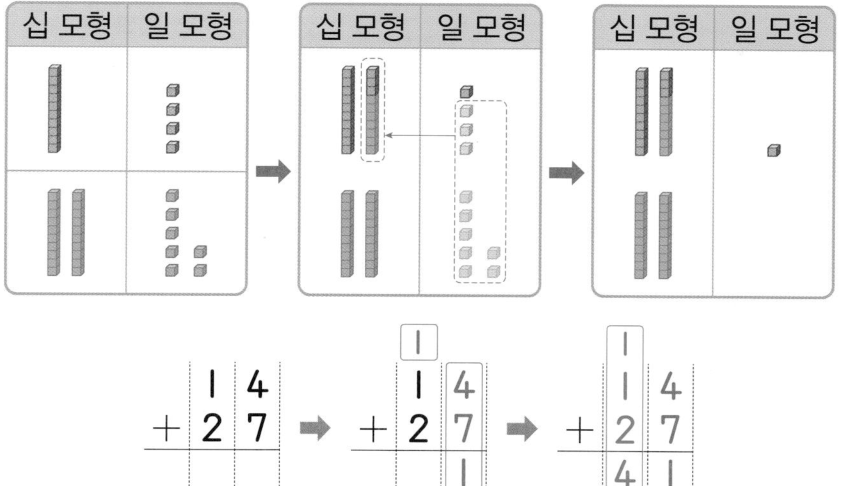


|  | 1 | 4 |
|---|---|---|
| ＋ | 2 | 7 |
|  |  |  |

➡

|  | 1 |  |
|---|---|---|
|  | 1 | 4 |
| ＋ | 2 | 7 |
|  |  | 1 |

➡

|  | 1 |  |
|---|---|---|
|  | 1 | 4 |
| ＋ | 2 | 7 |
|  | 4 | 1 |

자리에 맞추어 수를 씁니다.

① 일의 자리 수끼리의 합 4＋7＝11에서 10은 십의 자리로 받아올림하여 십의 자리 위에 작게 1로 나타내고, 남은 1은 일의 자리에 내려 씁니다.

② 받아올림한 1과 십의 자리 수 1, 2를 합하여 십의 자리에 4를 내려 씁니다.

- 일 모형 11개를 간단히 나타내는 방법
  일 모형 11개 중 10개를 십 모형 1개로 바꾸어 십 모형 1개와 일 모형 1개로 나타낼 수 있습니다.
- 27을 20과 7로 가르기 하여 구하기

14 + 27
20 7
➡ 14＋20＋7
＝34＋7＝41

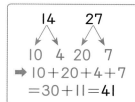

14와 20을 먼저 더하여 34를 구한 후 34와 7을 더하면 41입니다.

- 14와 27을 가르기 하여 구하기

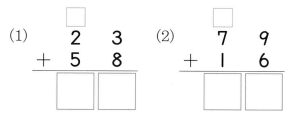

14 27
10 4 20 7
➡ 10＋20＋4＋7
＝30＋11＝41



241010-0206

### 03 덧셈을 해 보세요.

(1) 25 ＋ 17

10 7

25＋17＝□

(2) 38 ＋ 16

30 8 10 6

38＋16＝□

241010-0207

### 04 □ 안에 알맞은 수를 써넣으세요.

(1)

|  | □ |  |
|---|---|---|
|  | 2 | 3 |
| ＋ | 5 | 8 |
|  | □ | □ |

(2)

|  | □ |  |
|---|---|---|
|  | 7 | 9 |
| ＋ | 1 | 6 |
|  | □ | □ |

(3)

|  | □ |  |
|---|---|---|
|  | 1 | 5 |
| ＋ | 3 | 7 |
|  | □ | □ |

(4)

|  | □ |  |
|---|---|---|
|  | 5 | 7 |
| ＋ | 2 | 6 |
|  | □ | □ |

## 개념 3 덧셈을 하는 여러 가지 방법을 알아볼까요(3)

예 63+54의 계산 → 십의 자리에서 받아올림이 있는 (몇십몇)+(몇십몇)의 계산

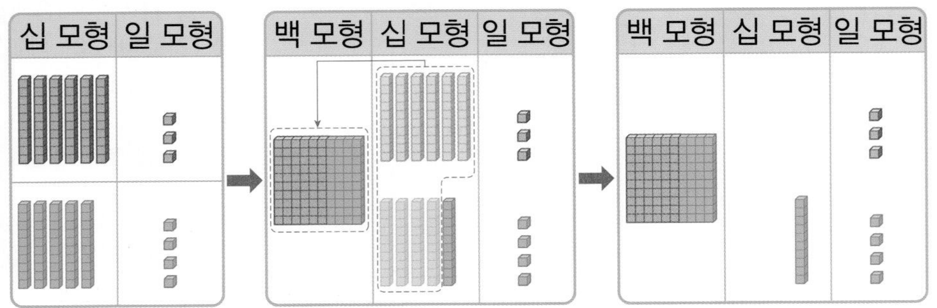


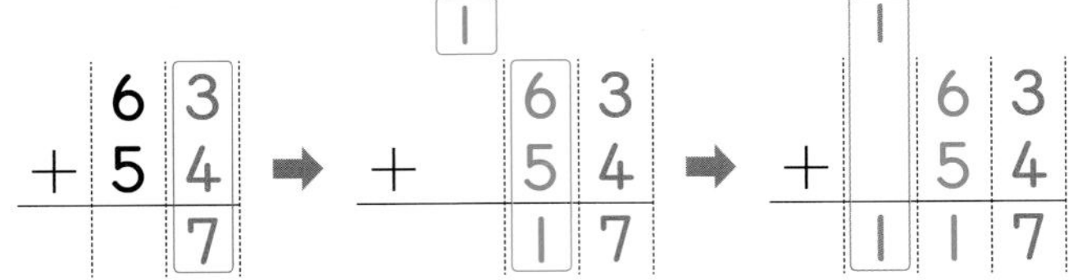


자리에 맞추어 수를 씁니다.

① 일의 자리 수끼리의 합 3+4=7을 일의 자리에 내려 씁니다.

② 십의 자리 수끼리의 합 6+5=11에서 10은 백의 자리로 받아올림하여 백의 자리 위에 작게 1로 나타내고, 남은 1은 십의 자리에 내려 씁니다.

③ 받아올림한 1은 백의 자리에 내려 씁니다.

● **십 모형 11개를 간단히 나타내는 방법**

십 모형 11개 중 10개를 백 모형 1개로 바꾸어 백 모형 1개와 십 모형 1개로 나타낼 수 있습니다.

● **수 모형으로 놓은 것을 식으로 나타내기**

$$\begin{array}{r} 6\ 3 \\ +\ 5\ 4 \\ \hline 7 \\ 1\ 1\ 0 \\ \hline 1\ 1\ 7 \end{array}$$

241010-0208

**05 그림을 보고 덧셈을 해 보세요.**

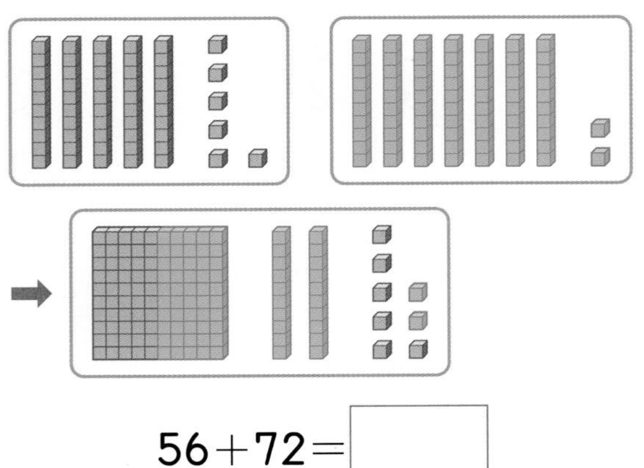

56+72=□

241010-0209

**06 계산해 보세요.**

(1)
$$\begin{array}{r} 7\ 2 \\ +\ 4\ 3 \\ \hline \end{array}$$

(2)
$$\begin{array}{r} 3\ 6 \\ +\ 8\ 8 \\ \hline \end{array}$$

정답과 풀이 24쪽

241010-0210

**01** 그림을 보고 덧셈을 해 보세요.

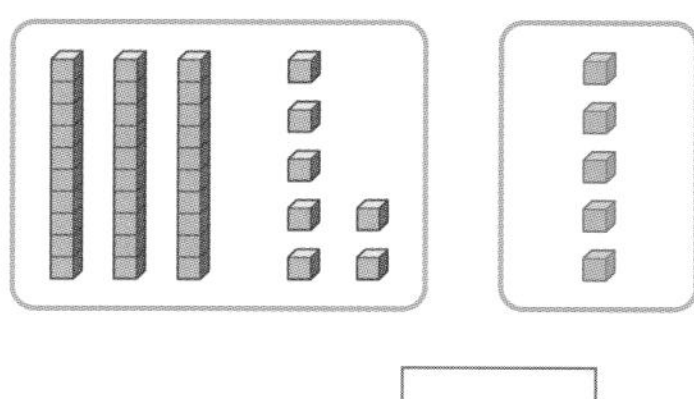

$37+5=\square$

241010-0211

**02** 덧셈을 해 보세요.

(1) $\begin{array}{r} 57 \\ +\ \ 8 \\ \hline \end{array}$ (2) $\begin{array}{r} 44 \\ +\ \ 9 \\ \hline \end{array}$

241010-0212

**03** 두 수의 합이 더 큰 쪽에 ○표 하세요.

| 53+9 | 56+5 |
|---|---|

241010-0213

**04** 도전 화살 두 개를 던져 맞힌 두 수의 합은 가운데 61과 같습니다. 맞힌 두 수에 ○표 하세요.

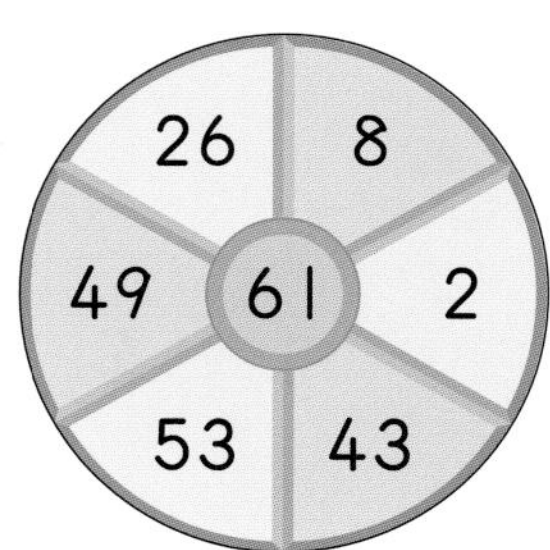


241010-0214

**05** □ 안의 숫자 1이 실제로 나타내는 수를 써 보세요.

$\begin{array}{r} \boxed{1}\ \ \\ 67 \\ +\ 28 \\ \hline 95 \end{array}$

(　　　　　　)

241010-0215

**06** 민철이는 종이비행기 27개를 가지고 있었습니다. 색종이로 종이비행기를 15개 더 접었다면 민철이가 가지고 있는 종이비행기는 모두 몇 개일까요?

(　　　　　　)

241010-0216

**07** 계산 결과가 같은 것끼리 이어 보세요.

| | |
|---|---|
| 36+16 • | • 34+17 |
| 39+12 • | • 38+14 |

241010-0217

**08** 중요 계산에서 틀린 부분을 찾아 바르게 계산해 보세요.

$\begin{array}{r} 63 \\ +\ 19 \\ \hline 72 \end{array}$ ➡ □

241010-0218

**09** 38+46을 두 가지 방법으로 계산하려고 합니다. □ 안에 알맞은 수를 써넣으세요.

[방법 1] $38+46=38+40+\square$

$=78+\square=\square$

[방법 2] $38+46=40+46-\square$

$=86-\square=\square$



3 단원

241010-0219

**10** 덧셈을 해 보세요.

(1) $\begin{array}{r} 65 \\ +\ 72 \\ \hline \end{array}$

(2) $\begin{array}{r} 84 \\ +\ 97 \\ \hline \end{array}$

(3) 72+46

(4) 55+89

241010-0220

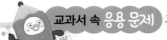

**11** 빈칸에 들어갈 수는 선으로 연결된 두 수의 합입니다. 빈칸에 알맞은 수를 써넣으세요.

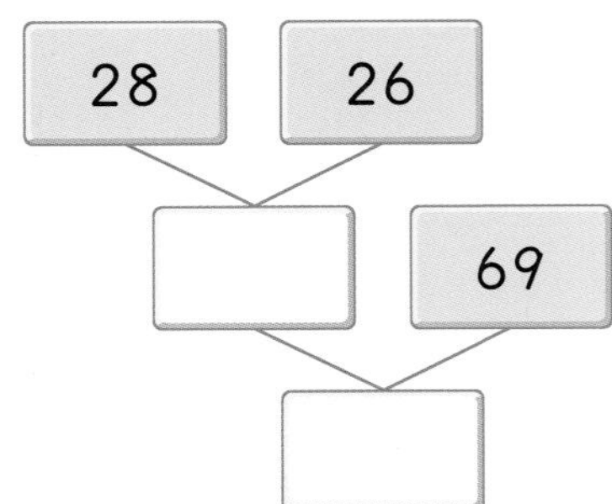


241010-0221

**12** 수 카드 4, 6, 8 중에서 2장을 골라 주어진 계산 결과가 나오도록 완성해 보세요.

중요

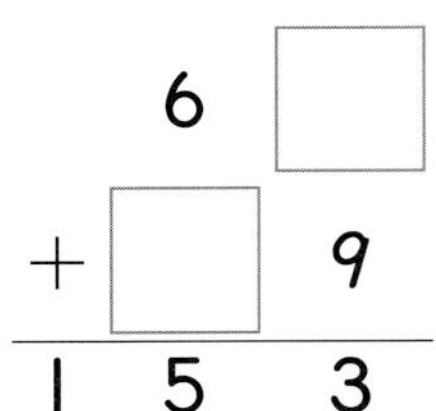


241010-0222

**13** 주어진 수 중에서 세 수를 이용하여 덧셈식을 만들어 보세요.

24 34 83 59 69

덧셈식 □+□=□

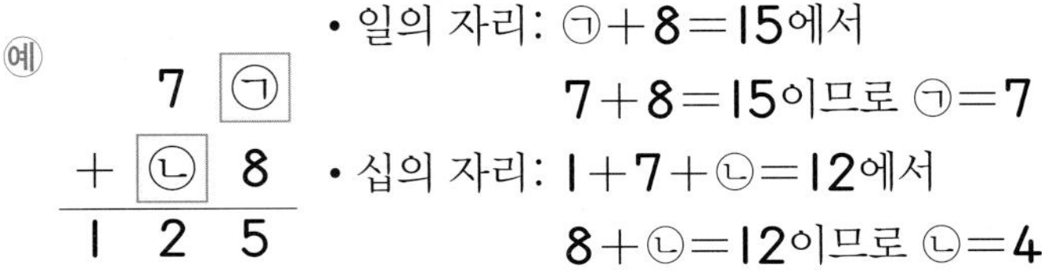

## 덧셈식에서 □ 안에 알맞은 수 구하기

일의 자리에서 받아올림할 경우 십의 자리에 1을, 십의 자리에서 받아올림할 경우 백의 자리에 1을 더해야 합니다.

예) $\begin{array}{r} 7\ ㉠ \\ +\ ㉡\ 8 \\ \hline 1\ 2\ 5 \end{array}$

- 일의 자리: ㉠+8=15에서 7+8=15이므로 ㉠=7
- 십의 자리: 1+7+㉡=12에서 8+㉡=12이므로 ㉡=4

241010-0223

**14** □ 안에 알맞은 수를 써넣으세요.

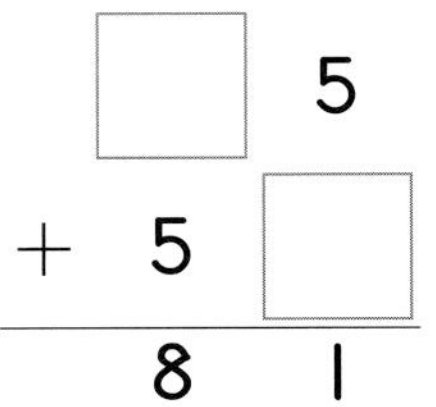


241010-0224

**15** □ 안에 알맞은 수를 써넣으세요.

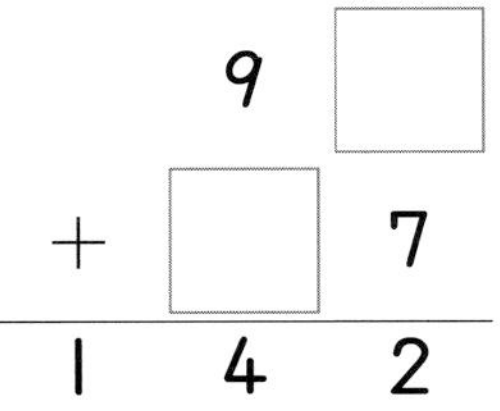


241010-0225

**16** □ 안에 들어갈 수 있는 수를 모두 찾아 ○표 하세요.

44+7□>121

( 5 , 6 , 7 , 8 , 9 )

정답과 풀이 25쪽

## 개념 4 뺄셈을 하는 여러 가지 방법을 알아볼까요(1)

예 23－9의 계산 → 받아내림이 있는 (몇십몇)－(몇)의 계산

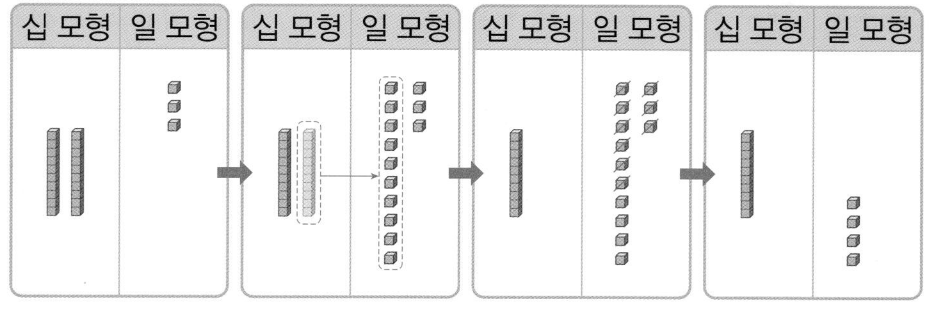


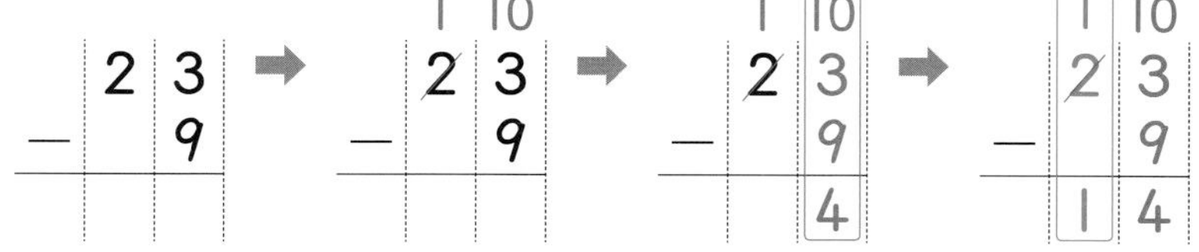


자리에 맞추어 수를 씁니다.

① 일의 자리 수끼리 뺄 수 없으므로 십의 자리에서 10을 받아내림하여 13에서 9를 뺀 값인 4를 일의 자리에 내려 씁니다.

② 십의 자리에 남아 있는 1을 십의 자리에 내려 씁니다.

└ 십의 자리 수 2를 지우고 위에 1을 작게 쓴 다음 일의 자리 위에 10을 작게 씁니다.

● **십 모형 1개를 일 모형 10개로 바꾸기**

십 모형 1개를 일 모형 10개로 바꾸면 일 모형은 13개가 됩니다. 일 모형 13개에서 9개를 빼면 4개가 남고 십 모형은 1개가 남습니다.

● **수판의 ○를 빼는 수만큼 /으로 지워서 구하기**

| ○ | ○ | ○ | ○ | ○ |
|---|---|---|---|---|
| ○ | ○ | ○ | ○ | ○ |

| ○ | ○ | ○ | ○ | ø |
|---|---|---|---|---|
| ø | ø | ø | ø | ø |

| ø | ø | ø |  |  |
|---|---|---|---|---|
|  |  |  |  |  |

23－9＝14

3 단원

241010-0226

### 01 그림을 보고 뺄셈을 해 보세요.

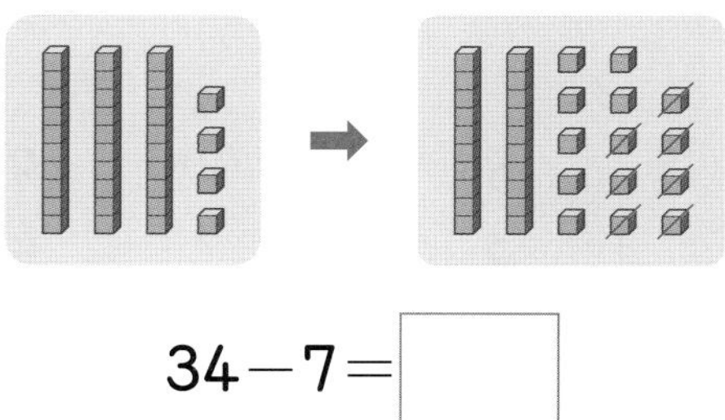

34－7＝□

241010-0227

### 02 □ 안에 알맞은 수를 써넣으세요.

(1) 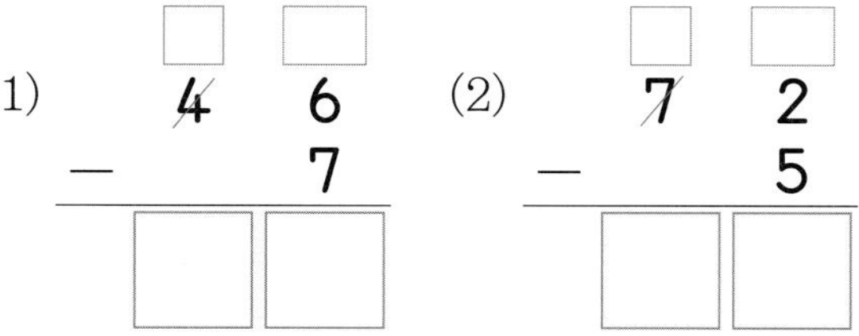


(2)


(3) 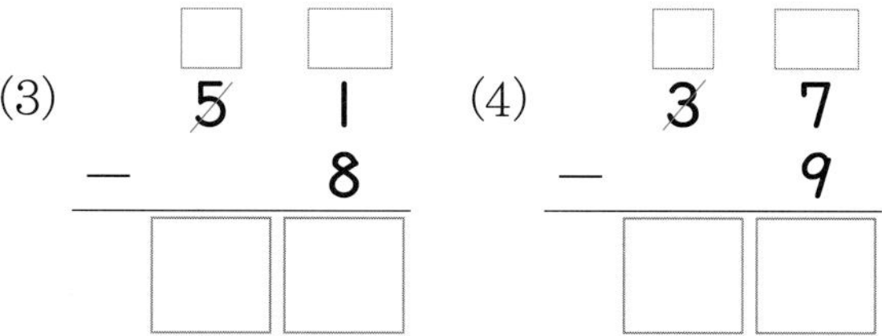


(4)

## 개념 5 뺄셈을 하는 여러 가지 방법을 알아볼까요(2)

예 30－17의 계산 → 받아내림이 있는 (몇십)－(몇십몇)의 계산

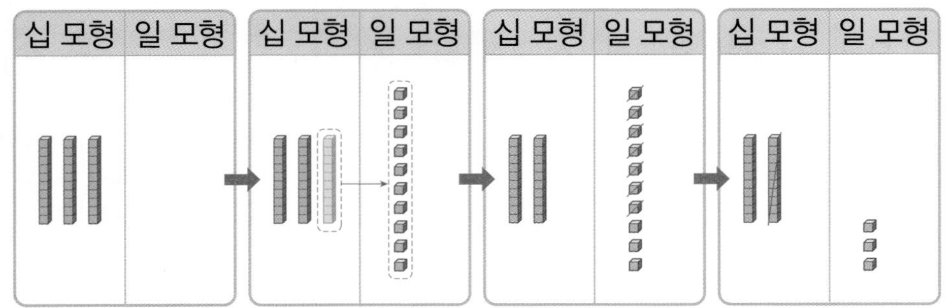


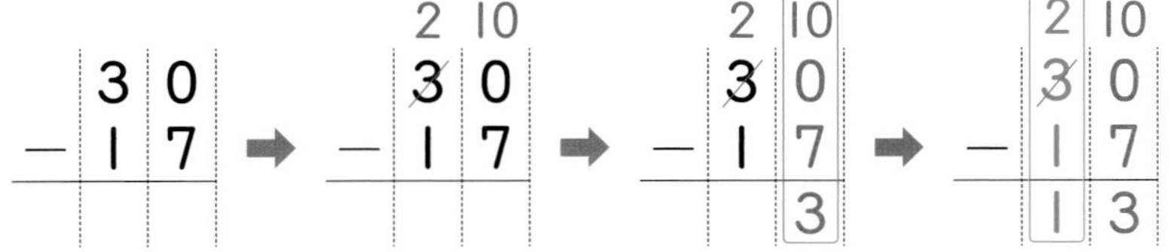

자리에 맞추어 수를 씁니다.

① 일의 자리 수끼리 뺄 수 없으므로 십의 자리에서 10을 받아내림하여 10에서 7을 뺀 값인 3을 일의 자리에 내려 씁니다.

② 십의 자리에 남아 있는 2에서 1을 뺀 값인 1을 십의 자리에 내려 씁니다.

십의 자리 수 3을 지우고 위에 2를 작게 쓴 다음 일의 자리 위에 10을 작게 씁니다.

● 30－17을 수 모형으로 나타내기

일 모형이 없으므로 십 모형 1개를 일 모형 10개로 바꿉니다. 바꾼 일 모형 10개 중 7개를 빼면 일 모형은 3개가 남고, 십 모형은 2개에서 1개를 빼면 1개가 남습니다.

● 17을 10과 7로 가르기하여 구하기

30 － 17
10 7
➡ 30－10－7
＝20－7＝13

30에서 10을 먼저 뺀 후 7을 더 빼면 13입니다.

241010-0228

**03** 그림을 보고 뺄셈을 해 보세요.

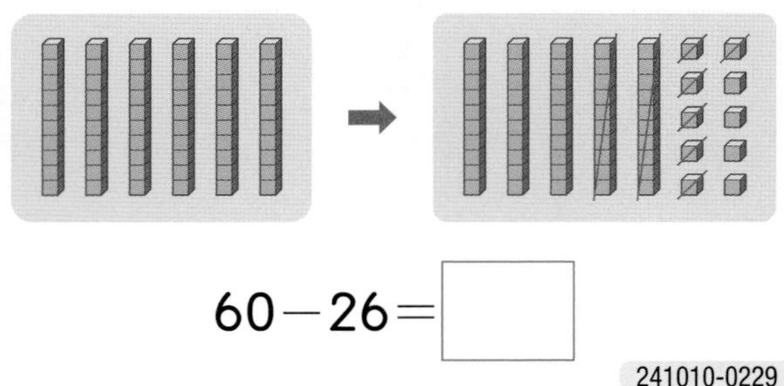

60－26＝□

241010-0229

**04** 뺄셈을 해 보세요.

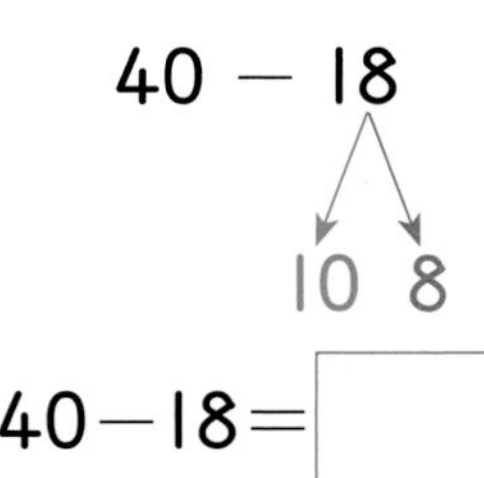


40－18＝□

241010-0230

**05** □ 안에 알맞은 수를 써넣으세요.

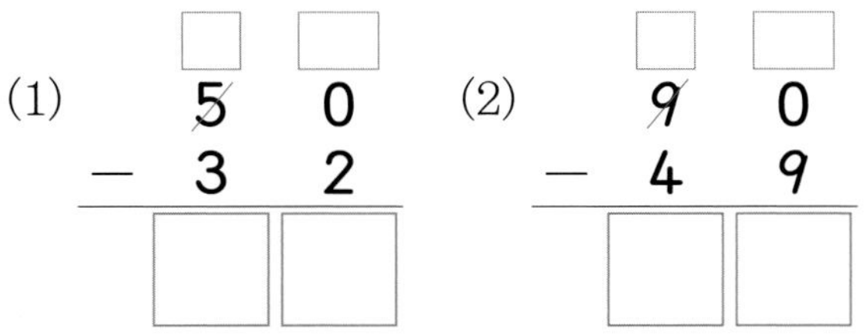


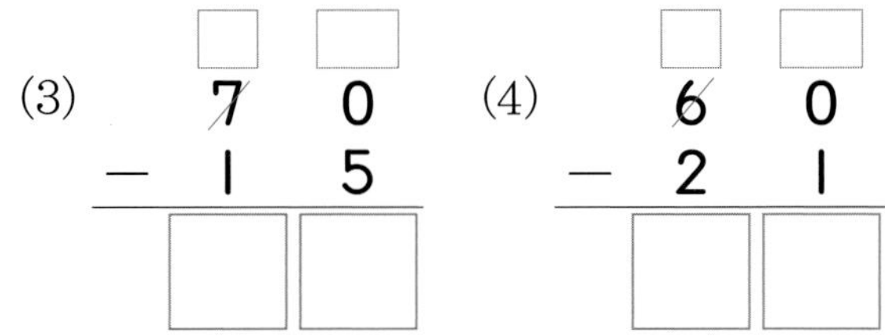

## 개념 6 뺄셈을 하는 여러 가지 방법을 알아볼까요(3)

예 44－18의 계산 → 받아내림이 있는 (몇십몇)－(몇십몇)의 계산

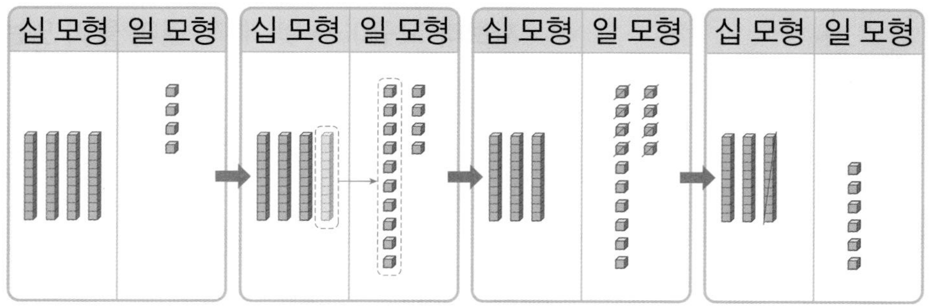


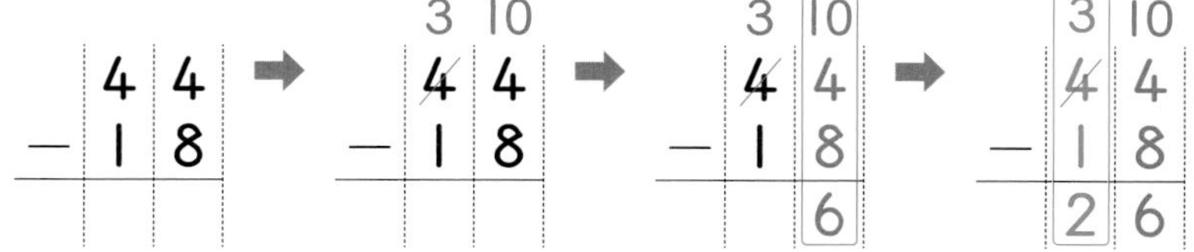


자리에 맞추어 수를 씁니다.

① 일의 자리 수끼리 뺄 수 없으므로 십의 자리에서 10을 받아내림하여 14에서 8을 뺀 값인 6을 일의 자리에 내려 씁니다.

② 십의 자리에 남아 있는 3에서 1을 뺀 값인 2를 십의 자리에 내려 씁니다.

십의 자리 수 4를 지우고 위에 3을 작게 쓴 다음 일의 자리 위에 10을 작게 씁니다.

● 44－18을 수 모형으로 나타내기

십 모형 1개를 일 모형 10개로 바꾸면 일 모형 14개가 됩니다. 일 모형 14개에서 8개를 빼면 일 모형은 6개가 남고, 십 모형은 3개에서 1개를 빼면 2개가 남습니다.

● 수 모형으로 놓은 것을 식으로 나타내기

$$\begin{array}{r} 44 \\ -\ 18 \\ \hline 6 \\ 20 \\ \hline 26 \end{array}$$

3 단원

241010-0231

### 06 그림을 보고 뺄셈을 해 보세요.

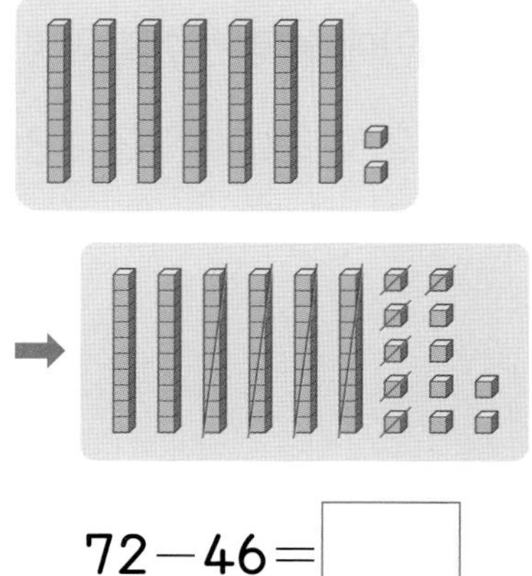

72－46＝□

241010-0232

### 07 □ 안에 알맞은 수를 써넣으세요.

(1)

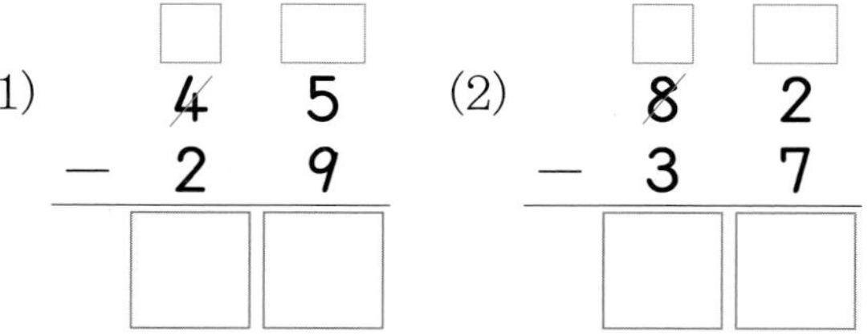


(2) 

8 2
－ 3 7

(3)

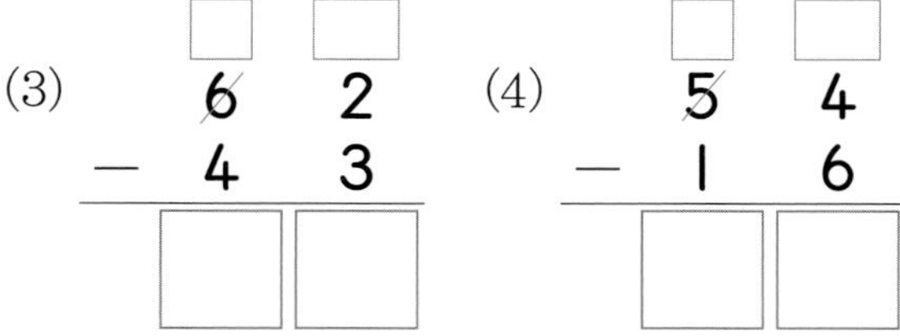


(4)

5 4
－ 1 6

241010-0233

**17** 그림을 보고 뺄셈을 해 보세요.

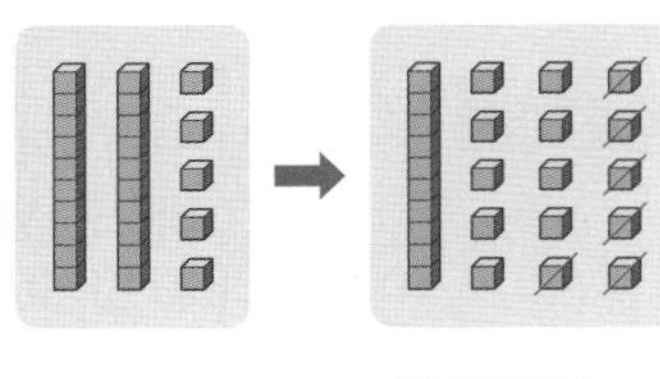

25－6＝□

241010-0234

**18** 뺄셈을 해 보세요.

(1)
```
  3 5
－  7
```

(2)
```
  4 2
－  8
```

(3) 81－5

(4) 64－6

241010-0235

**19** 계산 결과가 더 큰 쪽에 ○표 하세요.

| 62－4 | 65－8 |
|---|---|

241010-0236

**20** 도전 화살 두 개를 던져 맞힌 두 수의 차는 가운데 59와 같습니다. 맞힌 두 수에 ○표 하세요.

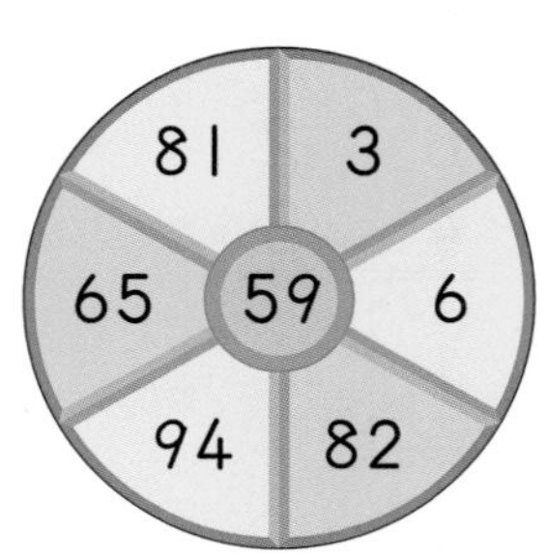


241010-0237

**21** 고구마는 한 상자에 40개 들어 있고, 감자는 한 상자에 21개 들어 있습니다. 한 상자에는 감자보다 고구마가 몇 개 더 많이 들어 있는지 구해 보세요.

( )

241010-0238

**22** 계산 결과가 24보다 큰 뺄셈을 모두 찾아 색칠해 보세요.

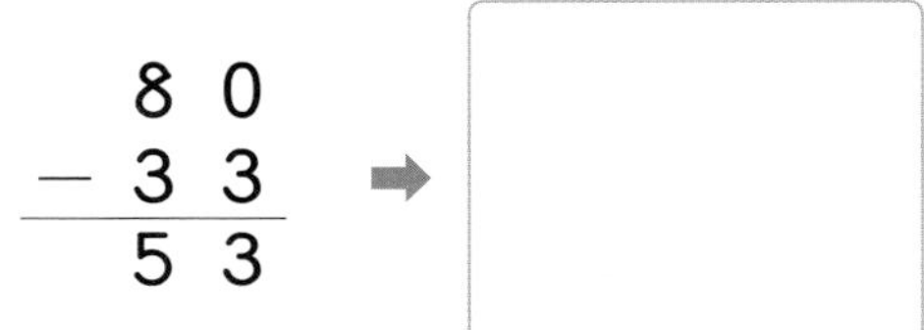

| 60－27 | 40－22 |
|---|---|
| 50－19 | 30－11 |

241010-0239

**23** 중요 계산에서 잘못된 곳을 찾아 바르게 계산해 보세요.

```
  8 0
－3 3
  5 3
```
➡ □

241010-0240

**24** 73－34를 두 가지 방법으로 계산하려고 합니다. □ 안에 알맞은 수를 써넣으세요.

[방법 1] 73－34＝73－30－□
＝□－□
＝□

[방법 2] 73－34＝73－40＋□
＝□＋□
＝□

241010-0241

**25** 빼셈을 해 보세요.

(1) $\begin{array}{r} 45 \\ -\ 19 \\ \hline \end{array}$

(2) $\begin{array}{r} 93 \\ -\ 58 \\ \hline \end{array}$

(3) 64－27

(4) 81－23

241010-0242

**26** 빈칸에 들어갈 수는 선으로 연결된 두 수의 차입니다. 빈칸에 알맞은 수를 써넣으세요.

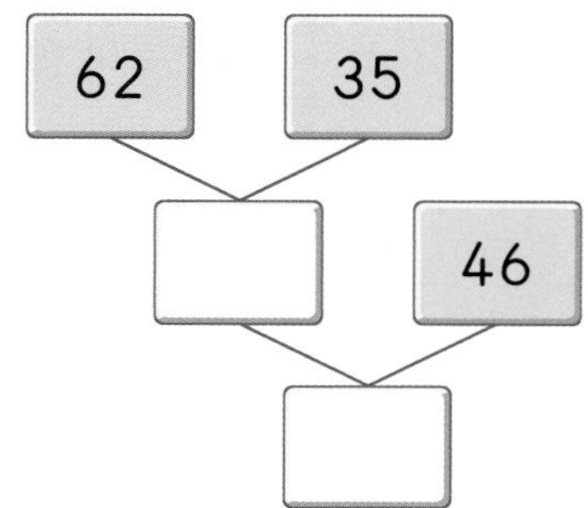


241010-0243

**27** 중요 수 카드 2장을 골라 두 자리 수를 만들어 71에서 빼려고 합니다. 계산 결과가 가장 큰 식을 만들어 보세요.

4 5 6

빼셈식 71－□＝□

241010-0244

**28** 계산 결과가 더 큰 카드를 들고 있는 사람의 이름을 써 보세요.

(　　　　　　　　)



## 빼셈식에서 □ 안에 알맞은 수 구하기

십의 자리에서 받아내림할 경우 십의 자리에서 일의 자리로 10을 받아내림해야 합니다.

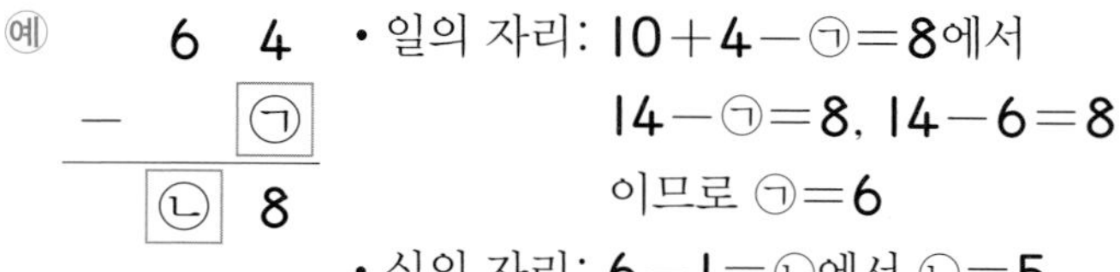


• 일의 자리: 10＋4－㉠＝8에서 14－㉠＝8, 14－6＝8 이므로 ㉠＝6

• 십의 자리: 6－1＝㉡에서 ㉡＝5

241010-0245

**29** □ 안에 알맞은 수를 써넣으세요.

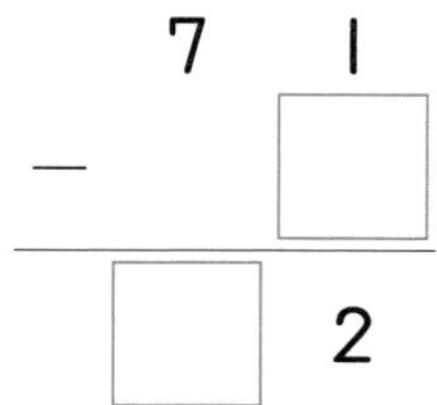


241010-0246

**30** □ 안에 알맞은 수를 써넣으세요.

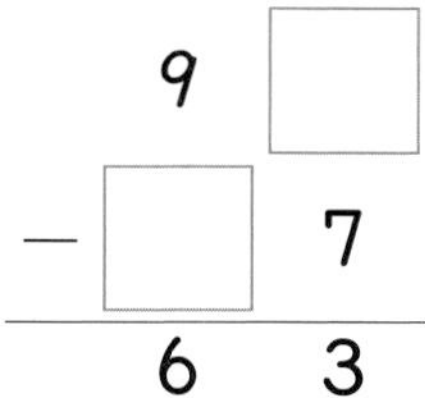


241010-0247

**31** ㉠과 ㉡에 들어갈 수의 합을 구해 보세요.

㉡ 1
－ 3 ㉠
4 5

(　　　　　　　　)

## 개념 7 세 수의 계산을 해 볼까요

덧셈과 뺄셈이 섞여 있는 세 수의 계산은 앞에서부터 두 수씩 순서대로 계산합니다.

예 37+15−23의 계산

$37+15-23=29$

① $37+15=52$, ② $52-23=29$

$$\begin{array}{r} 37 \\ +\ 15 \\ \hline 52 \end{array} \quad \begin{array}{r} 52 \\ -\ 23 \\ \hline 29 \end{array}$$

① ②

예 61−26+37의 계산

$61-26+37=72$

① $61-26=35$, ② $35+37=72$

$$\begin{array}{r} 61 \\ -\ 26 \\ \hline 35 \end{array} \quad \begin{array}{r} 35 \\ +\ 37 \\ \hline 72 \end{array}$$

① ②

● 세 수의 덧셈과 뺄셈 순서

〈세 수의 덧셈〉
순서를 바꾸어 계산해도 계산 결과는 같습니다.

〈세 수의 뺄셈〉
반드시 앞에서부터 순서대로 계산해야 합니다.

〈덧셈과 뺄셈이 섞여 있는 세 수의 계산〉
반드시 앞에서부터 순서대로 계산해야 합니다.

241010-0248

**01** □ 안에 알맞은 수를 써넣으세요.

(1) $26+29+32=$ □

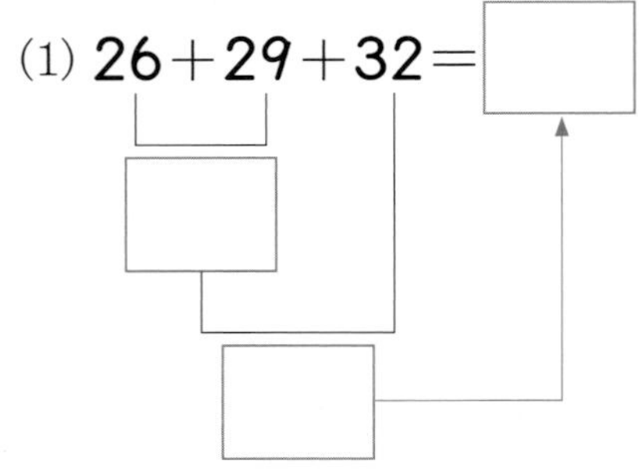

(2) $16+26-19=$ □

$$\begin{array}{r} 16 \\ +\ 26 \\ \hline \square \end{array} \quad \begin{array}{r} \square \\ -\ 19 \\ \hline \square \end{array}$$

241010-0249

**02** □ 안에 알맞은 수를 써넣으세요.

(1) $74-28+19=$ □

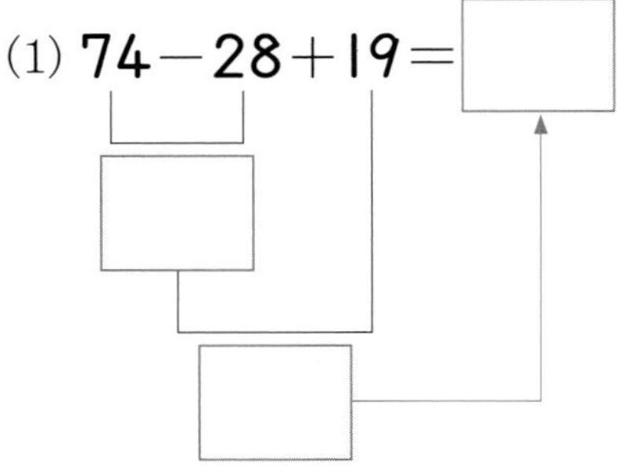

(2) $74-38-18=$ □

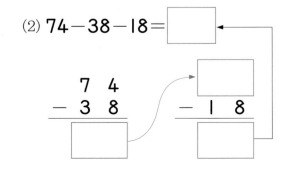

$$\begin{array}{r} 74 \\ -\ 38 \\ \hline \square \end{array} \quad \begin{array}{r} \square \\ -\ 18 \\ \hline \square \end{array}$$

## 개념 8 덧셈과 뺄셈의 관계를 식으로 나타내 볼까요(1)

(1) 덧셈식을 뺄셈식으로 나타내기

파란색 구슬이 7개, 빨간색 구슬이 3개 있습니다.

- 전체 구슬 수를 덧셈식으로 나타내기

$7 + 3 = 10$

- 빨간색 구슬 수를 뺄셈식으로 나타내기

$10 - 7 = 3$

- 파란색 구슬 수를 뺄셈식으로 나타내기

$10 - 3 = 7$

덧셈식을 뺄셈식으로 나타내기

$7+3=10$ → $10-7=3$, $10-3=7$

● 덧셈식을 뺄셈식으로 나타내는 방법

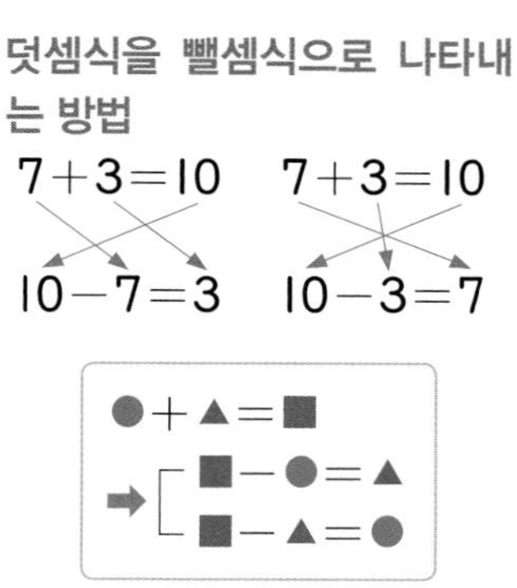


●+▲=■

➡ ■−●=▲, ■−▲=●

3 단원

**03** 그림을 보고 덧셈식을 뺄셈식으로 나타내 보세요. 241010-0250

| 36 | 48 |
|---|---|
| 84 | |

$36+48=84$

➡ $84-\square=\square$

$84-\square=\square$

**04** 덧셈식을 뺄셈식으로 나타내 보세요. 241010-0251

$27+8=35$

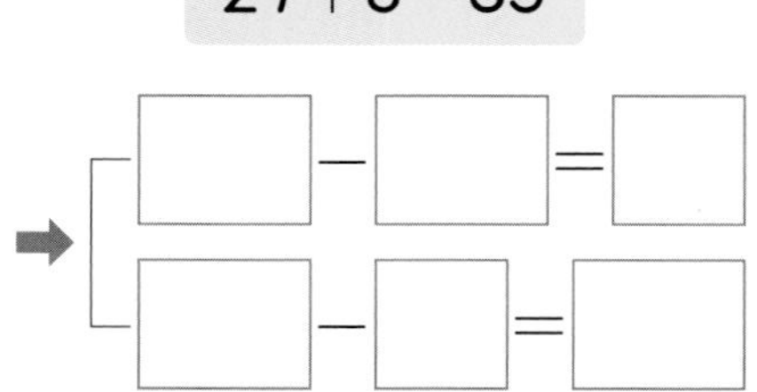

## 개념 9 덧셈과 뺄셈의 관계를 식으로 나타내 볼까요(2)

(1) 뺄셈식을 덧셈식으로 나타내기

전체 사탕 8개 중 먹은 사탕은 5개입니다.

• 남은 사탕 수를 뺄셈식으로 나타내기

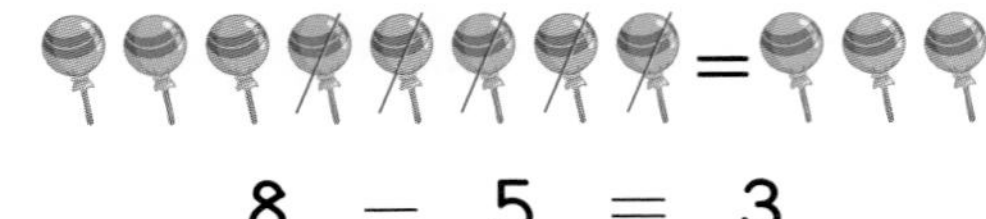

$8 - 5 = 3$

• 전체 사탕 수를 덧셈식으로 나타내기

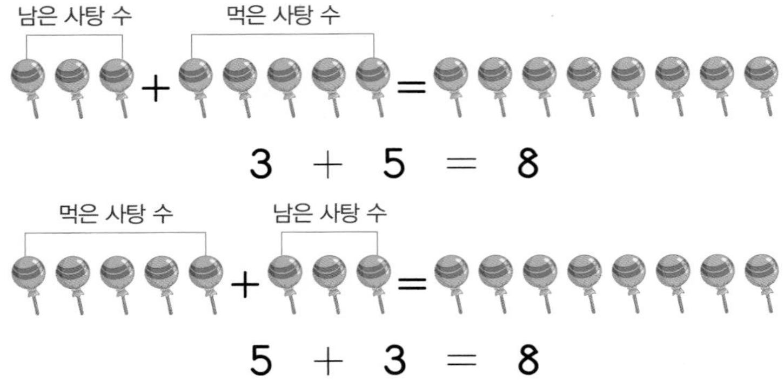


$3 + 5 = 8$

$5 + 3 = 8$

뺄셈식을 덧셈식으로 나타내기

$8-5=3$ → $3+5=8$, $5+3=8$

● 뺄셈식을 덧셈식으로 나타내는 방법

$8-5=3$ → $3+5=8$　　$8-5=3$ → $5+3=8$

■－●＝▲
➡ ▲＋●＝■
　 ●＋▲＝■

241010-0252

**05** 그림을 보고 뺄셈식을 덧셈식으로 나타내 보세요.

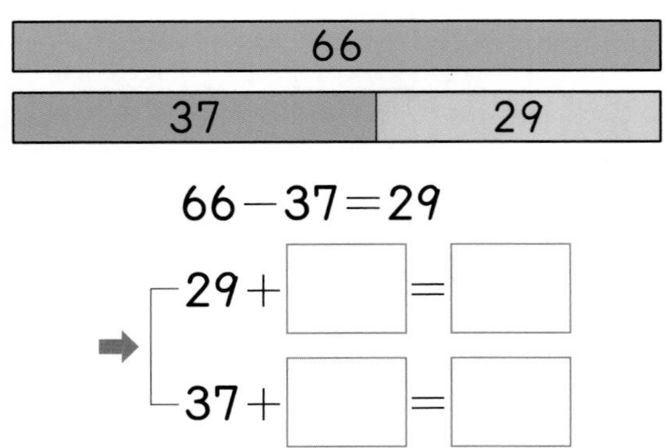


$66-37=29$

➡ $29+\square=\square$
　 $37+\square=\square$

241010-0253

**06** 뺄셈식을 덧셈식으로 나타내 보세요.

$12-8=4$

➡ $\square+\square=\square$
　 $\square+\square=\square$

## 개념 10 □가 사용된 덧셈식을 만들고 □의 값을 구해 볼까요

㉮ 5+□=8에서 □의 값 구하기

[방법 1] 그림을 그려서 알아보기

가 8마리가 되도록 ○를 그립니다.

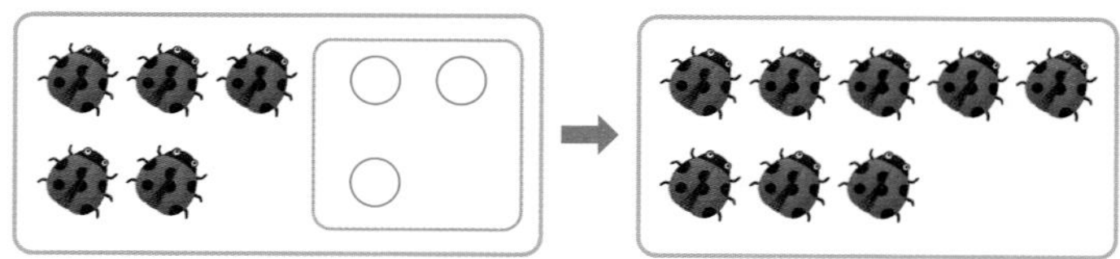

➡ 가 8마리가 되도록 ○를 3개 그렸으므로 □=3입니다.

[방법 2] 수직선을 이용하여 알아보기

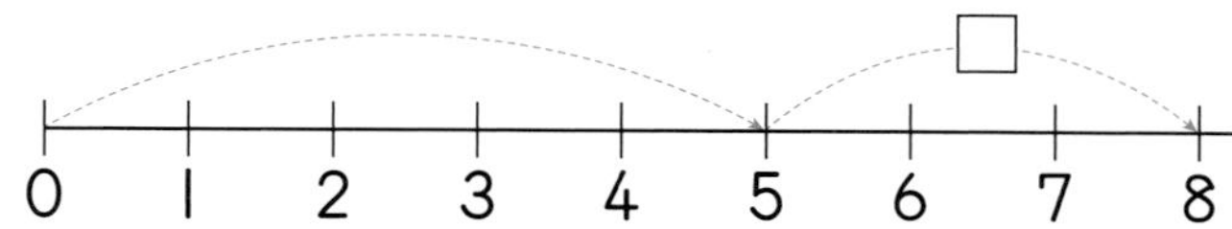


➡ 5에서 8이 되려면 오른쪽으로 3칸만큼 더 가야 하므로 □=3입니다.

[방법 3] 덧셈과 뺄셈의 관계를 이용하여 알아보기

덧셈식 5+□=8을 뺄셈식으로 나타내면 8−5=□이므로 □=3입니다.

● 모르는 수 나타내기

모르는 수를 ?, ○, △, □, ( ) 등으로 나타낼 수 있습니다.

모르는 수를 여러 가지로 나타내면 헷갈릴 수 있으므로 일반적으로 □를 사용합니다.

● 종이띠를 이용하기

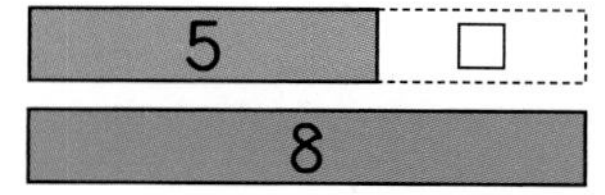


● 덧셈과 뺄셈의 관계 이용하기

5+□=8 ─ 뺄셈식으로 나타내기

➡ 8−5=□

3 단원

241010-0254

**07** 그림을 보고 □ 안에 알맞은 수를 써넣으세요.

(1)

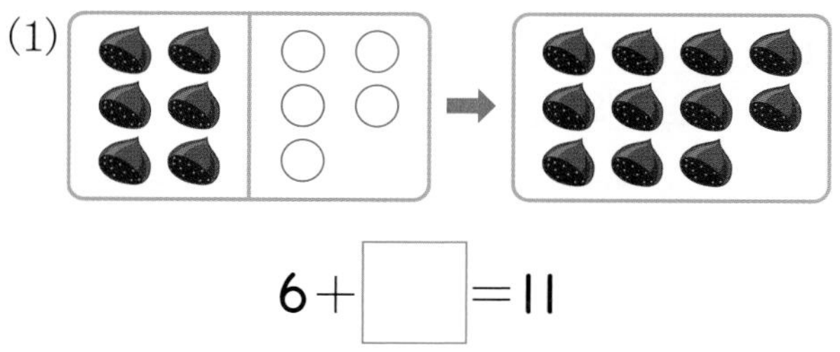

6+□=11

(2)

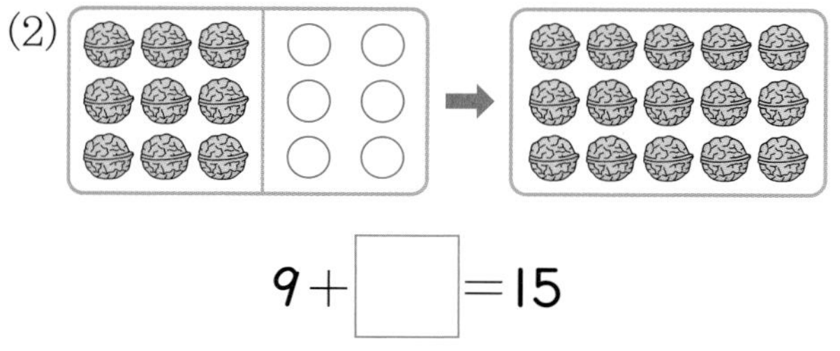

9+□=15

241010-0255

**08** □를 사용하여 그림에 알맞은 덧셈식을 만들고, □의 값을 구해 보세요.

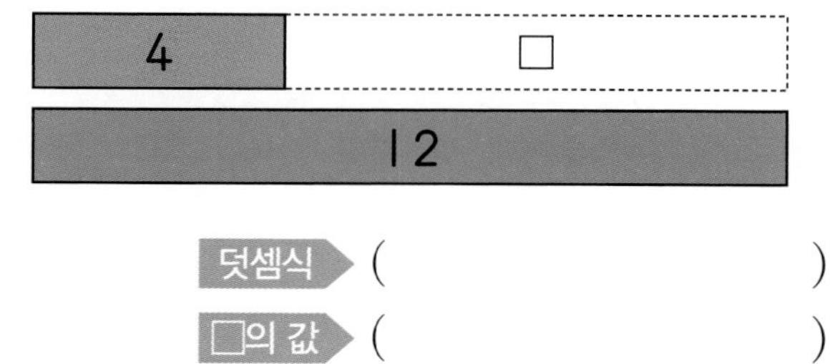


덧셈식 ( )

□의 값 ( )

## 개념 11 □가 사용된 뺄셈식을 만들고 □의 값을 구해 볼까요

예 12－□＝7에서 □의 값 구하기

[방법 1] 그림을 그려서 알아보기

가 7개가 되도록 /으로 지웁니다.

➡ 가 7개가 되도록 /으로 5개 지웠으므로 □＝5입니다.

[방법 2] 수직선을 이용하여 알아보기

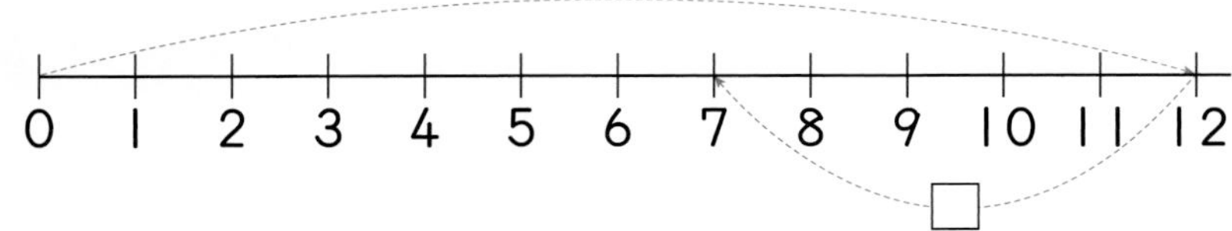


➡ 12에서 7이 되려면 왼쪽으로 5칸만큼 되돌아와야 하므로 □＝5입니다.

[방법 3] 덧셈과 뺄셈의 관계를 이용하여 알아보기

뺄셈식 12－□＝7을 덧셈식으로 나타내면 7＋□＝12이고, 덧셈식을 뺄셈식으로 나타내면 12－7＝□이므로 □＝5입니다.

● 수직선 알아보기

수직선에서 오른쪽으로 더 가면 덧셈식이고, 왼쪽으로 되돌아오면 뺄셈식입니다.

● 종이띠를 이용하기

| 12 | |
|---|---|
| □ | 7 |

7이 12가 되려면 5만큼 더 있어야 합니다.

● 덧셈과 뺄셈의 관계 이용하기

12－□＝7 — 덧셈식으로 나타내기

➡ 7＋□＝12 — 뺄셈식으로 나타내기

➡ 12－7＝□

241010-0256

**09** 그림을 보고 □ 안에 알맞은 수를 써넣으세요.

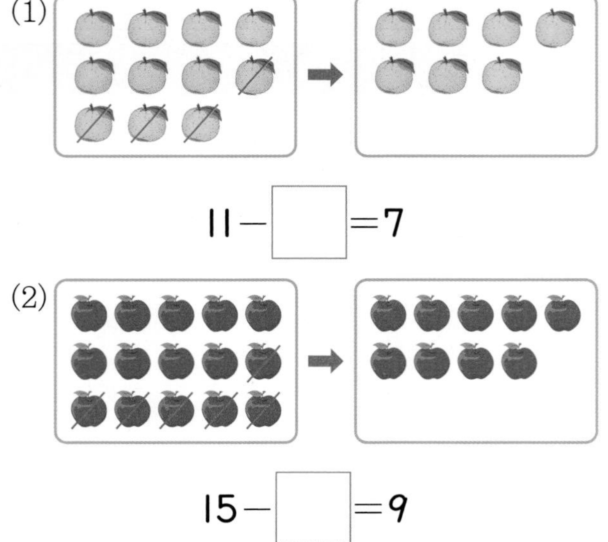

(1) 11－□＝7

(2) 15－□＝9

241010-0257

**10** □를 사용하여 그림에 알맞은 뺄셈식을 만들고, □의 값을 구해 보세요.

| 17 | |
|---|---|
| □ | 8 |

뺄셈식 (　　　　　　)

□의 값 (　　　　　　)

241010-0258

**32** 계산해 보세요.

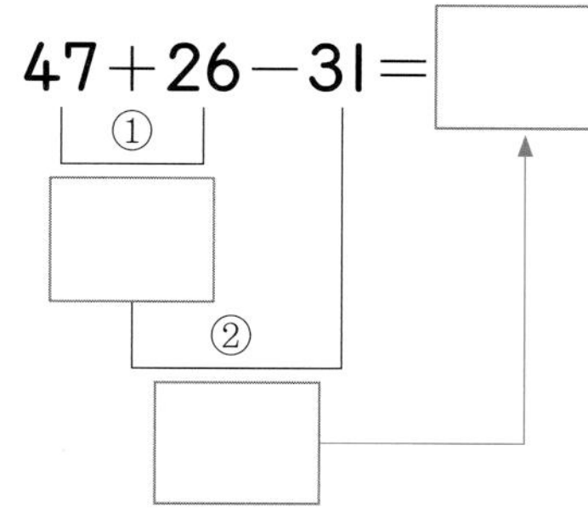


241010-0259

**33** 다음 식을 계산하여 각각의 글자를 빈칸에 알맞게 써넣으세요.

$24+38+35=$ □ 국

$62-36-15=$ □ 대

$83+25-34=$ □ 민

$75-19+27=$ □ 한

| 11 | 83 | 74 | 97 |
|---|---|---|---|
| | | | |

241010-0260

**34** 계산해 보세요.

(1) $60-23+17$

(2) $29+13-17$

241010-0261

**35** 수 카드 중에서 한 장을 골라 보기 와 같이 세 수를 계산하려고 합니다. □ 안에 알맞은 수를 써넣으세요.

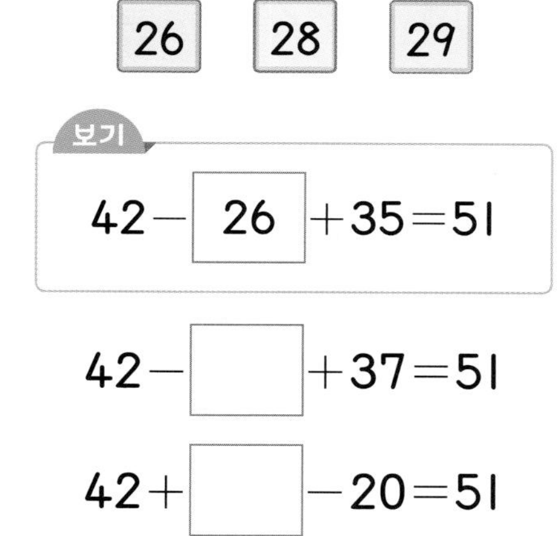


$42-$ □ $+37=51$

$42+$ □ $-20=51$

241010-0262

**36** 빈칸에 알맞은 수를 써넣으세요.

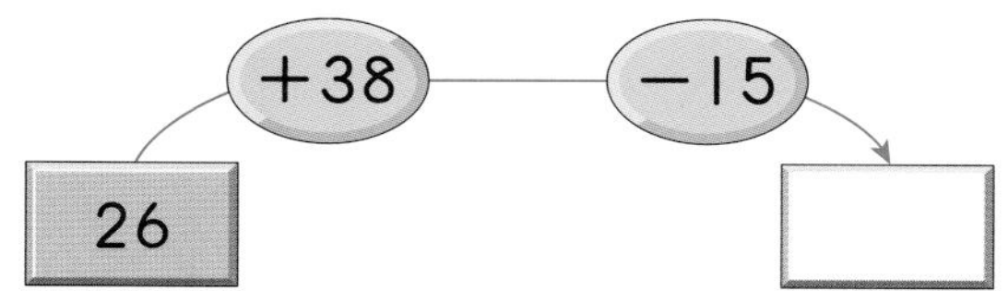


241010-0263

**37** 중요 재경이는 색종이를 43장 가지고 있었습니다. 그중에서 동생에게 19장을 주고, 언니에게서 26장을 받았습니다. 지금 재경이가 가지고 있는 색종이는 몇 장일까요?

(　　　　　　　　)

241010-0264

**38** 계산 결과를 비교하여 더 큰 것의 기호를 써 보세요.

㉠ $48+32-27$
㉡ $25-16+49$

(　　　　　　　　)

3 단원

241010-0265

**39** 세 수를 골라 계산 결과가 48이 되는 식을 만들어 보세요.

도전

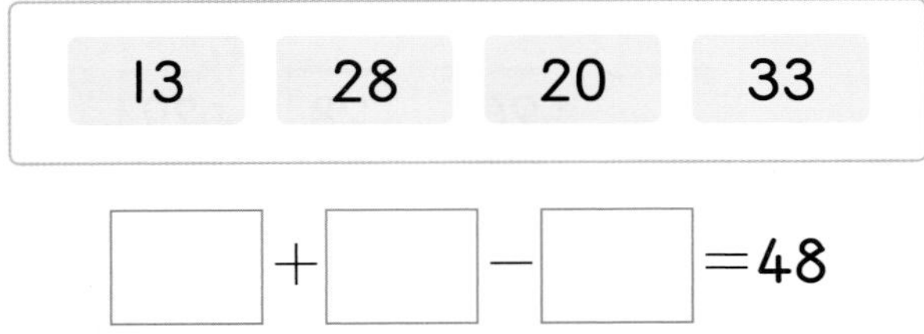


$\square + \square - \square = 48$

241010-0266

**40** 덧셈식을 뺄셈식으로 나타내 보세요.

$57+24=81$

➡ $\square - \square = \square$

$\square - \square = \square$

241010-0267

**41** 수 카드를 사용하여 덧셈식을 완성하고, 뺄셈식으로 나타내 보세요.

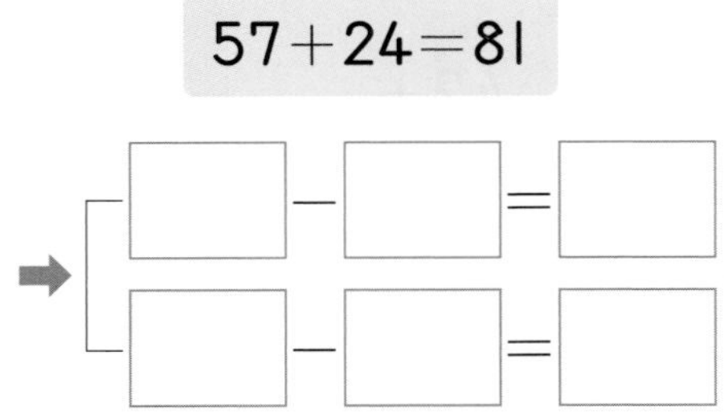


덧셈식 $36+\square=65$

뺄셈식 $\square - \square = \square$

$\square - \square = \square$

241010-0268

**42** □ 안에 알맞은 수를 써넣으세요.

$48+\square=57$ ↗ $\square-48=9$ ↘ $57-9=\square$

241010-0269

**43** ㉠과 ㉡에 알맞은 수의 합을 구해 보세요.

$73-$ ㉠ $=26$ ➡ $47+26=$ ㉡

( )

241010-0270

**44** 세 수를 이용하여 뺄셈식을 완성하고, 덧셈식으로 나타내 보세요.

중요

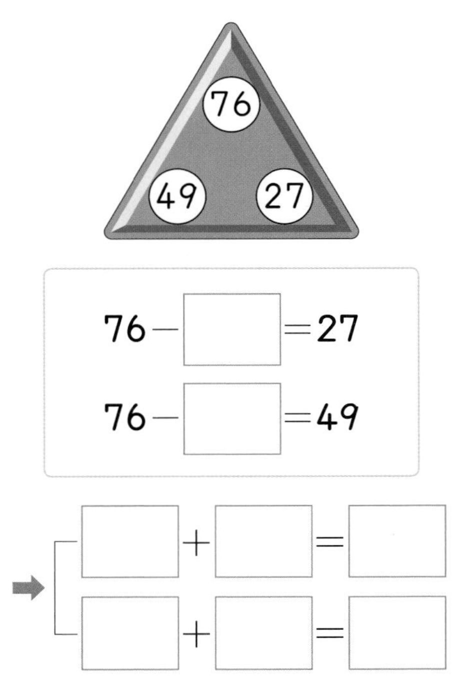


$76-\square=27$

$76-\square=49$

➡ $\square + \square = \square$

$\square + \square = \square$

241010-0271

**45** 그림을 이용하여 뺄셈식을 만들고, 만든 뺄셈식을 덧셈식으로 나타내 보세요.

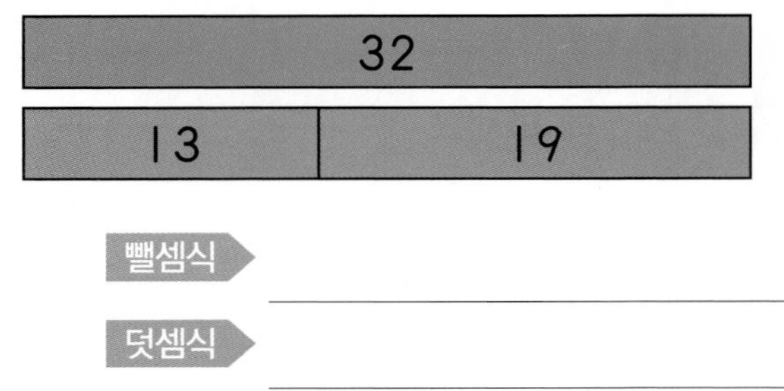


뺄셈식 ________

덧셈식 ________

241010-0272

**46** 빈칸에 알맞은 수만큼 ○를 그리고, □ 안에 알맞은 수를 써넣으세요.

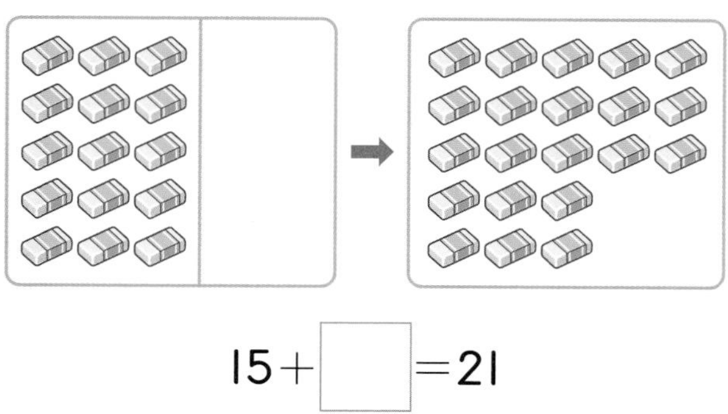

15+□=21

241010-0273

**47** 그림을 보고 □를 사용하여 알맞은 식을 써 보세요.

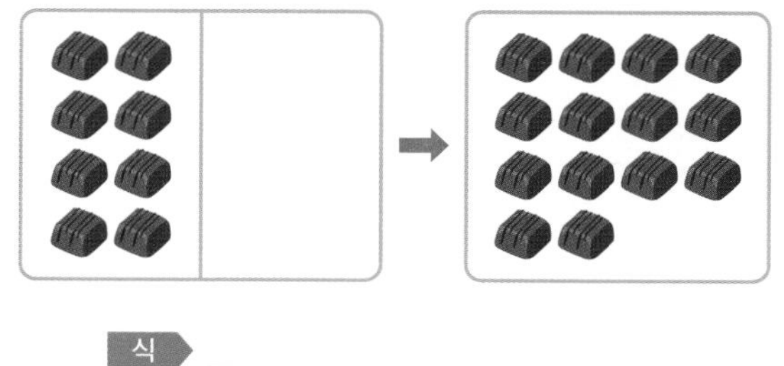

식 ____________________

241010-0274

**48** 그림을 보고 □를 사용하여 알맞은 식을 써 보세요.

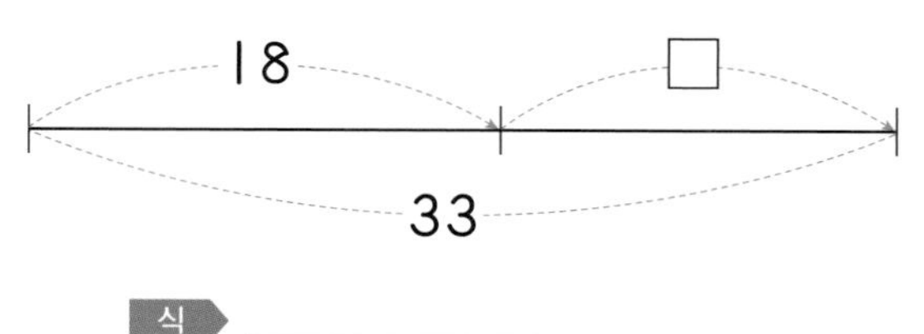


식 ____________________

241010-0275

**49** □ 안에 알맞은 수를 써넣으세요.

(1) 34+□=51

(2) □+27=84

241010-0276

**50** 꿀벌 몇 마리가 있었는데 8마리가 더 와서 16 마리가 되었습니다. 처음에 있던 꿀벌은 몇 마리인지 □를 사용하여 식을 만들고 답을 구해 보세요.

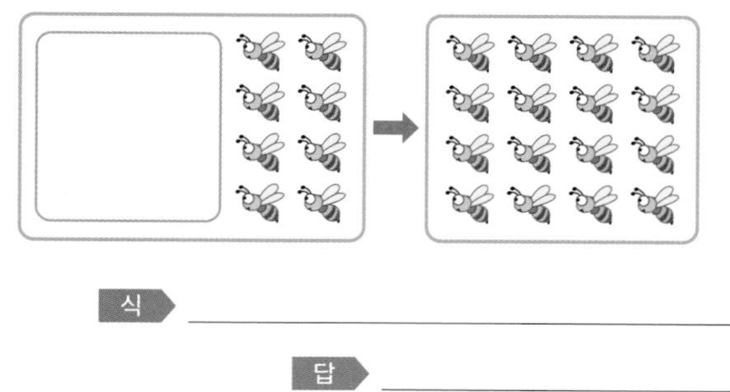

식 ____________________

답 ____________________

241010-0277

**51** □ 안에 들어갈 수가 같은 것끼리 이어 보세요.

| | |
|---|---|
| 8+□=13 • | • □+39=45 |
| 26+□=32 • | • □+17=22 |

241010-0278

**52** 중요 지우는 딱지를 7장 가지고 있었습니다. 잠시 후, 세미가 지우에게 딱지를 몇 장 더 주었더니 모두 16장이 되었습니다. 세미가 지우에게 준 딱지는 몇 장인지 □를 사용하여 식을 만들고 답을 구해 보세요.

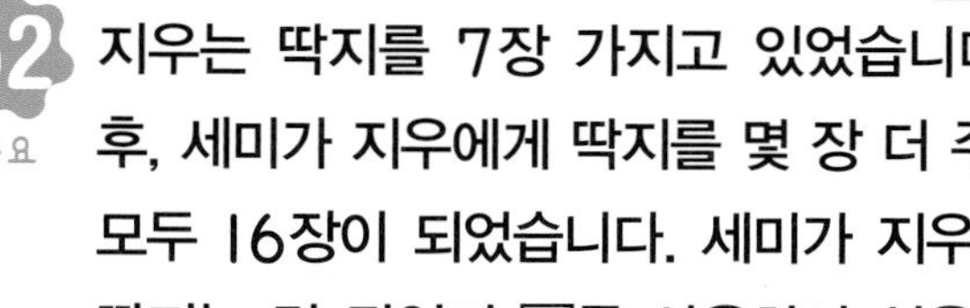

식 ____________________

답 ____________________

241010-0279

**53** 연필이 10자루 있었는데 동생에게 몇 자루를 주었더니 6자루가 남았습니다. 동생에게 준 연필은 몇 자루인지 □ 안에 알맞은 수를 써넣으세요.

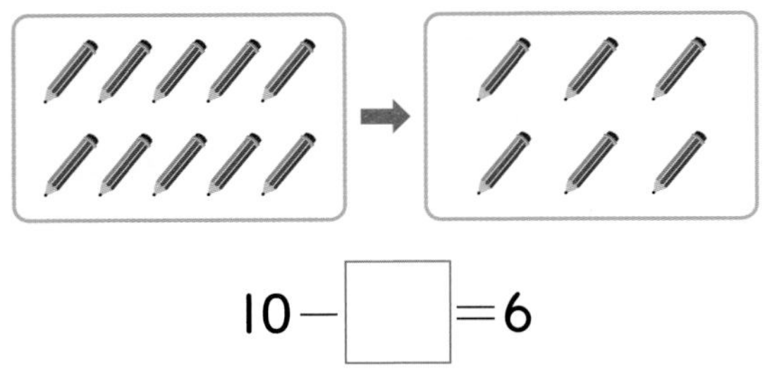

10－□＝6

241010-0280

**54** 그림을 보고 □를 사용하여 알맞은 식을 써 보세요.

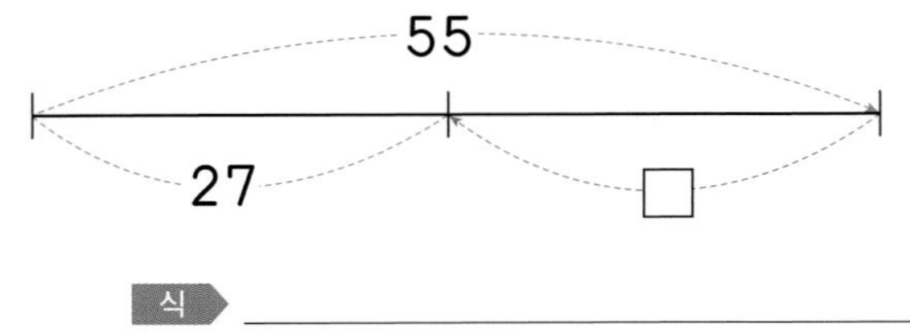


식 ＿＿＿＿＿＿＿＿

241010-0281

**55** □ 안에 알맞은 수를 써넣으세요.

(1) 40－□＝25

(2) □－44＝17

**[56~57]** 다음을 읽고 물음에 답하세요.

운동장에 2학년 학생들이 87명 모여 있었는데 그중에서 몇 명이 교실로 들어 갔습니다. 운동장에 남아 있는 학생이 39명일 때, 교실로 들어간 학생은 몇 명일까요?

241010-0282

**56** 교실로 들어간 학생 수를 □로 하여 식을 만들어 보세요.

식 ＿＿＿＿＿＿＿＿

241010-0283

**57** 교실로 들어간 학생은 몇 명일까요?

(　　　　　　)

241010-0284

**58** 도전 □의 값이 큰 것부터 순서대로 기호를 써 보세요.

㉠ 18－□＝13
㉡ □－2＝5
㉢ 30－□＝24

(　　　　　　)

241010-0285

**59** 중요 참새가 공원에 몇 마리 있었습니다. 잠시 후 참새 8마리가 날아가서 13마리가 남았습니다. 처음에 공원에 있던 참새는 몇 마리인지 □를 사용하여 식을 만들고 답을 구해 보세요.

식 ＿＿＿＿＿＿＿＿

답 ＿＿＿＿＿＿＿＿

교과서, 익힘책 속 응용 문제를 유형별로 풀어 보세요.

정답과 풀이 27쪽

## 어떤 수 구하기

예 어떤 수와 15의 합은 22입니다. 어떤 수를 구해 보세요.

➡ 어떤 수를 □라고 하여 덧셈식을 만들면
□+15=22입니다.
뺄셈식으로 나타내면
22−15=□이므로 □=7입니다.

241010-0286

**60** 19와 어떤 수의 합은 47입니다. 어떤 수를 □라고 하여 식을 만들고 어떤 수를 구해 보세요.

식 ______________

답 ______________

241010-0287

**61** 어떤 수에서 56을 뺐더니 38이 되었습니다. 어떤 수를 구해 보세요.

(　　　　　　　)

241010-0288

**62** 어떤 수에 29를 더했더니 73이 되었습니다. 어떤 수에서 16을 뺀 값을 구해 보세요.

(　　　　　　　)

## 세 수로 식을 만들어 계산하기

예 다음 중 세 수를 한 번씩만 골라 아래와 같이 세 수의 덧셈식을 만들었습니다. 계산 결과가 가장 큰 계산식을 써 보세요.

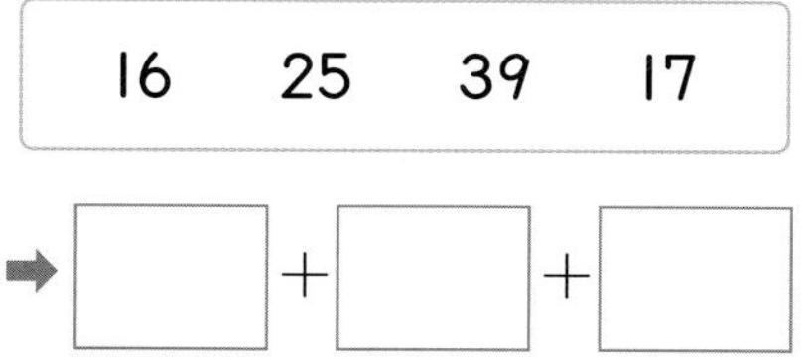


➡ □ + □ + □

➡ 덧셈식의 계산 결과가 가장 크려면 큰 순서대로 세 수를 더하면 됩니다. 따라서 39+25+17과 같이 39, 25, 17로 세 수의 덧셈식을 만들면 됩니다.

241010-0289

**63** 다음 중 세 수를 한 번씩만 골라 세 수의 덧셈식을 만들었습니다. 계산 결과가 가장 클 때의 합을 구해 보세요.

| 35 | 18 | 29 | 14 |
|---|---|---|---|

(　　　　　　　)

241010-0290

**64** 다음 중 세 수를 한 번씩만 골라 세 수의 뺄셈식을 만들었습니다. 계산 결과가 가장 클 때의 차를 구해 보세요.

| 26 | 19 | 81 | 37 |
|---|---|---|---|

(　　　　　　　)

241010-0291

**65** 다음 중 세 수를 한 번씩만 골라 계산 결과가 가장 큰 계산식을 만들어 보세요.

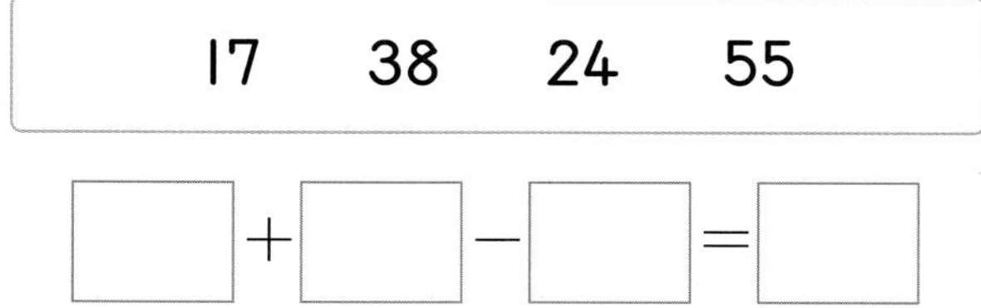


□ + □ − □ = □

3 단원

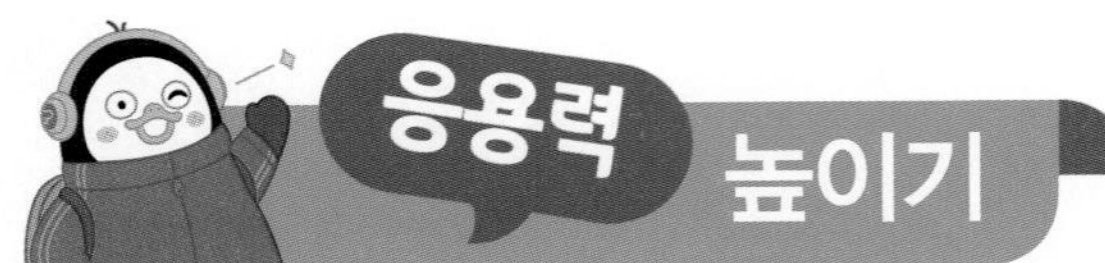


## 대표 응용 1 바르게 계산한 값 구하기

어떤 수에서 29를 빼고 37을 더해야 할 것을 잘못하여 29를 더하고 37을 뺐더니 37이 되었습니다. 바르게 계산한 값을 구해 보세요.

**문제 스케치**

어떤 수를 □로 하여 잘못 계산한 식 만들기
↓
어떤 수 구하기
↓
바르게 계산하기

**해결하기**

어떤 수를 □로 하여 잘못된 계산식을 쓰면
$\square+29-37=37$입니다.
이제 $\square+29$를 ★로 바꾸어 생각하면
★$-37=37$, ★$=37+37=\square$ 입니다.
따라서 $\square+29=\square$ 에서 $\square-29=\square$이므로
$\square=\square$ 입니다.
바르게 계산하면
$\square-29+37=\square+37=\square$ 입니다.

241010-0292

**1-1** 어떤 수에서 18을 빼고 27을 더해야 할 것을 잘못하여 18을 더하고 27을 뺐더니 57이 되었습니다. 바르게 계산한 값을 구해 보세요.

( )

241010-0293

**1-2** 어떤 수에 17을 2번 더해야 할 것을 잘못하여 17을 2번 뺐더니 26이 되었습니다. 바르게 계산한 값과 49의 차를 구해 보세요.

( )

정답과 풀이 29쪽

대표 응용 2

## □ 안에 들어갈 수 있는 수 구하기

□ 안에 들어갈 수 있는 수를 모두 찾아 써 보세요.

29+□>72

42 43 44 45 46

문제 스케치

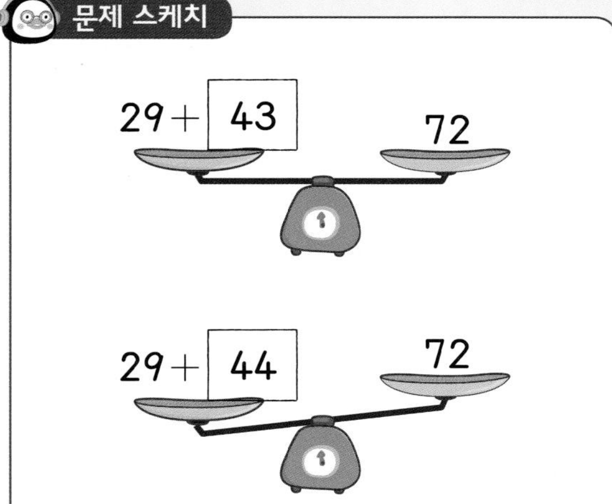


해결하기

29+□=72라 하고 뺄셈식으로 나타내면

72−□=□이므로 □=□입니다.

29+□가 72보다 크려면 □는 □보다 커야 합니다.

따라서 □ 안에 들어갈 수 있는 수는 □, □, □입니다.

3 단원

241010-0294

**2-1** □ 안에 들어갈 수 있는 수를 모두 찾아 써 보세요.

70−□<46

22 23 24 25 26

( )

241010-0295

**2-2** 십의 자리 수가 6인 두 자리 수 중에서 □ 안에 들어갈 수 있는 수를 모두 구해 보세요.

94−□<29

( )

## 대표 응용 3 실생활에서 □의 값 구하기 활용

2학년 남학생과 여학생을 청군과 백군으로 나누어 콩 주머니 던져 넣기 경기를 하였습니다. 청군이 넣은 콩 주머니의 수와 백군이 넣은 콩 주머니의 수가 똑같았다면 백군 여학생이 넣은 콩 주머니는 몇 개일까요?

넣은 콩 주머니 수

| | 청군 | 백군 |
|---|---|---|
| 남학생 | 38개 | 59개 |
| 여학생 | 44개 | |

**문제 스케치**

백군 여학생이 넣은 콩 주머니의 수: □

| 청군이 넣은 콩 주머니의 수 | = | 백군이 넣은 콩 주머니의 수 |
|---|---|---|
| 38+44 | = | 59+□ |

**해결하기**

청군이 넣은 콩 주머니는 38+44=□(개)입니다.

백군이 넣은 콩 주머니는 59+□=□(개)입니다.

따라서 백군 여학생이 넣은 콩 주머니는

□−59=□(개)입니다.

241010-0296

**3-1** 2학년 남학생과 여학생을 청군과 백군으로 나누어 콩 주머니 던져 넣기 경기를 하였습니다. 청군이 넣은 콩 주머니의 수와 백군이 넣은 콩 주머니의 수가 똑같았다면 청군 남학생이 넣은 콩 주머니는 몇 개일까요?

넣은 콩 주머니 수

| | 청군 | 백군 |
|---|---|---|
| 남학생 | | 48개 |
| 여학생 | 56개 | 47개 |

(　　　　　　　　)

241010-0297

**3-2** 2학년 남학생과 여학생을 청군과 백군으로 나누어 콩 주머니 던져 넣기 경기를 하였습니다. 청군이 넣은 콩 주머니의 수는 백군이 넣은 콩 주머니의 수보다 16개가 적었다면 청군 여학생이 넣은 콩 주머니는 몇 개일까요?

넣은 콩 주머니 수

| | 청군 | 백군 |
|---|---|---|
| 남학생 | 33개 | 36개 |
| 여학생 | | 56개 |

(　　　　　　　　)

대표 응용 4

## 약속에 따라 계산하기

기호 ◉에 대하여 ㉮◉㉯=㉮−㉯+18이라고 약속할 때 다음을 계산해 보세요.

74◉37

**문제 스케치**

㉮ ◉ ㉯ = ㉮ − ㉯ +18

↑ ↑ ↑ ↑

74 37 74 37

➡ 74 ◉ 37=74−37+18

**해결하기**

74◉37=□−□+18

=□+18

=□

241010-0298

**4-1** 기호 ◈에 대하여 ㉮◈㉯=㉮+㉯−29라고 약속할 때 다음을 계산해 보세요.

35◈47

(　　　　　　)

241010-0299

**4-2** 기호 ◎에 대하여 ㉮◎㉯=㉮+㉮−㉯라고 약속할 때 다음을 계산해 보세요.

46◎53

(　　　　　　)

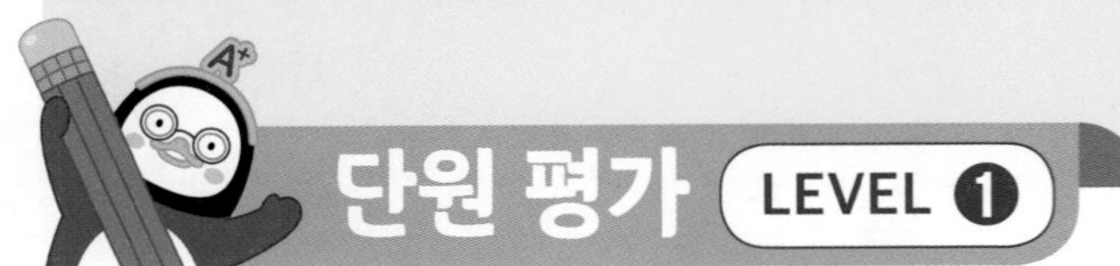


241010-0300

**01** 그림을 보고 덧셈을 해 보세요.

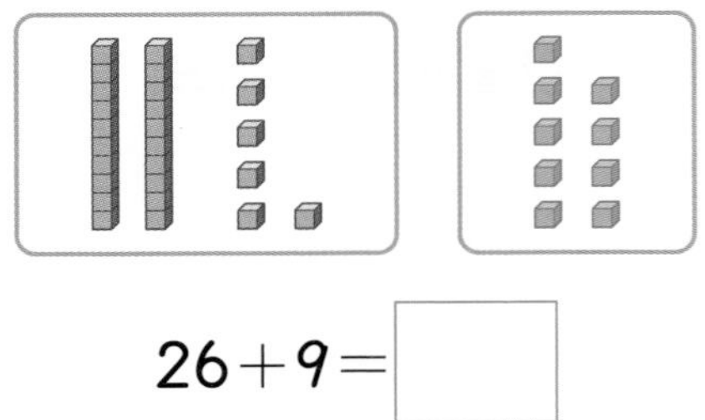

$26+9=\square$

241010-0301

**02** 계산해 보세요.

(1) $\begin{array}{r} 54 \\ +\ \ 8 \\ \hline \end{array}$

(2) $\begin{array}{r} 37 \\ +\ 28 \\ \hline \end{array}$

241010-0302

**03** 빈칸에 알맞은 수를 써넣으세요.

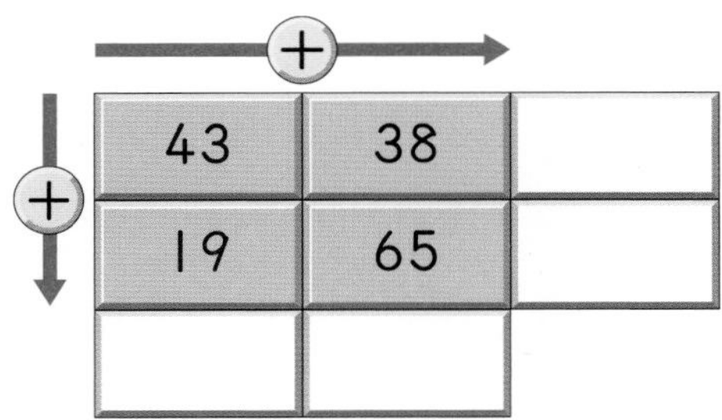


241010-0303

**04** 빈칸에 알맞은 수를 써넣으세요.

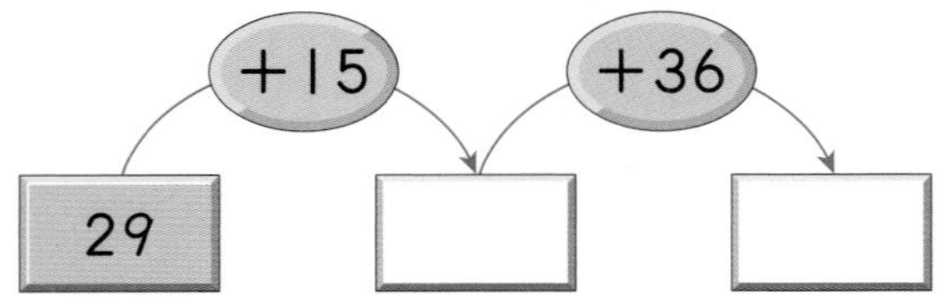


241010-0304

**05** 계산에서 잘못된 곳을 찾아 바르게 계산해 보세요.

$\begin{array}{r} 78 \\ +\ 57 \\ \hline 125 \end{array} \Rightarrow \begin{array}{r} 78 \\ +\ 57 \\ \hline \end{array}$

241010-0305

**06** $65+17$을 두 가지 방법으로 계산하려고 합니다. □ 안에 알맞은 수를 써넣으세요.

[방법 1] $65+17=65+20-\square$

$=85-\square=\square$

[방법 2] $65+17=62+\square+17$

$=62+\square=\square$

241010-0306

**07** 아라는 줄넘기를 했습니다. 어제는 87번을 넘었고 오늘은 95번을 넘었다면 아라가 어제와 오늘 넘은 줄넘기는 모두 몇 번일까요?

(　　　　　　　　)

241010-0307

**08** 계산해 보세요.

(1) $\begin{array}{r} 44 \\ -\ \ 6 \\ \hline \end{array}$

(2) $\begin{array}{r} 50 \\ -\ 27 \\ \hline \end{array}$

241010-0308

**09** 뺄셈식에서 ㉠과 ㉡이 실제로 나타내는 수는 각각 얼마일까요?

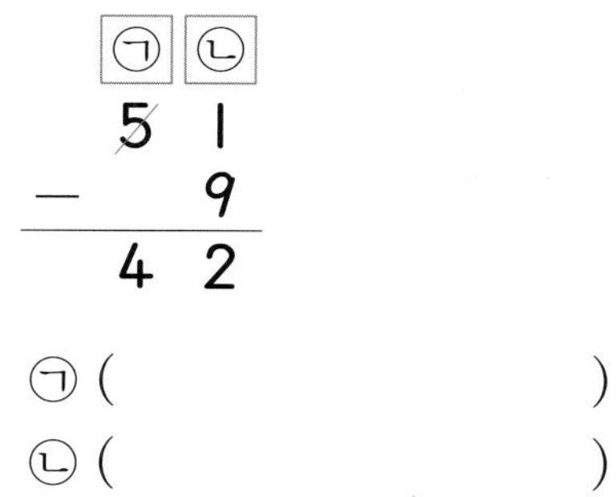

㉠ (                    )

㉡ (                    )

241010-0309

**10** 빈칸에 알맞은 수를 써넣으세요.

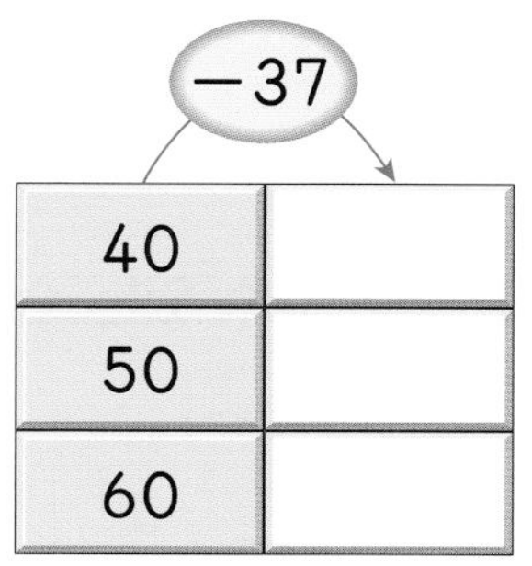

241010-0310

**11** 서술형 문구점에 풀이 10개씩 8상자 있습니다. 풀 26개를 팔았다면 남은 풀은 몇 개인지 구해 보세요.

풀이

(1) 10개씩 8상자는 (      )개입니다.

(2) 처음에 있던 풀 (      )개 중에서 (      )개를 팔았습니다.

(3) 따라서 남은 풀은 (      )−(      )=(      )(개)입니다.

답 ____________

241010-0311

**12** 계산 결과가 더 작은 것의 기호를 써 보세요.

㉠ 74−46    ㉡ 92−68

(                    )

241010-0312

**13** 서술형 가장 큰 수와 가장 작은 수의 차를 구해 보세요.

39  73  52

풀이

(1) 39, 73, 52를 큰 수부터 순서대로 쓰면 (      ), (      ), (      )입니다.

(2) 가장 큰 수는 (      )이고, 가장 작은 수는 (      )입니다.

(3) 따라서 가장 큰 수와 가장 작은 수의 차는 (      )−(      )=(      )입니다.

답 ____________

241010-0313

**14** 수 카드 3장을 사용하여 덧셈식과 뺄셈식을 각각 2개씩 만들어 보세요.

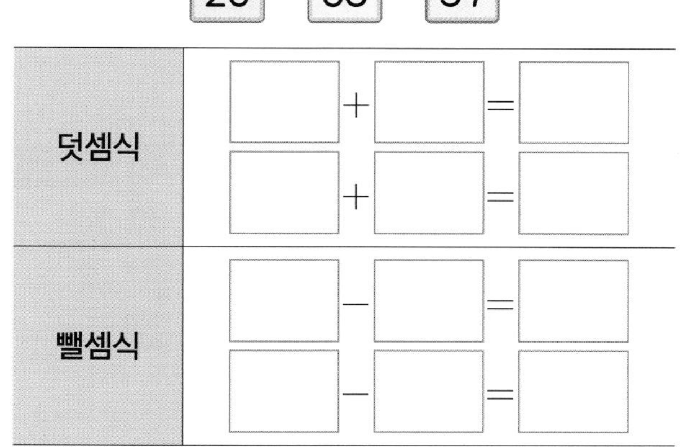

3 단원

241010-0314

**15** 중요 계산이 맞으면 ○표, 틀리면 ×표 하세요.

(1) $62-25+19=62-44=18$

(      )

(2) $52-26+47=26+47=73$

(      )

241010-0315

**16** 도전 다음 중 합이 82가 되는 세 수를 찾아 ○표 하세요.

| 35 | 56 | 17 | 44 | 9 |
|---|---|---|---|---|

241010-0316

**17** 지호는 색종이 16장을 가지고 있습니다. 이 중에서 몇 장을 사용했더니 9장이 남았습니다. 지우가 사용한 색종이 수를 □로 하여 알맞은 식을 써 보세요.

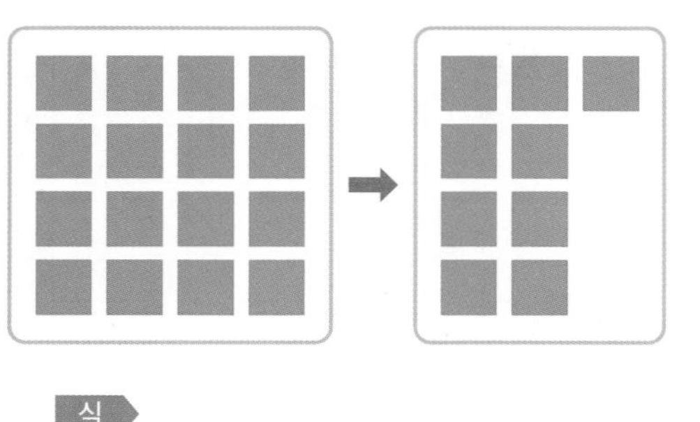

식 ________________

241010-0317

**18** □ 안에 알맞은 수를 써넣으세요.

(1) $\square+23=41$

➡ $41-\square=18$

(2) $85-\square=27$

➡ $85-\square=58$

241010-0318

**19** □ 안에 들어갈 수 있는 수를 모두 찾아 ○표 하세요.

$37+\square>64$

( 25 , 26 , 27 , 28 , 29 )

241010-0319

**20** 어떤 수와 56의 합은 74입니다. 어떤 수를 □로 하여 식을 만들고 어떤 수를 구해 보세요.

식 ________________

답 ________________

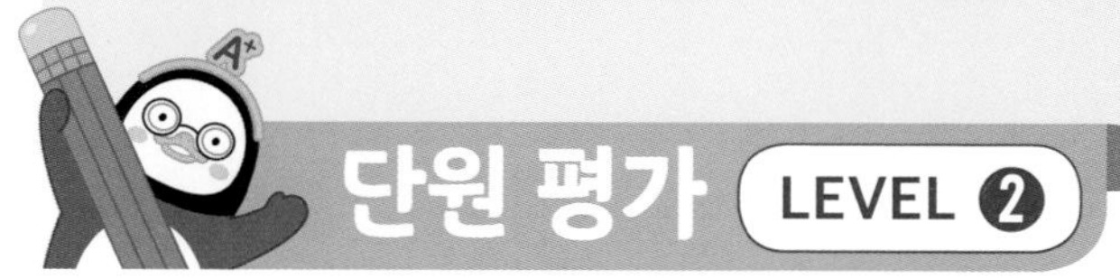

241010-0320

**01** □ 안에 알맞은 수를 써넣으세요.

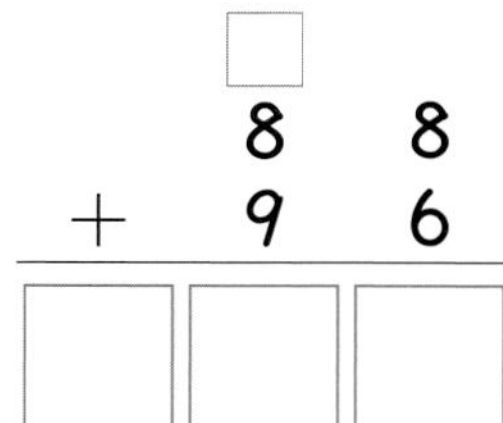


241010-0321

**02** □ 안에 알맞은 수를 써넣으세요.

54+17=54+10+□

=64+□

=□

241010-0322

**03** 빈칸에 알맞은 수를 써넣으세요.

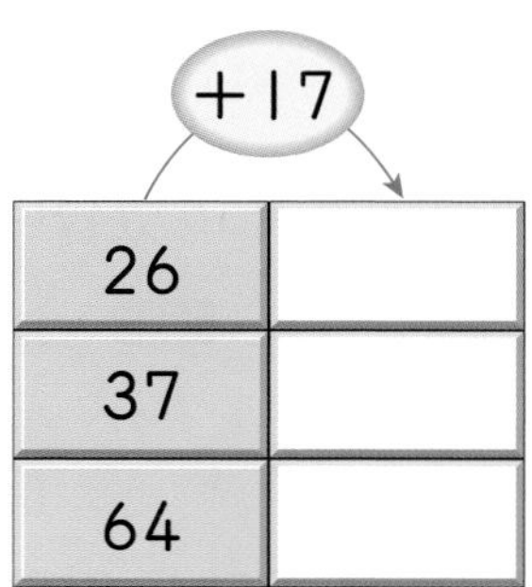


241010-0323

**04** 어느 박물관에 어제는 65명이 입장하였고, 오늘은 89명이 입장하였습니다. 2일 동안 입장한 사람은 모두 몇 명일까요?

(　　　　　　　　　　)

241010-0324

**05** 두 수의 합이 더 큰 것에 ○표 하세요.

| 17+56 | 33+39 |
| --- | --- |
| | |

241010-0325

**06** 더 큰 수를 찾아 기호를 써 보세요.

서술형

㉠ 67보다 54만큼 더 큰 수
㉡ 79보다 43만큼 더 큰 수

풀이

(1) 67보다 54만큼 더 큰 수는
67+(　　)=(　　)입니다.

(2) 79보다 43만큼 더 큰 수는
79+(　　)=(　　)입니다.

(3) 따라서 더 큰 수를 찾아 기호를 쓰면
(　　)입니다.

답 ________________

241010-0326

**07**  보기와 같은 방법으로 계산해 보세요.

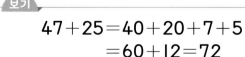

보기

47+25=40+20+7+5
=60+12=72

56+37= ________________

________________

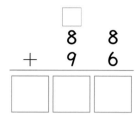

241010-0327

**08** □ 안에 알맞은 수를 써넣으세요.

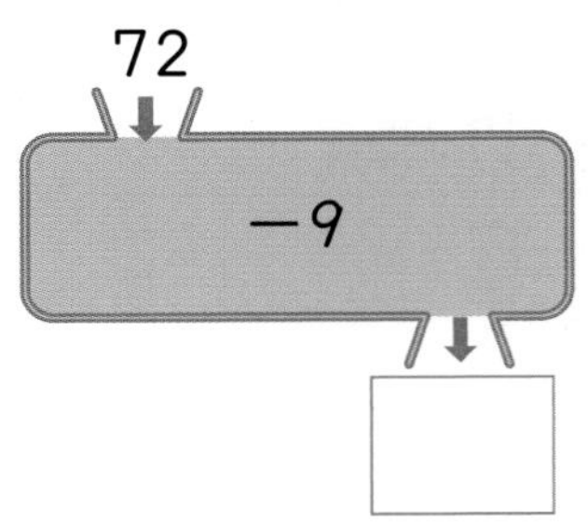


241010-0328

**09** 두 수의 차를 빈칸에 써넣으세요.

| 49 | 70 |
|---|---|
| | |

241010-0329

**10** 수 카드 중에서 2장을 골라 차가 28이 되는 식을 만들어 보세요.

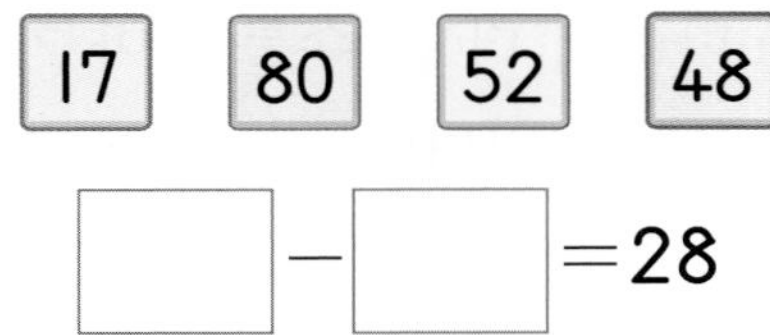


□ − □ = 28

241010-0330

**11** 82−25를 준서가 말한 방법대로 계산해 보세요.

일의 자리 수를 5로 같게 해서 계산해야지.

준서

241010-0331

**12** 연지네 학교의 2학년 학생 수는 83명이고 3학년 학생 수는 67명입니다. 연지네 학교의 2학년 학생은 3학년 학생보다 몇 명 더 많은지 구해 보세요.

(　　　　　　　)

241010-0332

**13** 서술형 친구들이 가지고 있는 구슬 수를 조사하였습니다. 구슬을 가장 많이 가지고 있는 사람은 가장 적게 가지고 있는 사람보다 몇 개 더 많이 가지고 있는지 구해 보세요.

| 이름 | 경호 | 미나 | 성준 | 형윤 |
|---|---|---|---|---|
| 구슬 수(개) | 42 | 29 | 61 | 62 |

풀이

(1) 구슬 수를 큰 수부터 순서대로 쓰면 62, (　　), (　　), (　　)입니다.

(2) 구슬을 가장 많이 가지고 있는 사람은 (　　)이고 가장 적게 가지고 있는 사람은 (　　)입니다.

(3) 따라서 (　　)−(　　)=(　　)(개) 더 많이 가지고 있습니다.

답 ______________

241010-0333

**14** 도전 수 카드 2장을 골라 두 자리 수를 만들어 71에서 빼려고 합니다. 계산 결과가 가장 작은 수가 되는 뺄셈식을 쓰고 계산해 보세요.

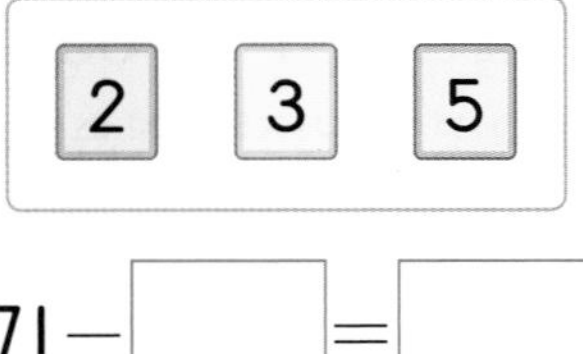


71 − □ = □

정답과 풀이 31쪽

241010-0334

**15** 계산 결과가 가장 큰 것을 찾아 기호를 써 보세요.

| | |
|---|---|
| ㉠ 26+19 | ㉡ 82−38 |
| ㉢ 28+35−17 | ㉣ 90−53+16 |

( )

241010-0335

**16** 계산 결과의 크기를 비교하여 ○ 안에 >, <를 알맞게 써넣으세요.

52+21−38 ◯ 70−37+9

241010-0336

**17** 세 수를 이용하여 뺄셈식을 완성하고 덧셈식으로 나타내 보세요.

중요

47　83　36

83−□=47

83−□=36

□+□=□

□+□=□

241010-0337

**18** 세 수를 이용하여 뺄셈식을 완성하고, 덧셈식으로 나타내 보세요.

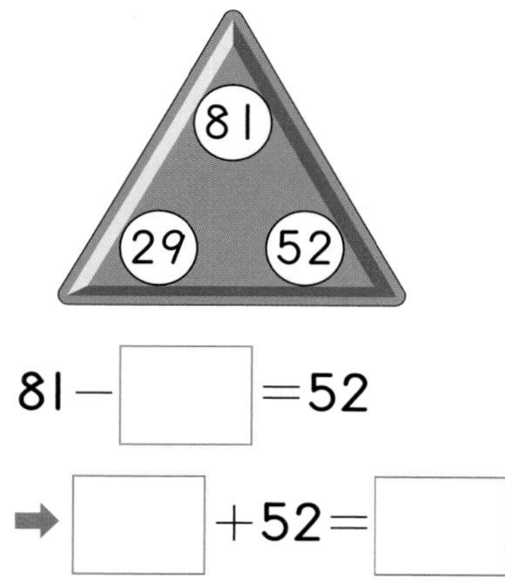


81−□=52

➡ □+52=□

241010-0338

**19** 그림을 보고 □를 사용하여 알맞은 식을 쓰고 □의 값을 구해 보세요.

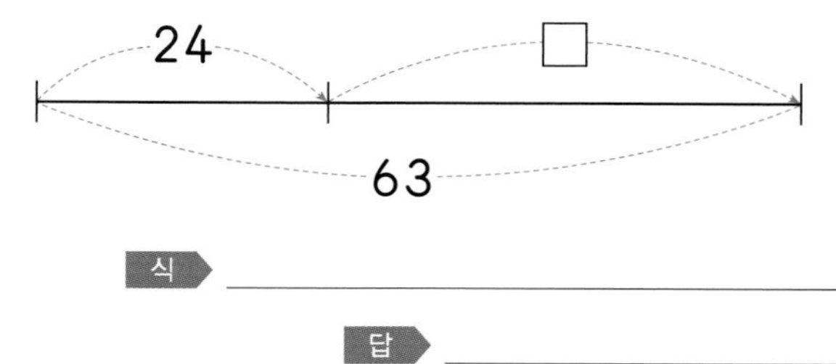


식 ____________________

답 ____________________

241010-0339

**20** 은호는 구슬을 27개 모았습니다. 34개가 되려면 몇 개를 더 모아야 하는지 □를 사용하여 식을 만들고 답을 구해 보세요.

식 ____________________

답 ____________________

# 4 길이 재기

**단원 학습 목표**

1. 신체 부위나 물건을 단위로 정하여 길이를 재고, 수로 나타낼 수 있습니다.
2. 1 cm 단위를 이용해 자로 길이를 잴 수 있습니다.
3. 자의 바른 사용법을 알고, 길이를 바르게 재거나 주어진 선의 길이를 자로 그을 수 있습니다.
4. 물건의 길이가 자의 눈금 사이에 있을 때 길이를 '약 몇 cm'로 나타낼 수 있습니다.
5. 여러 가지 길이를 어림하고 자로 재어 확인할 수 있습니다.

**단원 진도 체크**

| 학습일 | | | 학습 내용 | 진도 체크 |
|---|---|---|---|---|
| 1일째 | 월 | 일 | 개념 1 여러 가지 단위로 길이를 재어 볼까요<br>개념 2 1 cm를 알아볼까요<br>개념 3 자로 길이를 재어 볼까요<br>개념 4 길이를 어림해 볼까요 | ✓ |
| 2일째 | 월 | 일 | 교과서 넘어 보기 + 교과서 속 응용 문제 | ✓ |
| 3일째 | 월 | 일 | 응용 1 여러 가지 단위로 길이 비교하기<br>응용 2 선의 길이 구하기 | ✓ |
| 4일째 | 월 | 일 | 응용 3 여러 가지 단위로 길이 구하기<br>응용 4 자로 잰 길이 비교하기 | ✓ |
| 5일째 | 월 | 일 | 단원 평가 LEVEL ❶ | ✓ |
| 6일째 | 월 | 일 | 단원 평가 LEVEL ❷ | ✓ |

이 단원을 진도 체크에 맞춰 6일 동안 학습해 보세요.
해당 부분을 공부하고 나서 ✓표를 하세요.

승현이네 반은 선생님과 함께 숲으로 현장 체험 학습을 갔어요. 선생님께서는 승현이와 친구들에게 마음에 드는 나뭇잎을 몇 장 주워 오라고 하셨어요. 잠시 후, 선생님께서는 자기가 주워 온 나뭇잎 중에서 가장 긴 나뭇잎을 들어 보라고 하셨는데 어떻게 해야 가장 긴 나뭇잎을 고를 수 있을까요?

이번 **4**단원에서는 여러 가지 물건의 길이 재기에 대해 배울 거예요.

## 개념 1 여러 가지 단위로 길이를 재어 볼까요

어떤 길이를 재는 데 기준이 되는 길이를 단위길이라고 합니다.

(1) **뼘으로 막대의 길이 재기**

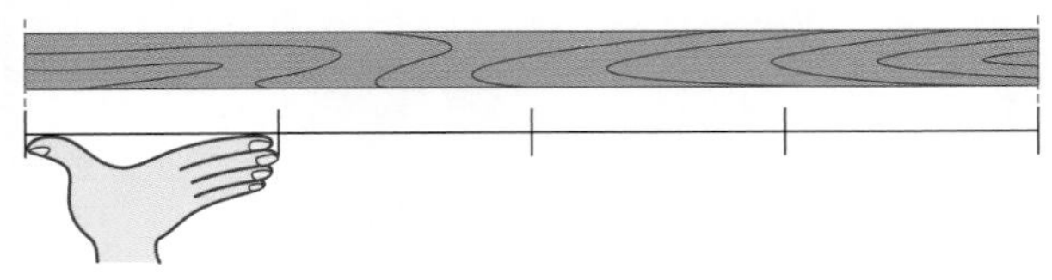

➡ 막대의 길이는 4뼘입니다.

(2) **여러 가지 물건으로 색연필의 길이 재기**

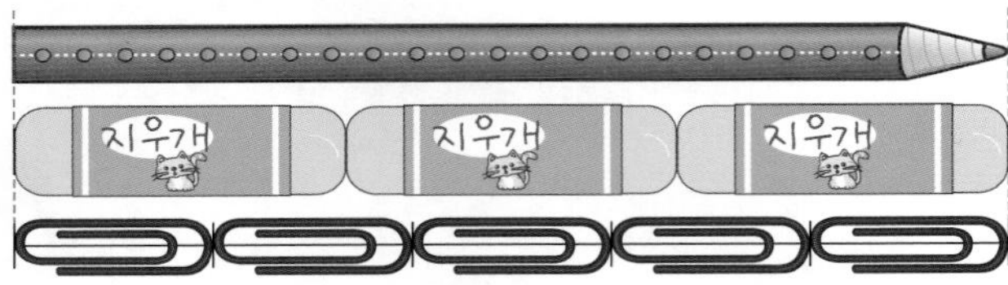


➡ 색연필의 길이는 지우개로 3번입니다.

➡ 색연필의 길이는 클립으로 5번입니다.

길이를 잴 때 사용할 수 있는 단위에는 여러 가지가 있습니다.

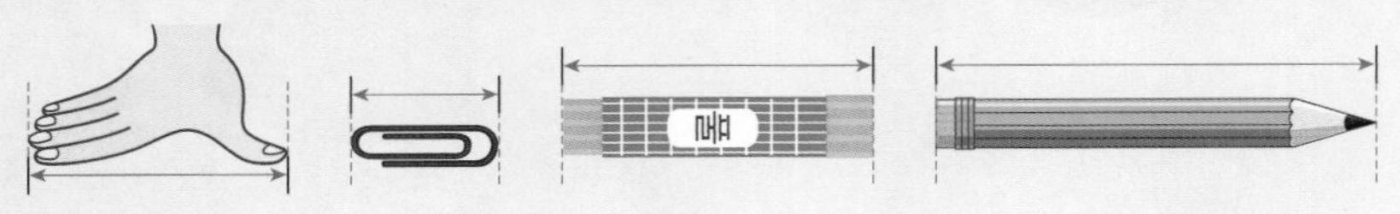


● **뼘**

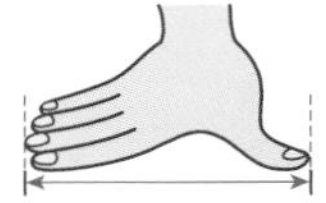

뼘으로 길이를 잴 때에는 손가락을 한껏 벌려서 잽니다.

● **여러 가지 뼘**

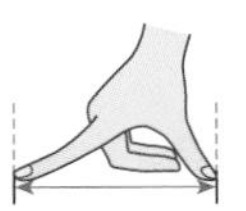
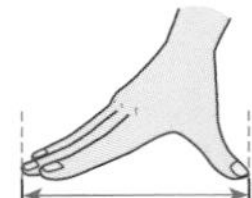
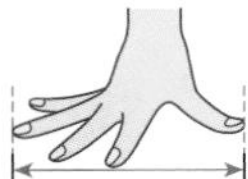
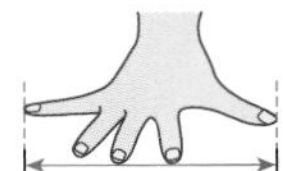

● 똑같은 물건의 길이를 재더라도 재는 물건에 따라 재는 횟수가 달라집니다.

241010-0340

**01** **바지의 길이를 뼘으로 재어 보세요.**

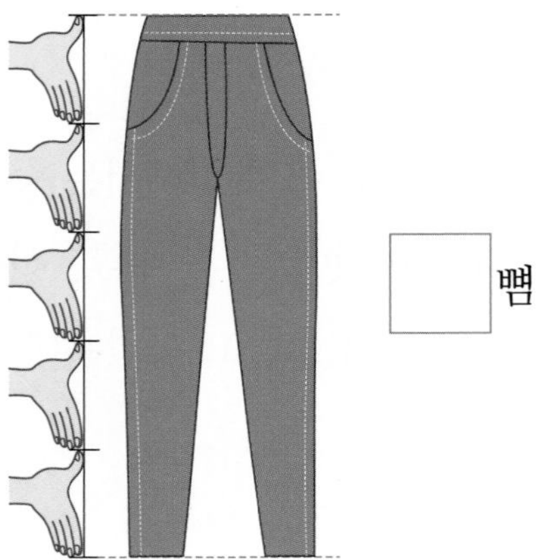


241010-0341

**02** **길이를 잴 때 사용할 수 있는 단위로 가장 짧은 것에 ○표 하세요.**

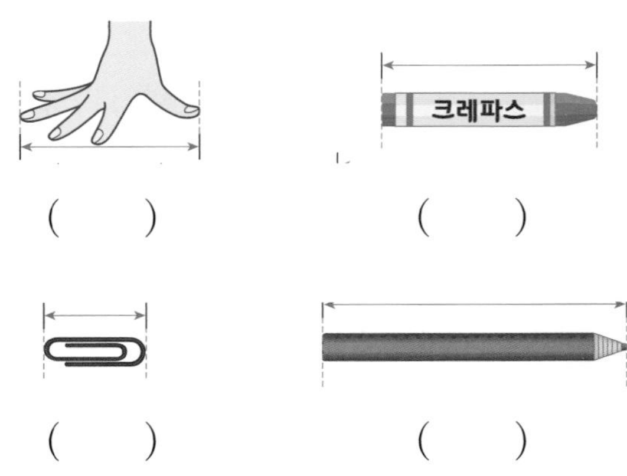


(　　)　(　　)

(　　)　(　　)

개념 **2**

# l cm를 알아볼까요

(1) **서로 다른 단위로 줄의 길이 재기**

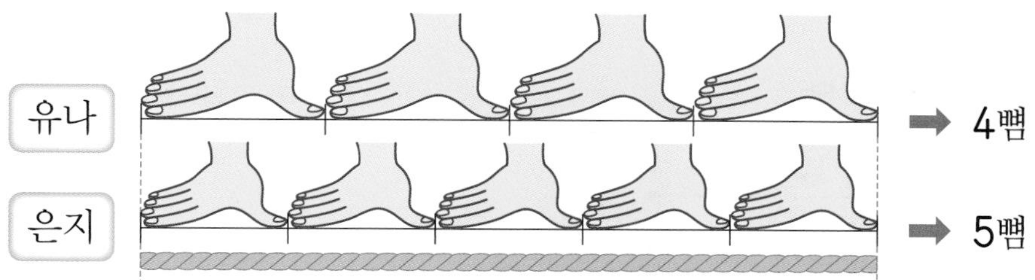


➡ 4뼘

➡ 5뼘

➡ 유나와 은지의 뼘의 길이가 다르므로 줄의 길이가 다르게 나옵니다. 누가 길이를 재든 모두 똑같은 값이 나오는 단위가 필요합니다.

(2) **l cm 알기**

의 길이를 l cm 라 쓰고 l 센티미터라고 읽습니다.

(3) **길이 쓰고 읽기**

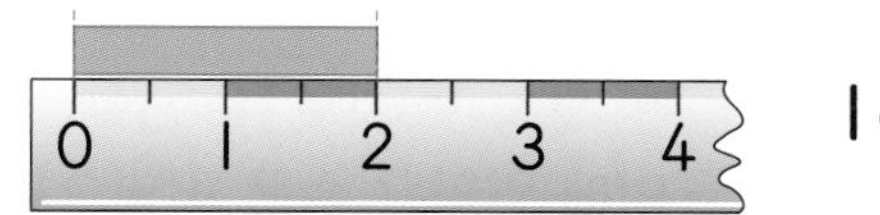


l cm 2번

➡ 쓰기 2 cm, 읽기 2 센티미터

- **뼘으로 길이를 재면 불편한 점**
  사람마다 뼘의 길이가 다르므로 정확한 길이를 알 수 없습니다.

- **우리 주변에서 l cm 정도 되는 것 찾기**

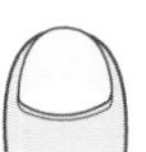  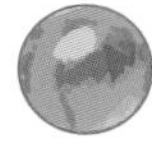

- 길이를 cm로 나타내면 누가 길이를 재어도 똑같은 값이 나오기 때문에 길이를 정확하게 잴 수 있습니다.

4 단원

241010-0342

**03** 그림을 보고 □ 안에 알맞은 수를 써넣으세요.

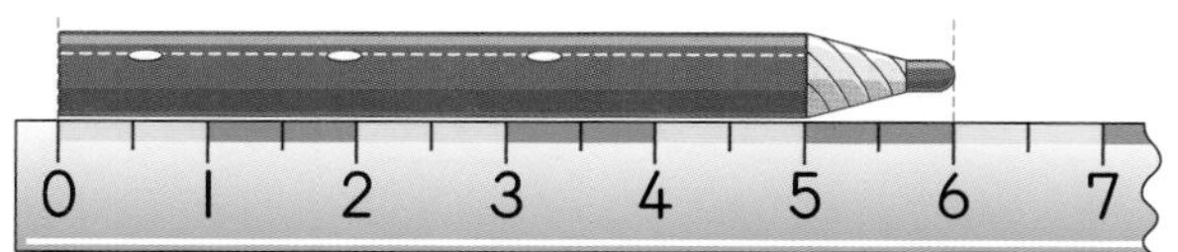


색연필의 길이는 l cm가 □ 번이므로 □ cm입니다.

241010-0343

**04** 주어진 길이를 쓰고 읽어 보세요.

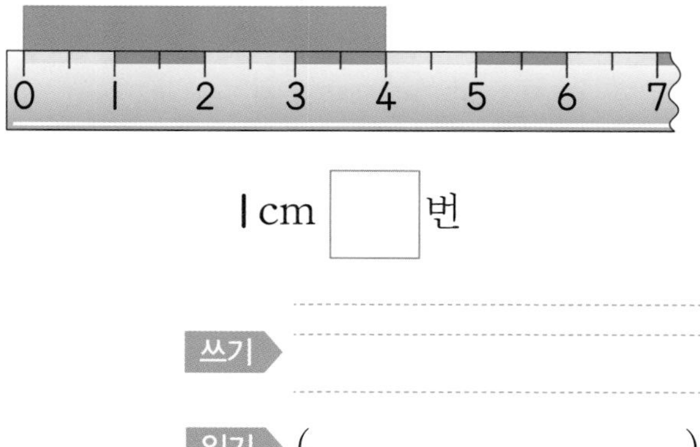

## 개념 3 자로 길이를 재어 볼까요

**(1) 자를 이용하여 길이 재는 방법(1)**

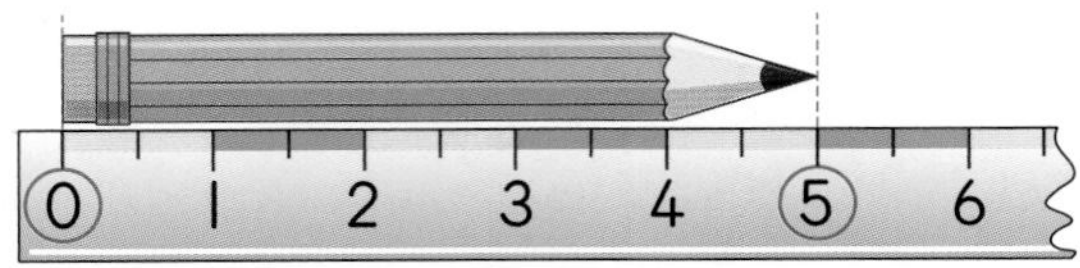


① 연필의 한쪽 끝을 자의 눈금 0에 맞춥니다.

② 연필의 다른 쪽 끝에 있는 자의 눈금을 읽습니다.

➡ 연필의 길이는 5 cm입니다.

**(2) 자를 이용하여 길이 재는 방법(2)**

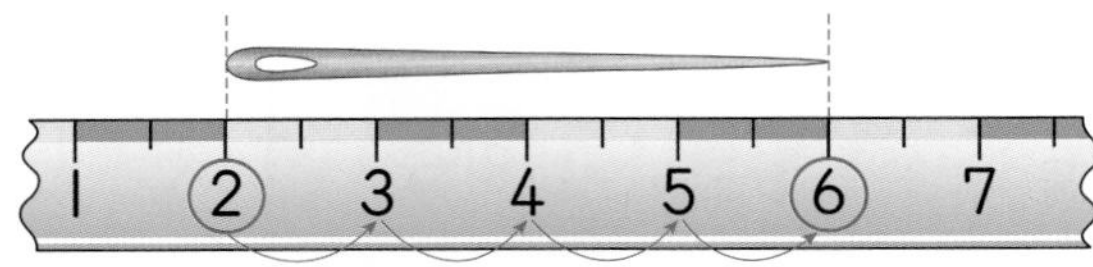


① 바늘의 한쪽 끝을 자의 한 눈금에 맞춥니다.

② 그 눈금에서 다른 쪽 끝까지 1 cm가 몇 번 들어가는지 셉니다.

➡ 바늘의 길이는 4 cm입니다.

- 연필의 길이는 자의 눈금 0에서 시작하여 5에 있으므로 5 cm입니다.
- 바늘의 길이는 자의 눈금 2에서 시작하여 6에 있으므로 1 cm가 4번 들어갑니다. 따라서 바늘의 길이는 4 cm입니다.

241010-0344

**05** 자를 이용하여 색 테이프의 길이를 재는 방법이 바른 것에 ○표 하세요.

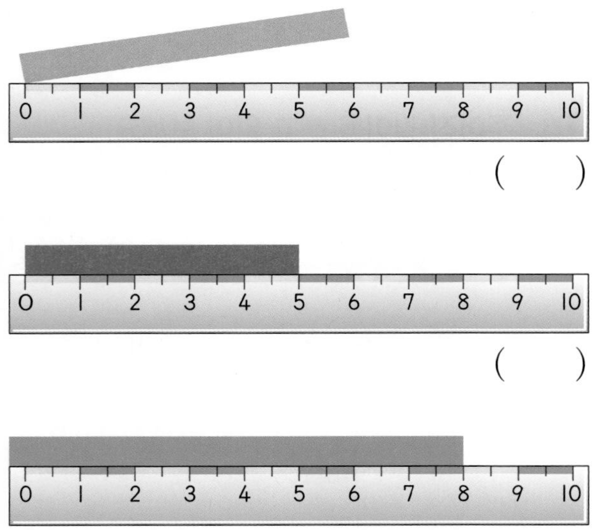


241010-0345

**06** □ 안에 알맞은 수를 써넣으세요.

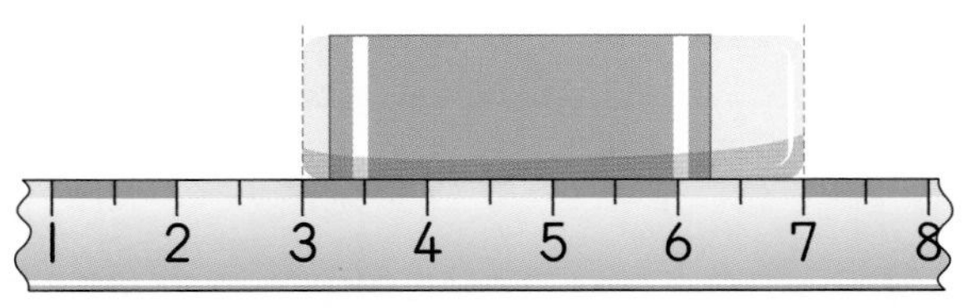


지우개의 길이는 □ cm입니다. 왜냐하면 1 cm가 □ 번이기 때문입니다.

## 개념 4 길이를 어림해 볼까요

(1) 자로 길이를 재어 약 몇 cm로 나타내기

길이가 자의 눈금 사이에 있을 때는 눈금과 가까운 쪽에 있는 숫자를 읽으며, 숫자 앞에 약을 붙여 말합니다.

➡ 색 테이프의 길이는 4 cm보다 길지만 5 cm에 가깝기 때문에 약 5 cm입니다.

•

0 1 2 3 4 5 6 7

➡ 나사못의 길이는 4 cm보다 길지만 4 cm에 가깝기 때문에 약 4 cm입니다.

(2) 길이 어림하기

자를 사용하지 않고 물건의 길이가 얼마쯤인지 어림할 수 있습니다. 어림한 길이를 말할 때는 '약 □ cm'라고 합니다.

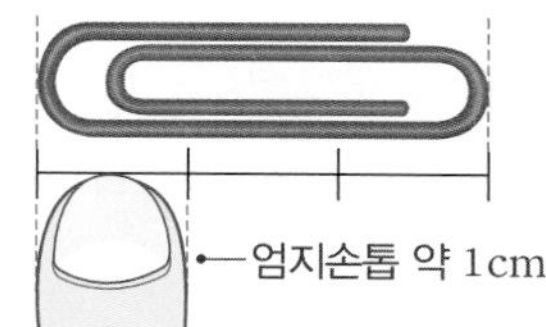


➡ 클립의 길이는 엄지손톱으로 3번이므로 약 3 cm입니다.

- 1 cm를 어림하여 선을 긋고 자로 확인하기
  ① ──── ② ────
  ① 자로 재어 확인하면 1 cm보다 길지만 1 cm에 가깝기 때문에 약 1 cm입니다.
  ② 자로 재어 확인하면 1 cm보다 짧지만 1 cm에 가깝기 때문에 약 1 cm입니다.
- 1 cm, 5 cm, 10 cm의 길이를 어림하면 자가 없어도 길이를 비교적 정확하게 어림할 수 있습니다.
- 어림한 길이가 자로 잰 길이에 가까울수록 더 잘 어림한 것입니다.

4 단원

241010-0346

**07** 색 테이프의 길이를 알아보려고 합니다. □ 안에 알맞은 수를 써넣으세요.

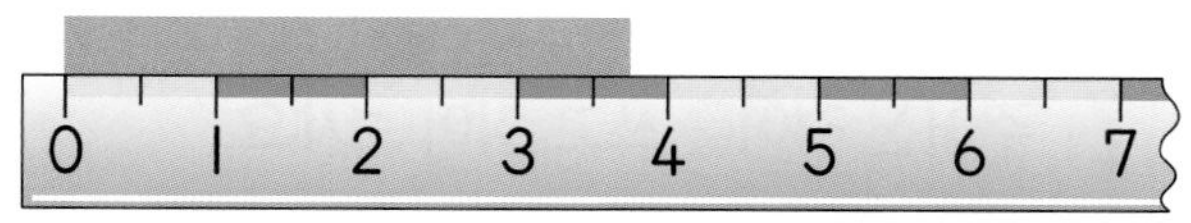


- 연수: 3 cm보다 길어.
- 경호: □ cm 조금 안 돼.
- 민아: 약 □ cm라고 할 수 있어.

241010-0347

**08** 형광펜의 길이를 재민이는 약 6 cm, 호진이는 약 7 cm라고 하였습니다. 길이를 바르게 어림한 사람의 이름을 써 보세요.

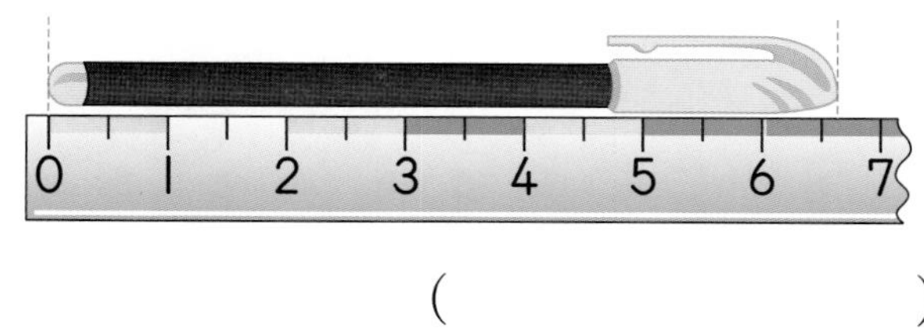


(                    )

241010-0348

**01** 뼘으로 승연이의 팔 길이를 손목에서 어깨까지 재었습니다. □ 안에 알맞은 수를 써넣으세요.

승연이의 팔 길이는 □ 뼘입니다.

241010-0349

**02** 클립으로 두 색연필의 길이를 각각 재었습니다. □ 안에 알맞은 수를 써넣으세요.

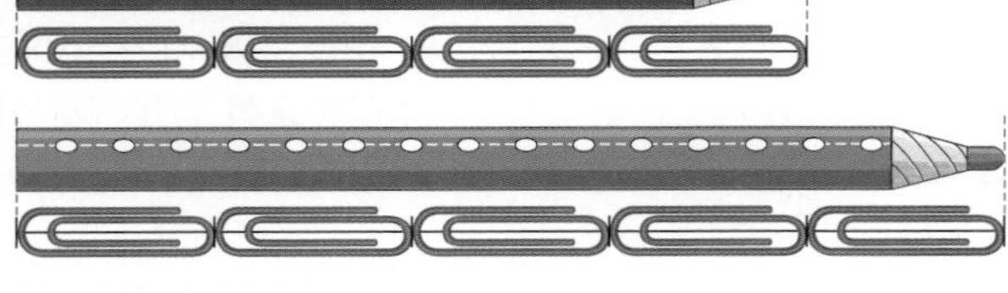

| 보라 색연필 | 클립으로 □ 번 |
|---|---|
| 초록 색연필 | 클립으로 □ 번 |

241010-0350

**03** 다음 중 가장 긴 것에 ○표 하세요.

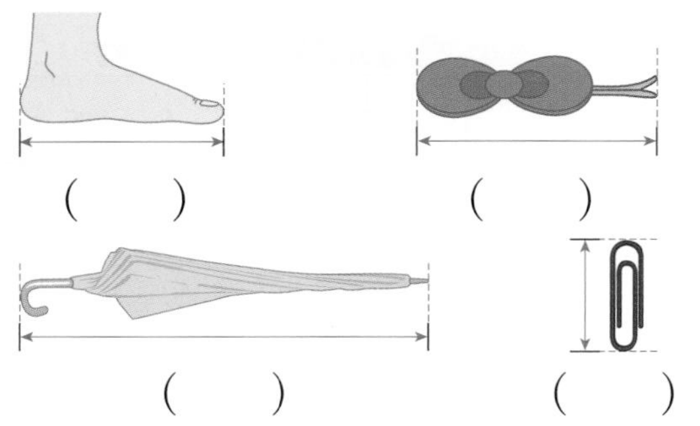

(　) (　)

(　) (　)

241010-0351

**04** 지우개를 사용하여 여러 가지 물건의 길이를 재었습니다. 가장 긴 물건을 찾아 써 보세요.

| 물건 | 잰 횟수 | 물건 | 잰 횟수 |
|---|---|---|---|
| 초 | 6번 | 머리핀 | 1번 |
| 젓가락 | 5번 | 빨대 | 8번 |

(　　　　　　)

241010-0352

**05** 중요 교실 칠판의 긴 쪽의 길이를 잰 후 수현이와 친구들이 서로 이야기를 나누고 있습니다. 잰 횟수가 가장 많은 친구의 이름을 써 보세요.

수현: 난 우산으로 재었어.
정미: 난 가위로 재었어.
민준: 난 지우개로 재었어.

(　　　　　　)

241010-0353

**06** 도전 발 길이로 2번의 길이는 3뼘의 길이와 같습니다. 발판의 긴 쪽은 발 길이로 4번이라고 합니다. 발판의 긴 쪽의 길이는 몇 뼘인지 구해 보세요.

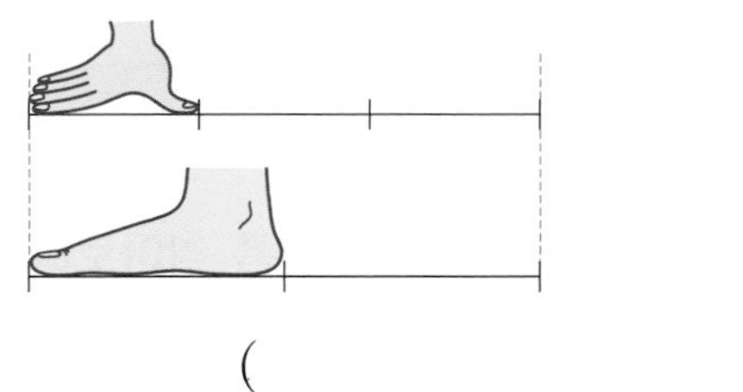

(　　　　　　)

241010-0354

**07** 주어진 길이를 쓰고 읽어 보세요.

0 1 2 3 4 5 6 7

쓰기

읽기 (　　　　　　)

241010-0355

**08** □ 안에 알맞은 수를 써넣으세요.

(1) 7 cm는 1 cm가 □ 번입니다.

(2) 1 cm로 □ 번은 13 cm입니다.

241010-0356

**09** 클립 1개의 길이는 2 cm입니다. 연필의 길이는 몇 cm일까요?

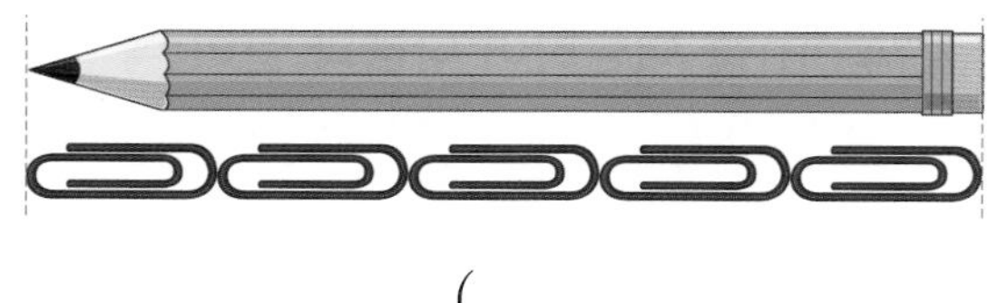

(　　　　　　)

241010-0357

**10** 주어진 길이를 찾아 이어 보세요.

| | |
|---|---|
| 1 cm 5번 • | • 4 cm |
| 1 cm 9번 • | • 5 cm |
| 1 cm 4번 • | • 9 cm |

241010-0358

**11** 색 테이프의 길이를 바르게 잰 것을 찾아 기호를 써 보세요.

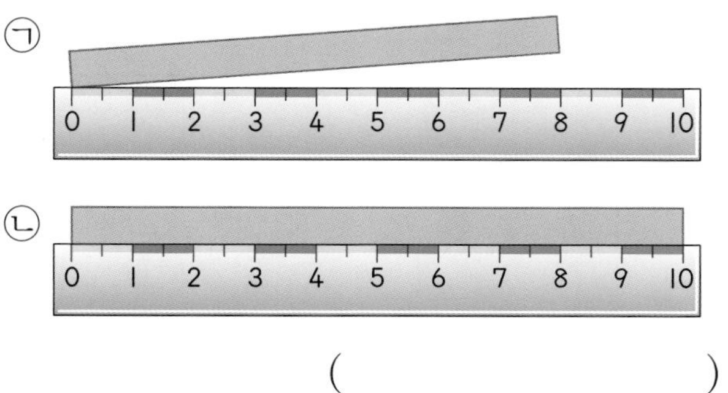


(　　　　　　)

241010-0359

**12** 머리핀의 길이는 몇 cm인가요?

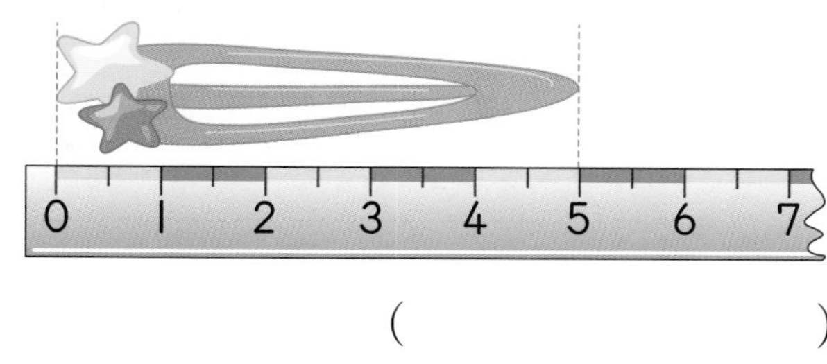


(　　　　　　)

241010-0360

**13** □ 안에 알맞은 수를 써넣으세요.

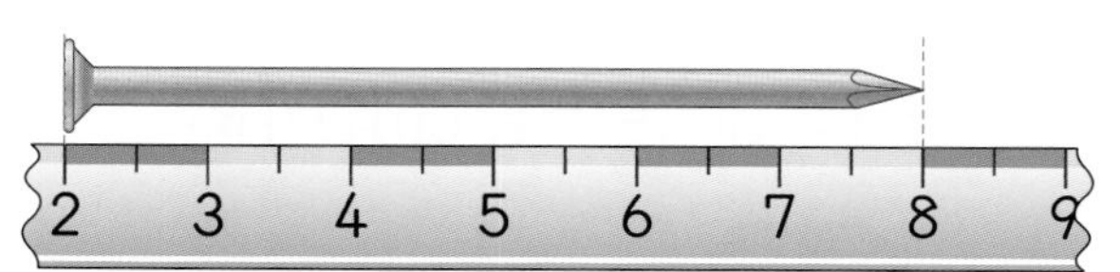


못의 길이는 □ cm입니다. 왜냐하면 1 cm가 □ 번이기 때문입니다.

241010-0361

**14** 중요 연필의 길이가 더 긴 것에 ○표 하세요.

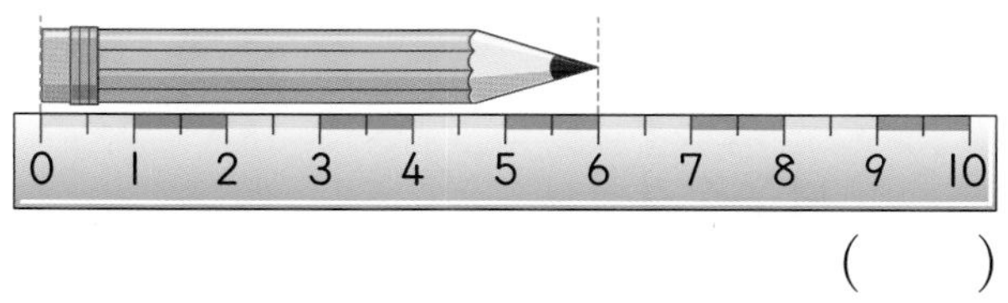


(　)

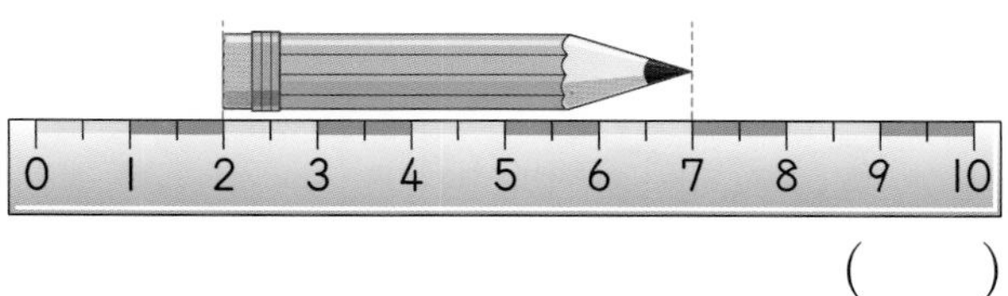


(　)

4 단원

241010-0362

**15** 길이가 6 cm가 아닌 것을 찾아 기호를 써 보세요.

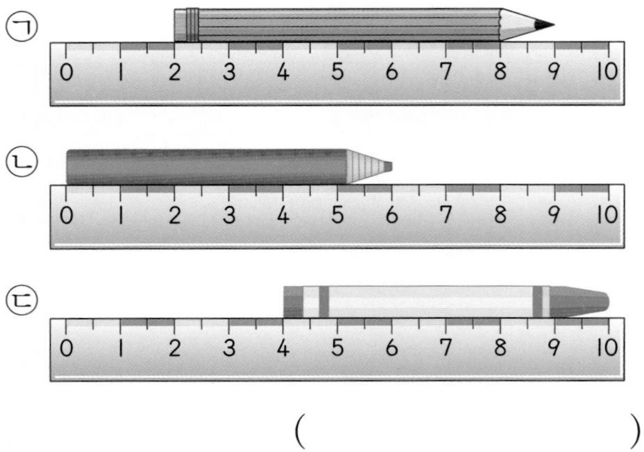

( )

241010-0363

**16** 열쇠의 길이는 약 몇 cm인가요?

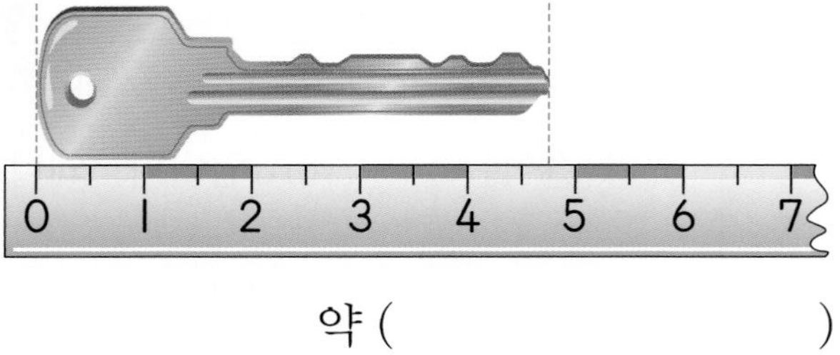

약 ( )

241010-0364

**17** 물건의 길이로 알맞은 것을 찾아 이어 보세요.

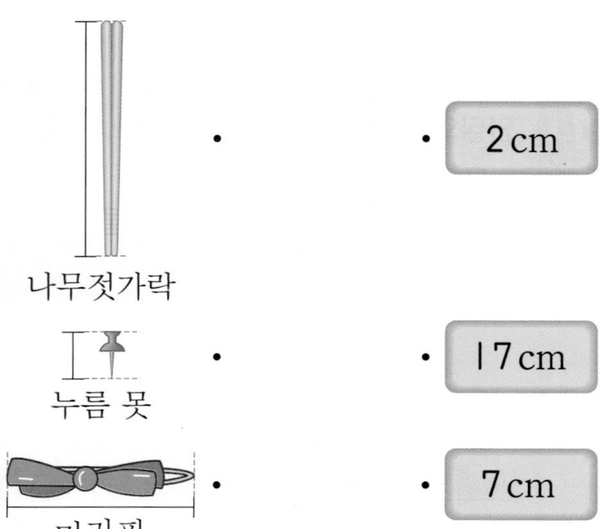


241010-0365

**18** 리모컨 모형의 길이를 재어 보세요.

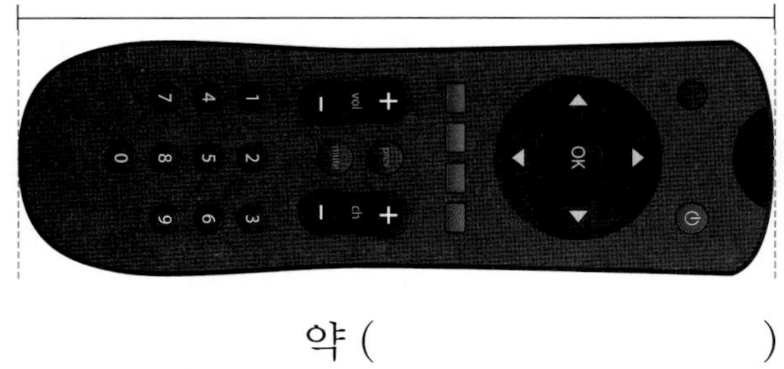

약 ( )

241010-0366

**19** 4 cm를 어림하여 다음과 같이 색 테이프를 잘랐습니다. 두 색 테이프의 길이를 재어 보고, 4 cm에 더 가깝게 어림하여 자른 것의 기호를 써 보세요.

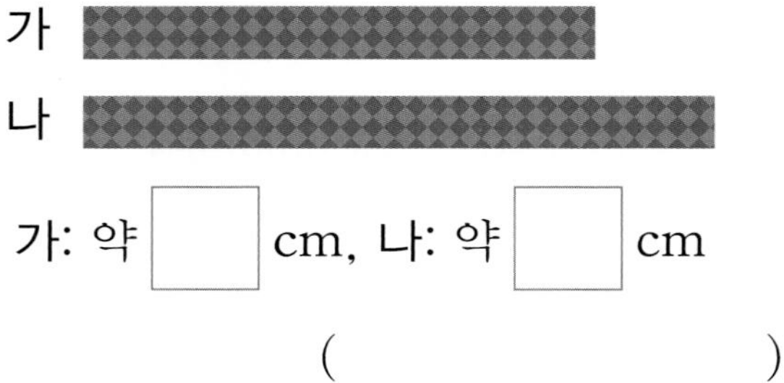


가: 약 □ cm, 나: 약 □ cm

( )

241010-0367

**20** 쌓기나무 1개의 길이가 3 cm라고 할 때 긴 쪽의 길이가 12 cm인 것을 찾아 기호를 써 보세요.

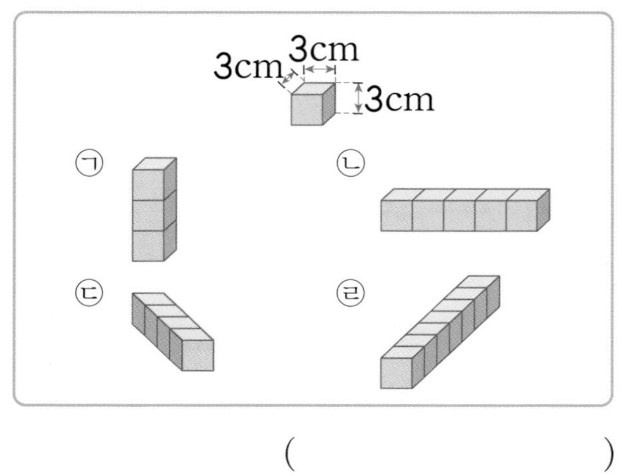


( )

## 여러 가지 단위로 잰 길이 비교하기

• 빨간색 끈: (2번)

• 노란색 끈: (2번)

• 파란색 끈: (2번)

➡ 파란색 끈의 길이가 가장 깁니다.

➡ 재어 나타낸 수가 같을 때에는 재는 단위의 길이가 길수록 물건의 길이가 긴 것입니다.

241010-0368

**21** 가장 긴 막대를 가지고 있는 친구는 누구일까요?

소희: 내 막대는 클립으로 9번이야.
민준: 내 막대는 누름 못으로 9번이야.
서우: 내 막대는 볼펜으로 9번이야.

( )

241010-0369

**22** 가장 긴 리본을 가지고 있는 사람의 이름을 써 보세요.

민호 내 리본은 옷핀으로 7번이야.
혜수 내 리본은 뼘으로 7번이야.
지영 내 리본은 성냥개비로 7번이야.

( )

241010-0370

**23** 4명의 친구들이 텔레비전의 긴 쪽의 길이를 뼘으로 재어 나타낸 것입니다. 누구의 한 뼘의 길이가 가장 길까요?

| 지연: 8뼘 | 동호: 9뼘 |
|---|---|
| 찬영: 7뼘 | 예지: 10뼘 |

( )

## 자를 사용하여 길이 재기

[방법1] 자의 눈금을 0에 맞출 때
① 물건의 한쪽 끝을 자의 눈금 0에 맞춥니다.
② 물건의 다른 쪽 끝에 있는 자의 눈금을 읽습니다.
[방법2] 자의 눈금 0에 놓여 있지 않을 때
① 물건의 한쪽 끝을 자의 한 눈금에 맞춥니다.
② 그 눈금에서 다른 쪽 끝까지 1 cm가 몇 번 들어가는지 셉니다.

241010-0371

**24** 민주와 유진이는 각자 가지고 있는 지우개의 길이를 재었습니다. 길이가 더 긴 지우개를 가진 사람의 이름을 써 보세요.

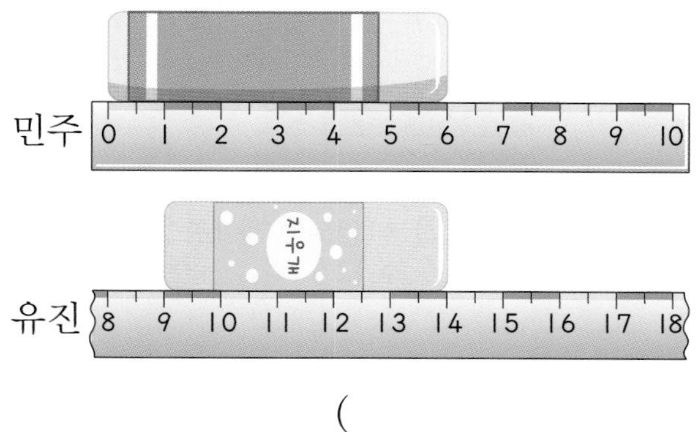


( )

241010-0372

**25** 슬기와 친구들이 각자 잘라 온 종이띠의 길이를 재었습니다. 세 사람이 잘라 온 종이띠를 겹치지 않게 모두 연결하면 길이는 몇 cm일까요?

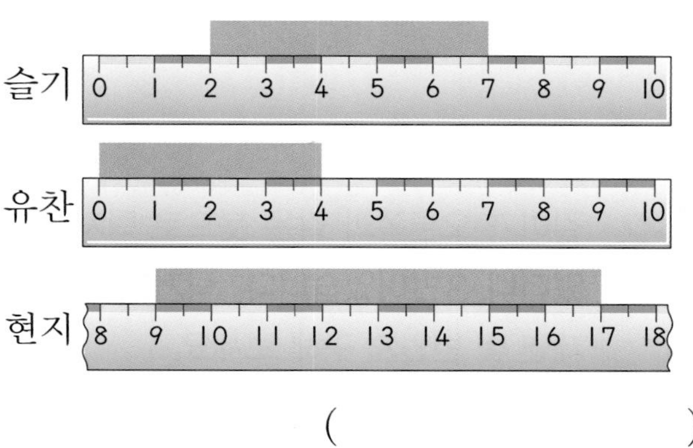


( )

4 단원

대표 응용 1

## 여러 가지 단위로 길이 비교하기

길이가 오른쪽과 같은 3가지 색깔의 색 테이프가 있습니다. 영진이는 연두색 테이프 8장과 파란색 테이프 2장을 겹치지 않게 모두 이어 붙였습니다. 성준이는 영진이가 이어 붙인 색 테이프의 길이만큼 빨간색 테이프를 겹치지 않게 이어 붙이려고 합니다. 빨간색 테이프는 몇 장 필요한지 구해 보세요.

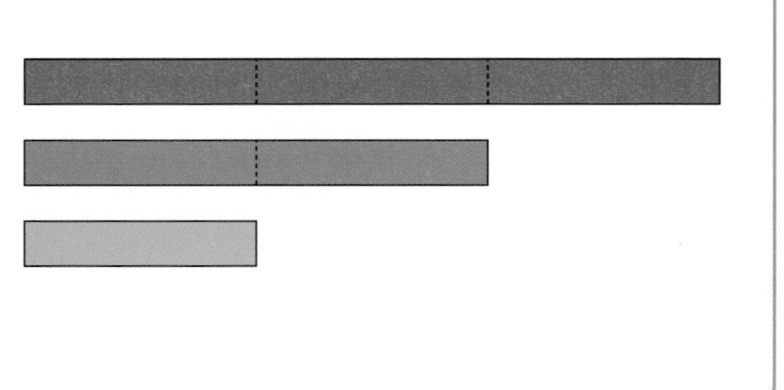

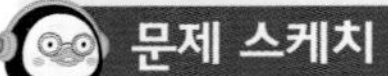


(빨간색 테이프 1장)=(연두색 테이프 3장)

(파란색 테이프 1장)=(연두색 테이프 2장)

해결하기

파란색 테이프 1장의 길이는 연두색 테이프 □장을 이어 붙인 길이와 같으므로 연두색 테이프 8장과 파란색 테이프 2장을 이어 붙인 길이는 연두색 테이프 □장을 이어 붙인 길이와 같습니다.

빨간색 테이프 1장의 길이는 연두색 테이프 □장을 이어 붙인 길이와 같으므로 빨간색 테이프는 □장 필요합니다.

241010-0373

**1-1** 길이가 오른쪽과 같은 3가지 물건이 있습니다. 수찬이는 클립 6개와 색연필 2자루를 겹치지 않게 모두 연결하여 막대기 모양을 만들었습니다. 세미는 수찬이가 만든 막대기 모양의 길이만큼 지우개를 겹치지 않게 연결하려고 합니다. 지우개는 몇 개 필요한지 구해 보세요.

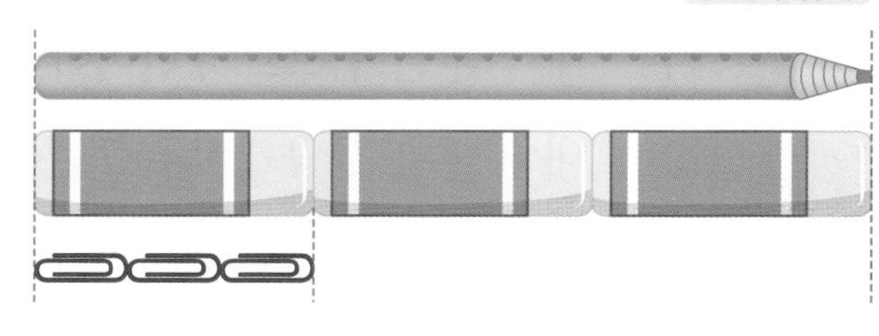

(　　　　　　)

241010-0374

**1-2** 길이가 오른쪽과 같은 붓으로 탁자의 긴 쪽의 길이를 재었더니 3번이었습니다. 탁자의 긴 쪽의 길이를 연필로 재면 몇 번인지 구해 보세요.

(　　　　　　)

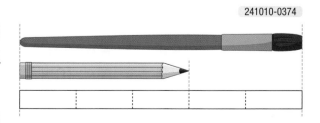

## 대표 응용 2 선의 길이 구하기

오른쪽 그림에서 가장 작은 사각형의 네 변의 길이는 모두 같고 한 변의 길이는 1 cm입니다. 굵은 선의 길이를 구해 보세요

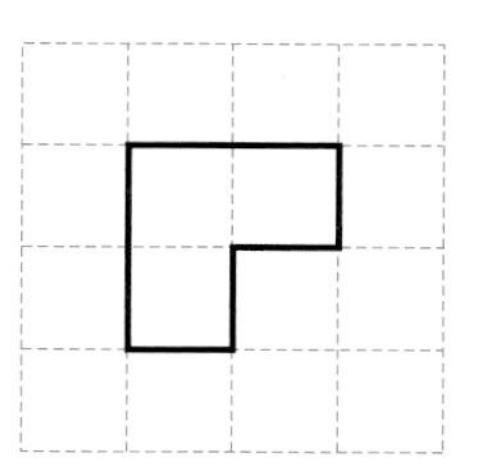

**문제 스케치**

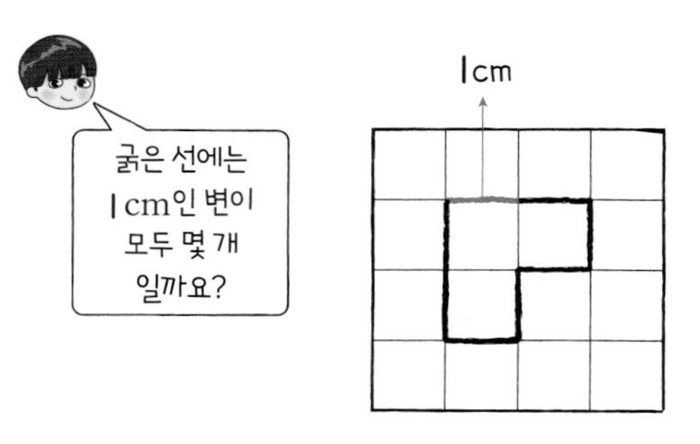


**해결하기**

굵은 선에는 1 cm인 변이 모두 ☐개 있습니다.

따라서 굵은 선의 길이는 ☐ cm입니다.

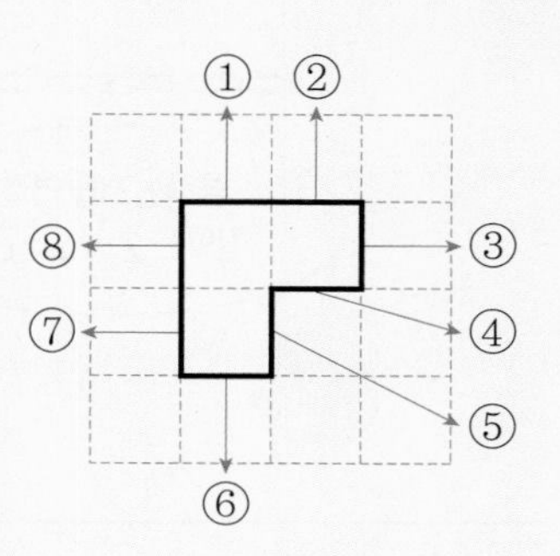


241010-0375

**2-1** 오른쪽 그림에서 가장 작은 사각형의 네 변의 길이는 모두 같고 한 변의 길이는 1 cm입니다. 굵은 선의 길이를 구해 보세요.

(　　　　　　　　)

241010-0376

**2-2** 오른쪽 그림에서 가장 작은 사각형의 네 변의 길이는 모두 같고 한 변의 길이는 1 cm입니다. 길이가 20 cm인 끈으로 굵은 선의 모양을 만들었습니다. 사용하고 남은 끈의 길이는 몇 cm인지 구해 보세요.

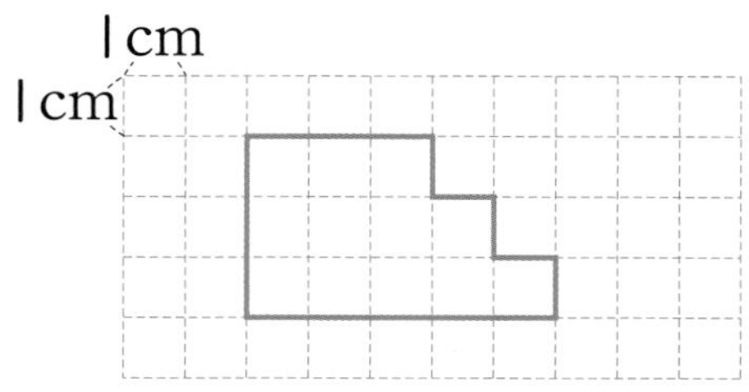


(　　　　　　　　)

4 단원

대표 응용 3

## 여러 가지 단위로 길이 구하기

도화지에 세 변의 길이가 모두 같은 삼각형을 그린 후 클립으로 길이를 재어 보았습니다. 클립 1개의 길이가 2 cm일 때, 세 변의 길이를 모두 더하면 몇 cm인지 구해 보세요.

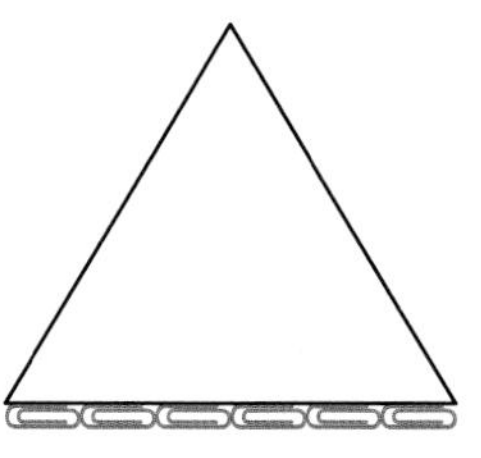

문제 스케치

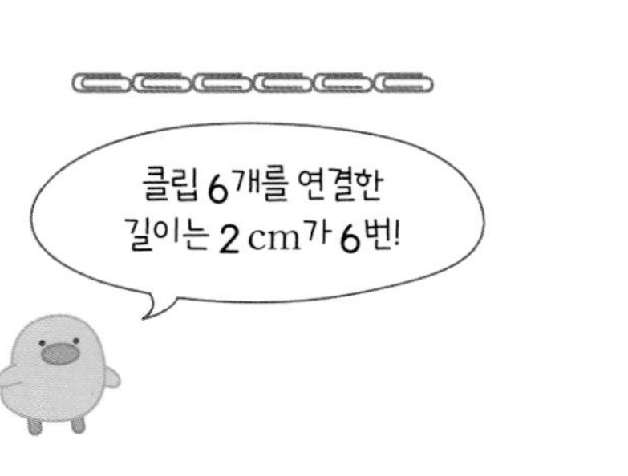

클립 6개를 연결한
길이는 2 cm가 6번!


해결하기

클립 6개를 연결한 길이는 ☐ cm입니다.

삼각형의 세 변의 길이가 모두 같으므로 한 변의 길이를 3번 더하면

☐ + ☐ + ☐ = ☐ (cm)입니다.

241010-0377

**3-1** 도화지에 네 변의 길이가 모두 같은 사각형을 그린 후 지우개로 길이를 재어 보았습니다. 지우개 1개의 길이가 3 cm일 때, 네 변의 길이를 모두 더하면 몇 cm인지 구해 보세요.

(　　　　　　　　)

241010-0378

**3-2** 삼각형의 세 변의 길이의 합은 색연필로 9번, 사각형의 네 변의 길이의 합은 같은 색연필로 8번입니다. 삼각형의 세 변의 길이의 합이 36 cm라면, 사각형의 네 변의 길이의 합은 몇 cm인지 구해 보세요.

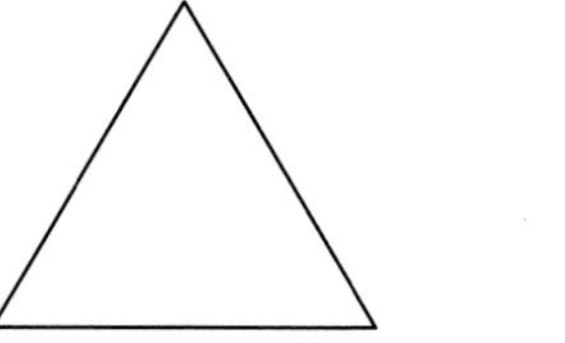

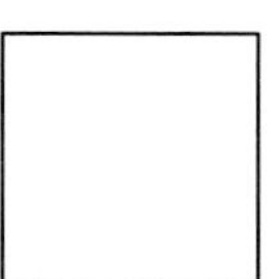

(　　　　　　　　)

대표 응용 4

## 자로 잰 길이 비교하기

빵의 길이보다 더 긴 것의 기호를 써 보세요.

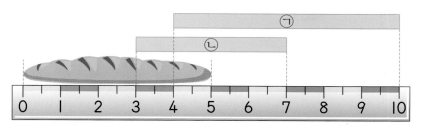

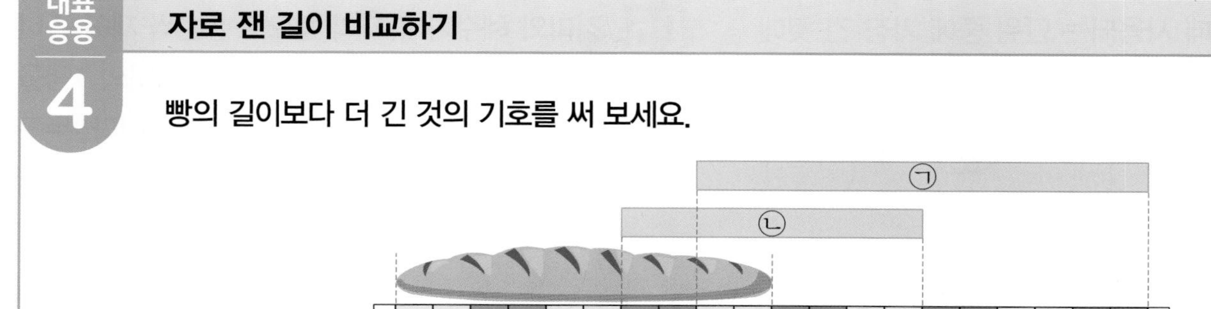


문제 스케치

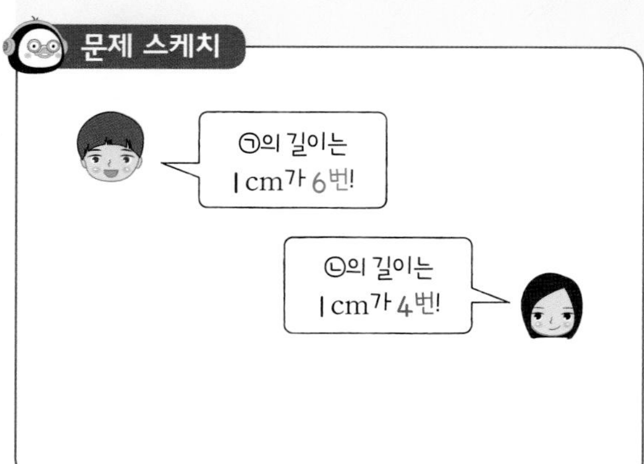


해결하기

빵의 길이는 5 cm입니다.

㉠의 길이는 1 cm가 □번이므로 □cm입니다.

㉡의 길이는 1 cm가 □번이므로 □cm입니다.

따라서 빵의 길이보다 더 긴 것은 □입니다.

241010-0379

**4-1** 송곳과 길이가 같은 것의 기호를 써 보세요.

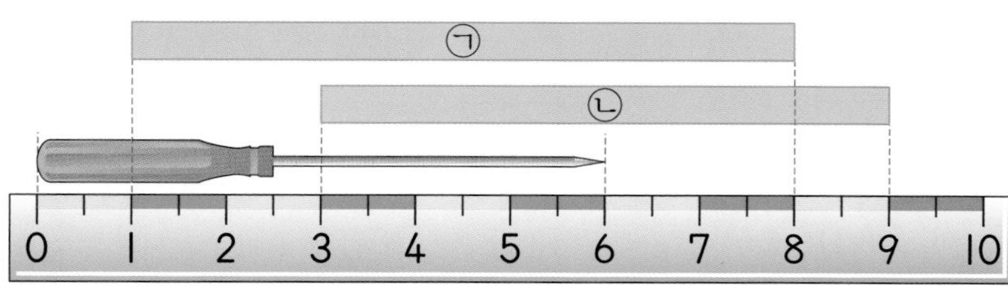


(　　　　　　)

241010-0380

**4-2** 물고기보다 길이가 더 긴 것을 찾아 기호를 써 보세요.

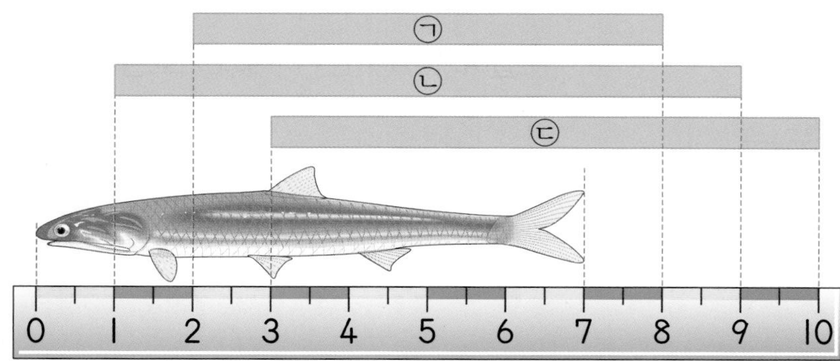


(　　　　　　)

4 단원

## 단원 평가 LEVEL ❶

241010-0381

**01** 길이를 잴 때 사용되는 단위 중에 가장 긴 것에 ○표, 가장 짧은 것에 △표 하세요.

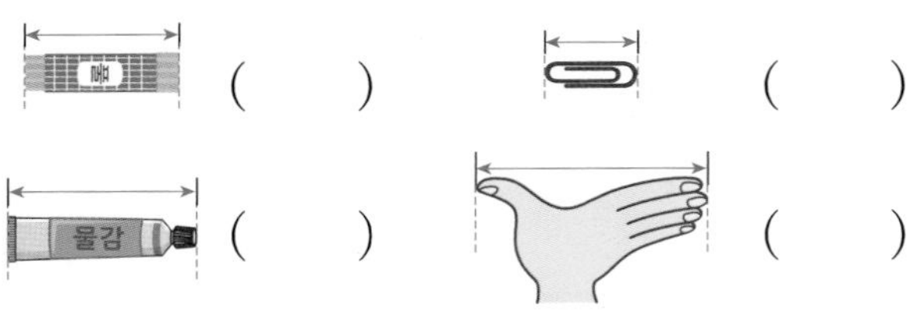


241010-0382

**02** 지팡이의 길이는 뼘으로 몇 번인가요?

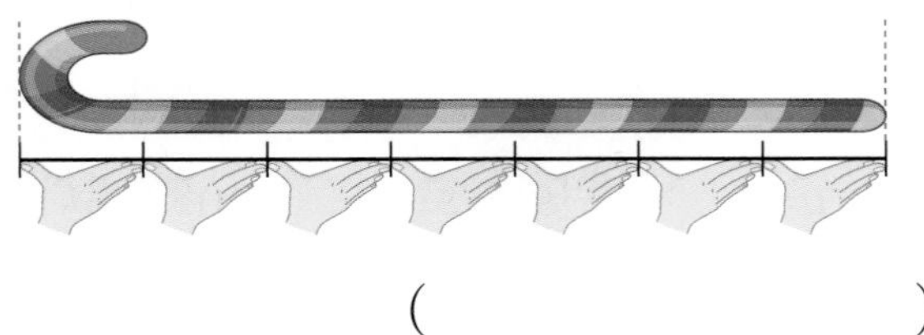

( )

241010-0383

**03** 우산의 길이를 가위와 크레파스로 재려면 각각 몇 번 재어야 하는지 써 보세요.

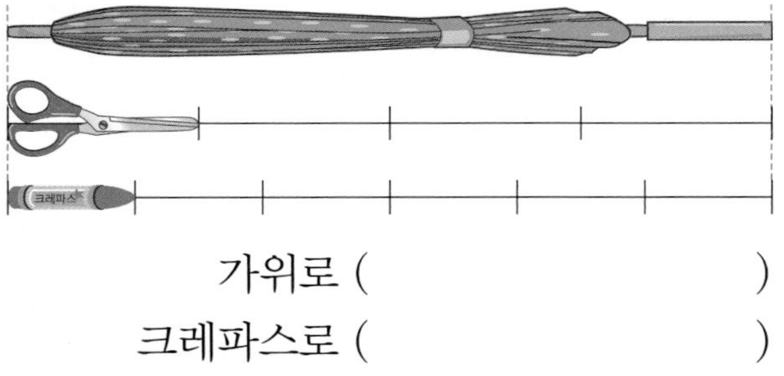

가위로 ( )

크레파스로 ( )

241010-0384

**04** 길이를 잴 때 사용되는 단위입니다. 칠판의 긴 쪽의 길이를 잴 때 재는 횟수가 가장 많은 것을 찾아 기호를 써 보세요.

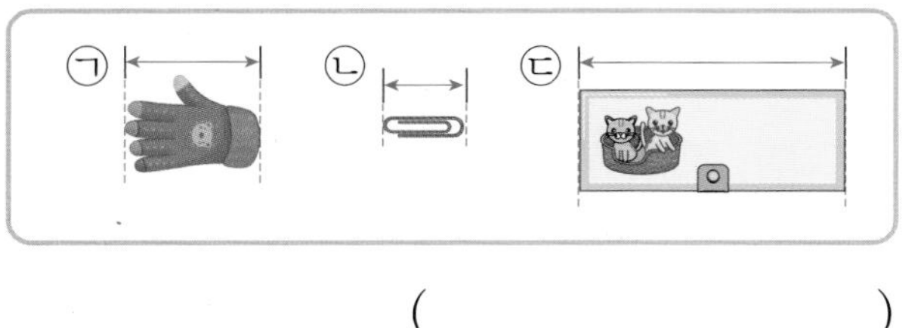


( )

241010-0385

**05** 도전 경미와 혜수가 각자의 뼘으로 8번씩 재어 종이 띠를 잘랐습니다. 같은 클립으로 경미의 1뼘을 재면 4번, 혜수의 1뼘을 재면 5번입니다. 누구의 종이띠가 클립으로 몇 번만큼 더 긴지 구해 보세요.

( )의 종이띠가 클립으로 ( )번만큼 더 깁니다.

241010-0386

**06** 주어진 길이만큼 점선을 따라 선을 그어 보세요.

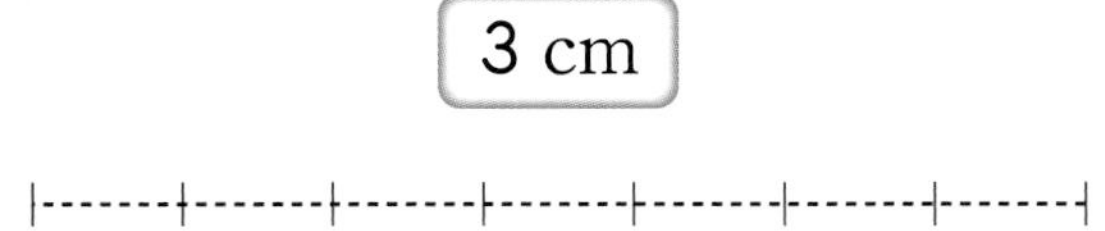

241010-0387

**07** 중요 나뭇잎의 길이를 쓰고 읽어 보세요.

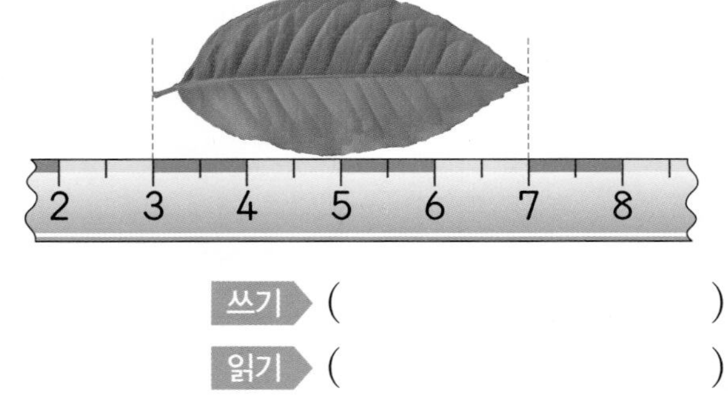


쓰기 ( )

읽기 ( )

241010-0388

**08** 길이가 7 cm인 막대의 기호를 써 보세요.

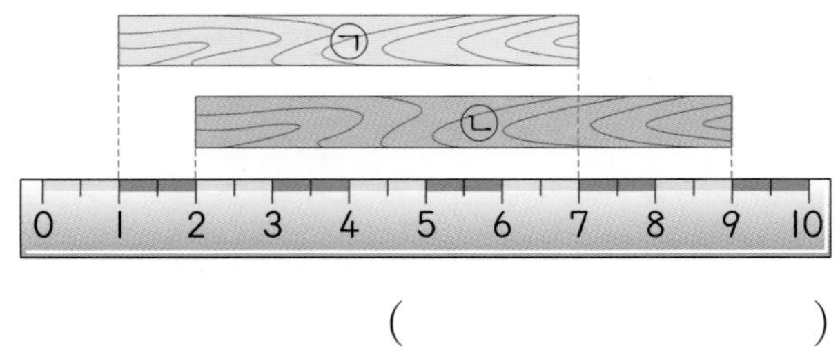


( )

241010-0389

**09** **길이가 가장 긴 물건을 가진 사람의 이름을 써 보세요.**

동선: 내가 가진 물건의 길이는 1 cm로 11번이야.
서희: 내가 가진 물건의 길이는 9 cm야.
영재: 내가 가진 물건의 길이는 2 cm로 5번이야.

( )

241010-0390

**10** **명령어에 따라 출발점에서부터 ①~⑥의 순서대로 선을 그어 보세요.**

명령어 안내

- 위쪽으로 3: 위쪽으로(↑) 3 cm 선을 긋습니다.
- 아래쪽으로 2: 아래쪽으로(↓) 2 cm 선을 긋습니다.
- 왼쪽으로 3: 왼쪽으로(←) 3 cm 선을 긋습니다.
- 오른쪽으로 2: 오른쪽으로(→) 2 cm 선을 긋습니다.

① 위쪽으로 4　② 오른쪽으로 2
③ 아래쪽으로 2　④ 오른쪽으로 5
⑤ 아래쪽으로 2　⑥ 왼쪽으로 7

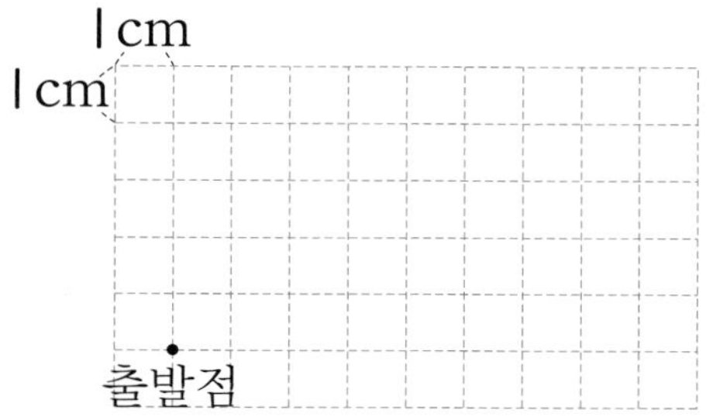


241010-0391

**11** **수첩의 짧은 쪽의 길이는 공깃돌로 7번이고, 긴 쪽의 길이는 짧은 쪽의 길이보다 공깃돌로 4번 더 깁니다. 공깃돌의 길이가 1 cm일 때, 수첩의 긴 쪽의 길이는 몇 cm인지 구해 보세요.**

( )

241010-0392

**12** 서술형 **두 개의 색 테이프를 겹치지 않게 이어 붙이면 모두 몇 cm인지 구해 보세요.**

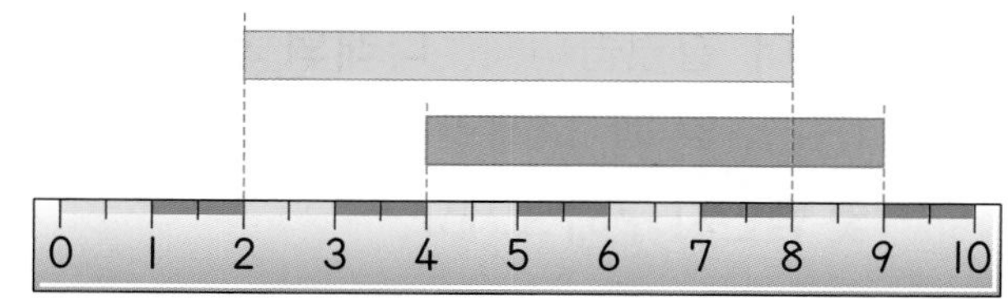


풀이

(1) 노란색 테이프는 1 cm가 (　)번이므로 (　)cm입니다.
(2) 파란색 테이프는 1 cm가 (　)번이므로 (　)cm입니다.
(3) 따라서 두 개의 색 테이프를 겹치지 않게 이어 붙이면 모두 (　)cm가 됩니다.

답 ______________

241010-0393

**13** 중요 **두 막대의 길이를 바르게 비교한 것에 ○표 하세요.**

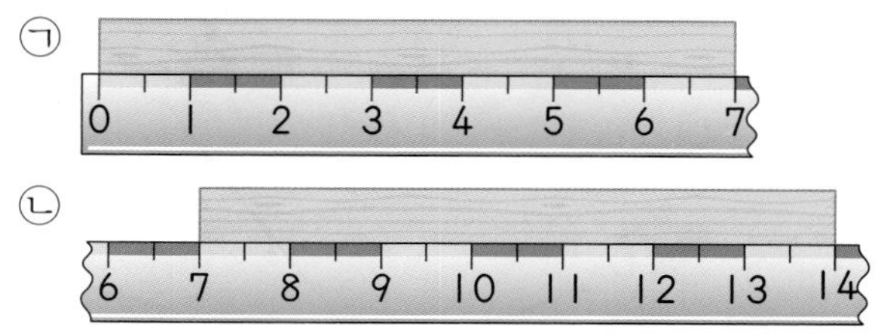


㉠의 길이가 ㉡보다 더 깁니다. ( )
㉠과 ㉡의 길이는 같습니다. ( )
㉡의 길이가 ㉠보다 더 깁니다. ( )

4 단원

241010-0394

**14** 자석의 길이는 약 몇 cm인가요?

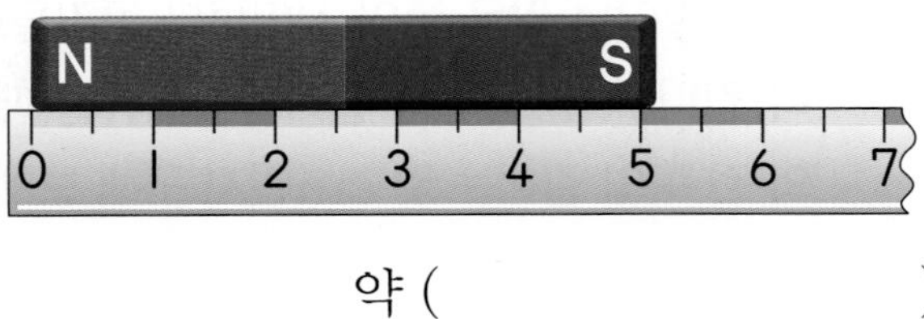


약 (                )

241010-0395

**15** 서술형 나래가 줄의 길이를 어림하였더니 약 35 cm이고, 자로 잰 길이는 어림한 길이보다 10 cm가 더 길었습니다. 나래의 한 뼘의 길이가 15 cm일 때, 나래의 뼘으로 줄의 길이를 재면 몇 뼘인지 구해 보세요.

(1) 줄의 실제 길이는 나래가 어림한 길이 35 cm보다 10 cm 더 길므로 (      )cm입니다.

(2) 따라서 나래의 한 뼘의 길이가 15 cm이므로 줄의 길이를 나래의 뼘으로 재면 (      )뼘입니다.

답 ________________

241010-0396

**16** 매표소에서 회전목마, 범퍼카, 공중그네까지의 거리를 나타낸 지도입니다. 매표소에서 가장 가까운 놀이기구는 무엇인가요?

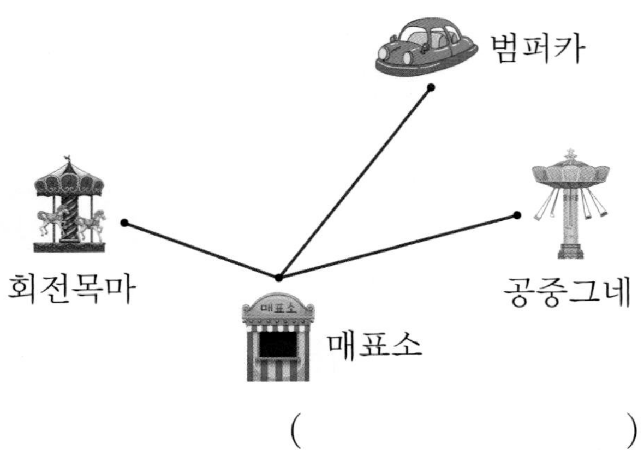


(                )

241010-0397

**17** 모눈종이에 그은 선 ㉠과 ㉡ 중 길이가 더 긴 것은 어느 것인지 기호를 써 보세요.

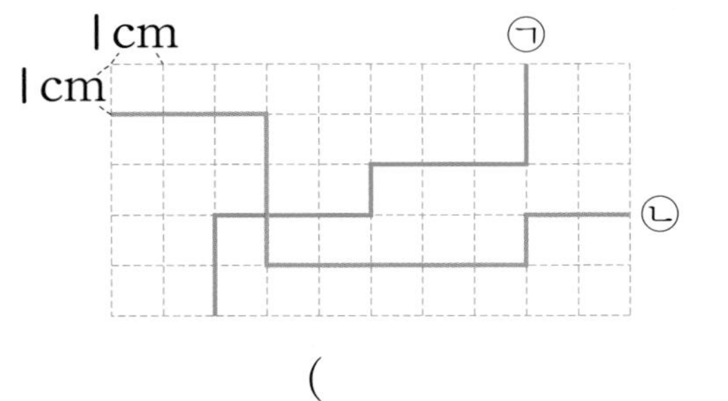


(                )

241010-0398

**18** 주어진 길이를 어림하고 자로 재어 □ 안에 알맞은 수를 써넣으세요.

| 어림한 길이 | 자로 잰 길이 |
|---|---|
| 약 □ cm | □ cm |

241010-0399

**19** □ 안에 알맞은 수를 써넣으세요.

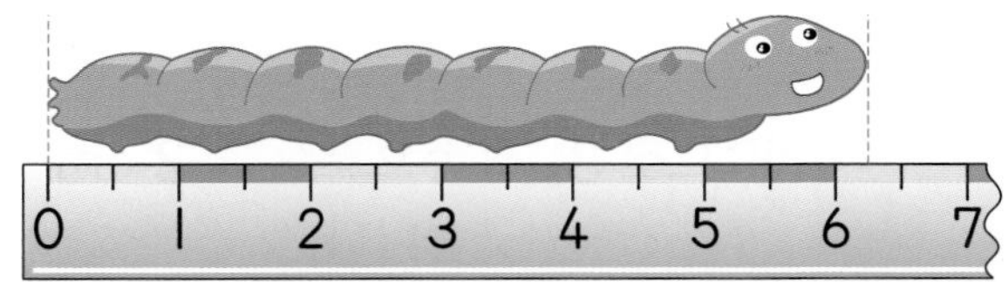


애벌레의 길이는 약 □ cm입니다.

241010-0400

**20** 약 4 cm를 어림하여 아래와 같이 끈을 잘랐습니다. 4 cm에 가장 가깝게 어림한 사람을 찾아 써 보세요.

윤지
서준
민아

(                )

정답과 풀이 36쪽

241010-0401

01 울타리의 길이는 양팔로 몇 번인가요?

□번

241010-0402

02 볼펜의 길이는 클립으로 몇 번인가요?

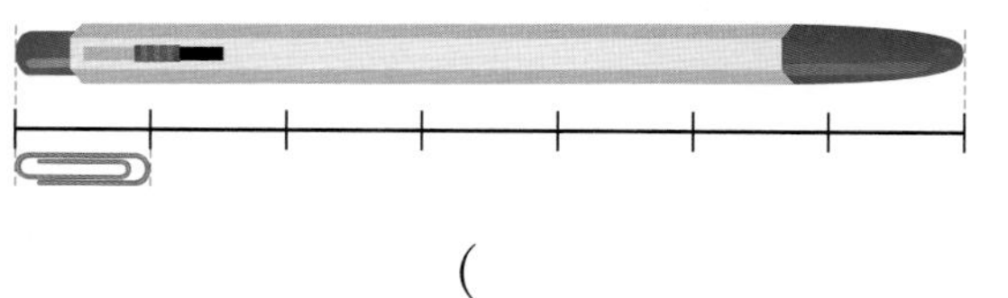

(　　　　　　)

241010-0403

03 중요 효리, 진아, 영수가 각자의 걸음으로 운동장의 길이를 재었습니다. 한 걸음의 길이가 가장 짧은 사람은 누구일까요?

| 효리의 걸음 | 진아의 걸음 | 영수의 걸음 |
| --- | --- | --- |
| 39번 | 42번 | 40번 |

(　　　　　　)

241010-0404

04 긴 줄의 길이를 빗자루로 재었더니 3번이었습니다. 긴 줄을 국자와 젓가락으로 재면 각각 몇 번인지 구해 보세요.

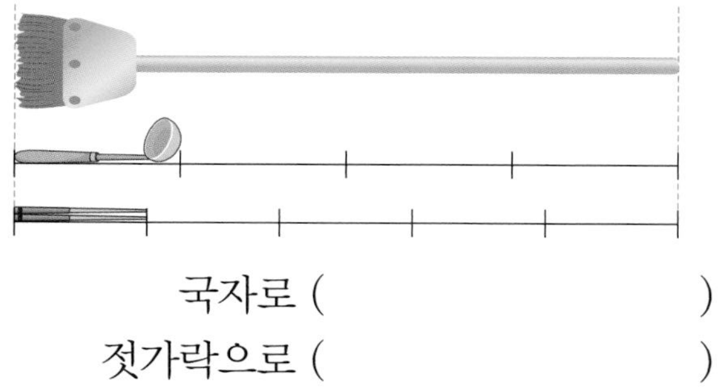

국자로 (　　　　　　)

젓가락으로 (　　　　　　)

241010-0405

05 나미의 한 뼘의 길이는 12 cm입니다. 책상의 짧은 쪽의 길이를 재었더니 뼘으로 3번이었습니다. 이 책상의 짧은 쪽의 길이는 몇 cm일까요?

(　　　　　　)

241010-0406

06 길이를 바르게 잰 것을 찾아 기호를 써 보세요.

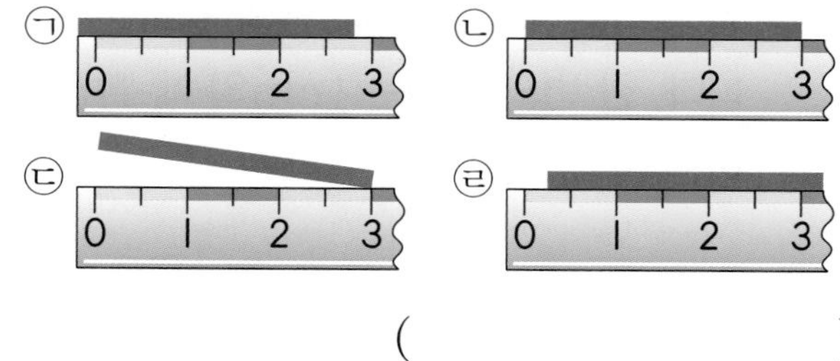


(　　　　　　)

241010-0407

07 빨간색 테이프와 파란색 테이프를 겹치지 않게 이어 붙이면 모두 몇 cm일까요?

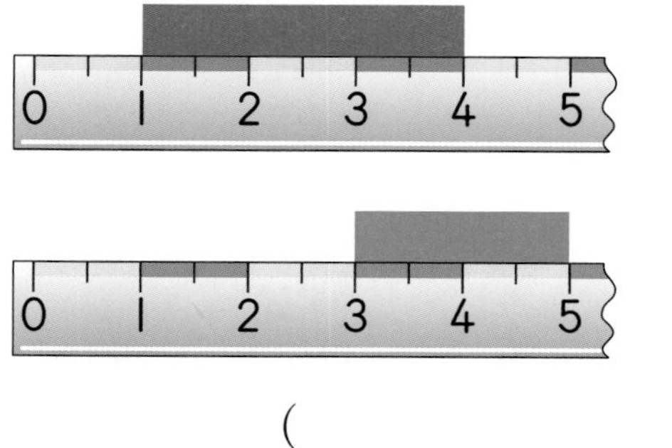


(　　　　　　)

241010-0408

08 물건의 길이로 알맞은 것을 찾아 선으로 이어 보세요.

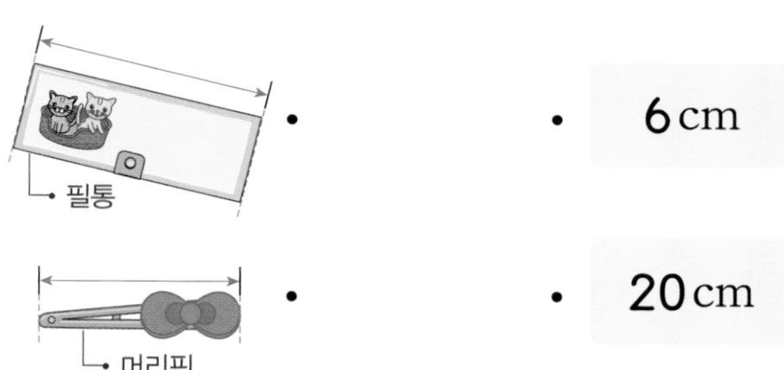

241010-0409

**09** 막대의 길이를 재어 점선에 같은 길이의 선을 그어 보세요.

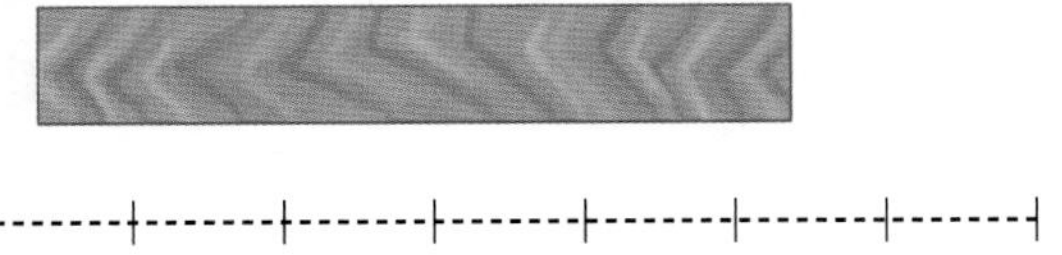

241010-0410

**10** 가장 작은 사각형의 네 변의 길이는 모두 같습니다. 한 변의 길이는 1 cm일 때 빨간 선의 길이는 몇 cm일까요?

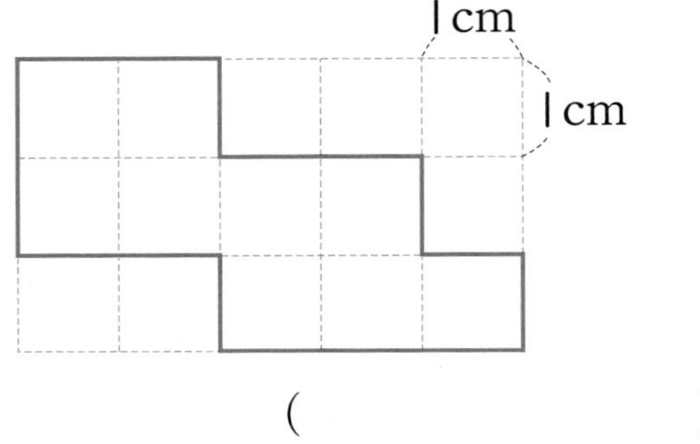


(　　　　　　　　)

241010-0411

**11** 사각형의 가장 짧은 변의 길이를 자로 재어 몇 cm인지 써 보세요.

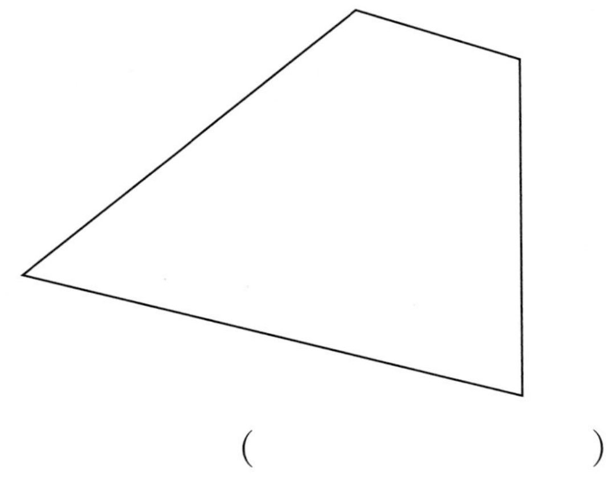

(　　　　　　　　)

241010-0412

**12** 명령어에 따라 출발점에서부터 ①~⑥의 순서대로 선을 그은 것입니다. 명령어를 완성해 보세요.

**명령어 안내**

- 위쪽으로 2: 위쪽으로(↑) 2 cm 선 긋기
- 아래쪽으로 2: 아래쪽으로 (↓) 2 cm 선 긋기
- 왼쪽으로 2: 왼쪽으로 (←) 2 cm 선 긋기
- 오른쪽으로 2: 오른쪽으로 (→) 2 cm 선 긋기

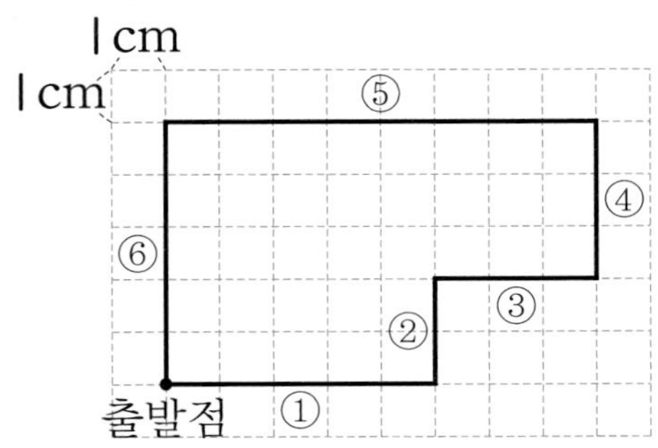


① 오른쪽으로 5　　② 위쪽으로 2
③ (　　　　　　)　④ 위쪽으로 3
⑤ (　　　　　　)　⑥ (　　　　　　)

241010-0413

**13** 서술형 두 막대 가와 나 중 더 긴 막대의 길이는 몇 cm인가요?

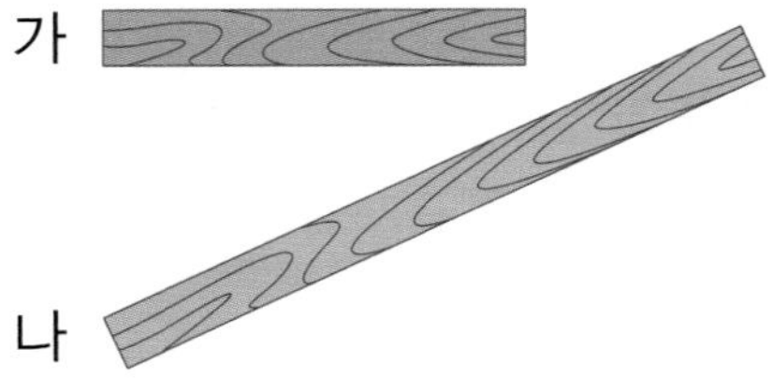


풀이

(1) 막대 가의 길이는 (　　)cm입니다.
(2) 막대 나의 길이는 (　　)cm입니다.
(3) 따라서 두 막대 가와 나 중 더 긴 막대의 길이는 (　　)cm입니다.

241010-0414

**14** 크레파스의 길이가 10 cm일 때, 자의 □ 안에 알맞은 눈금의 수를 써 보세요.

(　　　　　　　　　)

241010-0415

**15** 중요 옷핀의 길이가 4 cm일 때, 나뭇잎의 길이는 몇 cm인지 구해 보세요.

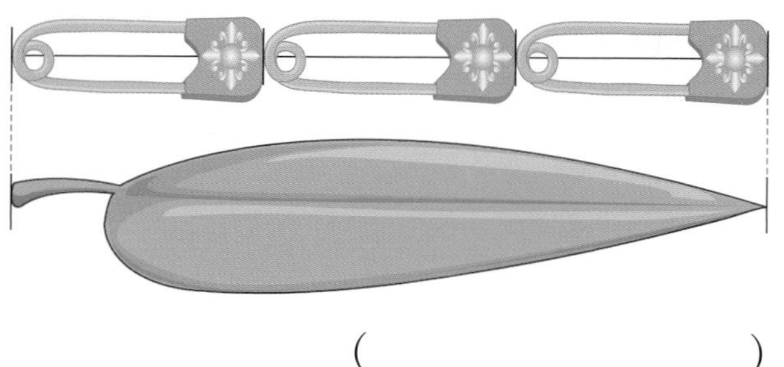

(　　　　　　　　　)

241010-0416

**16** 자로 재어 보고 4 cm에 더 가까운 종이띠를 찾아 기호를 써 보세요.

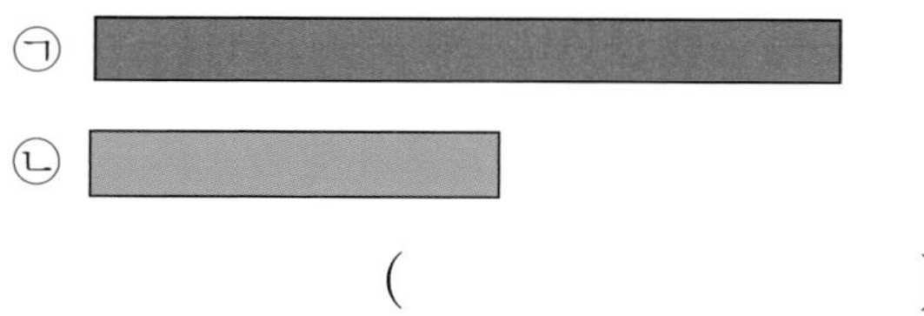


(　　　　　　　　　)

241010-0417

**17** 우리 마을 지도를 보고 학교에서 가장 멀리 있는 건물을 찾아보세요.

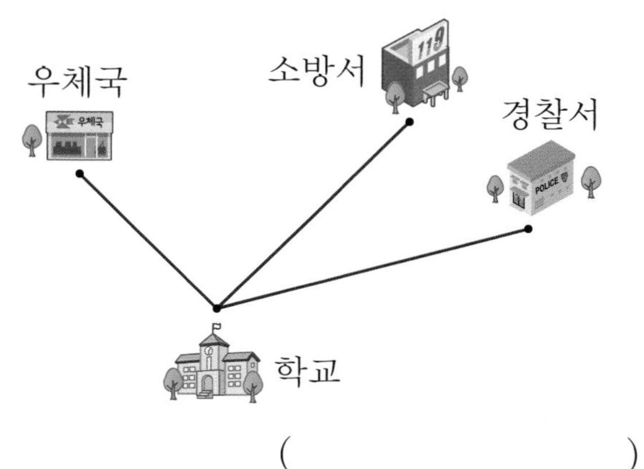


(　　　　　　　　　)

241010-0418

**18** 서술형 지혜와 성우가 6 cm인 과자의 길이를 어림하여 나타낸 것입니다. 실제 과자의 길이에 더 가깝게 어림한 사람은 누구일까요?

| 지혜 | 성우 |
|---|---|
| 약 5 cm | 약 8 cm |

풀이

(1) 지혜가 어림한 길이와 자로 잰 길이의 차는 (　　　)cm입니다.

(2) 성우가 어림한 길이와 자로 잰 길이의 차는 (　　　)cm입니다.

(3) 따라서 실제 과자의 길이에 더 가깝게 어림한 사람은 (　　　)입니다.

답 ______________

241010-0419

**19** 도전 길이가 9 cm인 연필이 있습니다. 연필의 길이는 클립으로 3번입니다. 볼펜의 길이는 클립으로 5번쯤이라 하면 볼펜의 길이는 약 몇 cm일까요?

약 (　　　　　　　　　)

241010-0420

**20** 실제 길이가 95 cm인 책꽂이의 긴 쪽의 길이를 호영이와 지원이가 어림하였습니다. 책꽂이의 긴 쪽의 길이를 실제 길이에 더 가깝게 어림한 친구의 이름을 써 보세요.

> 호영: 책꽂이의 긴 쪽의 길이는 약 92 cm야.
> 지원: 나는 네가 어림한 길이보다 5 cm 더 길다고 생각해.

(　　　　　　　　　)

4 단원

# 5 분류하기

**단원 학습 목표**

1. 분명한 분류 기준이 필요함을 이해할 수 있습니다.
2. 기준에 따라 분류할 수 있습니다.
3. 기준에 따라 분류하고 그 수를 셀 수 있습니다.
4. 기준에 따라 분류한 결과를 말할 수 있습니다.

**단원 진도 체크**

| 학습일 | | | 학습 내용 | 진도 체크 |
|---|---|---|---|---|
| 1일째 | 월 | 일 | 개념 1 분류는 어떻게 할까요<br>개념 2 기준에 따라 분류해 볼까요<br>개념 3 분류하고 세어 볼까요<br>개념 4 분류한 결과를 말해 볼까요 | ✓ |
| 2일째 | 월 | 일 | 교과서 넘어 보기 + 교과서 속 응용 문제 | ✓ |
| 3일째 | 월 | 일 | 응용 1 분류 기준 정하기<br>응용 2 기준에 따라 바르게 분류하기 | ✓ |
| 4일째 | 월 | 일 | 응용 3 두 가지 기준으로 분류하기<br>응용 4 분류한 결과를 보고 말하기 | ✓ |
| 5일째 | 월 | 일 | 단원 평가 LEVEL ❶ | ✓ |
| 6일째 | 월 | 일 | 단원 평가 LEVEL ❷ | ✓ |

이 단원을 진도 체크에 맞춰 6일 동안 학습해 보세요.
해당 부분을 공부하고 나서 ✓표를 하세요.

1학기를 마무리하며 민주가 방을 정리하고 있어요. 책, 인형, 장난감, 옷 등의 물건들을 찾기 쉽게 정리하려고 해요. 부모님께서 도와주시겠다고 말씀하셨지만 민주는 스스로 정리해 보려고 해요. 물건들을 어떻게 정리하면 좋을지 함께 알아볼까요?

이번 5단원에서는 분류하기에 대해 배울 거예요.

# 교과서 개념 다지기

## 개념 1 분류는 어떻게 할까요

예 모자의 분류

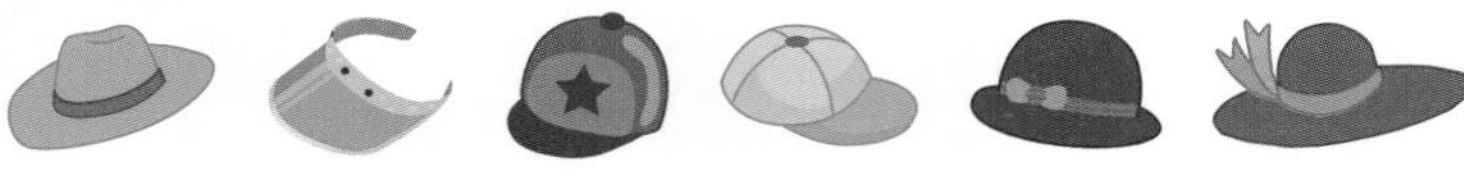

(1) **분명하지 않은 기준으로 분류하기**

분류 기준: 예쁜 모자와 예쁘지 않은 모자

| 예쁜 모자 | 예쁘지 않은 모자 |
| --- | --- |
| | |

➡ 사람마다 예쁘다고 생각하는 모자와 예쁘지 않다고 생각하는 모자가 다를 수 있으므로 다른 결과가 나올 수 있습니다.

(2) **분명한 기준으로 분류하기**

분류 기준: 파란색 모자와 보라색 모자

| 파란색 모자 | 보라색 모자 |
| --- | --- |
| | |

➡ 색깔에 따라 분류하면 누가 분류해도 같은 결과가 나옵니다.

● **분류**
어떤 기준을 정해서 나누는 것

● **분류 기준**
사람마다 다른 기준이 나오지 않도록 분명한 기준을 정하여 분류해야 합니다.

● **분명한 기준으로 분류하면 좋은 점**
① 어느 누가 분류해도 결과가 같습니다.
② 분류된 기준으로 물건을 찾을 때 정확하게 찾을 수 있습니다.

241010-0421

**01** **분류 기준으로 알맞은 것에 ○표 하세요.**

| 콘 아이스크림과 막대 아이스크림 | |
| --- | --- |
| 맛있는 것과 맛없는 것 | |

241010-0422

**02** **다음 분류 기준으로 분류할 수 있는 쪽에 ○표 하세요.**

| 분류 기준 | 모양 |
| --- | --- |

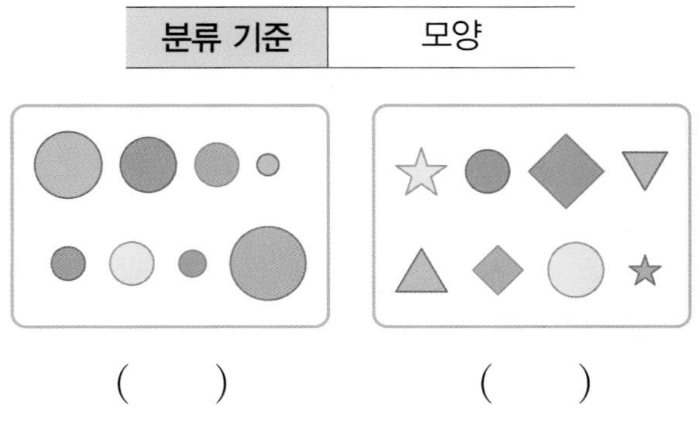

(　　)　　(　　)

## 개념 2 기준에 따라 분류해 볼까요

㉮ 여러 가지 기준으로 분류하기

분류할 때는 기준을 정하고 그 기준에 따라 분류합니다.

(1) **색깔에 따라 분류하기**

| 노란색 | 빨간색 | 파란색 |
| --- | --- | --- |
| | | |

(2) **모양에 따라 분류하기**

➡ 기준에 따라 분류하면 좋은 점
— 원하는 것을 쉽게 찾을 수 있습니다.
— 정리가 되어 있어 보기에도 좋습니다.

● **분류의 기준 찾기**
색깔, 모양

● **분류의 개수**
분류 기준에 따라 분류의 개수는 여러 개가 될 수 있습니다.

**[03~04] 도형을 기준에 따라 분류하려고 합니다. 물음에 답하세요.**

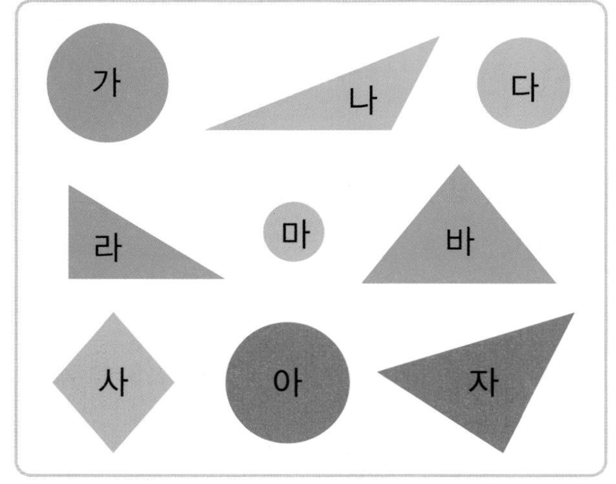


241010-0423

**03** **분류 기준으로 알맞지 않은 것에 ○표 하세요.**

| 색깔 | 모양 | 크기 |
| --- | --- | --- |
| (　　) | (　　) | (　　) |

241010-0424

**04** **색깔에 따라 분류하여 기호를 써 보세요.**

| 파란색 | |
| --- | --- |
| 주황색 | |
| 빨간색 | |

5 단원

## 개념 3 분류하고 세어 볼까요

(1) 동물을 기준에 따라 분류하고 세어 보기

| 분류 기준 | 사는 곳 |
|---|---|

| 사는 곳 | 하늘 | 땅 | 물 |
|---|---|---|---|
| 동물 이름 | 앵무새, 참새 | 얼룩말, 코끼리, 사자, 기린 | 고래, 문어, 가재 |
| 세면서 표시하기 | // | //// | /// |
| 동물 수(마리) | 2 | 4 | 3 |

➡ 전체 수와 센 결과가 일치하는지 확인합니다.

● 세면서 표시하기

① 조사한 자료를 빠뜨리지 않고 모두 세기 위하여 √, ○, × 등 다양한 기호를 사용하여 표시합니다.

② 하나씩 셀 때마다 ╱를 순서대로 표시하여 ////로 나타냅니다.

**[05~06] 도연이네 냉장고에 있는 과일을 조사하였습니다. 물음에 답하세요.**

| | | | |
|---|---|---|---|
| 사과 | 포도 | 귤 | 귤 |
| 포도 | 복숭아 | 포도 | 귤 |
| 포도 | 사과 | 복숭아 | 포도 |
| 귤 | 복숭아 | 포도 | 사과 |

241010-0425

**05** 도연이네 냉장고에 있는 과일에 모두 ○표 하세요.

사과 딸기 귤 복숭아 포도

( ) ( ) ( ) ( ) ( )

241010-0426

**06** 과일을 종류에 따라 분류하고 그 수를 세어 보세요.

| 종류 | 사과 | 포도 | | |
|---|---|---|---|---|
| 세면서 표시하기 | | | | |
| 과일 수 (개) | | | | |

## 개념 4 분류한 결과를 말해 볼까요

(1) 친구들이 좋아하는 필통을 색깔에 따라 분류하고 분류한 결과 말해 보기

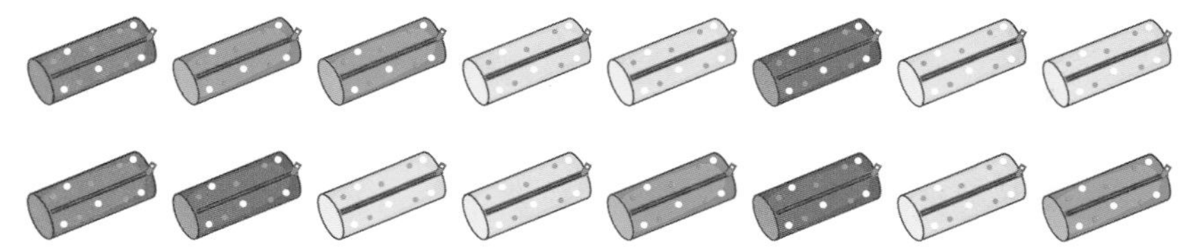

| 색깔 | 빨간색 | 초록색 | 노란색 | 보라색 |
|---|---|---|---|---|
| 세면서 표시하기 | $\mathbb{//}$ | $\mathbb{////}$ | $\mathbb{卌 //}$ | $\mathbb{///}$ |
| 필통 수(개) | 2 | 4 | 7 | 3 |

① 가장 많은 친구들이 좋아하는 필통의 색깔은 노란색입니다.

② 가장 적은 친구들이 좋아하는 필통의 색깔은 빨간색입니다.

➡ 가장 많은 친구들이 좋아하는 필통의 색깔이 노란색이므로 친구들에게 나누어 줄 필통으로 노란색 필통을 더 준비하는 것이 좋습니다.

● **분류한 결과를 보고 말하기**
분류한 결과를 보고 수의 많고 적음을 말할 수 있습니다. 분류한 결과를 바탕으로 더 준비해야 할 것을 예상할 수 있습니다.

**[07~08] 연서네 반 학생들이 좋아하는 사탕을 조사하였습니다. 물음에 답하세요.**

| | | | |
|---|---|---|---|
| 박하 맛 | 레몬 맛 | 레몬 맛 | 딸기 맛 |
| 포도 맛 | 레몬 맛 | 딸기 맛 | 포도 맛 |
| 딸기 맛 | 포도 맛 | 딸기 맛 | 딸기 맛 |
| 딸기 맛 | 박하 맛 | 포도 맛 | 딸기 맛 |
| 레몬 맛 | 포도 맛 | 딸기 맛 | 박하 맛 |

241010-0427

**07** 사탕을 맛에 따라 분류하고 그 수를 세어 보세요.

| 사탕의 맛 | 박하 맛 | 레몬 맛 | 딸기 맛 | 포도 맛 |
|---|---|---|---|---|
| 세면서 표시하기 | | | | |
| 사탕 수(개) | | | | |

241010-0428

**08** □ 안에 알맞은 말을 써넣으세요.

□ 맛 사탕을 좋아하는 학생들이 가장 많고, □ 맛 사탕을 좋아하는 학생들이 가장 적습니다.

5 단원

241010-0429

**01** 분류 기준으로 알맞은 것에 ○표 하세요.

| 예쁜 신발과 예쁘지 않은 신발 | |
|---|---|
| 빨간색 신발과 파란색 신발 | |

241010-0430

**02** 동물을 분류하려고 할 때, 분류 기준으로 알맞지 않은 것에 ×표 하세요.

| 물에서 살 수 있는 동물과<br>물에서 살 수 없는 동물 | |
|---|---|
| 하늘을 나는 동물과<br>하늘을 날 수 없는 동물 | |
| 날개가 있는 동물과<br>날개가 없는 동물 | |
| 빨리 움직이는 동물과<br>느리게 움직이는 동물 | |

241010-0431

**03** 중요 젤리를 다음의 기준으로 분류하였습니다. 분류 기준이 알맞지 않은 이유를 찾아 기호를 써 보세요.

| 맛있는 젤리 | 맛없는 젤리 |
|---|---|
| | |

㉠ 젤리는 모두 맛있습니다.
㉡ 젤리의 모양이 모두 다릅니다.
㉢ 분류 기준이 분명하지 않습니다.

( )

241010-0432

**04** 필기구를 두 개의 필통에 나누어 담으려고 합니다. 알맞은 분류 기준을 써 보세요.

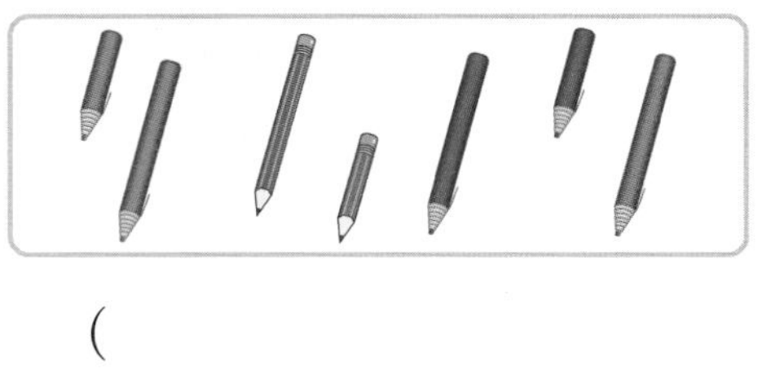

( )

241010-0433

**05** 동물을 다리 수에 따라 분류하려고 합니다. □ 안에 알맞은 수를 써넣으세요.

| 다리가 없는 것 | 가, 마 |
|---|---|
| 다리가 □ 개인 것 | 나, 라 |
| 다리가 □ 개인 것 | 다, 바 |

241010-0434

**06** 모양에 따라 분류해 보세요.

| 모양 | (상자 모양) | (원기둥 모양) | (공 모양) |
|---|---|---|---|
| 번호 | | | |

241010-0435

**07** 모양에 따라 분류해 보세요.

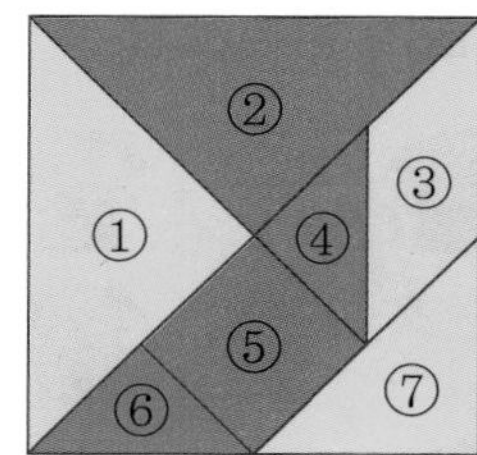


| 모양 | 삼각형 | 사각형 |
|---|---|---|
| 번호 | | |

241010-0436

**08** 중요 단추를 구멍 수에 따라 분류해 보세요.

| 가 | 나 | 다 | 라 |
|---|---|---|---|
| 마 | 바 | 사 | 아 |

| 구멍 수 | 2개 | | |
|---|---|---|---|
| 기호 | | 다, | 나, |

241010-0437

**09** 도전 지우는 책상 서랍을 다음과 같이 잘못 분류하였습니다. 바르게 분류하려면 어떤 물건을 어디로 옮겨야 하는지 □ 안에 알맞은 말을 써넣으세요.

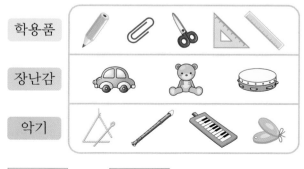

| 학용품 | |
|---|---|
| 장난감 | |
| 악기 | |

□ 을(를) □ 서랍으로 옮깁니다.

[10~12] 열매네 반 친구들이 받고 싶어 하는 선물을 조사하였습니다. 물음에 답하세요.

| 장난감 | 옷 | 동화책 | 동화책 |
|---|---|---|---|
| 장난감 | 옷 | 장난감 | 장난감 |
| 장난감 | 동화책 | 장난감 | 장난감 |
| 동화책 | 장난감 | 장난감 | 옷 |
| 동화책 | 장난감 | 동화책 | 동화책 |

241010-0438

**10** 받고 싶어 하는 선물을 종류에 따라 분류하고 그 수를 세어 보세요.

| 선물 | 장난감 | 옷 | 동화책 |
|---|---|---|---|
| 세면서 표시하기 | | | |
| 친구 수(명) | | | |

241010-0439

**11** 가장 많은 친구들이 받고 싶어 하는 선물은 무엇인가요?

( )

241010-0440

**12** 장난감을 받고 싶어 하는 친구는 동화책을 받고 싶어 하는 친구보다 몇 명 더 많을까요?

( )

5 단원

[13~15] 체육관에 있는 공을 조사하였습니다. 물음에 답하세요.

241010-0441

**13** 공을 종류에 따라 분류하고 그 수를 세어 보세요.

| 종류 | 축구공 | 야구공 | 배구공 | 농구공 |
|---|---|---|---|---|
| 세면서 표시하기 | | | | |
| 공의 수(개) | | | | |

241010-0442

**14** 가장 많은 공은 어느 것인가요?

( )

241010-0443

**15** 알맞은 말에 ○표 하세요.

체육관에 가장 적게 있는 공을 가장 많이 있는 공만큼 더 준비하려면
( 축구공, 야구공 )을 ( 축구공, 야구공 )
보다 더 많이 사야 합니다.

[16~18] 옷가게에서 일주일 동안 팔린 티셔츠를 조사하였습니다. 물음에 답하세요.

241010-0444

**16** 다음 기준에 따라 분류하고 그 수를 세어 보세요.

| 분류 기준 | 색깔 |
|---|---|

| 색깔 | 빨간색 | 초록색 | 노란색 | 파란색 |
|---|---|---|---|---|
| 티셔츠 수(벌) | | | | |

241010-0445

**17** 같은 개수로 팔린 티셔츠의 색깔은 무슨 색과 무슨 색인가요?

( )과 ( )

241010-0446

**18** 옷가게 주인이 다음 주에 판매할 티셔츠를 준비하려고 합니다. 가장 적게 준비해도 되는 티셔츠는 무슨 색일까요?

( )

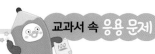

## 여러 가지 기준에 따라 분류하기

㉠ 주어진 수 카드를 분류하려고 합니다. 분류 기준을 알아 보세요.

| 249 | 57 | 604 | 8 | 100 |
|---|---|---|---|---|
| 3 | 44 | 89 | 13 | 112 |

➡ 카드 색깔: 노랑, 초록, 파랑, 빨강

자릿수: 한 자리 수, 두 자리 수, 세 자리 수

카드 모양: ⬚ 모양, ▭ 모양

**[19~21] 장난감을 보고 물음에 답하세요.**

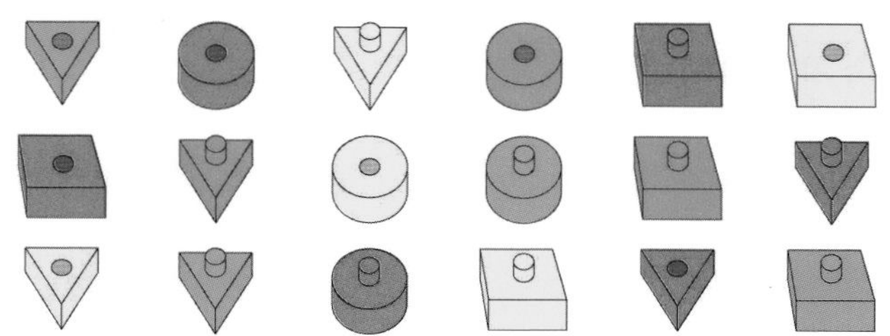

241010-0447

**19** 색깔에 따라 분류하고 그 수를 세어 보세요.

| 색깔 | 초록색 | 빨간색 | 노란색 | 파란색 |
|---|---|---|---|---|
| 장난감의 수(개) | | | | |

241010-0448

**20** 모양에 따라 분류하고 그 수를 세어 보세요.

| 모양 | | | |
|---|---|---|---|
| 장난감의 수(개) | | | |

241010-0449

**21** 연결 부분에 따라 분류하고 그 수를 세어 보세요.

| 연결 부분 | 볼록한 것이 있는 것 | 볼록한 것이 없는 것 |
|---|---|---|
| 장난감의 수(개) | | |

## 두 가지 기준에 따라 분류하여 세어 보기

㉠ 안경을 쓴 남학생은 몇 명인지 구해 보세요.

| | 안경을 쓴 학생 | 안경을 쓰지 않은 학생 |
|---|---|---|
| 남학생 | ①, ④ | ③ |
| 여학생 | ②, ⑥ | ⑤ |

➡ 안경을 쓴 남학생은 2명입니다.

241010-0450

**22** 단추를 구멍 수와 색깔에 따라 분류하려고 합니다. 빈칸에 알맞은 기호를 써넣고, 구멍이 4개인 노란색 단추는 몇 개인지 구해 보세요.

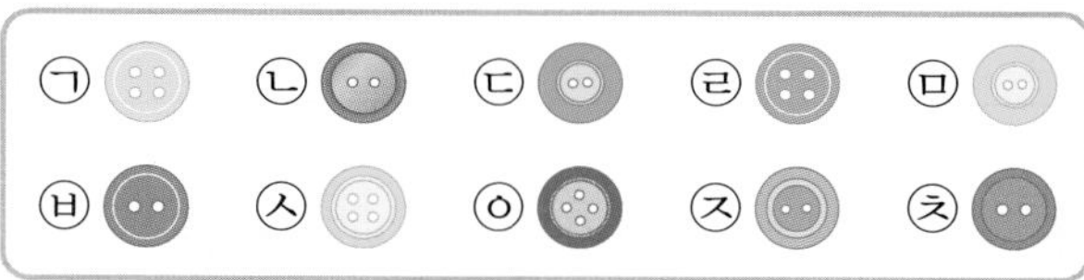


| | 노란색 | 파란색 | 초록색 |
|---|---|---|---|
| 2개 | | | |
| 4개 | | | |

( )

241010-0451

**23** 카드를 분류하였을 때, 하트가 그려진 파란색 카드는 몇 장인지 구해 보세요.

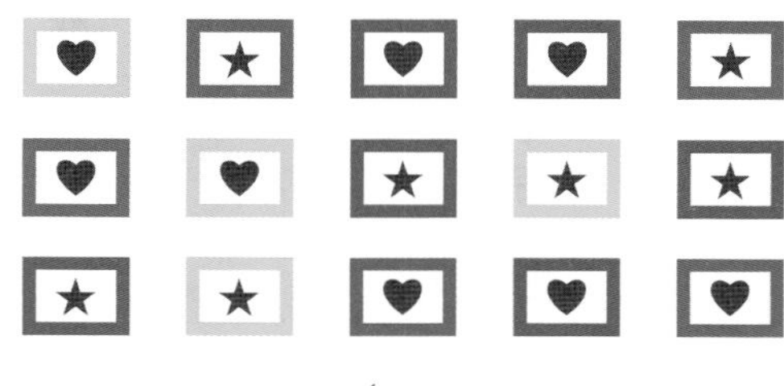

( )

## 대표응용 1 분류 기준 정하기

여러 가지 신발을 3가지로 분류하였습니다. 분류 기준을 써 보세요.

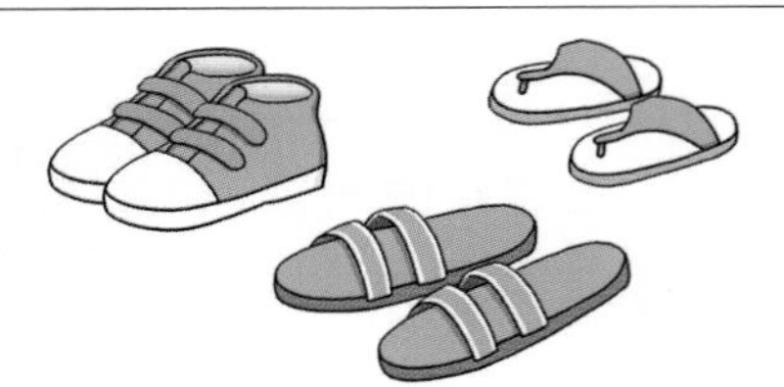

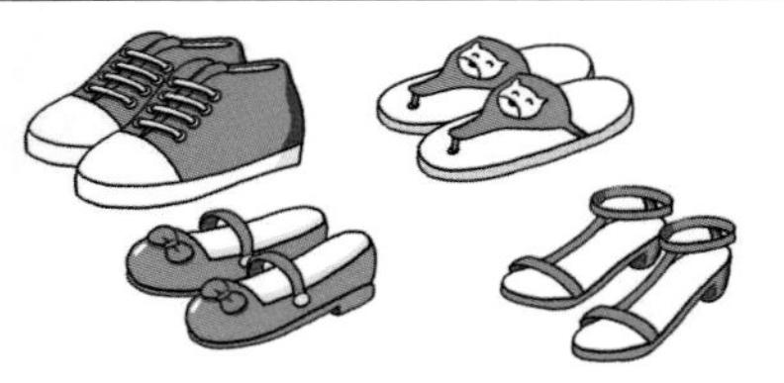

**문제 스케치**

각 묶음끼리의 차이점은?
운동화는 서로 뭐가 다를까?
슬리퍼는? 구두는?

**해결하기**

신발을 분류한 것을 보면
파란색 운동화와 슬리퍼, 검은색 운동화와 구두, 빨간색 운동화와 구두, 슬리퍼입니다.

따라서 분류 기준은 [    ] 입니다.

241010-0452

**1-1** 여러 가지 사탕을 2가지로 분류하였습니다. 분류 기준을 써 보세요.

(                    )

241010-0453

**1-2** 블록을 살펴보고 분류할 수 있는 기준을 2가지 써 보세요.

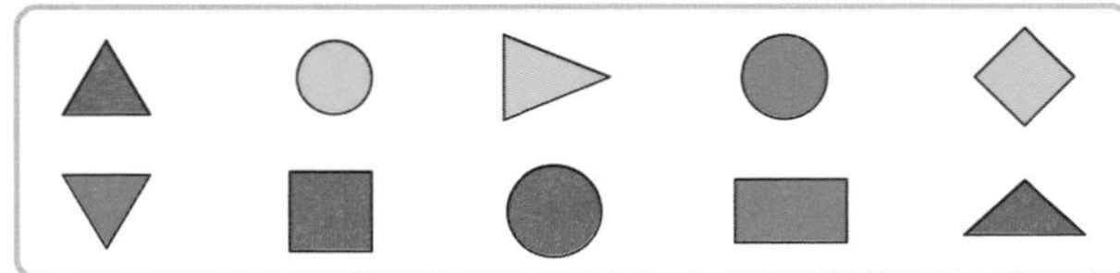

| 분류 기준 1 | |
|---|---|
| 분류 기준 2 | |

대표 응용 2

## 기준에 따라 바르게 분류하기

**탈 것을 움직이는 장소에 따라 분류하였습니다. 잘못 분류된 것을 찾아 기호를 써 보세요.**

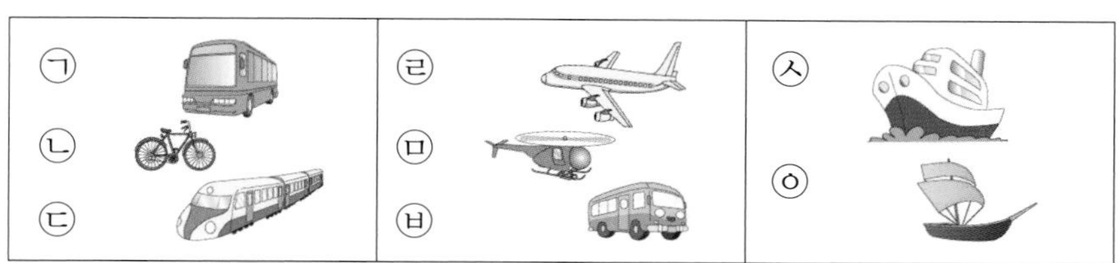


문제 스케치

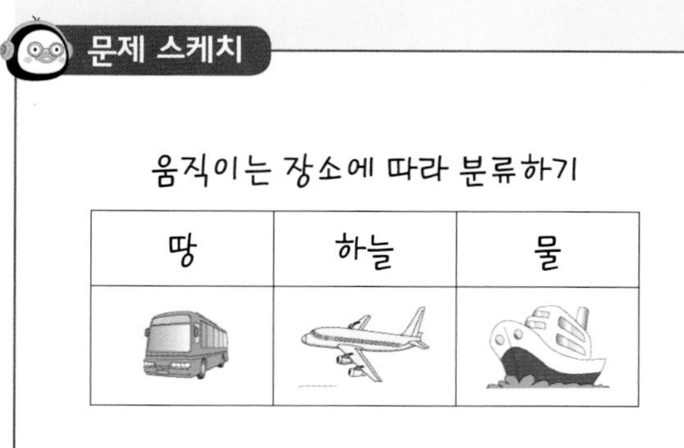


해결하기

탈 것을 움직이는 장소에 따라 분류하면 땅인 것은 ㉠, ㉡, ㉢, ㉥이고, 하늘인 것은 ☐, ☐이고, 물인 것은 ㉦, ㉧입니다.

따라서 잘못 분류된 것은 ☐입니다.

241010-0454

**2-1** 책꽂이에 책을 종류에 따라 분류하였습니다. 잘못 분류된 책을 찾아 제목을 써 보세요.

(　　　　　　　　　　　　　)

241010-0455

**2-2** 동물을 다리 수에 따라 분류하였습니다. 잘못된 곳을 찾아 바르게 고쳐 보세요.

| 다리가 없는 동물 | ②, ⑥ |
|---|---|
| 다리가 2개 있는 동물 | ③, ④, ⑧ |
| 다리가 4개 있는 동물 | ①, ⑤, ⑦ |

➡

| 다리가 없는 동물 | |
|---|---|
| 다리가 2개 있는 동물 | |
| 다리가 4개 있는 동물 | |

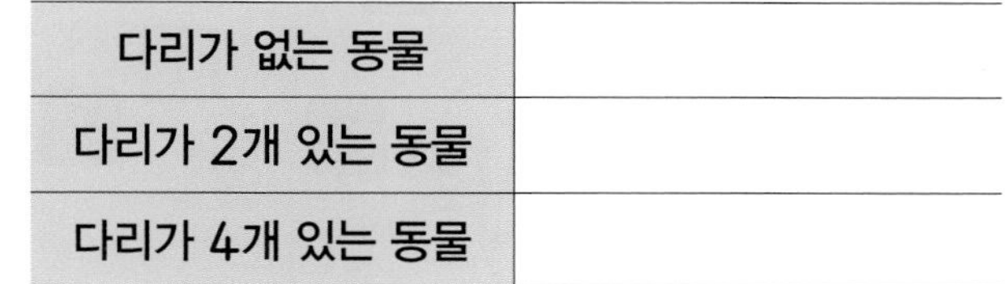

5 단원

대표 응용 3

## 두 가지 기준으로 분류하기

세호가 가지고 있는 색종이는 모두 몇 장인지 구해 보세요.

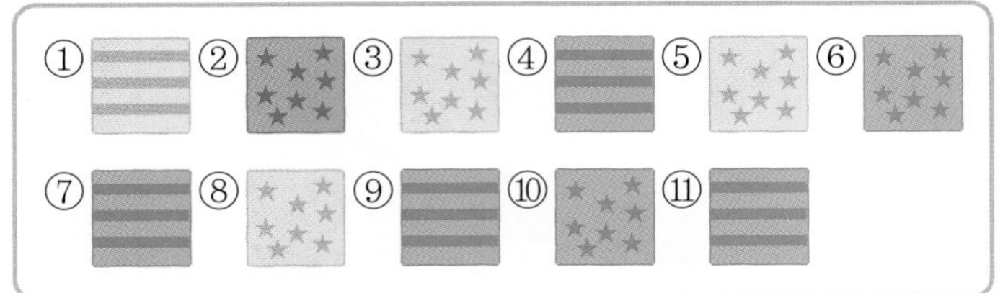


내가 가진 색종이는 파란색 별 무늬야.

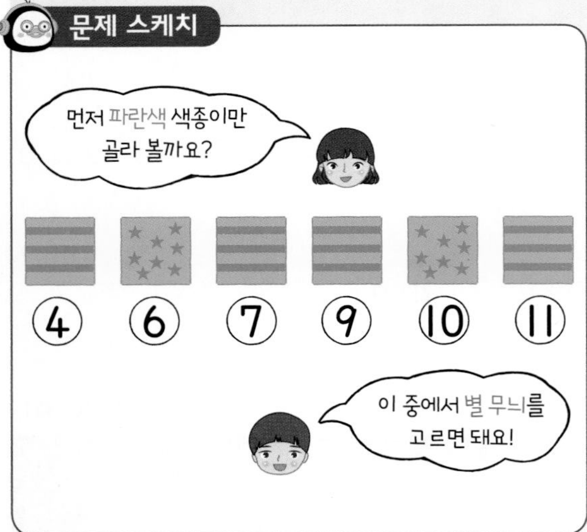

문제 스케치
먼저 파란색 색종이만 골라 볼까요?
④ ⑥ ⑦ ⑨ ⑩ ⑪
이 중에서 별 무늬를 고르면 돼요!


해결하기

색종이를 색깔과 무늬의 두 가지 기준으로 분류하면 다음과 같습니다.

| | 노란색 | 초록색 | 파란색 |
|---|---|---|---|
| 줄 무늬 | | 없음 | |
| 별 무늬 | | | |

따라서 파란색 별 무늬 색종이는 모두 □ 장입니다.

241010-0456

**3-1** 진영이가 사용한 컵은 모두 몇 개인지 구해 보세요.

내가 사용한 컵은 손잡이가 있는 초록색 컵이야.

( )

241010-0457

**3-2** 기준이가 가진 카드는 모두 몇 장인지 구해 보세요.

내 카드는 숫자 2와 3이 쓰여 있지 않은 빨간색 카드야.

( )

정답과 풀이 39쪽

대표 응용 4

## 분류한 결과를 보고 말하기

호진이의 친구들이 좋아하는 음식을 조사하였습니다. 호진이는 생일 파티 때 친구들을 초대하려고 합니다. 어떤 음식을 준비하면 좋을까요?

**문제 스케치**

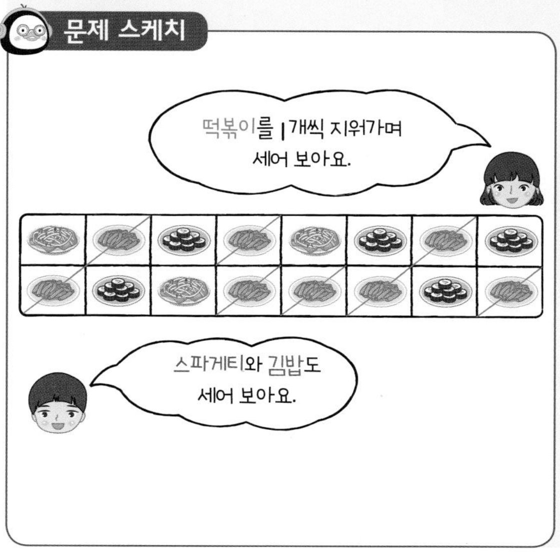

떡볶이를 1개씩 지워가며
세어 보아요.
스파게티와 김밥도
세어 보아요.


**해결하기**

음식을 종류에 따라 분류하고 그 수를 세어 보면 다음과 같습니다.

| 음식 | 스파게티 | 떡볶이 | 김밥 |
|---|---|---|---|
| 학생 수(명) | | | |

가장 많은 친구들이 좋아하는 음식은 ☐ 입니다.

따라서 호진이는 생일 파티 때 ☐ 을/를 준비하는 것이 좋겠습니다.

241010-0458

**4-1** 동전을 종류에 따라 분류하여 그 수가 가장 많은 동전을 모두 불우 이웃 돕기 성금으로 내려고 합니다. 얼마를 성금으로 낼 수 있을지 ☐ 안에 알맞은 수를 써넣으세요.

➡ ☐ 원

241010-0459

**4-2** 우리 반 학급문고에 있는 책을 조사하였습니다. 그 수가 가장 적은 종류의 책을 가장 많은 종류의 책만큼 준비하려고 합니다. 어떤 책을 몇 권 더 사야 하는지 순서대로 써 보세요.

| 종류 | 역사책 | 과학책 | 만화책 | 동화책 | 위인전 |
|---|---|---|---|---|---|
| 책 수(권) | 18 | 17 | 13 | 20 | 7 |

( ), ( )

5 단원

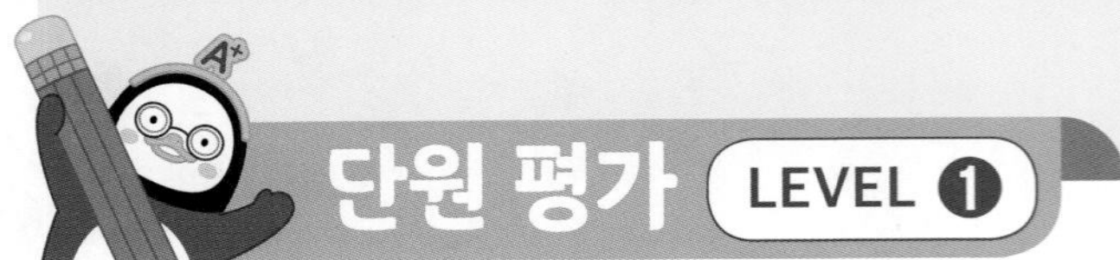


241010-0460

**01** 분류 기준으로 알맞은 것을 찾아 이어 보세요.

 • • 빵의 크기

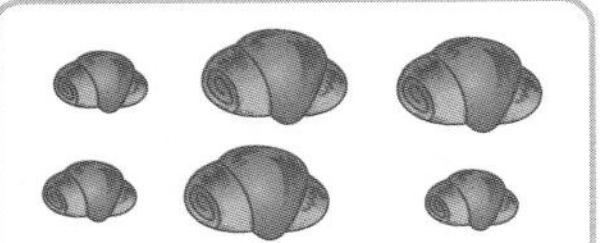 • • 빵의 종류

241010-0461

**02** 분류 기준으로 알맞은 것에 ○표 하세요.

| | |
|---|---|
| 끈이 있는 신발과 끈이 없는 신발 | ( ) |
| 편한 신발과 불편한 신발 | ( ) |

**[03~04]** 동물을 보고 물음에 답하세요.

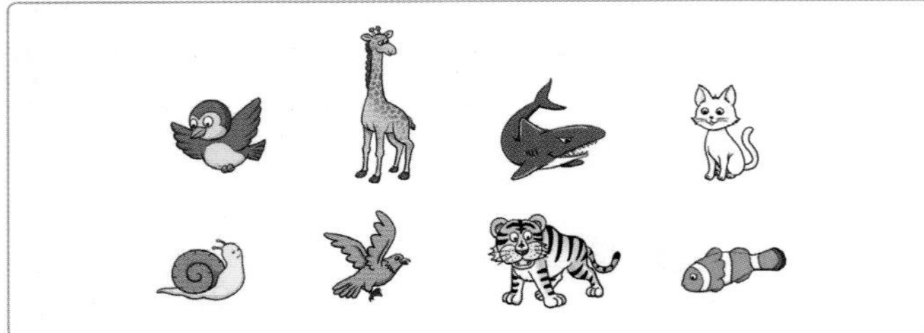

241010-0462

**03** 동물을 다리 수에 따라 분류하면 몇 가지로 분류할 수 있나요?

( )

241010-0463

**04** 동물을 활동하는 곳에 따라 분류하려고 합니다. 활동하는 곳을 모두 써 보세요.

( )

241010-0464

**05** 잘못 분류한 돈에 △표 하세요.

| 분류 기준 | 지폐와 동전 |
|---|---|

**[06~08]** 과자를 보고 물음에 답하세요.

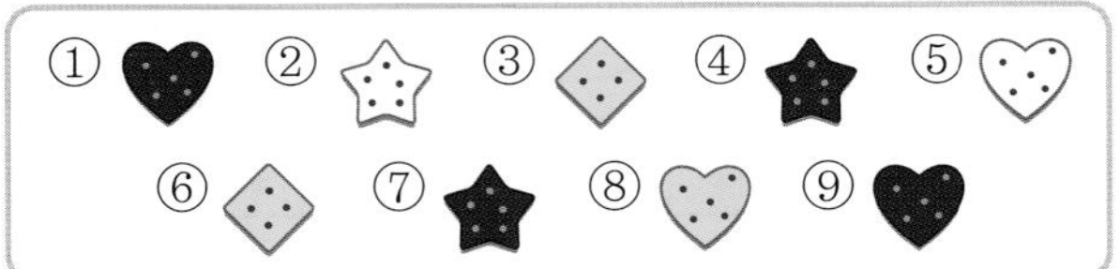

241010-0465

**06** 중요 다음 기준에 따라 분류해 보세요.

| 분류 기준 | 과자의 모양 |
|---|---|

| 모양 | ♥ | ★ | ◆ |
|---|---|---|---|
| 번호 | | | |

241010-0466

**07** 과자를 색깔에 따라 분류하고 그 수를 세어 보세요.

| 색깔 | 초콜릿 색 | 흰색 | 노란색 |
|---|---|---|---|
| 과자 수 (개) | | | |

241010-0467

**08** ♥모양이면서 초콜릿 색인 과자는 몇 개인가요?

( )

정답과 풀이 40쪽

[09~10] 우유를 보고 물음에 답하세요.

| | | | |
|---|---|---|---|
| 초콜릿 맛 | 초콜릿 맛 | 딸기 맛 | 딸기 맛 |
| 딸기 맛 | 초콜릿 맛 | 초콜릿 맛 | 딸기 맛 |
| 바나나 맛 | 딸기 맛 | 바나나 맛 | 바나나 맛 |
| 초콜릿 맛 | 딸기 맛 | 바나나 맛 | 딸기 맛 |

241010-0468

**09** 맛에 따라 분류하고 그 수를 세어 보세요.

| 맛 | 초콜릿 맛 | 바나나 맛 | 딸기 맛 |
|---|---|---|---|
| 우유 수(개) | | | |

241010-0469

**10** 용기의 종류에 따라 분류하고 그 수를 세어 보세요.

| 용기 | 종이 팩 | 플라스틱 병 |
|---|---|---|
| 우유 수(개) | | |

[11~12] 예인이네 반 학생들이 체육 시간에 하고 싶은 운동을 조사하였습니다. 물음에 답하세요.

| | | | | |
|---|---|---|---|---|
| 피구 | 피구 | 달리기 | 축구 | 피구 |
| 축구 | 줄넘기 | 피구 | 피구 | 줄넘기 |
| 줄넘기 | 축구 | 피구 | 달리기 | ? |

241010-0470

**11** 조사한 학생은 모두 몇 명인가요?

( )

241010-0471

**12** 도전 표의 빈칸에 알맞은 수를 써넣으세요.

| 운동 | 피구 | 달리기 | 축구 | 줄넘기 |
|---|---|---|---|---|
| 학생 수(명) | | 2 | 3 | 3 |

[13~14] 가방을 보고 물음에 답하세요.

241010-0472

**13** 색깔에 따라 분류하고 그 수를 세어 보세요.

| 색깔 | 빨간색 | 노란색 | 파란색 | 검은색 |
|---|---|---|---|---|
| 가방 수 (개) | | | | |

241010-0473

**14** 어느 색 가방이 가장 많은가요?

( )

241010-0474

**15** 서술형 학용품을 종류에 따라 분류하였을 때, 가장 많은 것은 가장 적은 것보다 몇 개 더 많은지 구해 보세요.

풀이

(1) 학용품을 종류에 따라 분류하고 그 수를 세어 보면 다음과 같습니다.

| 종류 | 풀 | 자 | 가위 |
|---|---|---|---|
| 학용품 수(개) | | | |

(2) 가장 많은 것은 ( )이고, 가장 적은 것은 ( )입니다.

(3) 따라서 가장 많은 것은 가장 적은 것보다 ( )개 더 많습니다.

답 ____________

5 단원

[16~17] 연수와 세연이가 카드 뒤집기 놀이를 하고 있습니다. 카드를 뒤집은 결과가 다음과 같습니다. 각각의 규칙에 따라 놀이를 하였을 때 이긴 사람은 누구인지 알아보세요.

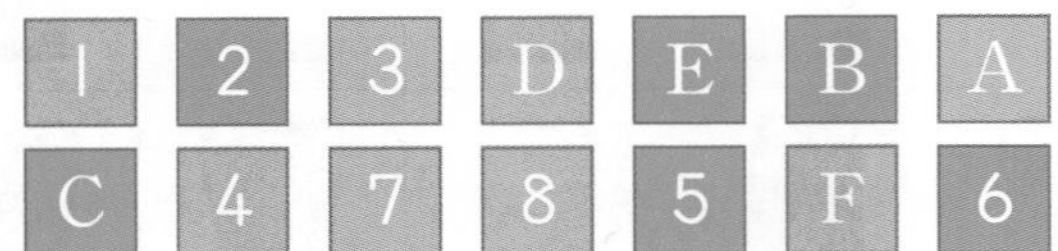


241010-0475

**16** 서술형 규칙 1 에 따라 놀이를 하였을 때 이긴 사람은 누구인지 써 보세요.

규칙 1

색깔에 따라 분류하여 주황색이 더 많으면 연수가 이기고, 초록색이 더 많으면 세연이가 이깁니다.

풀이

(1) 뒤집은 카드 중 주황색은 (　　)장입니다.

(2) 뒤집은 카드 중 초록색은 (　　)장입니다.

(3) 따라서 (　　)색이 더 많으므로 (　　)(이)가 이깁니다.

답 ______________

241010-0476

**17** 규칙 2 에 따라 놀이를 하였을 때 이긴 사람은 누구인지 이름을 써 보세요.

규칙 2

숫자와 알파벳으로 분류하여 숫자가 더 많으면 세연이가 이기고, 알파벳이 더 많으면 연수가 이깁니다.

(　　　　　　)

[18~20] 유라네 반 학생들이 좋아하는 색깔의 종이컵을 조사하였습니다. 물음에 답하세요.

241010-0477

**18** 색깔에 따라 분류하고 그 수를 세어 보세요.

| 색깔 | 초록색 | 노란색 | 파란색 | 빨간색 | 보라색 |
|---|---|---|---|---|---|
| 종이컵 수(개) | | | | | |

241010-0478

**19** 종이컵 수가 가장 적은 색깔은 무엇인가요?

(　　　　　　)

241010-0479

**20** 중요 유라가 가게 주인에게 쓴 편지를 읽고 □ 안에 알맞은 색깔을 써넣으세요.

안녕하세요. 제 이름은 유라입니다.
우리 반 친구들이 가장 많이 좋아하는 종이컵 색깔은 □ 색입니다. 그래서 □ 색 종이컵을 더 준비해 두시면 좋을 것 같아요.
감사합니다.

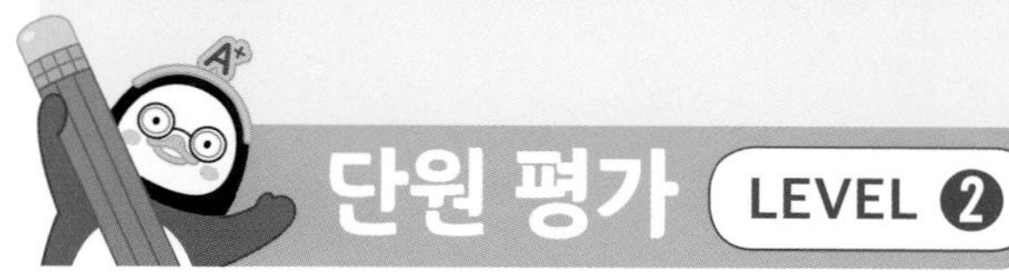


정답과 풀이 41쪽

241010-0480

**01** 색깔을 기준으로 분류할 수 있는 것에 ○표 하세요.

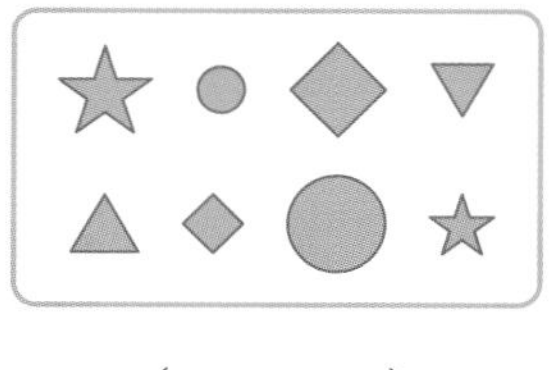 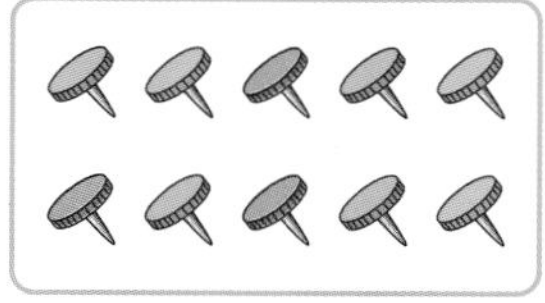

( ) ( )

241010-0481

**02** 분류 기준이 알맞지 않은 이유를 찾아 기호를 써 보세요.

| 무서운 동물 | 무섭지 않은 동물 |
|---|---|
| 고양이, 앵무새, 과일박쥐, 이구아나 | 강아지, 햄스터, 장수풍뎅이, 거북 |

㉠ 고양이는 무섭지 않은 동물입니다.
㉡ 사람에 따라 다른 결과가 나올 수 있습니다.

( )

**[03~04]** 분류 기준을 써 보세요.

241010-0482

**03**

| 분류 기준 | |
|---|---|

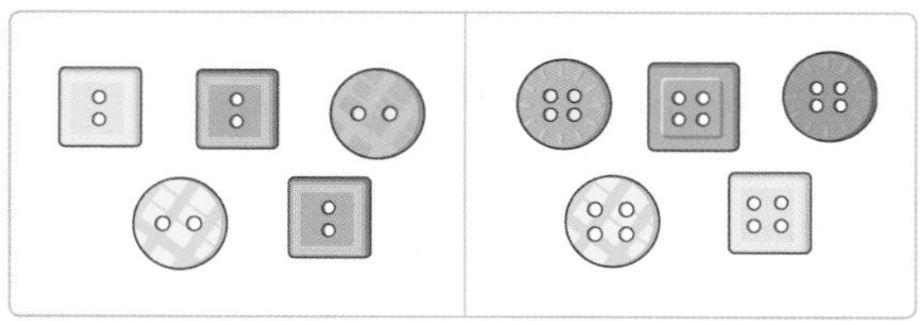

241010-0483

**04**

| 분류 기준 | |
|---|---|

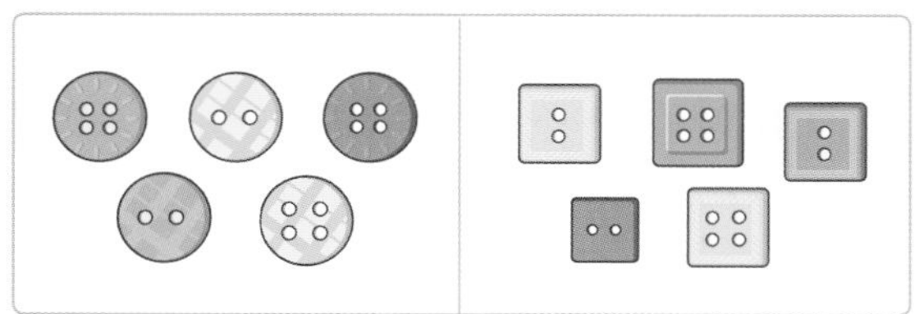

241010-0484

**05** 흰옷과 흰옷이 아닌 옷으로 분류하였습니다. 잘못 분류된 옷의 번호를 써 보세요.
중요

색깔
흰옷
흰옷이 아닌 옷
옷
①
②
⑤
⑥
③
④
⑦
⑧


( )

**[06~08]** 학용품을 보고 물음에 답하세요.

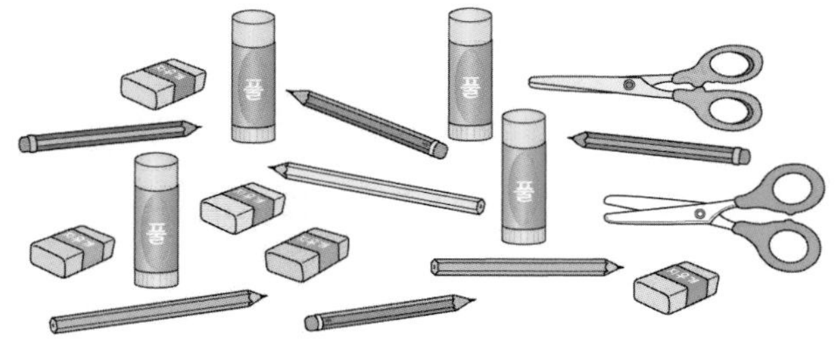


241010-0485

**06** 종류에 따라 분류하여 그 수를 세어 보세요.

| 학용품 | 연필 | 가위 | 풀 | 지우개 |
|---|---|---|---|---|
| 학용품 수 (개) | | | | |

241010-0486

**07** 학용품은 모두 몇 개인가요?

( )

241010-0487

**08** 개수가 가장 많은 학용품은 가장 적은 학용품보다 몇 개 더 많을까요?

( )

[09~11] 접시를 분류하려고 합니다. 물음에 답하세요.

① ② ③ ④ ⑤
⑥ ⑦ ⑧ ⑨ ⑩

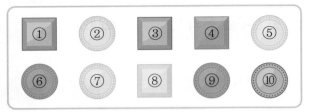

241010-0488

**09** 접시를 모양에 따라 분류하여 그 수를 세어 보세요.

| 모양 | ■ | ● |
|---|---|---|
| 세면서 표시하기 | | |
| 접시 수(개) | | |

241010-0489

**10** 접시를 색깔에 따라 분류하여 그 수를 세어 보세요.

| 색깔 | 초록색 | 노란색 | 빨간색 |
|---|---|---|---|
| 세면서 표시하기 | | | |
| 접시 수 (개) | | | |

241010-0490

**11** 중요 두 가지 기준으로 분류하여 빈칸에 알맞은 번호를 써넣으세요.

| | 초록색 | 노란색 | 빨간색 |
|---|---|---|---|
| ■ | | | |
| ● | | | |

[12~13] 예원이네 반 학생들이 좋아하는 과일을 조사하였습니다. 물음에 답하세요.

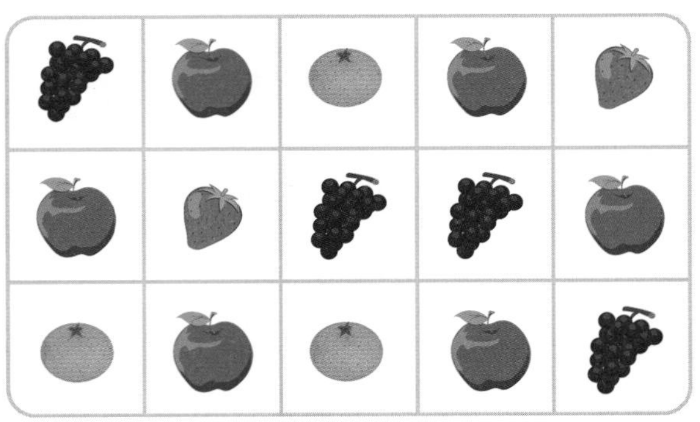

241010-0491

**12** 가장 많은 학생이 좋아하는 과일은 무엇인가요?

( )

241010-0492

**13** 포도를 좋아하는 학생 수와 귤을 좋아하는 학생 수를 더하면 모두 몇 명일까요?

( )

241010-0493

**14** 서술형 소윤이네 반 학생들의 장래 희망을 조사하였습니다. 장래 희망이 과학자와 연예인인 학생 중 어느 장래 희망이 몇 명 더 많을까요?

| 과학자 | 연예인 | 의사 | 연예인 |
|---|---|---|---|
| 운동선수 | 과학자 | 의사 | 연예인 |
| 과학자 | 운동선수 | 연예인 | 의사 |
| 연예인 | 연예인 | 운동선수 | 과학자 |

풀이

(1) 장래 희망이 과학자인 학생은 ( )명입니다.

(2) 장래 희망이 연예인인 학생은 ( )명입니다.

(3) 따라서 장래 희망이 ( )인 학생이 ( )명 더 많습니다.

답 

[15~18] 정우가 모은 메모지입니다. 물음에 답하세요.

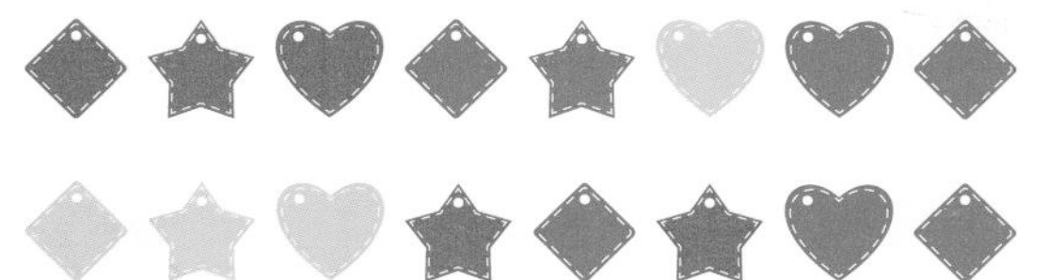

241010-0494

15 모양과 색깔에 따라 분류하여 그 수를 세어 보세요.

| | 빨간색 | 파란색 | 노란색 |
|---|---|---|---|
| ◆ | | | |
| ♥ | | | |
| ★ | | | |

241010-0495

16 정우가 모은 메모지 중 별 모양은 모두 몇 장인가요?

( )

241010-0496

17 정우가 모은 메모지 중 하트 모양이면서 파란색 메모지는 몇 장인가요?

( )

241010-0497

18 도전 색깔별로 메모지 수를 같게 하려고 합니다. 어떤 색깔과 어떤 색깔의 메모지를 몇 장 더 모아야 하는지 □ 안에 알맞은 말이나 수를 써넣으세요.

□색 메모지를 □장, 노란색 메모지를 □장 더 모아야 합니다.

241010-0498

19 시훈이가 가지고 있는 색종이를 분류한 것입니다. 가장 많은 색깔의 색종이 수만큼 다른 색종이를 준비하려고 합니다. 어느 색깔의 색종이를 가장 많이 준비해야 하는지 써 보세요.

| 색깔 | 파란색 | 노란색 | 초록색 | 빨간색 |
|---|---|---|---|---|
| 색종이 수(장) | 12 | 15 | 11 | 17 |

( )

241010-0499

20 서술형 친구들이 가고 싶은 나라를 조사한 것을 보고 나라별로 분류하여 센 것입니다. ㉠에 알맞은 나라와 ㉡에 알맞은 수를 각각 구해 보세요.

| 중국 | 미국 | ㉠ | 이집트 | 미국 |
|---|---|---|---|---|
| 미국 | 중국 | 태국 | 미국 | 태국 |
| 태국 | 이집트 | 미국 | 중국 | 중국 |

| 나라 | 중국 | 미국 | 이집트 | 태국 |
|---|---|---|---|---|
| 친구 수(명) | ㉡ | 6 | 2 | 3 |

풀이

(1) ㉠을 빼고 나라별 친구 수를 세어 보면 중국 ( )명, 미국 ( )명, 이집트 ( )명, 태국 ( )명입니다.

(2) ㉠을 빼고 나라별 친구 수를 센 것과 ㉠을 포함하여 센 것을 비교하였을 때 친구 수가 다른 나라는 ( )이므로 ㉠에 알맞은 나라는 ( )입니다.

(3) 따라서 중국에 가고 싶은 친구 수는 ( )명이므로 ㉡에 알맞은 수는 ( )입니다.

 답 ____________

5 단원

# 6 곱셈

**단원 학습 목표**

1. 여러 가지 방법으로 물건의 수를 세어 보고, 묶어 세기의 편리함을 알 수 있습니다.
2. 주어진 물건을 다양한 방법으로 묶어 세고, '몇씩 몇 묶음'으로 나타낼 수 있습니다.
3. '몇씩 몇 묶음'을 '몇의 몇 배'로 나타냄으로써 배의 개념을 알 수 있습니다.
4. '몇의 몇 배'를 곱셈식으로 나타낼 수 있습니다.
5. 생활 속 곱셈 상황을 곱셈식으로 나타낼 수 있습니다.

**단원 진도 체크**

| 학습일 | | | 학습 내용 | 진도 체크 |
|---|---|---|---|---|
| 1일째 | 월 | 일 | 개념 1 여러 가지 방법으로 세어 볼까요<br>개념 2 묶어 세어 볼까요<br>개념 3 몇의 몇 배를 알아볼까요<br>개념 4 몇의 몇 배로 나타내 볼까요 | ✓ |
| 2일째 | 월 | 일 | 교과서 넘어 보기 + 교과서 속 응용 문제 | ✓ |
| 3일째 | 월 | 일 | 개념 5 곱셈을 알아볼까요 (1)<br>개념 6 곱셈을 알아볼까요 (2)<br>개념 7 곱셈식으로 나타내 볼까요 (1)<br>개념 8 곱셈식으로 나타내 볼까요 (2) | ✓ |
| 4일째 | 월 | 일 | 교과서 넘어 보기 + 교과서 속 응용 문제 | ✓ |
| 5일째 | 월 | 일 | 응용 1 규칙 찾아 개수 구하기<br>응용 2 몇의 몇 배 구하기 | ✓ |
| 6일째 | 월 | 일 | 응용 3 곱하는 수 구하기<br>응용 4 가능한 방법의 수 구하기 | ✓ |
| 7일째 | 월 | 일 | 단원 평가 LEVEL ❶ | ✓ |
| 8일째 | 월 | 일 | 단원 평가 LEVEL ❷ | ✓ |

이 단원을 진도 체크에 맞춰 8일 동안 학습해 보세요.
해당 부분을 공부하고 나서 ✓표를 하세요.

예지는 가족과 함께 주말농장에 갔어요. 예지는 일렬로 줄지어 가는 개미들이 몇 마리나 되는지 한참 세고 있어요. 엄마와 아빠는 텃밭에 새로운 모종을 가지런히 심으셨어요. 한쪽에는 좀 전에 딴 토마토도 보이네요. 개미들은 모두 몇 마리일까요? 텃밭에 새로 심은 모종과 토마토는 어떻게 하면 쉽고 빠르게 셀 수 있을까요?

이번 6단원에서는 곱셈에 대해 배울 거예요.

## 개념 1 여러 가지 방법으로 세어 볼까요

예 사과는 모두 몇 개인지 세어 보기

① 하나씩 세면 1, 2, 3, ..., 15로 모두 15개입니다.

② 3씩 뛰어 세면 3, 6, 9, 12, 15로 모두 15개입니다.

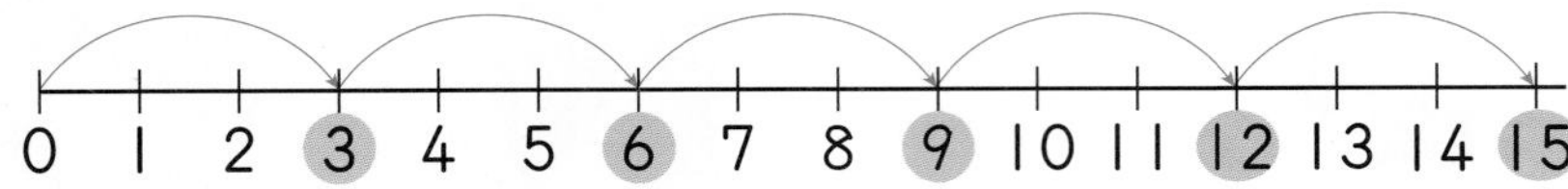


③ 5개씩 묶어 세면 3묶음이므로 모두 15개입니다.

④ 10개씩 1묶음과 낱개 5개이므로 모두 15개입니다.

● 몇 개씩 세는 여러 가지 방법
① 하나씩 세기
② 뛰어 세기
③ 묶어 세기
④ 묶어(뛰어) 세고 나머지 더하기

241010-0500

**01** 원숭이는 모두 몇 마리인지 여러 가지 방법으로 세어 보려고 합니다. □ 안에 알맞은 수를 써넣으세요.

(1) 하나씩 세어 보면 1, 2, 3, ..., 8, □, □입니다.

(2) 2씩 뛰어 세어 보면 2, 4, 6, □, □입니다.

(3) 원숭이는 모두 □마리입니다.

241010-0501

**02** 딸기는 모두 몇 개인지 여러 가지 방법으로 세어 보려고 합니다. □ 안에 알맞은 수를 써넣으세요.

(1) 딸기를 3개씩 묶어 세어 보면 3개씩 □묶음으로 모두 □개입니다.

(2) 딸기를 5개씩 1번 묶고 낱개 □개를 더하면 모두 □개입니다.

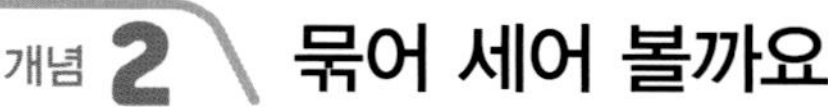

## 개념 2 묶어 세어 볼까요

예 귤은 모두 몇 개인지 세어 보기

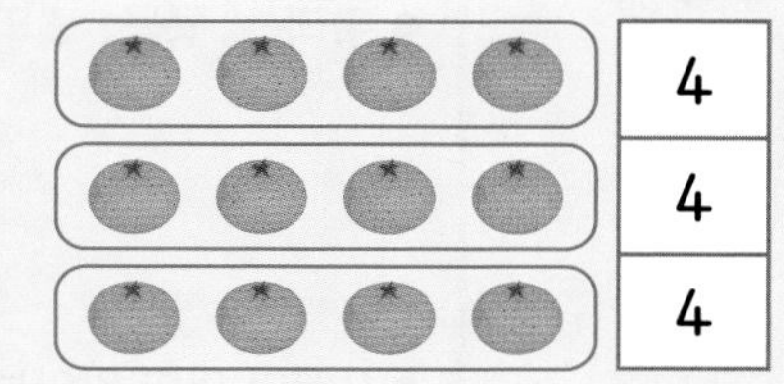

① 귤을 4씩 묶어 세기

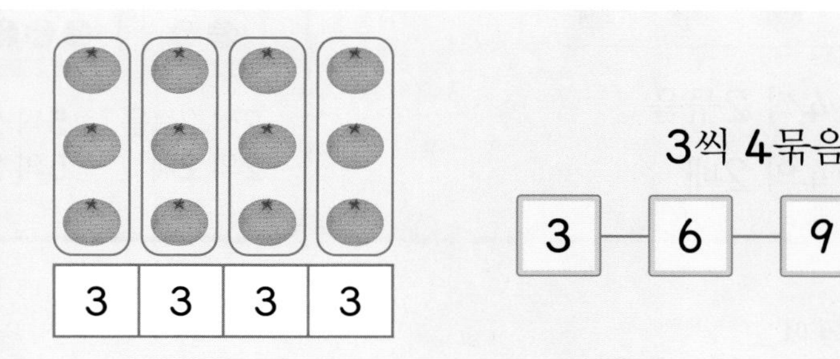

4씩 3묶음

4 — 8 — 12

② 귤을 3씩 묶어 세기

3 3 3 3

3씩 4묶음

3 — 6 — 9 — 12

● 다른 방법으로 묶어 세기

- 귤을 2개씩 묶으면 모두 6묶음

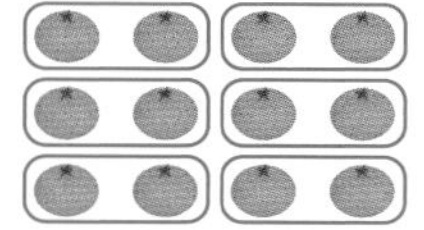

➡ 2씩 6묶음

- 귤을 6개씩 묶으면 모두 2묶음

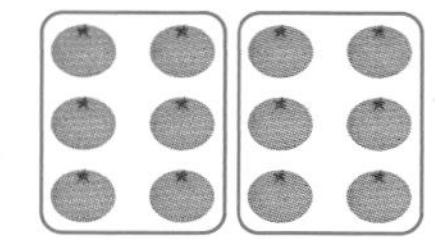

➡ 6씩 2묶음

**[03~04] 사탕은 모두 몇 개인지 묶어 세어 보세요.**

241010-0502

**03** 4씩 묶어 세어 보세요.

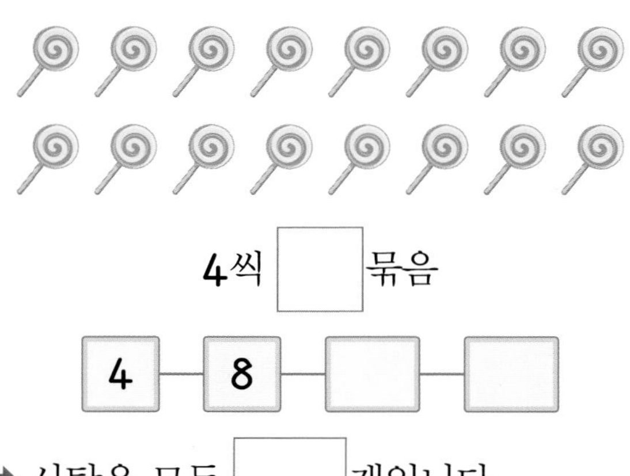

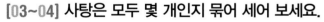

4씩 ☐ 묶음

4 — 8 — ☐ — ☐

➡ 사탕은 모두 ☐ 개입니다.

241010-0503

**04** 5씩 묶어 세어 보세요.

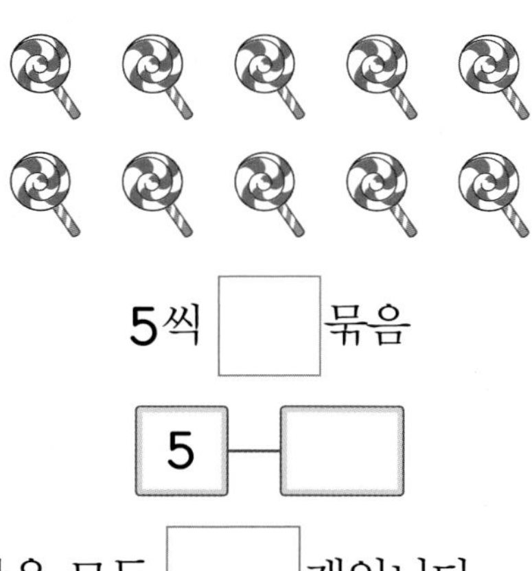

5씩 ☐ 묶음

5 — ☐

➡ 사탕은 모두 ☐ 개입니다.

6 단원

## 개념 3 몇의 몇 배를 알아볼까요

㉠ 구슬의 수가 몇의 몇 배인지 알아보기

3씩 1묶음은 3의 1배

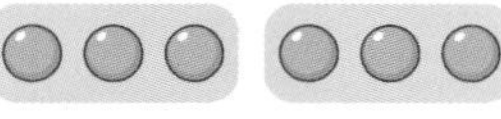
3씩 2묶음은 3의 2배

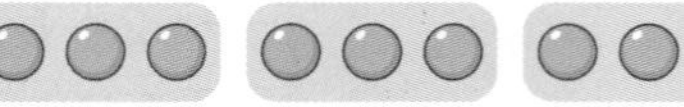
3씩 3묶음은 3의 3배

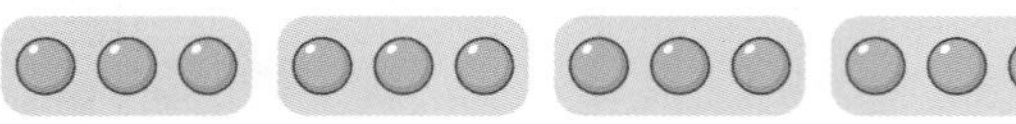
3씩 4묶음은 3의 4배

3씩 4묶음은 3의 4배와 같습니다.

㉠ 연결 모형의 수가 몇의 몇 배인지 알아보기

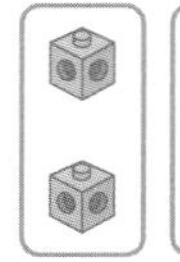
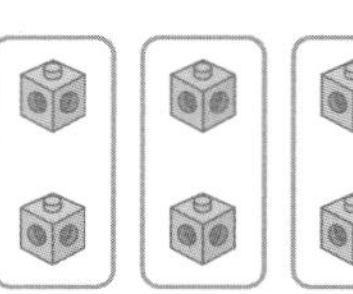
2씩 4묶음
2의 4배

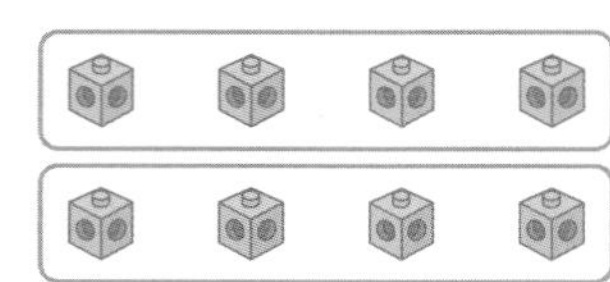
4씩 2묶음
4의 2배

- 5의 1배 알아보기

5씩 1묶음 ➡ 5의 1배

- ■씩 ▲묶음: ■의 ▲배

- 2배의 의미 알아보기

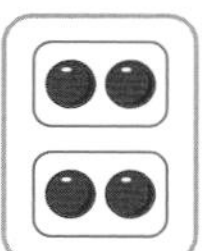
2씩 2묶음
2의 2배

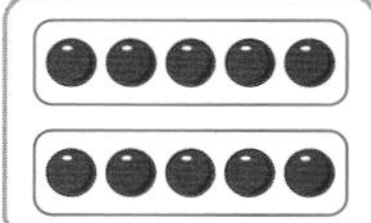
5씩 2묶음
5의 2배

241010-0504

**05** □ 안에 알맞은 수를 써넣으세요.

(1) 초콜릿은 2씩 □ 묶음입니다.

(2) 2씩 □ 묶음은 2의 □ 배입니다.

(3) 초콜릿의 수는 2의 □ 배입니다.

241010-0505

**06** 도넛의 수는 몇의 몇 배인지 □ 안에 알맞은 수를 써넣으세요.

(1) 3씩 □ 묶음 ➡ 3의 □ 배

(2) 5씩 □ 묶음 ➡ 5의 □ 배

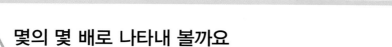

## 개념 4 몇의 몇 배로 나타내 볼까요

㉔ 딸기의 수를 몇의 몇 배로 나타내기

세희  ➡ 4씩 1묶음

민서  ➡ 4씩 4묶음

민서가 가진 딸기의 수는 세희가 가진 딸기의 수의 4배입니다.

㉔ 색 막대를 이용하여 몇의 몇 배로 나타내기

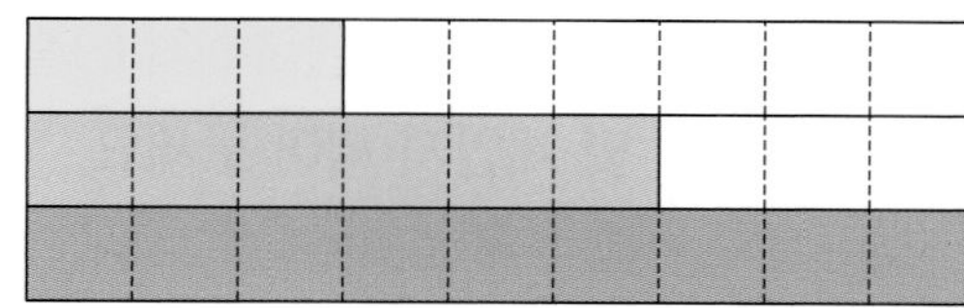

하늘색 막대의 길이는 노란색 막대의 길이의 2배입니다.

보라색 막대의 길이는 노란색 막대의 길이의 3배입니다.

● 노란색 막대를 몇 번 대었을 때 길이가 같아지는지 보면 몇 배가 되는지 알 수 있습니다.

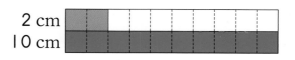

1번 2번

1번 2번 3번

241010-0506

**07** 그림을 보고 □ 안에 알맞은 수를 써넣으세요.

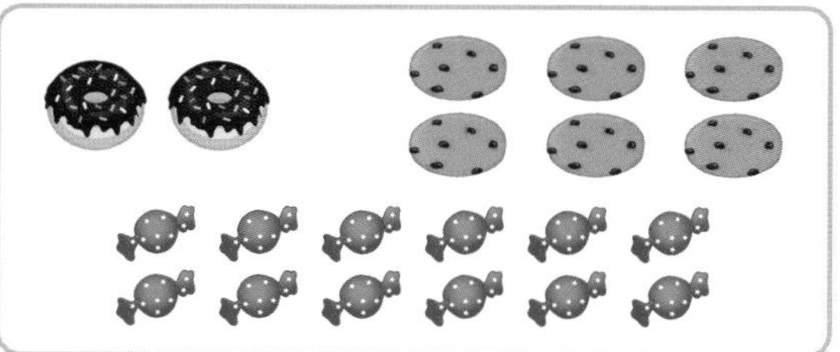

(1) 쿠키의 수는 도넛의 수의 □ 배입니다.

(2) 사탕의 수는 도넛의 수의 □ 배입니다.

(3) 사탕의 수는 쿠키의 수의 □ 배입니다.

241010-0507

**08** 그림을 보고 □ 안에 알맞은 수를 써넣으세요.

2 cm
10 cm

(1) 초록색 끈을 □ 번 대어 보면 파란색 끈의 길이와 같아집니다.

(2) 파란색 끈의 길이는 초록색 끈의 길이의 □ 배입니다.

6 단원

241010-0508

**01** 초콜릿은 모두 몇 개인지 세어 보세요.

( )

241010-0509

**02** 그림을 보고, 빈칸에 알맞은 수를 써넣으세요.

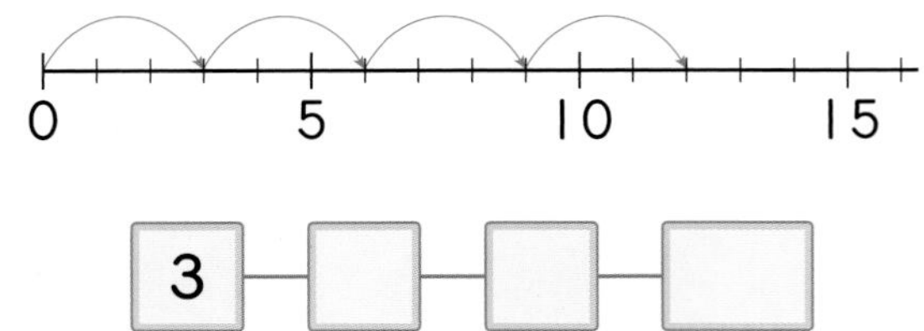


**[03~04]** 야구공이 모두 몇 개인지 세어 보세요.

241010-0510

**03** 야구공을 묶어 세어 보세요.

2씩 □ 묶음, 7씩 □ 묶음

241010-0511

**04** 야구공은 모두 몇 개일까요?

( )

241010-0512

**05** 물고기는 모두 몇 마리인지 세어 보세요.

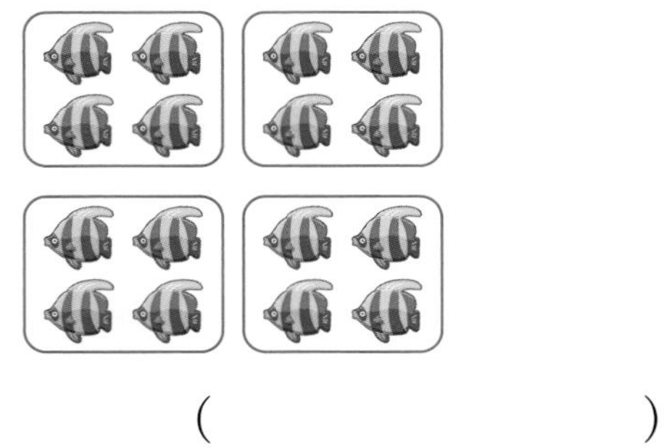

( )

241010-0513

**06** 봉지 안에 같은 수의 ○를 그려 넣고 ○가 모두 몇 개인지 세어 보세요.

( )

241010-0514

**07** 중요 공책은 모두 몇 권인지 묶어 세어 보세요.

(1) 공책은 5씩 □ 묶음입니다.

(2) 묶어 세어 보세요.

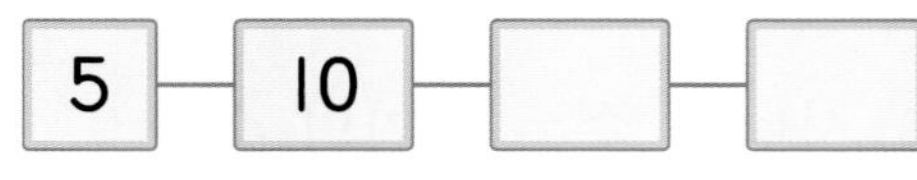


(3) 공책은 모두 □ 권입니다.

241010-0515

**08** □ 안에 알맞은 수를 써넣으세요.

(1) 모자의 수는 3씩 □ 묶음입니다.

(2) 3씩 □ 묶음은 3의 □ 배입니다.

(3) 모자의 수는 3의 □ 배입니다.

241010-0516

**09** □ 안에 알맞은 수를 써넣으세요.

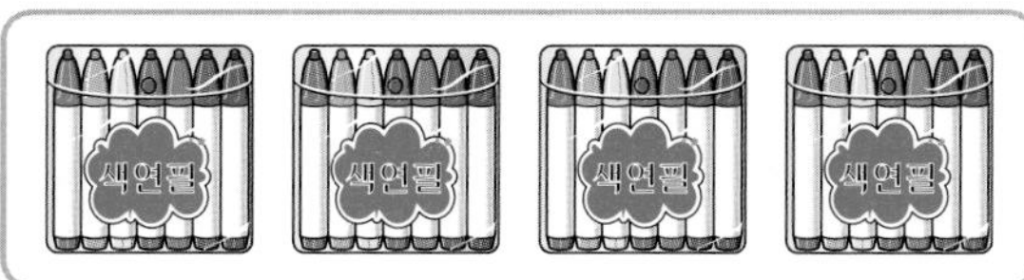

7씩 □ 묶음 ➡ 7의 □ 배

241010-0517

**10** 관계있는 것끼리 이어 보세요.

중요

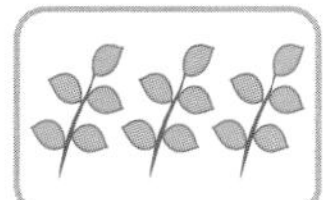

| 5씩 3묶음 | 2씩 2묶음 | 3씩 3묶음 |
|---|---|---|
| 5의 3배 | 3의 3배 | 2의 2배 |

[11~12] 그림을 보고 물음에 답하세요.

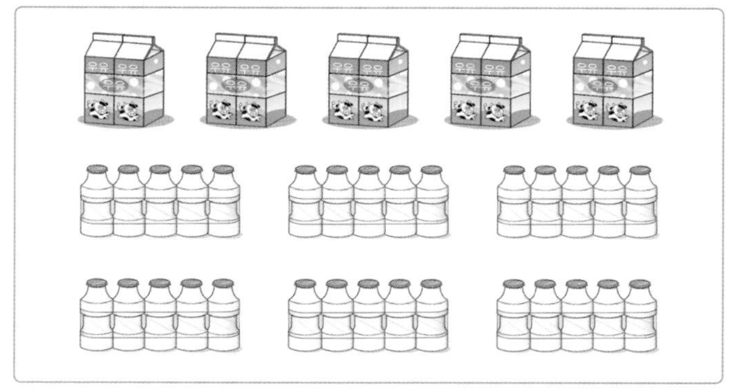

241010-0518

**11** 우유의 수는 몇의 몇 배인지 □ 안에 알맞은 수를 써넣으세요.

2씩 □ 묶음 ➡ 2의 □ 배

241010-0519

**12** 야구르트의 수는 몇의 몇 배인지 □ 안에 알맞은 수를 써넣으세요.

5씩 □ 묶음 ➡ 5의 □ 배

241010-0520

**13** 거북의 수는 토끼의 수의 몇 배일까요?

(　　　　　　)

6 단원

정답과 풀이 42쪽

241010-0521

**14** 다음을 읽고 은진이가 가진 구슬의 수만큼 ○를 그려 보세요.

은진: 나는 지호가 가진 구슬 수의 1배를 가지고 있어

지호 　　　 은진

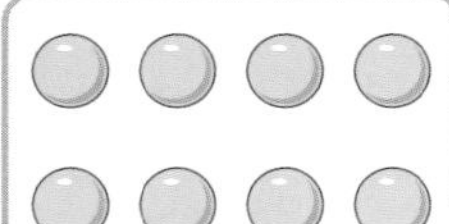

**[15~16]** 연결 모형을 보고 물음에 답하세요.

241010-0522

**15** 파란색 연결 모형의 수는 빨간색 연결 모형의 수의 몇 배일까요?

( 　　　　 )

241010-0523

**16** 잘못 말한 친구의 이름을 써 보세요.

현도: 초록색 연결 모형의 수는 빨간색 연결 모형의 수의 2배야.
수현: 빨간색 연결 모형을 4번 이어 붙이면 초록색 연결 모형의 수와 같아져.
하준: 파란색 연결 모형의 수는 초록색 연결 모형의 수의 2배야.

( 　　　　 )

### 서로 다른 방법으로 묶어 세기

예 사탕의 수는 몇씩 몇 묶음인지 여러 가지 방법으로 나타내 보세요.

➡ 2씩 4묶음, 4씩 2묶음

241010-0524

**17** 케이크의 수는 몇씩 몇 묶음인지 여러 가지 방법으로 나타내 보세요.

4씩 □ 묶음

5씩 □ 묶음

241010-0525

**18** 쿠키의 수는 몇씩 몇 묶음인지 여러 가지 방법으로 나타내 보세요.

□씩 □묶음 　 □씩 □묶음

□씩 □묶음 　 □씩 □묶음

## 개념 5 곱셈을 알아볼까요(1)

(1) 곱셈 알아보기

5씩 6묶음
⬇
5의 6배
⬇
5×6

5의 6배를 5×6이라고 씁니다.
5×6은 5 곱하기 6이라고 읽습니다.

● 곱하기 쓰는 방법

①과 ②의 순서를 바꾸어 써도 됩니다.

● ■씩 ▲묶음
➡ ■의 ▲배
➡ ■×▲
➡ ■ 곱하기 ▲

241010-0526

**01** 그림을 보고 □ 안에 알맞은 수나 말을 써넣으세요.

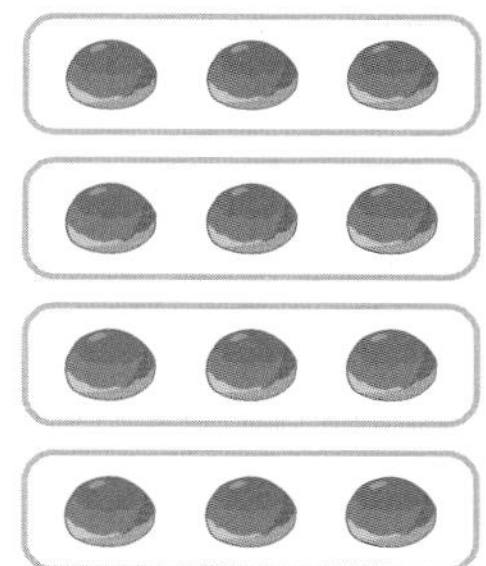

(1) 3씩 □ 묶음은 3의 □ 배입니다.

(2) 3의 □ 배는 3×□(이)라고 씁니다.

(3) 3×□ 는 3 □ □(이)라고 읽습니다.

241010-0527

**02** □ 안에 알맞은 수를 써넣으세요.

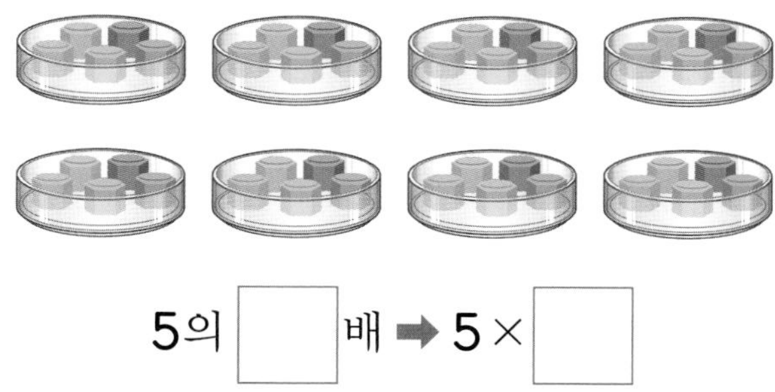

5의 □ 배 ➡ 5×□

241010-0528

**03** □ 안에 알맞은 수를 써넣으세요.

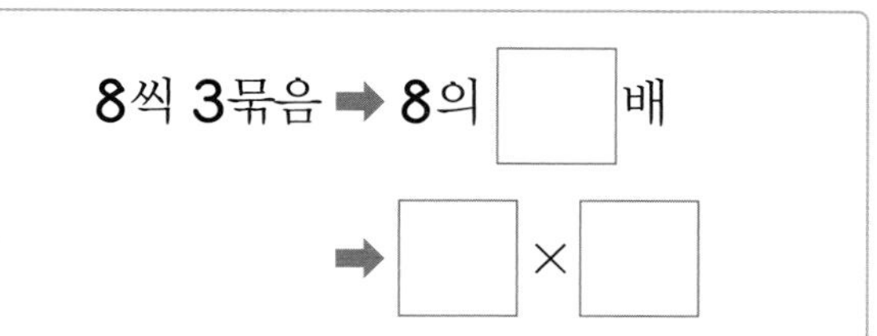

8씩 3묶음 ➡ 8의 □ 배

➡ □×□

6 단원

## 개념 6 곱셈을 알아볼까요 (2)

(1) 곱셈식 알아보기

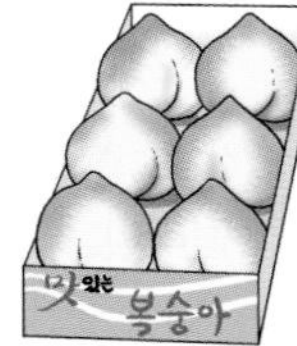
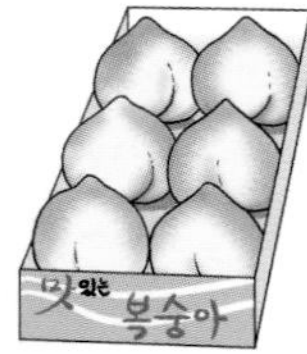
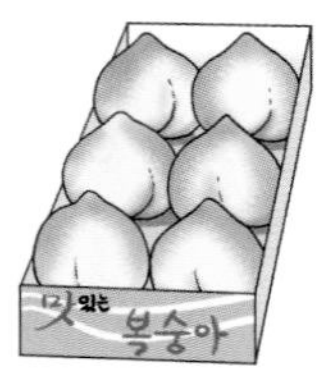

6의 4배
⬇
6 × 4

- 6 + 6 + 6 + 6 (4번)은 6 × 4와 같습니다.
- 6 × 4 = 24

6 × 4 = 24는 6 곱하기 4는 24와 같습니다라고 읽습니다.
6과 4의 곱은 24입니다.

● 덧셈과 곱셈의 관계
■를 ▲번 더한 것은 ■ × ▲와 같습니다.
5 + 5 + 5 + 5 = 5 × 4 (4번)

● 5 × 4 = 20 읽기
- 5 곱하기 4는 20과 같습니다.
- 5와 4의 곱은 20입니다.

241010-0529

**04** 그림을 보고 □ 안에 알맞은 수를 써넣으세요.

3 + 3 + 3 + 3 + 3 + 3은

□ × □ 와/과 같습니다.

241010-0530

**05** 그림을 보고 □ 안에 알맞은 수를 써넣으세요.

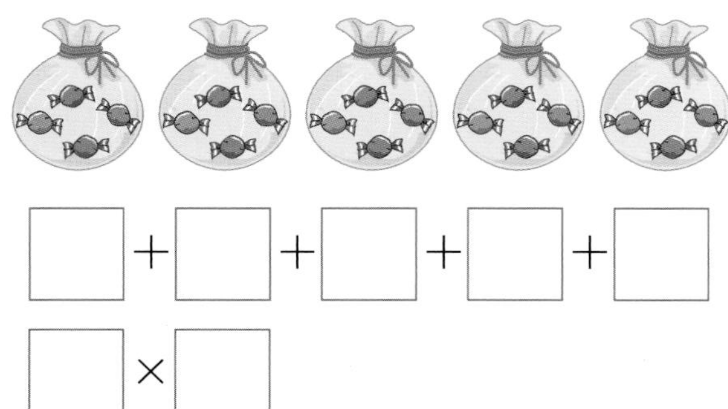

241010-0531

**06** □ 안에 알맞은 수를 써넣으세요.

(1) 7 + 7 + 7은 7 × □ 와/과 같습니다.

(2) 6 + 6 + 6 + 6 + 6은 6 × □ 와/과 같습니다.

241010-0532

**07** □ 안에 알맞은 수나 말을 써넣으세요.

9 × 3 = 27

(1) 9 곱하기 □ 은 □ 와/과 같습니다라고 읽습니다.

(2) 9와 3의 □ 은 27입니다.

## 개념 7 곱셈식으로 나타내 볼까요(1)

예 연필의 수 알아보기

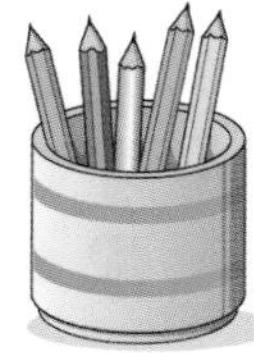   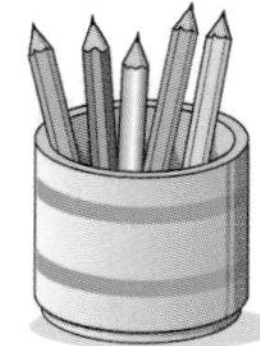

- 연필의 수는 5의 4배입니다.

  덧셈식 ▶ $5+5+5+5=20$

  곱셈식 ▶ $5\times4=20$

- 연필은 모두 20자루입니다.

● 문제에서 곱셈식으로 나타낼 수 있는 부분

■씩 ▲묶음
■의 ▲배
■명에게 ▲씩

⬇

■×▲

241010-0533

**08** 아이스크림은 모두 몇 개인지 알아보려고 합니다. □ 안에 알맞은 수를 써넣으세요.

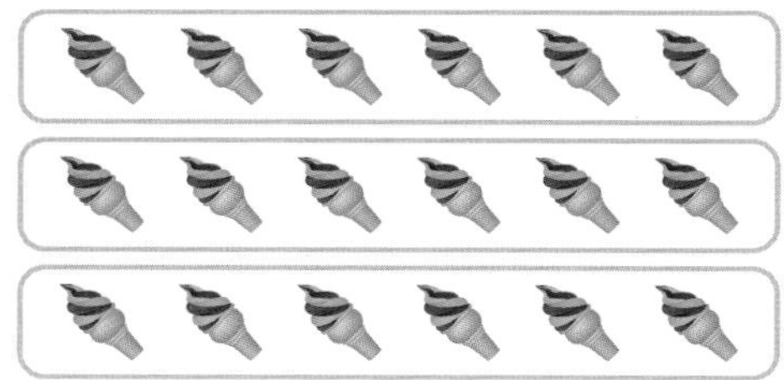

(1) 아이스크림의 수는 6의 □배입니다.

(2) 아이스크림의 수를 덧셈식으로 나타내면 6+□+□=□입니다.

(3) 아이스크림의 수를 곱셈식으로 나타내면 □×□=□입니다.

(4) 아이스크림은 모두 □개입니다.

241010-0534

**09** 딸기는 모두 몇 개인지 알아보려고 합니다. □ 안에 알맞은 수를 써넣으세요.

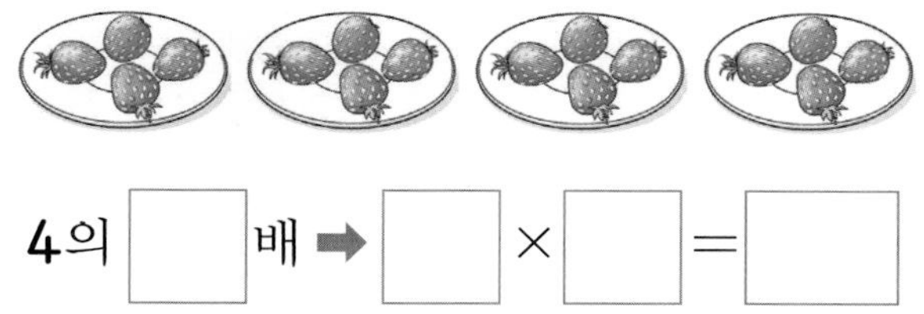

4의 □배 ➡ □×□=□

241010-0535

**10** 세발자전거의 바퀴가 모두 몇 개인지 알아보려고 합니다. 그림을 보고 □ 안에 알맞은 수를 써넣으세요.

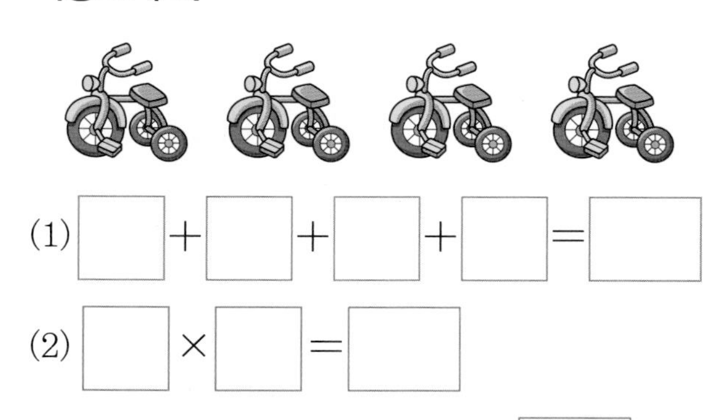

(1) □+□+□+□=□

(2) □×□=□

(3) 세발자전거의 바퀴는 모두 □개입니다.

6 단원

## 개념 8 곱셈식으로 나타내 볼까요(2)

예 우산의 수를 두 가지 곱셈식으로 나타내기

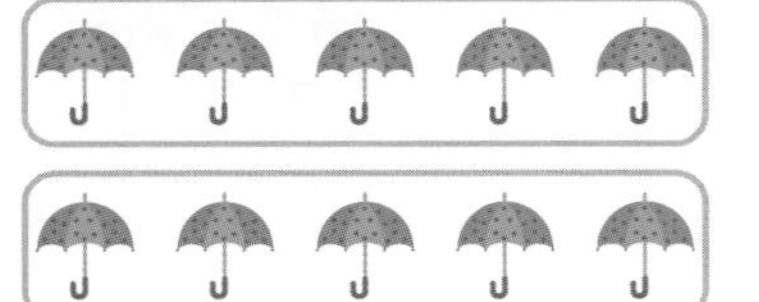

5의 2배

덧셈식 $5+5=10$

곱셈식 $5\times2=10$

2의 5배

덧셈식 $2+2+2+2+2=10$

곱셈식 $2\times5=10$

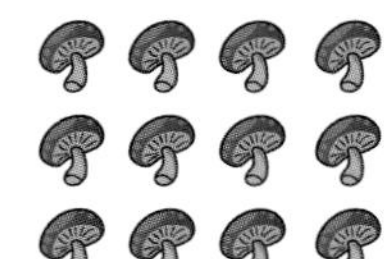

| $3\times4=12$ | $4\times3=12$ |
|---|---|
| $2\times6=12$ | $6\times2=12$ |

241010-0536

**11** 농구공의 수를 두 가지 방법으로 나타내 보세요.

(1) 덧셈식

$3+3+3+3+3+3+3=\square$

곱셈식

$3\times\square=\square$

(2) 덧셈식

$\square+\square+\square=\square$

곱셈식

$\square\times3=\square$

241010-0537

**12** 자동차의 수를 여러 가지 곱셈식으로 나타내 보세요.

$6\times\square=\square$

$3\times\square=\square$

$2\times\square=\square$

$9\times\square=\square$

241010-0538

## 19 그림을 보고 □ 안에 알맞은 수를 써넣으세요.

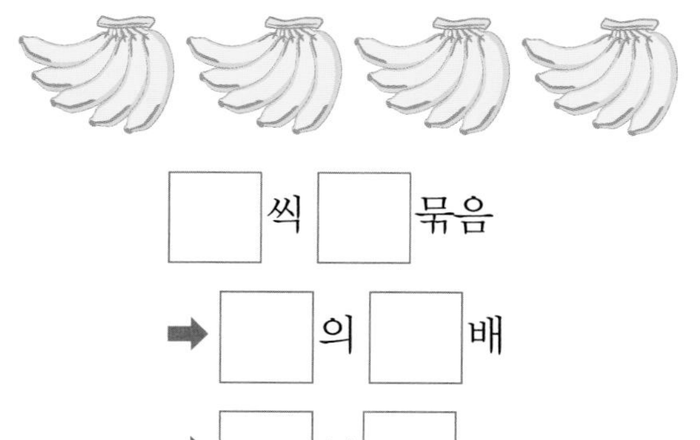

□씩 □묶음

➡ □의 □배

➡ □ × □

241010-0539

## 20 그림을 보고 □ 안에 알맞은 수를 써넣으세요.

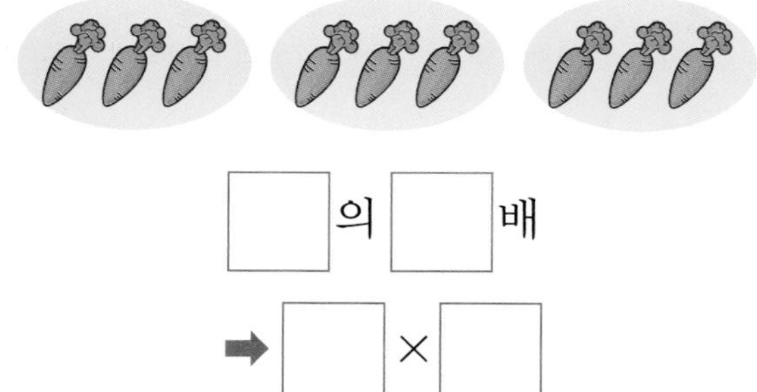

□의 □배

➡ □ × □

241010-0540

## 21 다음을 곱셈으로 나타내고 읽어 보세요.

8의 6배

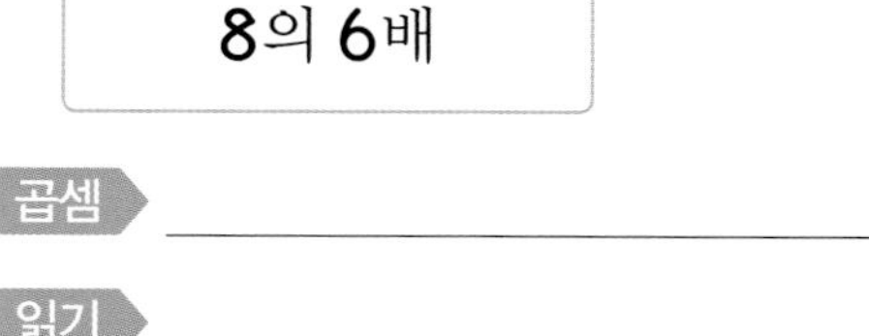


241010-0541

## 22 관계있는 것끼리 이어 보세요.

| | |
|---|---|
| 3씩 6묶음 • | • 6×8 |
| 6의 8배 • | • 7×2 |
| 7 곱하기 2 • | • 3×6 |
| 9와 2의 곱 • | • 9×2 |

241010-0542

## 23 보기와 같이 나타내 보세요.

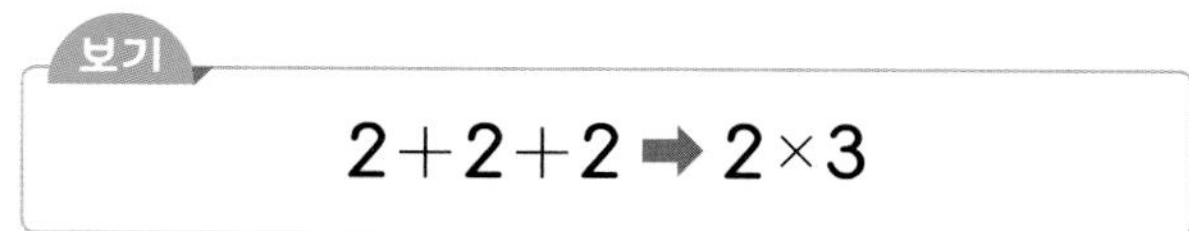

보기

$2+2+2$ ➡ $2\times3$

(1) $6+6+6$ ➡ □ × □

(2) $9+9+9+9+9+9+9$

➡ □ × □

241010-0543

## 24 그림에 대한 설명으로 틀린 것을 찾아 기호를 써 보세요.

㉠ 컵의 수는 $4+4+4+4+4+4$로 나타낼 수 있습니다.

㉡ $4+4+4+4+4+4$는 $4\times4$와 같습니다.

㉢ $4\times6=24$이므로 컵은 모두 24개입니다.

(          )

6 단원

241010-0544

**25** □ 안에 알맞은 수나 말을 써넣으세요.

$7 \times 4 = 28$

(1) 7 □ 4는 □ 과 같습니다.

(2) 7과 4의 □ 은/는 □ 입니다.

241010-0545

**26** 파란색 막대의 길이는 노란색 막대의 길이의 몇 배일까요?

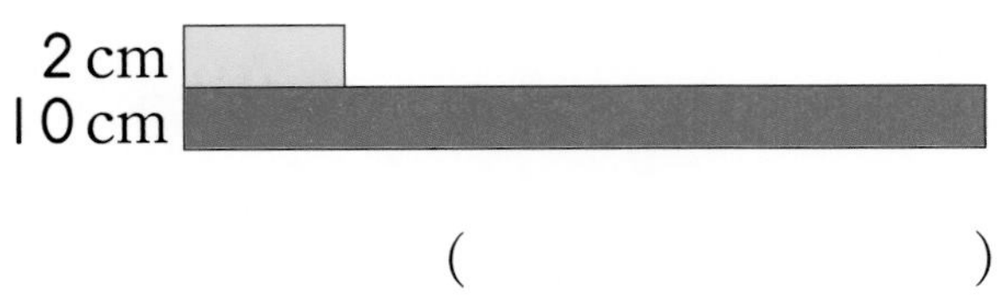


(　　　　　　)

241010-0546

**27** 빈칸에 알맞은 그림을 그려 넣고 곱셈식으로 나타내 보세요.

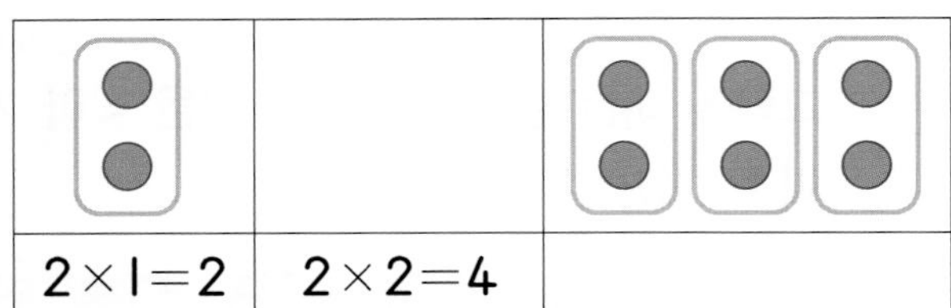

| | | |
|---|---|---|
| $2 \times 1 = 2$ | $2 \times 2 = 4$ | |

241010-0547

**28** 그림을 보고 모두 몇 개인지 덧셈식과 곱셈식으로 나타내 보세요.

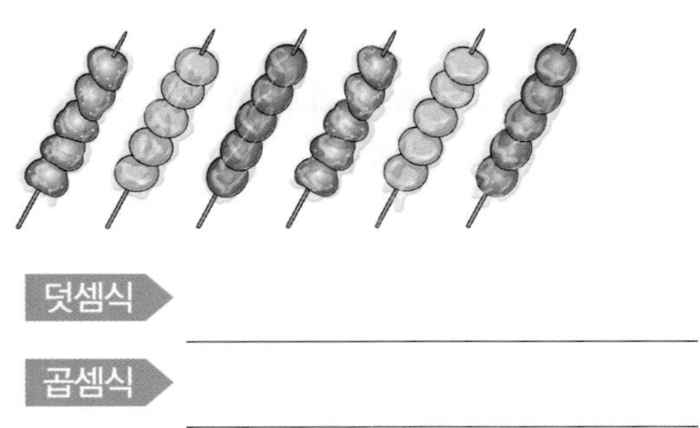

덧셈식 ____________________

곱셈식 ____________________

241010-0548

**29** 세 잎 클로버가 7개 있습니다. 잎은 모두 몇 장인지 곱셈식으로 나타내 보세요.

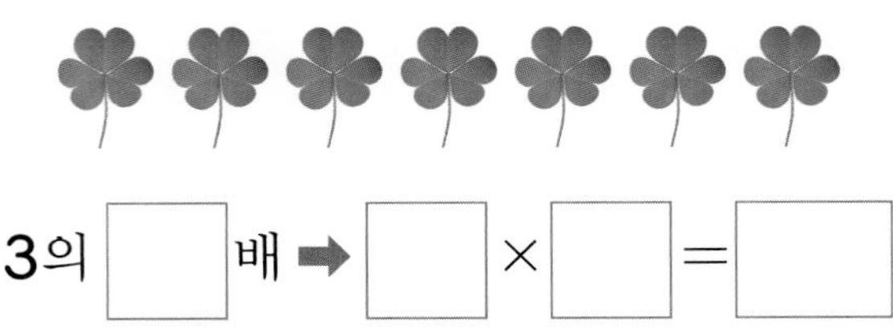

3의 □ 배 ➡ □ × □ = □

241010-0549

**30** 그림과 같이 숫자를 넣으면 그 수의 4배를 한 수가 나오는 상자가 있습니다. 이 상자에 숫자 9를 넣을 때 나오는 수를 구해 보세요.

2 ➡ 4배 ➡ 8

(　　　　　　)

241010-0550

**31** 중요 도넛은 모두 몇 개인지 여러 가지 곱셈식으로 나타내 보세요.

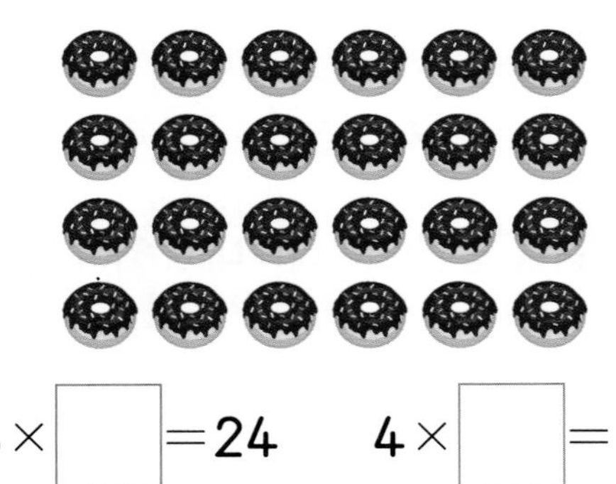

$3 \times$ □ $= 24$　　$4 \times$ □ $= 24$

$8 \times$ □ $= 24$　　$6 \times$ □ $= 24$

241010-0551

**32** 곱셈을 이용하여 주어진 값을 만들 수 있는 수끼리 모두 연결해 보세요.

18

| 3 | 6 | 5 | 4 | 8 |
|---|---|---|---|---|
| 4 | 2 | 9 | 7 | 1 |
| 2 | 5 | 6 | 1 | 9 |
| 3 | 2 | 8 | 3 | 2 |
| 9 | 7 | 5 | 4 | 8 |

**[33~34]** 음식점에서 손님이 주문한 음식을 정리한 표를 보고 물음에 답하세요.

| | 첫 번째 손님 | 두 번째 손님 | 세 번째 손님 | 네 번째 손님 |
|---|---|---|---|---|
| 치킨 4조각 | | ○ | ○ | ○ |
| 주스 2잔 | ○ | ○ | ○ | ○ |

241010-0552

**33** 음식점에서는 치킨을 몇 조각 준비해야 할까요?

( )

241010-0553

**34** 음식점에서는 주스를 몇 잔 준비해야 할까요?

( )

## 몇의 몇 배인지 알아보기

예 지유는 구슬을 2개 가지고 있고, 건우는 지유가 가진 구슬의 수의 3배를 가지고 있습니다. 건우가 가진 구슬은 몇 개일까요?

- 건우가 가진 구슬의 수는 2의 3배입니다.
  ➡ $2 \times 3 = 2 + 2 + 2 = 6$
- 건우가 가진 구슬은 6개입니다.

241010-0554

**35** 경민이의 나이는 4살입니다. 경민이 어머니의 나이는 경민이 나이의 8배입니다. 경민이 어머니의 나이는 몇 살일까요?

( )

241010-0555

**36** 지훈이는 성냥개비 3개를 사용하여 삼각형 한 개를 만들었습니다. 같은 방법으로 삼각형 4개를 만들려면 성냥개비는 모두 몇 개가 필요할까요?

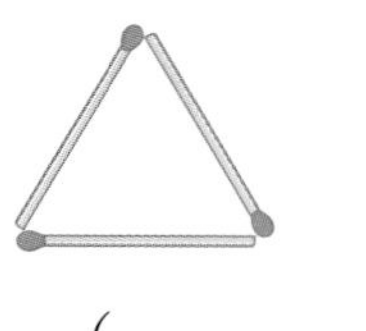

( )

241010-0556

**37** 선영이는 텃밭에서 토마토를 3개씩 한 바구니에 넣어 3바구니를 땄습니다. 지영이는 선영이의 5배만큼을 땄습니다. 지영이가 딴 토마토는 몇 개일까요?

( )

6 단원

## 대표 응용 1 규칙 찾아 개수 구하기

다음과 같이 규칙적으로 단추를 계속 놓고 있습니다. 다섯째에 놓아야 하는 단추는 몇 개일까요?

| 첫째 | 둘째 | 셋째 | 넷째 |
|---|---|---|---|
| | | | |

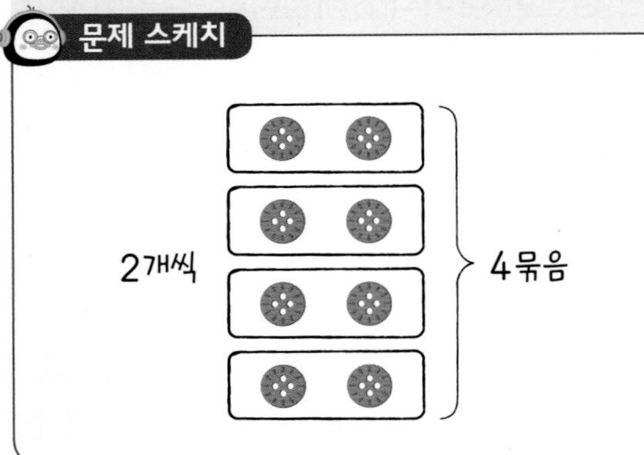


해결하기

넷째에 놓인 단추는

2 × □ = □ 이므로 □ 개입니다.

다섯째에 놓아야 하는 단추는

2 × □ = □ 이므로 □ 개입니다.

241010-0557

**1-1** 다음과 같이 규칙적으로 바둑돌을 계속 놓고 있습니다. 다섯째에 놓아야 하는 바둑돌은 몇 개일까요?

| 첫째 | 둘째 | 셋째 | 넷째 |
|---|---|---|---|
| | | | |

( )

241010-0558

**1-2** 규칙에 따라 쌓기나무를 늘어놓았습니다. 10째 쌓기나무까지 늘어놓았을 때 이용한 쌓기나무는 모두 몇 개일까요?

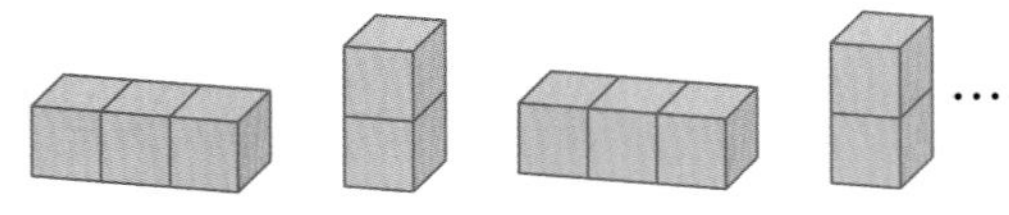

( )

## 대표 응용 2 몇의 몇 배 구하기

파란색 막대를 2개 연결한 길이는 노란색 막대 길이의 몇 배일까요?

4 cm
8 cm

**문제 스케치**

4 cm
4 cm | 4 cm

(파란색 막대 1개의 길이)
=(노란색 막대 2개의 길이)

**해결하기**

파란색 막대를 2개 연결하면

☐+☐=16(cm)가 됩니다.

합이 16이 될 때까지 노란색 막대를 연결해 보면

4+4+4+4=16이므로 16은 4의 ☐배입니다.

따라서 파란색 막대 2개를 연결한 길이는 노란색 막대 길이의 ☐배입니다.

241010-0559

**2-1** 빨간색 막대 3개를 연결한 길이는 보라색 막대 길이의 몇 배일까요?

6 cm
9 cm

(　　　　　　)

241010-0560

**2-2** 초록색 막대 몇 개와 노란색 막대 몇 개를 연결하면 파란색 막대의 길이와 같아질까요?

5 cm　　4 cm

1 cm

13 cm

초록색 막대 (　　　　　　)와 노란색 막대 (　　　　　　)

6 단원

## 대표 응용 3 곱하는 수 구하기

제과점에서 빵을 56개 구워서 빵을 한 봉지에 8개씩 담으려고 합니다. 봉지는 몇 개가 필요할까요?

**문제 스케치**

8개씩 ■봉지
=8×■
=8+8+⋯+8
■번

**해결하기**

빵 8개를 ■봉지에 넣었을 때 빵이 56개가 되려면 곱셈식으로 8×■=56이고 ■를 구해야 합니다.

8+8+8+□+□+□+□=56에서 8을 □번 더하면 56이 됩니다. 그러므로 ■는 □입니다.

따라서 봉지는 □개가 필요합니다.

241010-0561

**3-1** 지운이는 색종이를 여러 장 겹치고 오려서 하트 모양을 만들려고 합니다. 지운이가 하트 모양 16개를 만들려면 색종이는 몇 장 필요할까요?

(　　　　　　　　)

241010-0562

**3-2** 성냥개비로 다음과 같은 모양을 만들려고 합니다. 성냥개비 31개로 최대한 몇 개까지 만들 수 있을까요?

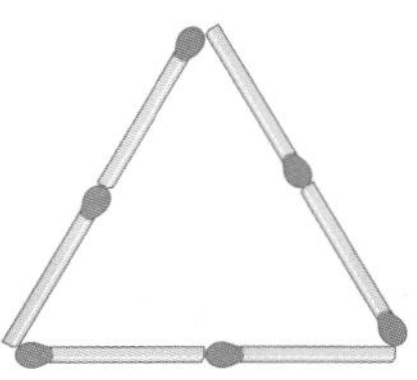

(　　　　　　　　)

대표 응용 4

## 가능한 방법의 수 구하기

진우는 빵과 음료수를 각각 한 개씩 고르려고 합니다. 고를 수 있는 방법은 모두 몇 가지인지 구해 보세요.

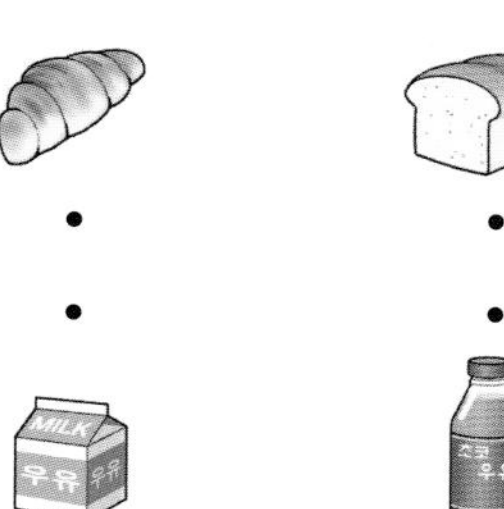

문제 스케치

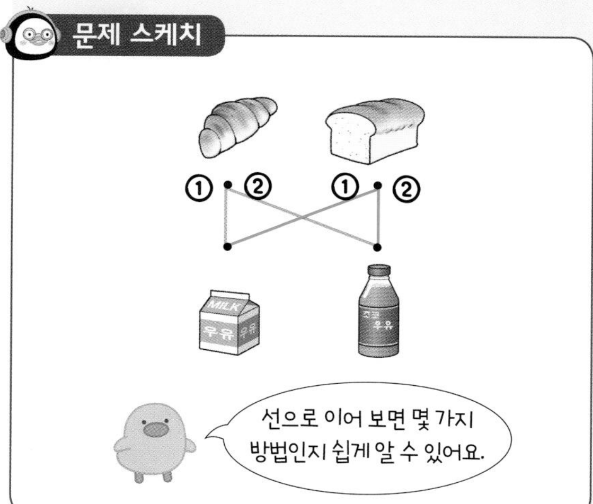

①
②
①
②
선으로 이어 보면 몇 가지 방법인지 쉽게 알 수 있어요.


해결하기

빵은 □가지가 있고, 빵 1가지마다 선택할 수 있는 음료수는 □가지입니다.

따라서 빵과 음료수를 각각 한 개씩 고르는 방법은

$2\times$□$=2+$□$=$□(가지)입니다.

241010-0563

**4-1** 모자 한 개와 신발 한 켤레를 각각 고르려고 합니다. 고를 수 있는 방법은 모두 몇 가지인지 구해 보세요.

(　　　　　　　　)

241010-0564

**4-2** 윗옷과 바지를 각각 한 개씩 고르려고 합니다. 고를 수 있는 방법은 모두 몇 가지인지 구해 보세요.

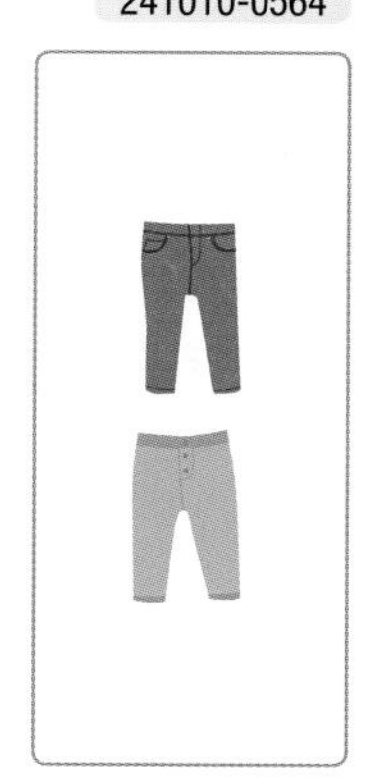

(　　　　　　　　)

6 단원

# 단원 평가 LEVEL ❶

241010-0565

**01** 풍선은 모두 몇 개인지 세어 보세요.

(　　　　　　　　)

241010-0566

**02** □ 안에 알맞은 수를 써넣으세요.

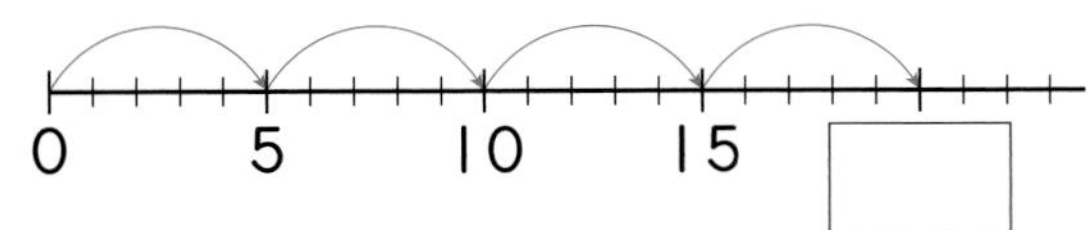


241010-0567

**03** 체리를 묶어 세고 있습니다. 알맞은 것에 ○표 하세요.

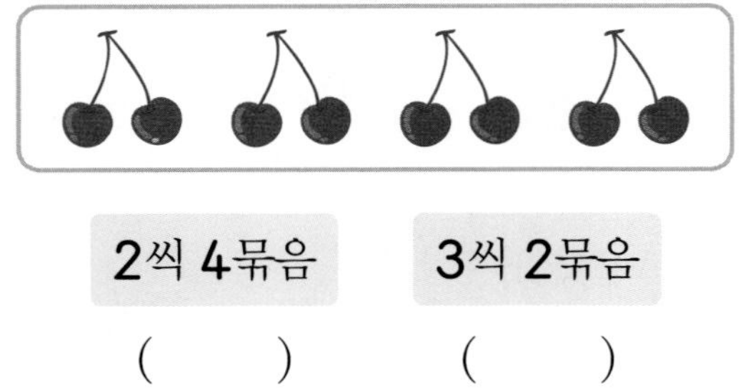

2씩 4묶음 (　　)　　3씩 2묶음 (　　)

[04~05] 오리가 모두 몇 마리인지 세어 보려고 합니다. 그림을 보고 물음에 답하세요.

241010-0568

**04** 빈칸에 알맞은 수를 써넣으세요.

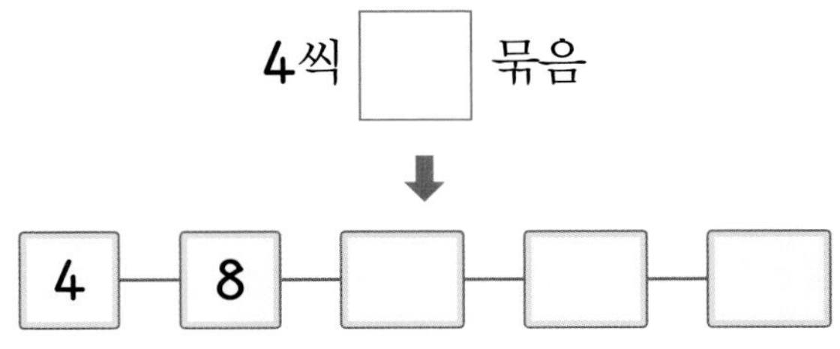


241010-0569

**05** 오리는 모두 몇 마리일까요?

(　　　　　　　　)

[06~07] 그림을 보고 물음에 답하세요.

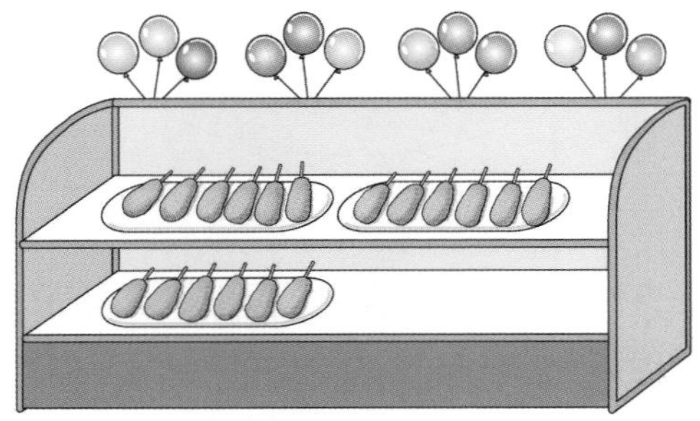

241010-0570

**06** 풍선의 수는 몇의 몇 배인지 □ 안에 알맞은 수를 써넣으세요.

3씩 □ 묶음 ➡ □의 □배

241010-0571

**07** 핫도그의 수는 몇의 몇 배인지 □ 안에 알맞은 수를 써넣으세요.

6씩 □ 묶음 ➡ □의 □배

241010-0572

**08** 딸기의 수는 2의 몇 배일까요?

(                    )

241010-0573

**09** 중요 재경이와 윤주는 다음과 같이 쌓기나무를 쌓았습니다. 윤주가 쌓은 쌓기나무의 수는 재경이가 쌓은 쌓기나무의 수의 몇 배일까요? (단, 보이지 않는 쌓기나무는 없습니다.)

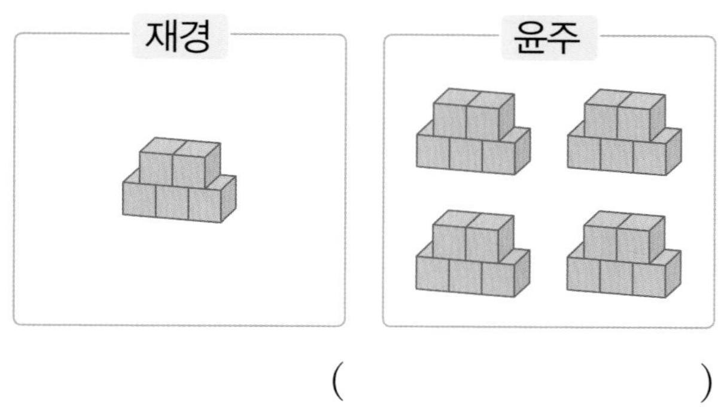


(                    )

241010-0574

**10** 하은이와 지후는 주머니 하나에 도토리를 4개씩 넣었습니다. 하은이와 지후가 만든 주머니가 다음과 같을 때 지후가 가진 도토리의 수는 하은이가 가진 도토리의 수의 몇 배일까요?

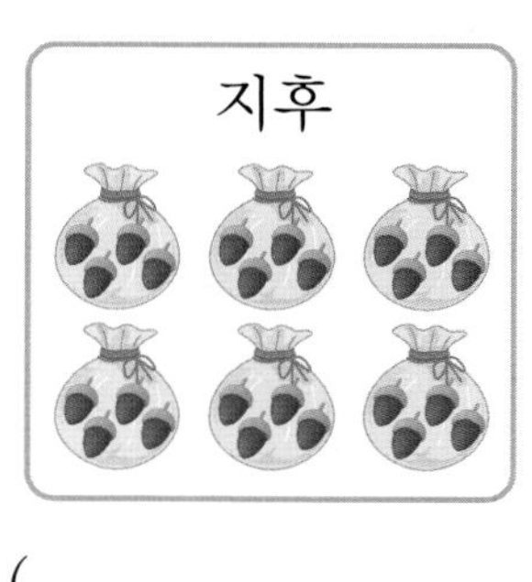


(                    )

241010-0575

**11** 촛불을 보고 □ 안에 알맞은 수를 써넣으세요.

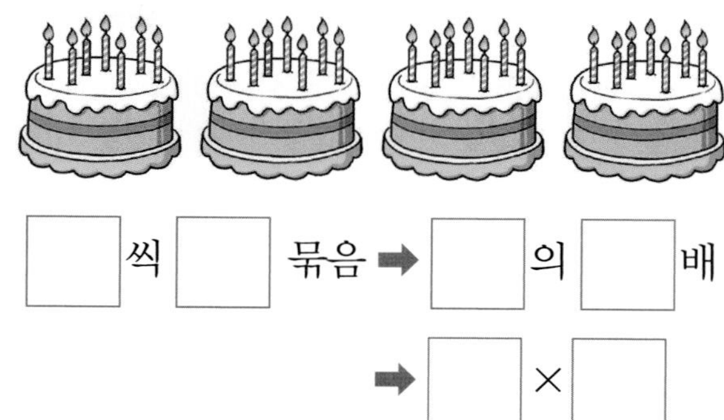

□씩 □묶음 ➡ □의 □배

➡ □ × □

241010-0576

**12** 보기 와 같이 나타내 보세요.

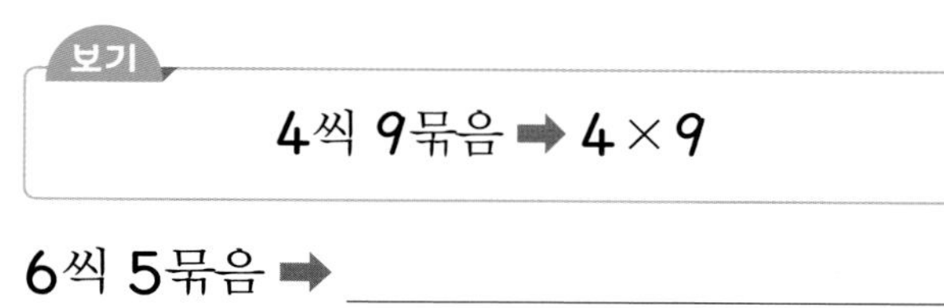


6씩 5묶음 ➡ ________________

[13~14] 구슬의 수가 모두 몇 개인지 알아보려고 합니다. 물음에 답하세요.

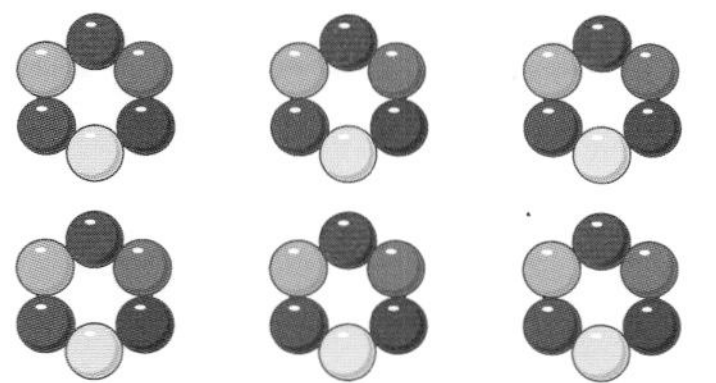

241010-0577

**13** 구슬의 수를 덧셈식으로 나타내 보세요.

덧셈식 ________________

241010-0578

**14** 구슬의 수를 곱셈식으로 나타내 보세요.

곱셈식 ________________

6 단원

241010-0579

**15** 서술형 주혜는 색종이를 7장씩 7묶음 가지고 있습니다. 종이접기를 하는 데 2묶음을 사용했다면 남은 색종이는 몇 장인지 구해 보세요.

풀이

(1) 7묶음에서 2묶음 사용하였으므로 남은 색종이는 (　　)묶음입니다.

(2) 7씩 (　　)묶음은 7×(　　)이므로 7+7+7+(　　)+(　　)과 같습니다.

(3) 따라서 남은 색종이는 (　　)장입니다.

답 ________________

241010-0580

**16** 바퀴가 4개인 버스가 6대 있습니다. 버스 바퀴는 모두 몇 개일까요?

(　　　　　　)

241010-0581

**17** 말이 가진 당근의 수는 토끼가 가진 당근의 수의 9배입니다. 말이 가진 당근은 모두 몇 개일까요?

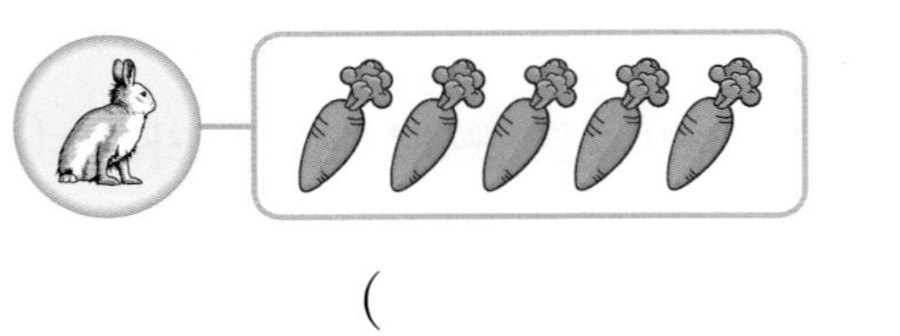

(　　　　　　)

241010-0582

**18** 서술형 ■와 ▲에 알맞은 수의 합을 구해 보세요.

| 8×■=32　　▲×4=20 |
|---|

풀이

(1) 8을 ■번 더해 32가 되는 수를 찾으면 8+8+□+□=32이므로 8을 □번 더해야 32가 됩니다.

(2) ▲를 4번 더해 20이 되는 수를 찾으면 □+□+□+□=20입니다.

(3) ■와 ▲의 합은 □+□=□입니다.

답 ________________

241010-0583

**19** 중요 나뭇잎의 수를 여러 가지 곱셈식으로 나타내려고 합니다. □ 안에 알맞은 수를 써넣으세요.

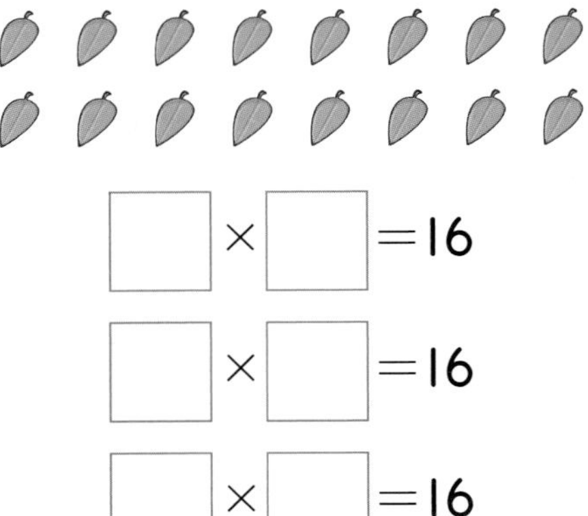

□×□=16

□×□=16

□×□=16

241010-0584

**20** 도전 공장에서 껌을 27개 만들었습니다. 껌을 한 통에 5개씩 넣어 포장하려고 합니다. 6통을 만들려면 껌은 몇 개 더 필요할까요?

(　　　　　　)

241010-0585

**01** 책은 모두 몇 권인지 세어 보세요.

(                    )

241010-0586

**02** 수직선을 보고 빈칸에 알맞은 수를 써넣으세요.

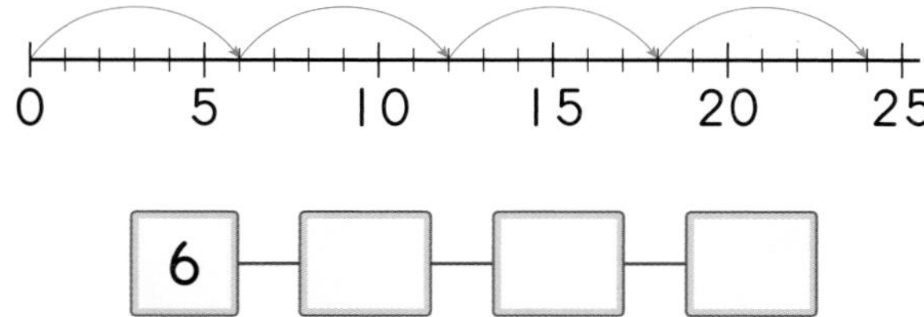

[03~04] 축구공은 모두 몇 개인지 묶어 세려고 합니다. 물음에 답하세요.

241010-0587

**03** 축구공을 3씩 묶어 세려고 합니다. □ 안에 알맞은 수를 써넣으세요.

241010-0588

**04** 축구공을 3씩 묶어 세어 보세요.

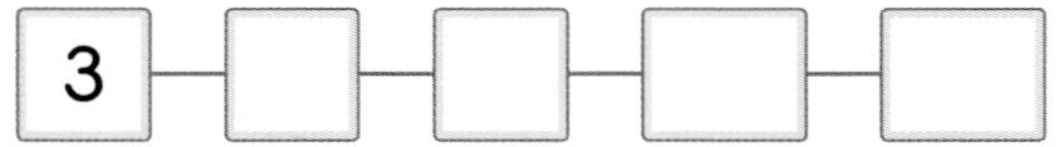

241010-0589

**05** 3씩 묶어 세려고 합니다. 알맞은 것에 ○표 하세요.

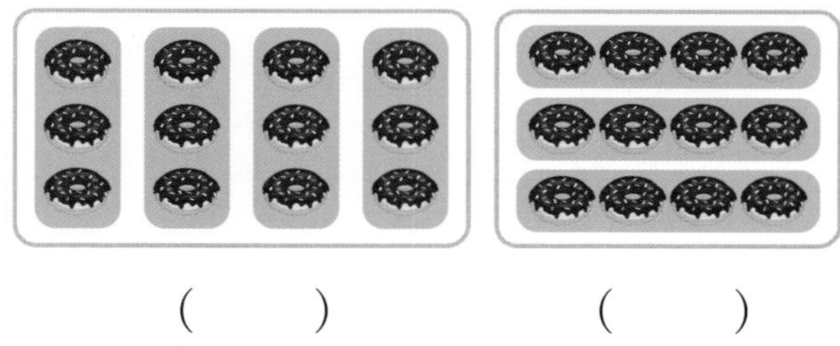

(    )    (    )

241010-0590

**06** □ 안에 알맞은 수를 써넣으세요.

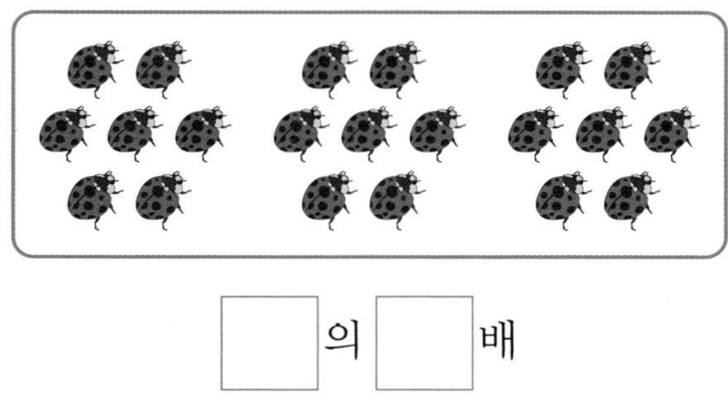

□의 □배

241010-0591

**07** 중요 그림을 보고 잘못 설명한 사람의 이름을 써 보세요.

은서: 달걀을 2개씩 묶으면 6묶음이야.
재이: 3의 4배로 나타낼 수 있어.
지율: 4개씩 묶으면 4묶음이야.

(                    )

241010-0592

**08** 몇의 몇 배를 넣어 문장을 만들어 보세요.

$8 \times 2$

______________________________

______________________________

241010-0593

**09** 방울토마토의 수는 멜론의 수의 몇 배일까요?

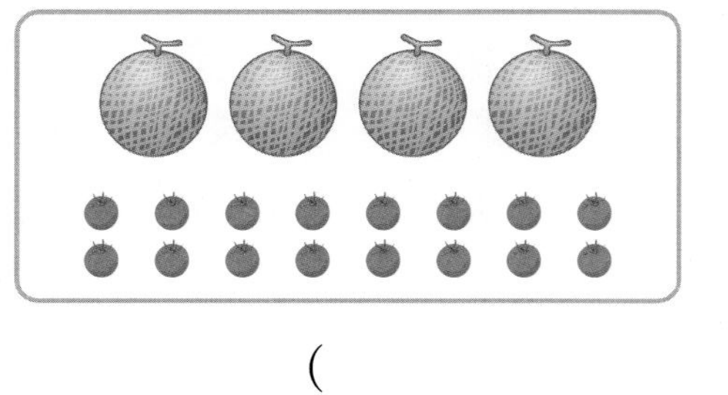

(　　　　　　　　)

241010-0594

**10** 그림을 보고 2배가 되는 것을 찾아 연결해 보세요.

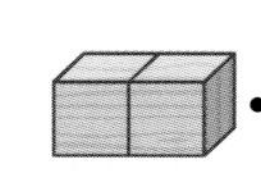 • 　　　• 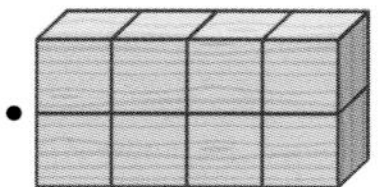

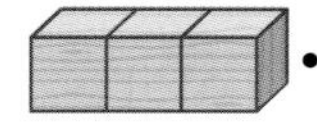 • 　　　• 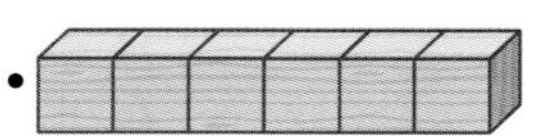

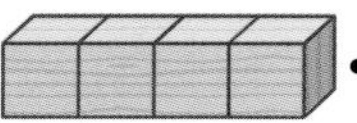 • 　　　• 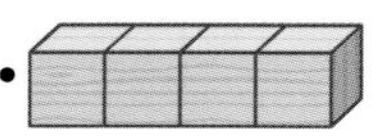

241010-0595

**11** 그림을 보고 옳은 것에 ○표 하세요.

중요

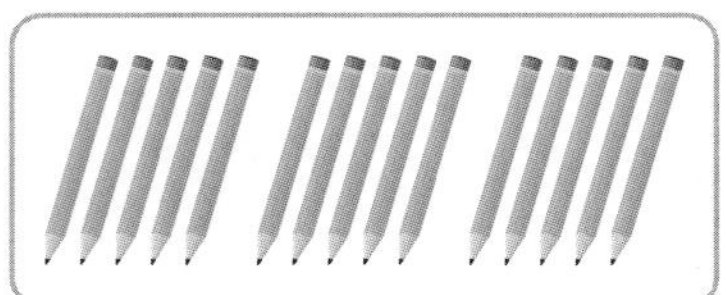

| 3의 3배 | 5씩 3묶음 | $5 \times 5$ |
|---|---|---|
| (　　) | (　　) | (　　) |

241010-0596

**12** 그림을 보고 □ 안에 알맞은 수를 써넣으세요.

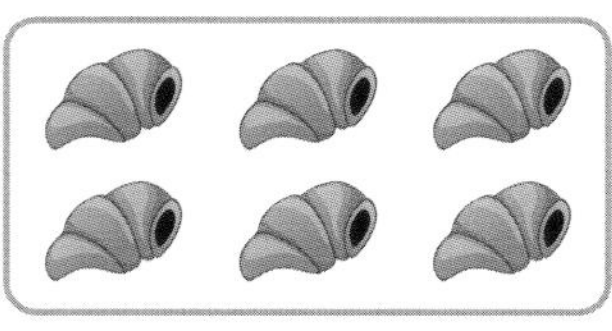

$6 \times \square$

[13~14] 피자는 모두 몇 조각인지 알아보려고 합니다. 물음에 답하세요.

241010-0597

**13** 피자 조각의 수는 몇의 몇 배인지 □ 안에 알맞은 수를 써넣으세요.

8의 □배

241010-0598

**14** 피자는 모두 몇 조각인지 덧셈식과 곱셈식으로 나타내 보세요.

덧셈식 ______________________________

곱셈식 ______________________________

241010-0599

**15** 덧셈식을 곱셈식으로 나타내 보세요.

| $5+5+5+5+5+5=30$ |
|---|
| |

241010-0600

**16** 서술형 수호가 구슬 12개 중 3개를 준서에게 주었더니 준서의 구슬이 27개가 되었습니다. 준서의 구슬 수는 수호의 구슬 수의 몇 배인지 구해 보세요.

풀이

(1) 준서에게 주고 남은 수호의 구슬은 (  )−(  )=(  )(개)입니다.

(2) $9+9+($  $)=27$이 되고 $9\times($  $)=27$과 같습니다.

(3) 따라서 준서의 구슬 수는 수호의 구슬 수의 (  )배입니다.

 ______

241010-0601

**17** 선물 상자의 수를 여러 가지 곱셈식으로 나타내려고 합니다. □ 안에 알맞은 수를 써넣으세요.

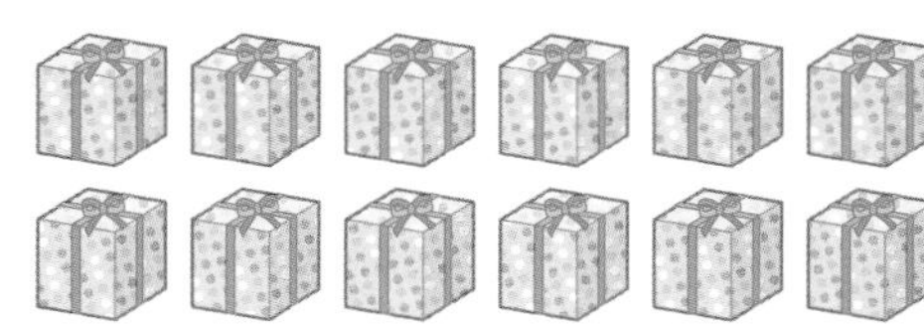

$2\times\square=12$  $3\times\square=12$

$6\times\square=12$  $4\times\square=12$

241010-0602

**18** 도전 태리 동생의 나이는 2살입니다. 태리의 나이는 태리 동생 나이의 4배입니다. 태리 삼촌의 나이는 태리 나이의 3배입니다. 태리 삼촌의 나이는 몇 살일까요?

(  )

241010-0603

**19** ♥와 ■의 합을 구해 보세요.

- $8+8+8+8+8+8=48$
  ➡ $8\times$♥$=48$
- ■$\times 2=14$ ➡ ■+■$=14$

(  )

241010-0604

**20** 서술형 도영이와 동생은 다음과 같이 종이학을 접었습니다. 도영이와 동생은 종이학을 모두 몇 개 접었을까요?

| | 월 | 화 | 수 | 목 | 금 |
|---|---|---|---|---|---|
| 도영 | 4개 | 4개 | 0개 | 4개 | 4개 |
| 동생 | 0개 | 3개 | 0개 | 3개 | 3개 |

풀이

(1) 도영이가 접은 종이학은 $4\times($  $)=($  $)$(개)입니다.

(2) 동생이 접은 종이학은 $3\times($  $)=($  $)$(개)입니다.

(3) 도영이와 동생이 접은 종이학은 모두 (  )+(  )=(  )(개)입니다.

 ______

6 단원

memo

# BOOK 1
# 본책

BOOK 1 본책으로 **교과서 속 학습 개념과 기본+응용 문제**를 확실히 공부했나요?

# BOOK 2

# 복습책

BOOK 2 복습책으로 BOOK 1에서
배운 **기본 문제와 응용 문제를 복습**해 보세요.

EBS

EBS 초등

인터넷·모바일·TV
**무료 강의 제공**

초 | 등 | 부 | 터 **EBS**

새 교육과정 반영

교과서 기본과 응용 문제를 한 번에 잡는 **교과서 기본+응용**

BOOK 2
복습책

# 2-1

교과서 기본과 응용 문제를 한 번에 잡는 **교과서 기본+응용**

**BOOK 2**
**복습책**

# 2-1

# 복습책의 효과적인 활용 방법

## 평상 시 진도 공부하기

**만점왕 수학 플러스 BOOK 2 복습책**으로 BOOK 1에서 배운 기본 문제와 응용 문제를 복습해 보세요. 기본 문제가 어렵게 느껴지거나 자신 없는 부분이 있다면 BOOK 1 본책을 찾아서 복습해 보면 도움이 돼요.

수학 실력을 더욱 향상시키고 싶다면 다양한 응용 문제에 도전해 보세요.

## 시험 직전 공부하기

시험이 얼마 안 남았나요?

시험 직전에는 실제 시험처럼 시간을 정해 두고 문제를 푸는 연습을 하는게 좋아요.

그러면 시험을 볼 때에 떨리는 마음이 줄어드니까요.

이때에는 **만점왕 수학 플러스 BOOK 2 복습책의 단원 평가**를 풀어보세요.

시험 시간에 맞춰 풀어 본 후 맞힌 개수를 세어 보면 자신의 실력을 알아볼 수 있답니다.

# 차 례

# 기본 문제 복습



241010-0605

**01** 100원이 되도록 묶어 보세요.

241010-0606

**02** 수직선을 보고 □ 안에 알맞은 수를 써넣으세요.

97 98 99 100

(1) 100은 99보다 □만큼 더 큰 수입니다.

(2) 100은 98보다 □만큼 더 큰 수입니다.

241010-0607

**03** □ 안에 알맞은 수를 써넣으세요.

(1) 100이 5개이면 □입니다.

(2) 900은 100이 □개인 수입니다.

241010-0608

**04** 다음 설명 중 틀린 것을 찾아 기호를 써 보세요.

㉠ 10이 10개이면 100입니다.
㉡ 칠백은 100이 6개인 수입니다.
㉢ 100이 3개인 수는 삼백입니다.
㉣ 100이 8개이면 800입니다.

(　　　　　　)

241010-0609

**05** □ 안에 알맞은 수를 써넣으세요.

| 백 모형 | 십 모형 | 일 모형 |
|---|---|---|
| | | |
| 100이 □개 | 10이 □개 | 1이 □개 |

수 모형이 나타내는 수는 □입니다.

241010-0610

**06** 빈칸에 알맞은 말이나 수를 써넣으세요.

(1) 509 → □

(2) □ → 사백육십일

241010-0611

**07** □ 안에 알맞은 수나 말을 써넣으세요.

392

(1) 3은 백의 자리 숫자이고, □을/를 나타냅니다.

(2) 9는 □의 자리 숫자이고, □을/를 나타냅니다.

(3) 2는 □의 자리 숫자이고, □을/를 나타냅니다.

241010-0612

**08** 보기 와 같이 □ 안에 알맞은 수를 써넣으세요.

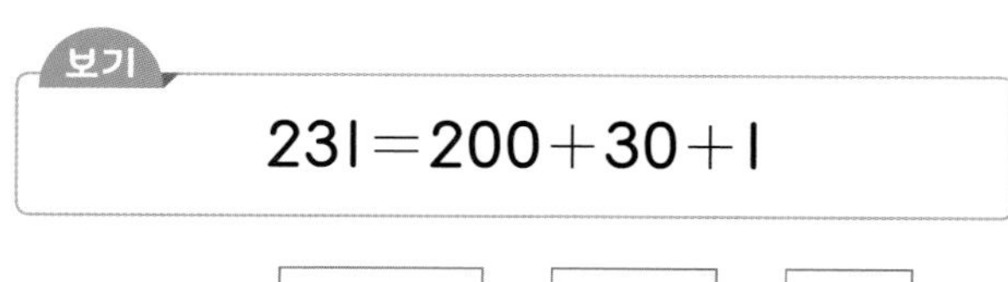


914=□+□+□

241010-0613

**09** 10씩 뛰어 셀 때 빈칸에 알맞은 수를 써넣으세요.

287 — 297 — □ — □ — 327

241010-0614

**10** ㉠부터 100씩 뛰어 세었더니 704가 되었습니다. ㉠에 알맞은 수를 구해 보세요.

㉠ — □ — □ — □ — 704

( )

241010-0615

**11** □ 안에 공통으로 들어갈 수를 써 보세요.

- 999보다 1만큼 더 큰 수는 □입니다.
- □은 천이라고 읽습니다.

( )

241010-0616

**12** 두 수의 크기를 비교하여 ○ 안에 >, <를 알맞게 써넣으세요.

(1) 624 ○ 610

(2) 325 ○ 326

241010-0617

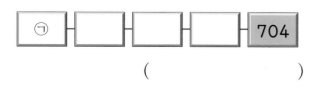

**13** 동화책을 효은이는 211권, 민주는 215권, 은우는 201권을 가지고 있습니다. 누가 동화책을 가장 많이 가지고 있을까요?

( )

1 단원

## 유형 1 뛰어 센 수 중 ■와 ● 사이에 있는 수 구하기

241010-0618

**01** 다음 조건에 알맞은 수를 구해 보세요.

- 364부터 20씩 뛰어 센 수입니다.
- 420과 430 사이에 있는 수입니다.

( )

비법 364부터 20씩 뛰어 세어 보고, 그중 420과 430 사이에 있는 수를 구합니다.

241010-0619

**02** 다음 조건에 알맞은 수를 구해 보세요.

- 119부터 200씩 뛰어 센 수입니다.
- 700과 900 사이에 있는 수입니다.

( )

241010-0620

**03** 다음 조건에 알맞은 수 중 가장 큰 수를 구해 보세요.

- 159부터 30씩 뛰어 센 수입니다.
- 백의 자리 수가 2인 세 자리 수입니다.

( )

## 유형 2 조건을 만족하는 세 자리 수 구하기

241010-0621

**04** □ 안에 들어갈 수 있는 수를 모두 구해 보세요.

$317 < \square < 320$

( )

비법 317과 320 사이에 있는 수를 찾습니다.

241010-0622

**05** □ 안에 들어갈 수 있는 수를 모두 구해 보세요.

$248 < \square < 251$

( )

241010-0623

**06** 다음 조건에 알맞은 수를 모두 구해 보세요.

- $545 < \square < 570$
- 일의 자리 수는 2입니다.

( )

## 유형 3 □ 안에 같은 숫자가 들어갈 때 수의 크기 비교하기

241010-0624

**07** □ 안에는 모두 같은 숫자가 들어갑니다. 가장 큰 수를 찾아 기호를 써 보세요.

㉠ 4□5　㉡ 49□　㉢ 3□9

(　　　　　)

비법 백의 자리 숫자를 비교하여 가장 작은 수를 찾고, 남은 두 수는 □ 안에 들어갈 수 있는 가장 큰 숫자 9를 넣어 크기를 비교해 봅니다.

241010-0625

**08** □ 안에는 모두 같은 숫자가 들어갑니다. 가장 작은 수를 찾아 기호를 써 보세요.

㉠ 70□　㉡ 8□9　㉢ 7□3

(　　　　　)

241010-0626

**09** □ 안에는 모두 같은 숫자가 들어갑니다. 큰 수부터 순서대로 기호를 써 보세요.

㉠ 6□1　㉡ 5□2　㉢ 60□

(　　　　　)

## 유형 4 수 카드를 사용하여 ■번째로 작은 세 자리 수 구하기

241010-0627

**10** 3장의 수 카드를 한 번씩만 사용하여 세 자리 수를 만들려고 합니다. 두 번째로 작은 수를 구해 보세요.

6　0　7

(　　　　　)

비법 가장 작은 세 자리 수를 만들려면 작은 수부터 순서대로 3개를 늘어놓으면 되는데 0은 백의 자리에 올 수 없습니다.

241010-0628

**11** 4장의 수 카드 중 3장을 골라 한 번씩만 사용하여 세 자리 수를 만들려고 합니다. 두 번째로 작은 수를 구해 보세요.

2　0　3　8

(　　　　　)

241010-0629

**12** 4장의 수 카드 중 3장을 골라 한 번씩만 사용하여 세 자리 수를 만들려고 합니다. 세 번째로 작은 수를 구해 보세요.

0　9　1　4

(　　　　　)

1 단원

241010-0630

**01** □ 안에 알맞은 수를 써넣으세요.

99보다 1만큼 더 큰 수는 □ 입니다.

241010-0631

**02** 곶감의 수를 써 보세요.

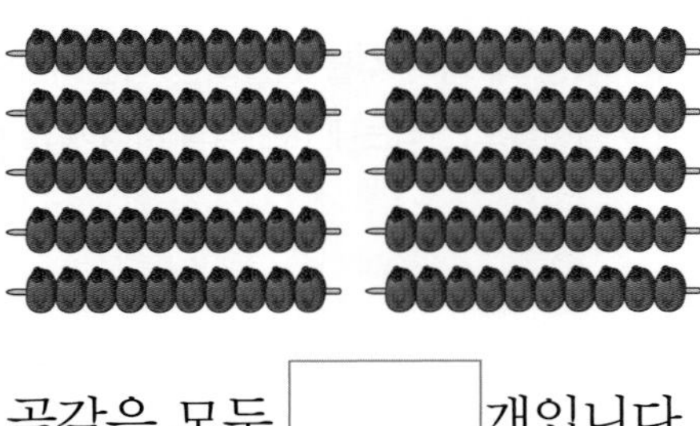

곶감은 모두 □ 개입니다.

241010-0632

**03** 관계있는 것끼리 이어 보세요.

| 200 | • | • | 칠백 |
|---|---|---|---|
| 300 | • | • | 10이 20개인 수 |
| 700 | • | • | 100이 3개인 수 |

241010-0633

**04** 지우개가 800개 있습니다. 한 상자에 100개씩 담으면 몇 상자가 될까요?

(　　　　　　)

241010-0634

**05** 보기 와 같이 주어진 수를 넣어 이야기를 지어 보세요.

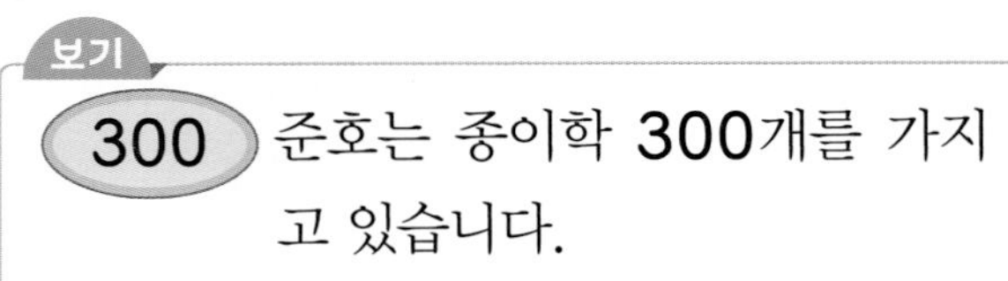

보기
300
준호는 종이학 300개를 가지고 있습니다.


900

241010-0635

**06** 수 모형이 나타내는 수를 써 보세요.

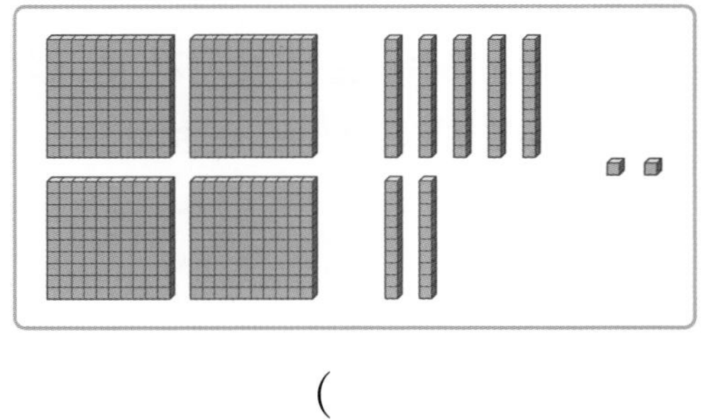

(　　　　　　)

241010-0636

**07** 수를 읽거나 수로 써 보세요.

(1) 725 ➡ (　　　　　　)

(2) 구백팔 ➡ (　　　　　　)

정답과 풀이 49쪽

241010-0637

**08** 잘못 말한 친구의 이름을 써 보세요.

윤서: 100이 4개, 1이 14개이면 414야.
지훈: 삼백사십일을 수로 쓰면 341이야.
재민: 100이 5개, 10이 12개이면 512야.

(　　　　　　　)

241010-0638

**09** 빈칸에 알맞은 숫자를 써넣으세요.

육백오십팔

| 백의 자리 | 십의 자리 | 일의 자리 |
|---|---|---|
| | | |

241010-0639

**10** 밑줄 친 숫자는 얼마를 나타내는지 사다리를 타고 내려가서 써 보세요.

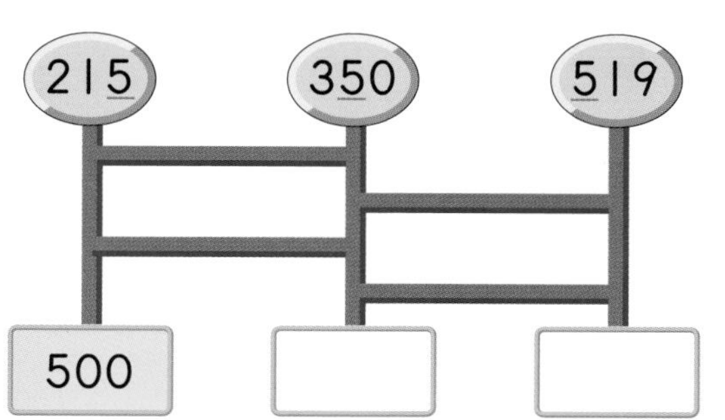


[11~12] 다음을 읽고 물음에 답하세요.

먼 옛날 이집트에서는 아래와 같은 그림으로 수를 표현했습니다.

| 감긴 밧줄 | 뒤꿈치 뼈 | 막대기 또는 한 획 |
|---|---|---|
| 100 | 10 | 1 |

예를 들어 옛날 이집트 사람들은 세 자리 수를 아래와 같이 나타냈습니다.

315 ➡ ୨୨୨ ∩ |||||

241010-0640

**11** 241을 옛날 이집트 숫자로 나타내 보세요.

(　　　　　　　)

241010-0641

**12** 그림이 나타내는 수를 써 보세요.

୨୨୨୨୨ ∩∩∩∩∩∩ ||

(　　　　　　　)

241010-0642

**13** 몇씩 뛰어 센 것인지 □ 안에 알맞은 수를 써넣으세요.

596 — 597 — 598 — 599 — 600

□씩 뛰어 세었습니다.

1 단원

241010-0643

**14** 100씩 뛰어 세어 보세요.

241010-0644

**15** 똑같은 수만큼 뛰어 셌습니다. 빈칸에 알맞은 수를 써넣으세요.

241010-0645

**16** 더 큰 수를 찾아 기호를 써 보세요.

㉠ 칠백육십이　　㉡ 764

(　　　　　　　　)

241010-0646

**17** 서술형 어떤 수보다 100 큰 수는 749입니다. 어떤 수보다 10 작은 수는 얼마인지 풀이 과정을 쓰고 답을 구해 보세요.

풀이

답

241010-0647

**18** □ 안에 들어갈 수 있는 수에 모두 ○표 하세요.

326＜3□5

1　2　3　4　5

241010-0648

**19** 수의 크기를 비교하여 가장 작은 수부터 순서대로 기호를 써 보세요.

㉠ 651　　㉡ 661　　㉢ 650

(　　　　　　　　)

241010-0649

**20** 서술형 다음 조건을 만족하는 세 자리 수 중에서 가장 큰 수는 얼마인지 풀이 과정을 쓰고 답을 구해 보세요.

백의 자리 수가 3입니다.
십의 자리 수와 일의 자리 수의 합은 1입니다.

풀이

답

241010-0650

**01** 다음 도형의 이름을 써 보세요.

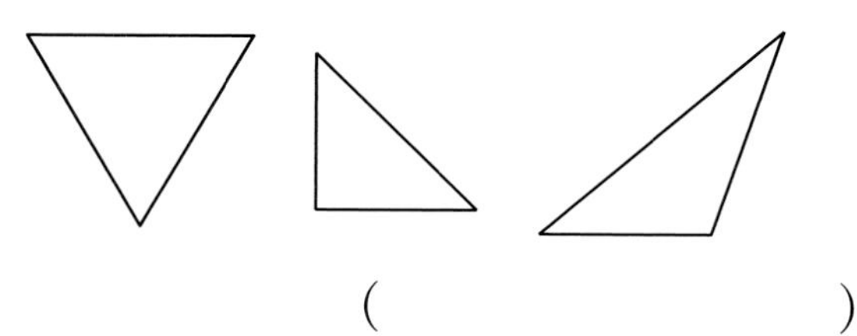

(　　　　　　　　)

241010-0651

**02** □ 안에 알맞은 말을 써넣으세요.

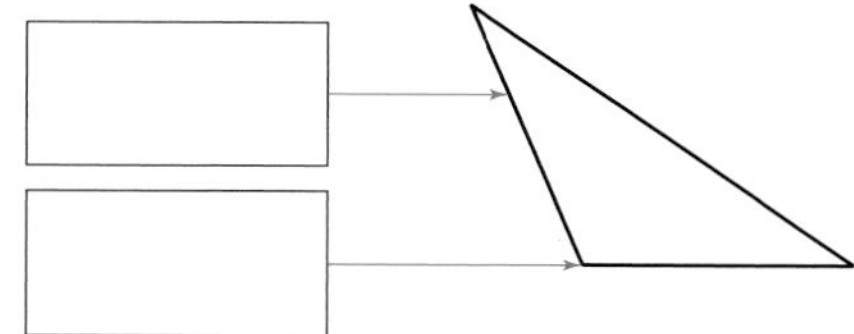

241010-0652

**03** 사각형을 모두 찾아 기호를 써 보세요.

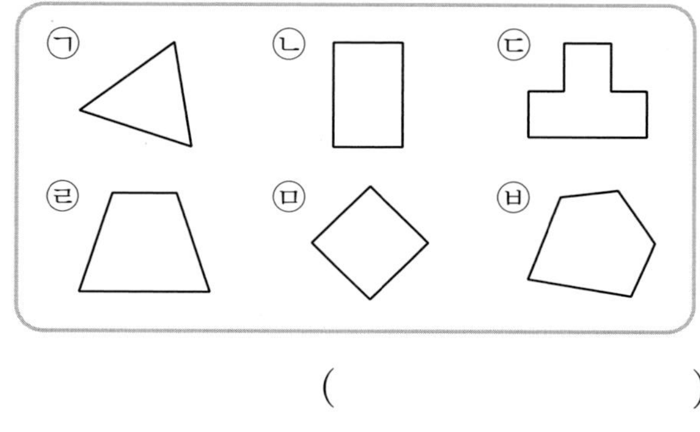


(　　　　　　　　)

241010-0653

**04** 사각형에 대한 설명이 맞으면 ○표, 틀리면 ×표 하세요.

(1) 변이 4개입니다. (　　　)

(2) 두 곧은 선이 만나는 점이 3개입니다. (　　　)

(3) 곧은 선으로 둘러싸여 있습니다. (　　　)

241010-0654

**05** 오른쪽 도형의 변의 수와 꼭짓점의 수의 합을 구해 보세요.

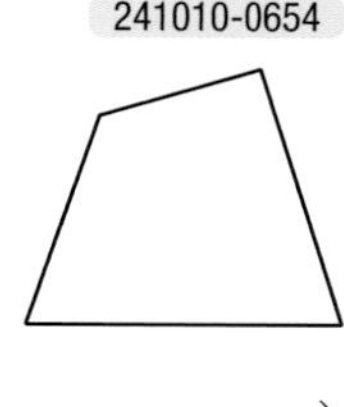

(　　　　　　　　)

241010-0655

**06** □ 안에 알맞은 말을 써넣으세요.

> 뾰족한 부분이 없고, 어느 쪽에서 보아도 똑같이 동그란 도형을 □(이)라고 합니다.

241010-0656

**07** 원은 모두 몇 개일까요?

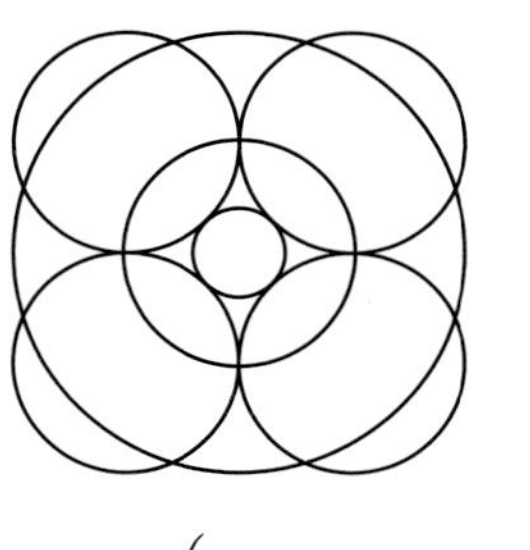

(　　　　　　　　)

2 단원

241010-0657

**08** 진영이가 칠교판을 보고 다음과 같이 말하였습니다. □ 안에 알맞은 수를 써넣으세요.

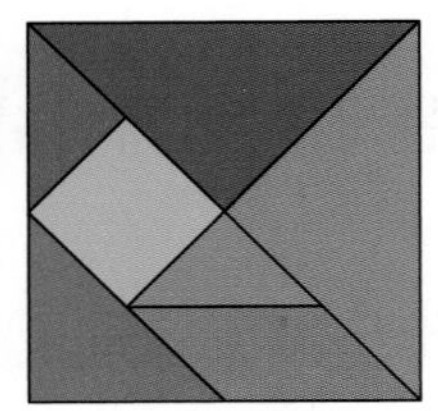

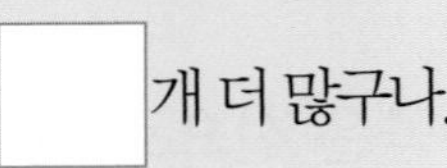

칠교판에는 삼각형이 사각형보다 □개 더 많구나.

241010-0658

**09** 아래 3개의 조각을 모두 이용하여 사각형을 만들어 보세요.

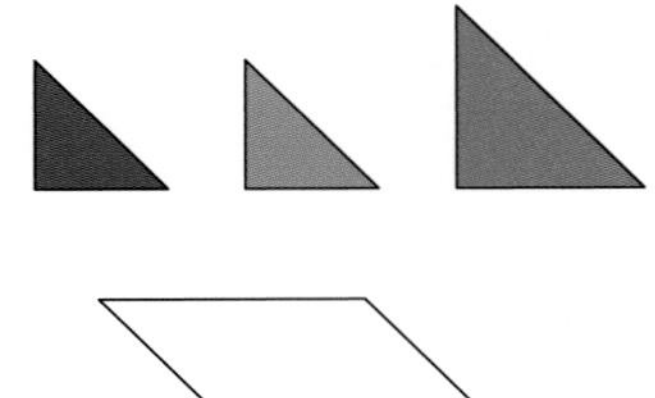

241010-0659

**10** 기준이가 설명하는 쌓기나무를 찾아 ○표 하세요.

분홍색 쌓기나무의 왼쪽에 있는 쌓기나무

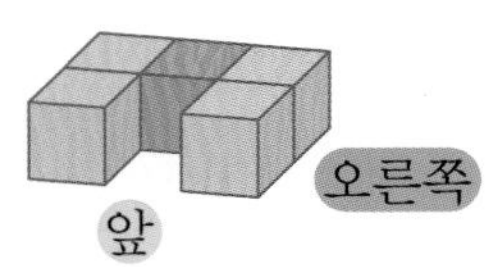


241010-0660

**11** 왼쪽 모양에 쌓기나무 1개를 더 쌓아 오른쪽과 똑같은 모양으로 만들려고 합니다. 쌓기나무 1개를 더 놓아야 할 자리를 찾아 번호를 써 보세요.

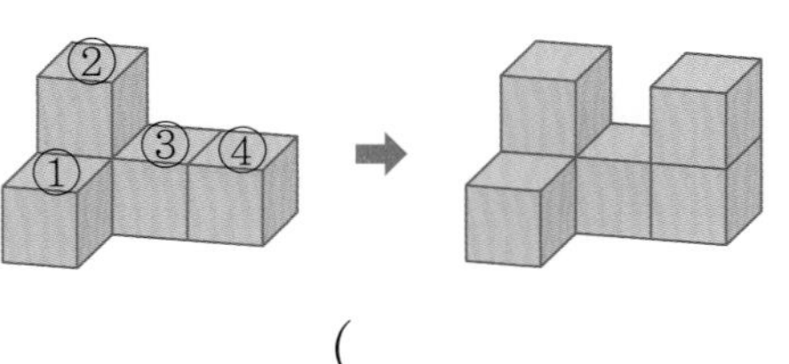


(　　　　　　　　　　)

241010-0661

**12** 쌓기나무로 쌓은 모양을 보고, 보기 에서 알맞은 말을 골라 □ 안에 써넣으세요.

보기

왼쪽　오른쪽　위　아래　앞　뒤

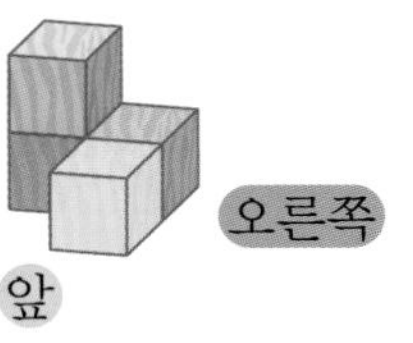


분홍색 쌓기나무 □에 파란색 쌓기나무

노란색 쌓기나무 □에 초록색 쌓기나무

241010-0662

**13** 쌓기나무로 쌓은 모양을 바르게 설명한 것을 찾아 기호를 써 보세요.

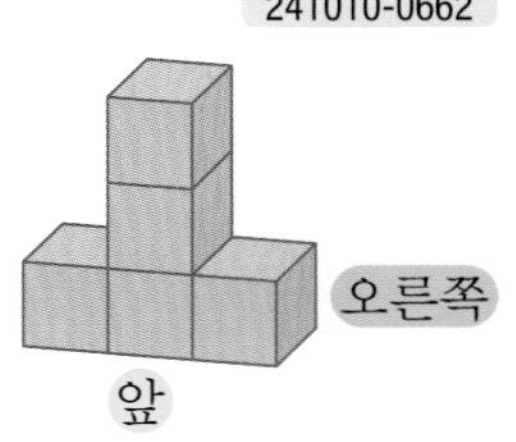


㉠ 1층에 3개, 2층에 2개가 필요합니다.
㉡ 쌓기나무 3개를 옆으로 나란히 놓고, 왼쪽 쌓기나무 위에 2개를 놓습니다.
㉢ 쌓기나무 3개를 옆으로 나란히 놓고, 가운데 쌓기나무 위에 2개를 놓습니다.

(　　　　　　　　　　)

## 유형 1 설명에 맞는 도형 그리기

241010-0663

**01** 설명에 맞는 도형을 그려 보세요.

- 곧은 선으로 둘러싸인 도형입니다.
- 변이 3개입니다.
- 도형의 안쪽에 점이 2개 있습니다.

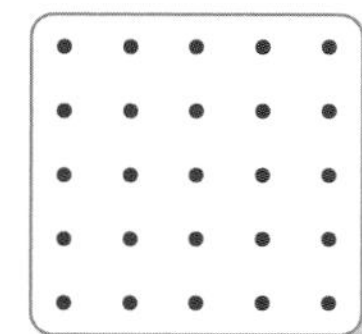

비법 3개의 변으로 둘러싸인 도형은 삼각형입니다. 삼각형의 꼭짓점은 3개이므로 안쪽에 점이 2개가 되도록 점 3개를 잇습니다.

241010-0664

**02** 설명에 맞는 도형을 그려 보세요.

- 곧은 선으로 둘러싸인 도형입니다.
- 꼭짓점이 3개입니다.
- 도형의 안쪽에 점이 3개 있습니다.

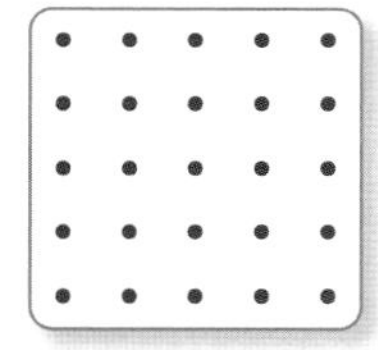

241010-0665

**03** 설명에 맞는 도형을 그려 보세요.

- 곧은 선으로 둘러싸인 도형입니다.
- 변과 꼭짓점이 삼각형보다 한 개씩 더 많습니다.
- 도형의 안쪽에 점이 4개 있습니다.

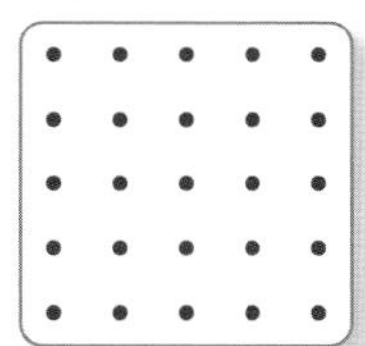

## 유형 2 도형 찾기

241010-0666

**04** 여러 가지 도형으로 만든 나비입니다. 이용한 도형 중 가장 많이 이용한 도형의 이름을 써 보세요.

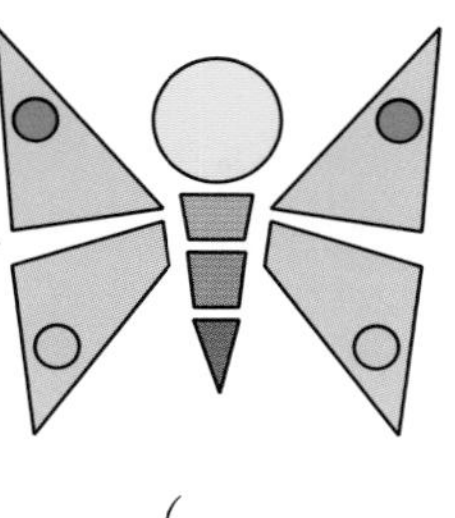

(                    )

비법 빠뜨리거나 중복하여 세지 않도록 삼각형, 사각형, 원을 표시해 가며 수를 셉니다.

241010-0667

**05** 여러 가지 도형으로 만든 배입니다. 이용한 도형 중 가장 많이 이용한 도형의 이름을 써 보세요.

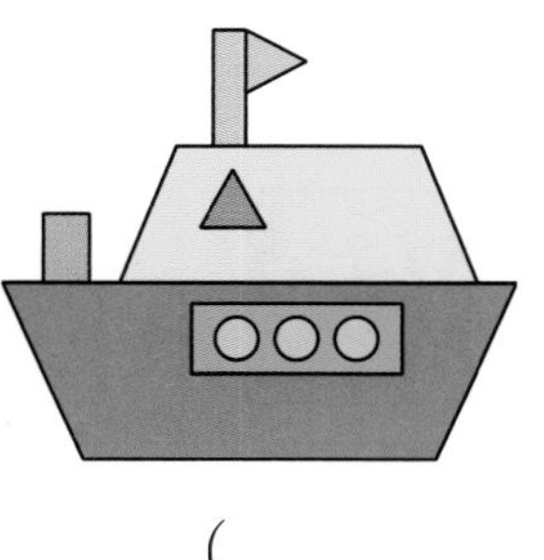

(                    )

241010-0668

**06** 여러 가지 도형으로 만든 집입니다. 가장 많이 이용한 도형은 가장 적게 이용한 도형보다 몇 개 더 많은지 구해 보세요.

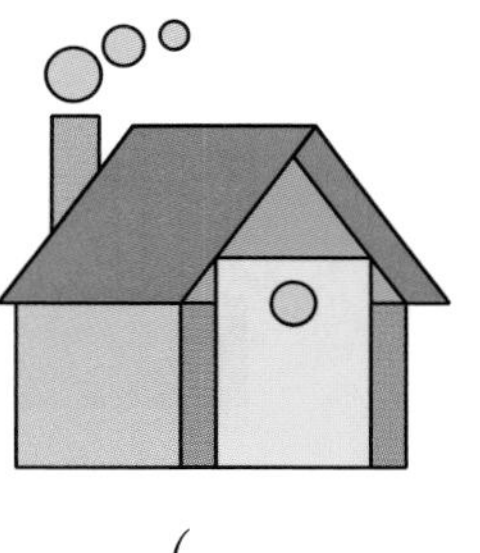

(                    )

2 단원

## 유형 3 색종이를 접어서 도형 만들기

241010-0669

**07** 색종이를 그림과 같이 접어서 펼친 후 접은 선을 따라 자르면 어떤 도형이 몇 개 만들어질까요?

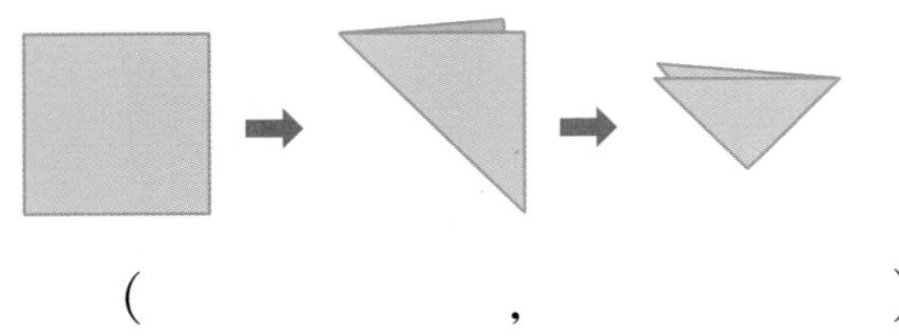

( , )

비법 똑같이 반을 접어 자르면 같은 모양이 2개 만들어집니다.

241010-0670

**08** 색종이를 그림과 같이 접어서 펼친 후 접은 선을 따라 자르면 어떤 도형이 몇 개 만들어질까요?

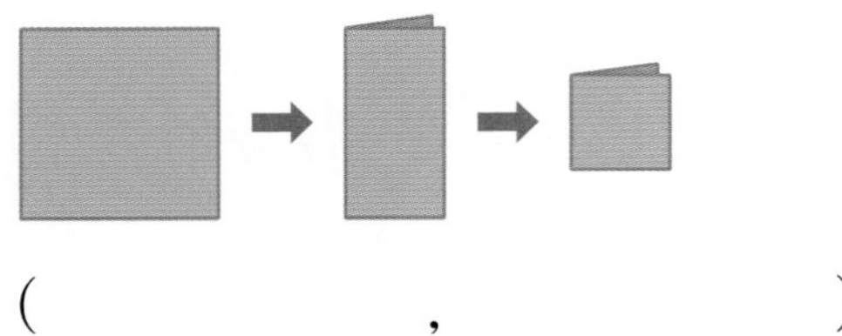

( , )

241010-0671

**09** 색종이를 그림과 같이 접어서 펼친 후 접은 선을 따라 자르면 어떤 도형이 몇 개 만들어질까요?

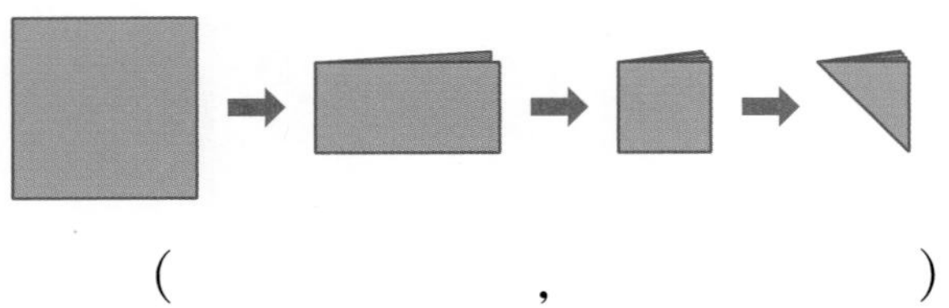

( , )

## 유형 4 설명에 맞게 쌓기나무 쌓기

241010-0672

**10** 쌓기나무를 다음 설명에 맞게 쌓은 모양이 아닌 것을 찾아 기호를 써 보세요.

1층에 쌓기나무가 3개 있습니다.
2층에 쌓기나무가 1개 있습니다.

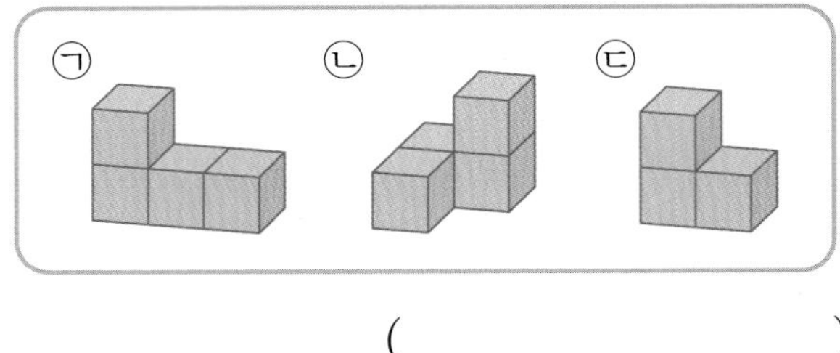


( )

비법 각 층의 쌓기나무가 몇 개인지 살펴봅니다. 만약 가려진 부분이 있다면 가려진 부분도 빠짐없이 셉니다.

241010-0673

**11** 쌓기나무를 다음 설명에 맞게 쌓은 모양이 아닌 것을 찾아 기호를 써 보세요.

2층에 쌓기나무가 2개 있습니다.
3층에는 쌓기나무가 없습니다.

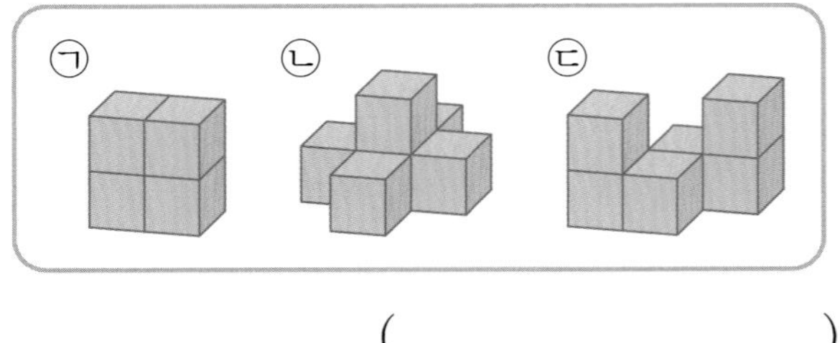


( )

241010-0674

**01** 자의 모양을 본떠 그린 모양의 이름을 써 보세요.

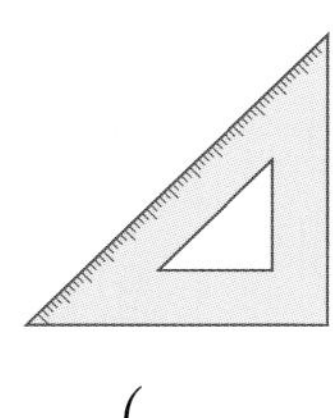

(                    )

241010-0675

**02** 주어진 선을 한 변으로 하는 삼각형을 그리려고 합니다. 곧은 선을 몇 개 더 그어야 할까요?

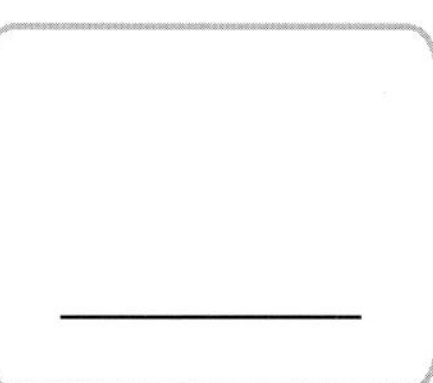

(                    )

241010-0676

**03** 도형에서 찾을 수 있는 크고 작은 삼각형은 모두 몇 개일까요?

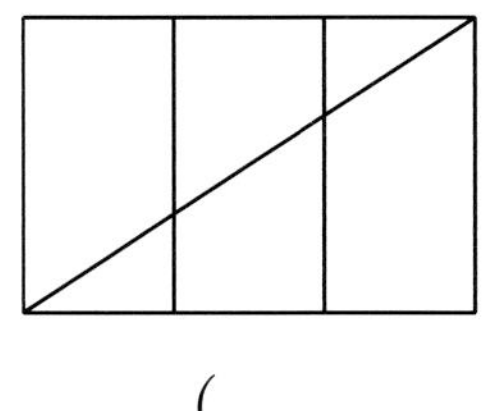

(                    )

241010-0677

**04** 색종이를 선을 따라 잘라서 사각형을 4개 만들려고 합니다. 선을 2개 그어 보세요.

241010-0678

**05** 서술형 다음 도형이 사각형이 아닌 이유를 써 보세요.

이유

[06~07] 도형을 보고 물음에 답하세요.

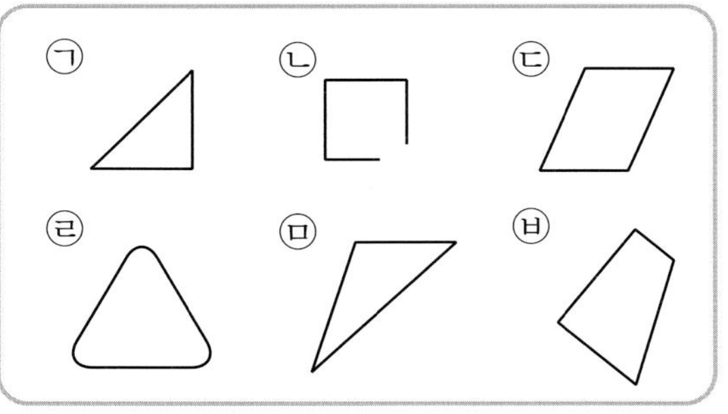


241010-0679

**06** 삼각형을 모두 찾아 기호를 써 보세요.

(                    )

241010-0680

**07** 사각형을 모두 찾아 기호를 써 보세요.

(                    )

241010-0681

**08** ■와 ▲의 합을 구해 보세요.

> 사각형은 삼각형보다 변이 ■개 더 많습니다.
> 사각형은 삼각형보다 꼭짓점이 ▲개 더 많습니다.

(　　　　　　　　)

241010-0682

**09** 삼각형과 사각형에 대한 설명입니다. 알맞은 말에 ○표 하세요.

> 삼각형과 사각형은 ( 굽은 선 , 곧은 선 ) 으로 둘러싸여 있고 변과 꼭짓점이 ( 있습니다 , 없습니다 ).

241010-0683

**10** 지민이가 원을 그리기 위해 찾은 물건입니다. 원을 그릴 수 있는 물건은 어느 것인가요? (　　)

① 
② 

③ 
④ 

⑤ 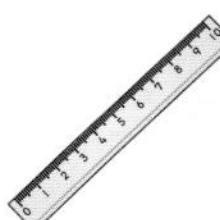

241010-0684

**11** 원을 모두 고르세요. (　　　　)

① 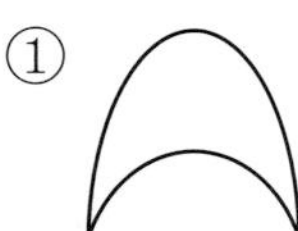

② 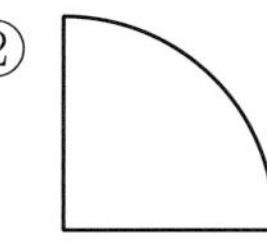

③ 
④ 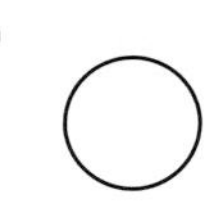

⑤ 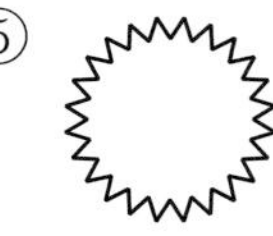

241010-0685

**12** 원에 대한 설명으로 옳은 것을 모두 찾아 ○표 하세요.

| 뾰족한 부분이 1개 있습니다. | 곧은 선이 없습니다. | 어느 쪽에서 보아도 동그랗습니다. |
|---|---|---|
| (　　) | (　　) | (　　) |

241010-0686

**13** 칠교판의 조각을 이용하여 모양을 만들었습니다. 이용한 삼각형 조각과 사각형 조각은 각각 몇 개인가요?

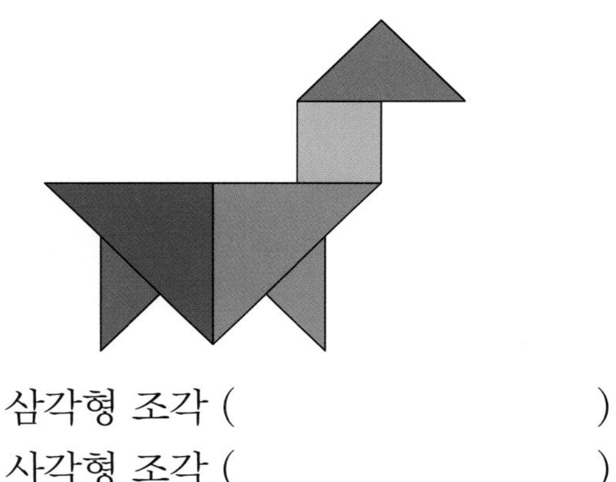

삼각형 조각 (　　　　　　)
사각형 조각 (　　　　　　)

241010-0687

**14** 아래 4개의 조각을 모두 이용하여 사각형을 만들어 보세요.

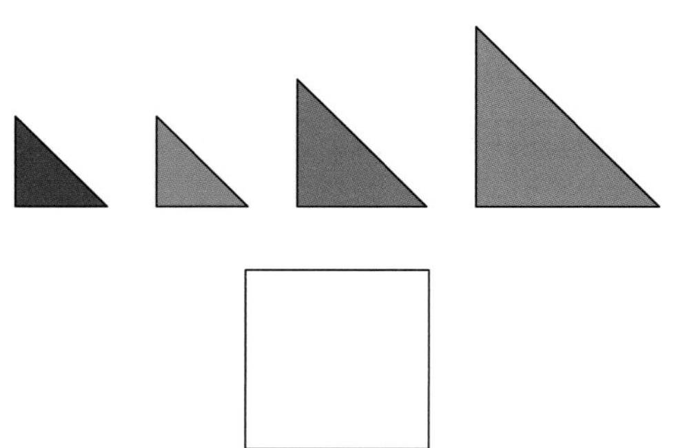

241010-0688

**15** 설명에 맞게 쌓기나무를 색칠하였습니다. ㉠에 무슨 색을 칠했을까요?

• 분홍색 쌓기나무 뒤에 노란색
• 파란색 쌓기나무 위에 초록색
• 파란색 쌓기나무 오른쪽에 노란색

( )

241010-0689

**16** 쌓은 모양을 바르게 나타내도록 보기 에서 알맞은 말을 골라 □ 안에 써넣으세요.

보기

위, 앞, 뒤, 오른쪽, 왼쪽

1층에 쌓기나무 2개가 옆으로 나란히 있고, 왼쪽 쌓기나무 □ 에 쌓기나무가 2개, 오른쪽 쌓기나무 □ 에 쌓기나무 1개가 있습니다.

241010-0690

**17** 왼쪽 모양에 쌓기나무 1개를 더 쌓아 오른쪽과 똑같은 모양으로 만들려고 합니다. 쌓기나무 1개를 더 놓아야 할 자리를 찾아 번호를 써 보세요.

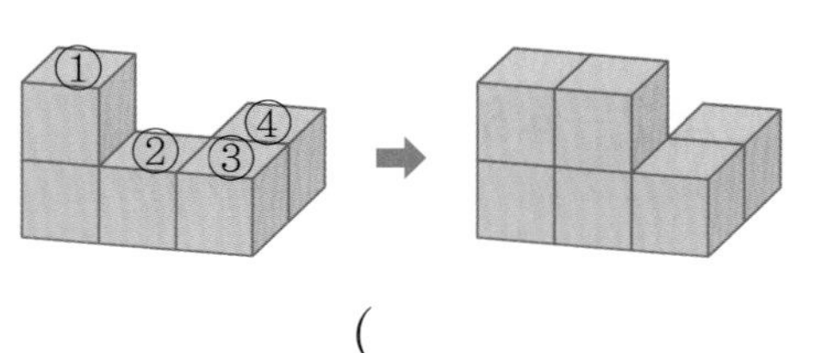


( )

241010-0691

**18** 현진이와 재우는 쌓기나무를 쌓아 모양을 만들었습니다. 누가 더 많은 쌓기나무를 사용하였을까요?

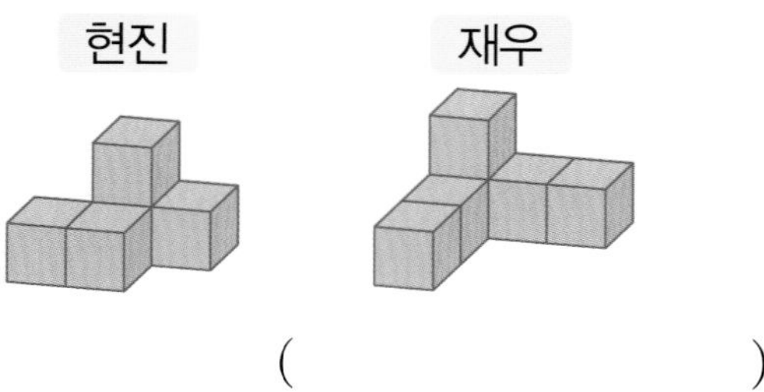


( )

241010-0692

**19** 서술형 태영이는 쌓기나무 10개를 가지고 있었습니다. 태영이가 오른쪽과 똑같은 모양을 만들고 남은 쌓기나무는 몇 개인지 풀이 과정을 쓰고 답을 구해 보세요.

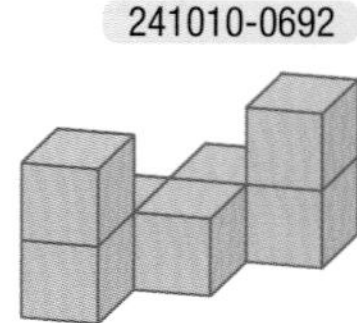

풀이

답

241010-0693

**20** 왼쪽 모양에서 쌓기나무 몇 개를 빼서 오른쪽 모양과 똑같이 만들려고 합니다. 빼야 하는 쌓기나무를 모두 찾아 기호를 써 보세요.

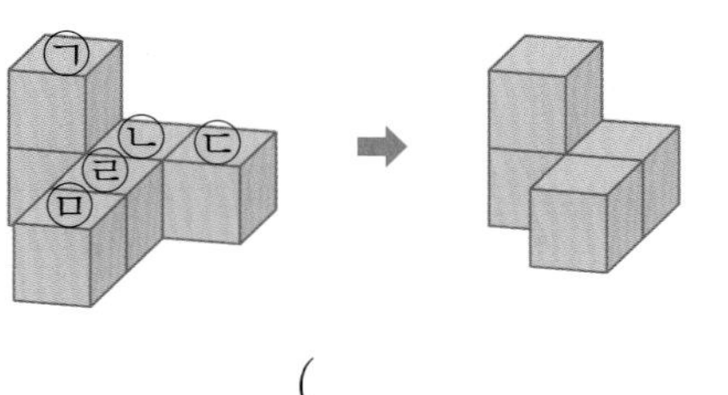


( )

241010-0694

**01** 계산해 보세요.

(1) $\begin{array}{r} 5\ 6 \\ +\quad 8 \\ \hline \end{array}$

(2) $5+39$

241010-0695

**02** 할머니네 농장에서 민석이는 고구마를 38개 캤고, 동생은 28개를 캤습니다. 두 사람이 캔 고구마는 모두 몇 개일까요?

(　　　　　　　　)

241010-0696

**03** 두 수의 합이 63이 되는 두 수를 찾아 색칠해 보세요.

| 37 | 24 | 19 |
|---|---|---|
| 39 | 25 | 45 |

241010-0697

**04** 모양이 같은 도형에 적힌 두 수의 합을 구해 보세요.

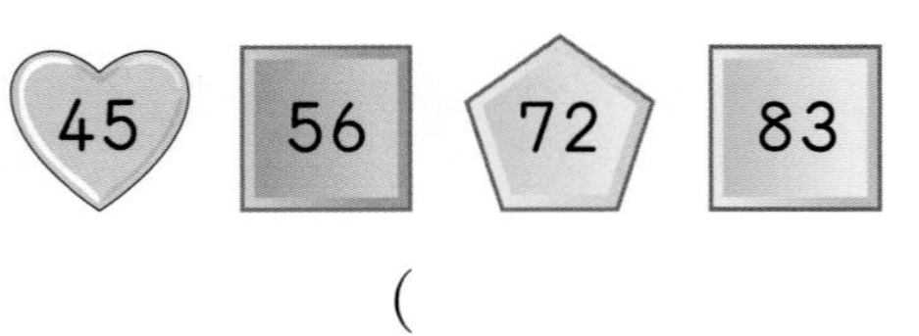


(　　　　　　　　)

241010-0698

**05** 38+19를 여러 가지 방법으로 계산하려고 합니다. □ 안에 알맞은 수를 써넣으세요.

(1) 38에 10을 먼저 더하고 □을/를 더합니다.

(2) 38에 2를 먼저 더하고 □을/를 더합니다.

(3) 38에 20을 더하고 □을/를 뺍니다.

241010-0699

**06** □ 안에 알맞은 수를 써넣으세요.

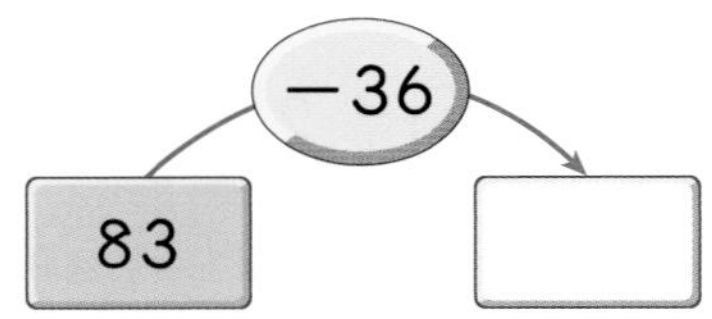


241010-0700

**07** 같은 것끼리 선으로 이어 보세요.

| 54−39 | • | • | 16 |
|---|---|---|---|
| 62−48 | • | • | 15 |
| 31−15 | • | • | 14 |

241010-0701

**08** 수 카드 중에서 2장을 골라 차가 34가 되는 뺄셈식을 만들어 보세요.

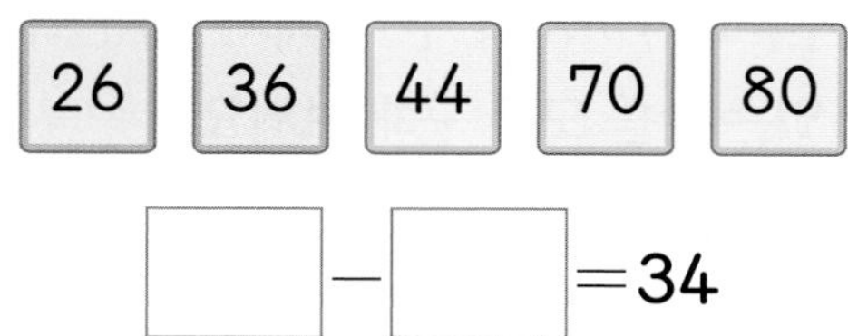


241010-0702

**09** 공원에 참새가 50마리 있었는데 18마리가 날아갔습니다. 공원에 남아 있는 참새는 몇 마리일까요?

(　　　　　　　　)

241010-0703

**10** 다음 식을 계산하여 계산 결과에 해당하는 글자를 빈칸에 알맞게 써넣으세요.

$13+8+7=$ □ 는

$36-8+6=$ □ 독

$41-7-9=$ □ 리

$54-6-8=$ □ 도

$47+5-3=$ □ 우

$46+8-6=$ □ 땅

| 34 | 40 | 28 | 49 | 25 | 48 |
|---|---|---|---|---|---|
| | | | | | |

241010-0704

**11** 세 수를 이용하여 덧셈식을 완성하고 뺄셈식으로 나타내 보세요.

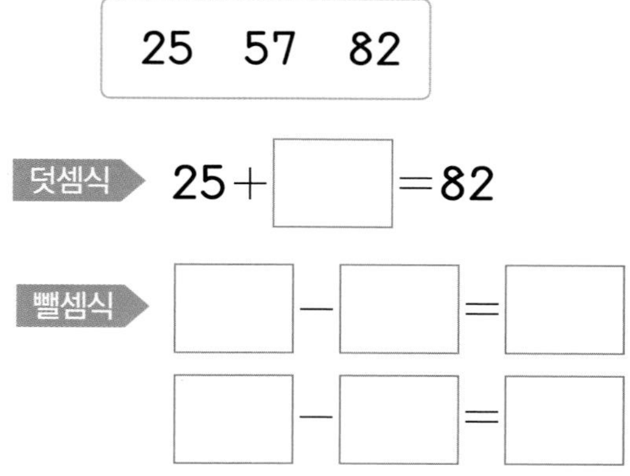


241010-0705

**12** □ 안에 알맞은 수가 가장 큰 것을 찾아 기호를 써 보세요.

㉠ $29+\square=62$
㉡ $\square+18=77$
㉢ $\square-29=21$

(　　　　　　　　)

241010-0706

**13** 정혜는 사탕을 23개 가지고 있었습니다. 그중에서 몇 개를 동생에게 주었더니 15개가 남았습니다. 동생에게 준 사탕은 몇 개일까요?

(　　　　　　　　)

3 단원

## 유형 1 일의 자리부터 계산하여 구하기

241010-0707

**01** 덧셈식에서 ㉠, ㉡에 알맞은 수를 각각 구해 보세요.

$$\begin{array}{r} ㉠\ 5 \\ +\ 7\ ㉡ \\ \hline 1\ 4\ 3 \end{array}$$

㉠ (　　　) ㉡ (　　　)

비법 5와 ㉡을 더했을 때 일의 자리 수가 3이 되는 경우를 찾습니다.

241010-0708

**02** 뺄셈식에서 ㉠, ㉡에 알맞은 수를 각각 구해 보세요.

$$\begin{array}{r} ㉠\ 2 \\ -\ 2\ ㉡ \\ \hline 5\ 8 \end{array}$$

㉠ (　　　) ㉡ (　　　)

241010-0709

**03** 덧셈식에서 같은 기호는 같은 수를 나타낼 때 ㉠, ㉡에 알맞은 수를 각각 구해 보세요.

$$\begin{array}{r} ㉠\ ㉡ \\ +\ ㉡\ ㉡ \\ \hline 1\ 0\ 0 \end{array}$$

㉠ (　　　) ㉡ (　　　)

## 유형 2 조건에 알맞은 수 구하기

241010-0710

**04** 1부터 9까지의 수 중에서 □ 안에 들어갈 수 있는 수를 모두 구해 보세요.

$49+\square<52$

(　　　　　)

비법 □ 안에 1부터 순서대로 수를 넣어 조건을 만족하는 수를 찾습니다.

241010-0711

**05** 1부터 9까지의 수 중에서 □ 안에 들어갈 수 있는 수를 모두 구해 보세요.

$32-\square<25$

(　　　　　)

241010-0712

**06** 1부터 9까지의 수 중에서 □ 안에 들어갈 수 있는 수는 모두 몇 개일까요?

$74-\square<69$

(　　　　　)

정답과 풀이 54쪽

## 유형 3 수 카드로 두 자리 수 만들어 합과 차 구하기

241010-0713

**07** 수 카드 3장 중 2장을 골라 한 번씩만 사용하여 만들 수 있는 두 자리 수 중에서 가장 큰 수와 가장 작은 수의 합을 구해 보세요.

5 6 8

( )

비법 ■>▲>●일 때 가장 큰 두 자리 수는 ■▲, 가장 작은 두 자리 수는 ●▲입니다.

241010-0714

**08** 수 카드 3장 중 2장을 골라 한 번씩만 사용하여 만들 수 있는 두 자리 수 중에서 가장 큰 수와 나머지 수 카드의 수의 합을 구해 보세요.

6 8 9

( )

241010-0715

**09** 수 카드 3장 중 2장을 골라 한 번씩만 사용하여 만들 수 있는 두 자리 수 중에서 두 번째로 큰 수와 가장 작은 수의 차를 구해 보세요.

1 7 9

( )

## 유형 4 모르는 수를 하나로 만들기

241010-0716

**10** ㉯는 ㉮보다 19만큼 더 큰 수입니다. ㉮와 ㉯를 더하면 87일 때, ㉮와 ㉯를 각각 구해 보세요.

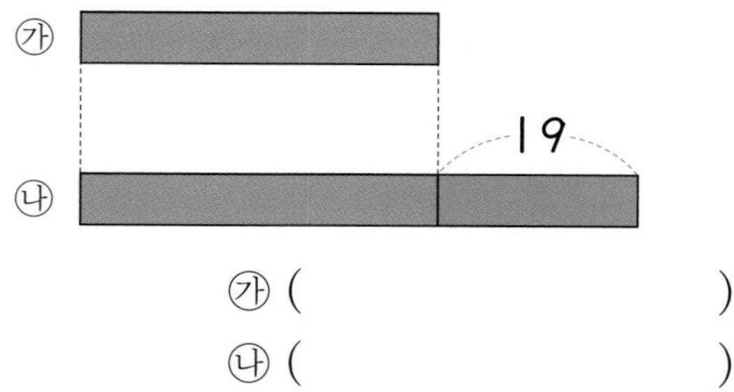


㉮ ( )

㉯ ( )

비법 ㉮와 ㉯를 둘 다 모를 때는 ㉯=㉮+19와 같이 모르는 수를 하나로 만듭니다.

241010-0717

**11** ㉮는 ㉯보다 20만큼 더 작은 수입니다. ㉮와 ㉯를 더하면 96일 때, ㉮와 ㉯를 각각 구해 보세요.

㉮ ( )

㉯ ( )

241010-0718

**12** 어느 학교의 2학년 학생 수는 85명이고, 여학생이 남학생보다 7명 더 많습니다. 이 학교의 남학생과 여학생은 각각 몇 명인지 구해 보세요.

남학생 ( )

여학생 ( )

241010-0719

**01** 계산 결과가 같은 것끼리 이어 보세요.

| | | |
|---|---|---|
| 56+8 • | | • 45+7 |
| 43+9 • | | • 55+9 |
| 55+6 • | | • 58+3 |

241010-0720

**02** 48+17을 주어진 방법으로 계산한 것에 ○표 하세요.

17을 2와 15로 가른 후 계산하기

48+17=50+17−2
=67−2
=65 ( )

48+17=48+2+15
=50+15
=65 ( )

241010-0721

**03** 빈칸에 알맞은 수를 써넣으세요.

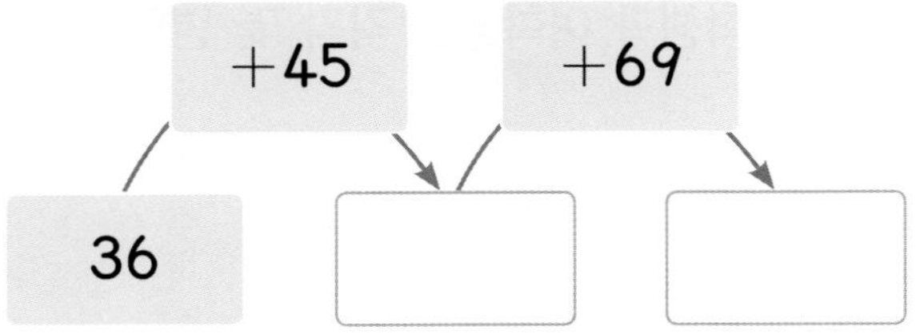


241010-0722

**04** 도연이는 빨간색 색종이를 54장, 파란색 색종이를 47장 가지고 있습니다. 도연이가 가지고 있는 색종이는 모두 몇 장일까요? ( )

① 81장 ② 91장 ③ 101장
④ 111개 ⑤ 121장

241010-0723

**05** □ 안에 알맞은 수를 써넣으세요.

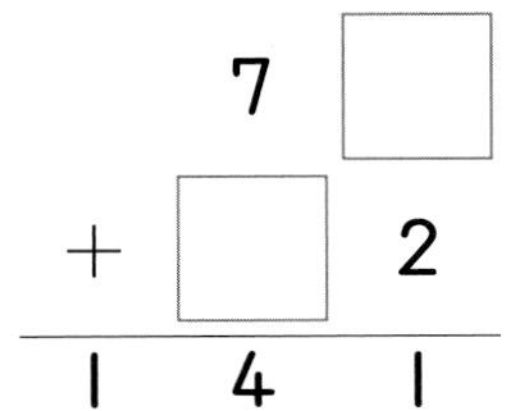


241010-0724

**06** 0부터 9까지의 수 중에서 □ 안에 들어갈 수 있는 수는 모두 몇 개일까요?

47+86<13□<77+59

( )

241010-0725

**07** 수 카드를 한 번씩만 사용하여 만들 수 있는 두 자리 수 중에서 가장 큰 수와 가장 작은 수의 합은 얼마인지 구해 보세요.

4 3 7 8

( )

241010-0726

**08** 빈칸에 알맞은 수를 써넣으세요.

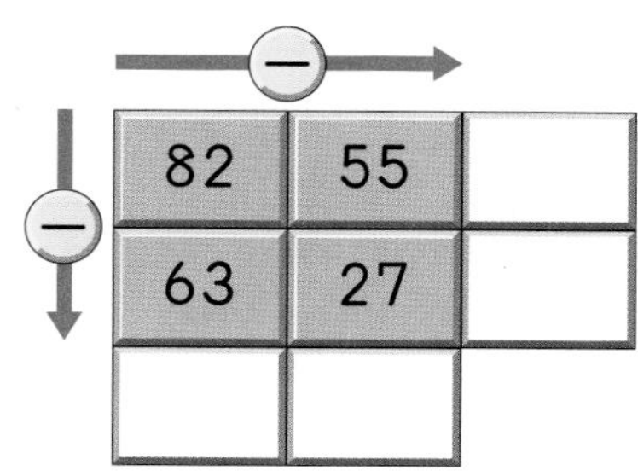


241010-0727

**09** 두 수의 합과 차를 각각 구해 보세요.

84 59

합 (                    )

차 (                    )

241010-0728

**10** 계산 결과를 비교하여 ○ 안에 >, =, <를 알맞게 써넣으세요.

60−24 ○ 90−58

241010-0729

**11** 서술형 92−57을 서로 다른 2가지 방법으로 계산하고, 그 방법을 설명해 보세요.

방법1

➡ 설명 ____________________

방법2

➡ 설명 ____________________

241010-0730

**12** 계산 결과가 큰 것부터 순서대로 기호를 써 보세요.

㉠ 76+18−29
㉡ 94−25+41
㉢ 58+27+19
㉣ 82−26−18

(                    )

241010-0731

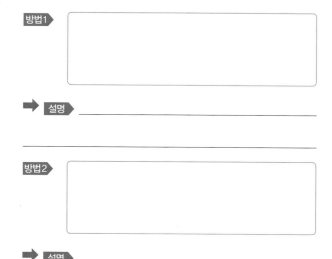

**13** ★이 15이면 ♣은 얼마인지 구해 보세요.

- ★+★+★=♠
- ♠+♠−38=♣

(                    )

241010-0732

**14** 덧셈식을 뺄셈식으로 나타내 보세요.

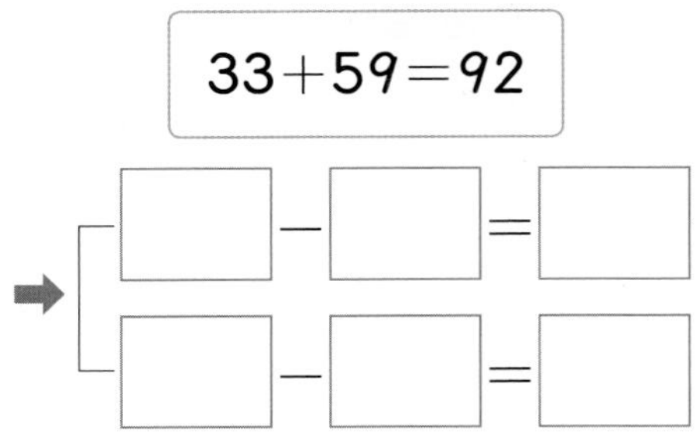


241010-0733

**15** 세 수를 이용하여 뺄셈식을 완성하고, 덧셈식으로 나타내 보세요.

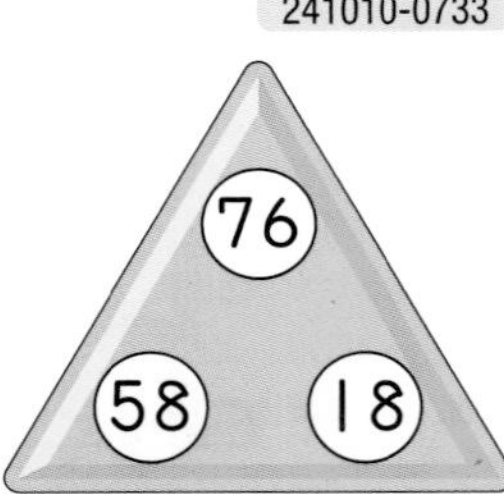


76−□=18

➡ □+58=□

241010-0734

**16** □ 안에 알맞은 수를 써넣으세요.

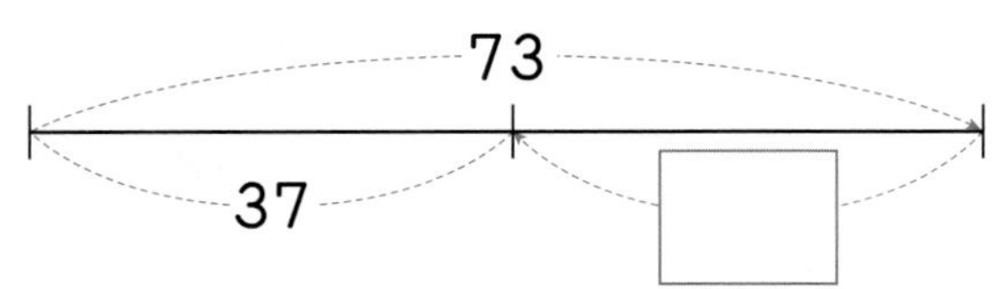


241010-0735

**17** □ 안에 알맞은 수를 써넣으세요.

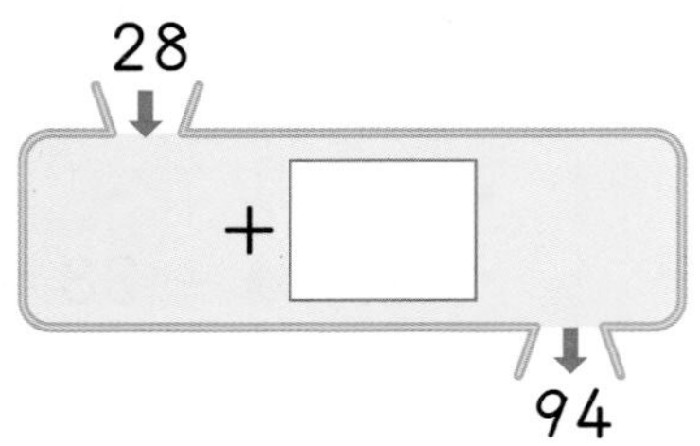


241010-0736

**18** 준규는 사탕 12개 중에서 몇 개를 먹었더니 8개가 남았습니다. 왼쪽 그림에서 알맞은 수만큼 ／로 지우고, □ 안에 알맞은 수를 써넣으세요.

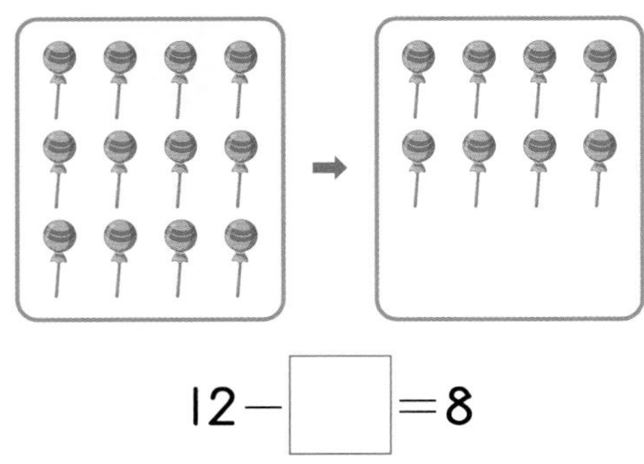

12−□=8

241010-0737

**19** 쟁반에 수박이 43조각 있었습니다. 가족들이 몇 조각을 먹었더니 남아 있는 수박은 18조각이었습니다. 가족들이 먹은 수박은 몇 조각일까요?

(　　　　　　　　)

241010-0738

**20** 서술형 어떤 수에서 39를 빼야 할 것을 잘못하여 더했더니 91이 되었습니다. 바르게 계산한 값은 얼마인지 풀이 과정을 쓰고 답을 구해 보세요.

풀이

답

정답과 풀이 57쪽

241010-0739

**01** 길이를 잴 때 사용되는 단위 중에 가장 긴 것에 ○표, 가장 짧은 것에 △표 하세요.

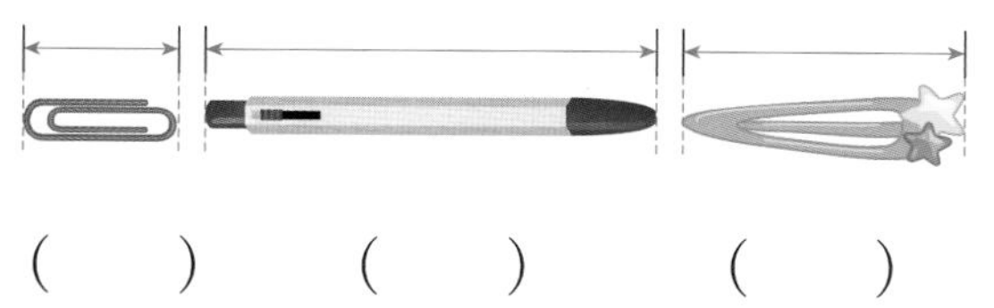

(　　)　　(　　)　　(　　)

241010-0740

**02** 빨대의 길이는 지우개로 몇 번인가요?

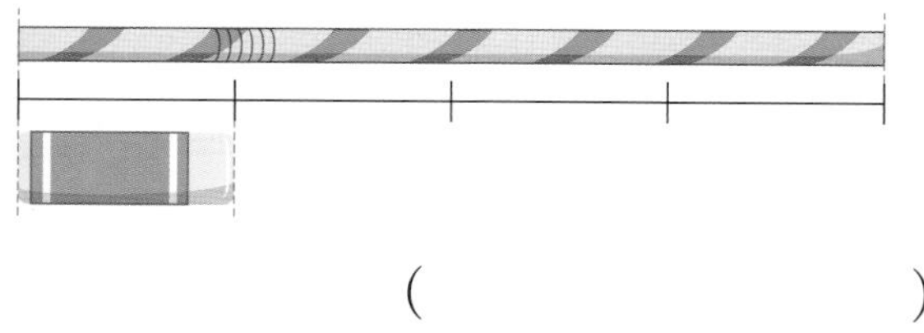

(　　　　　　)

241010-0741

**03** 우산의 길이를 재려고 합니다. 뼘과 옷핀 중 더 편리한 것에 ○표 하세요.

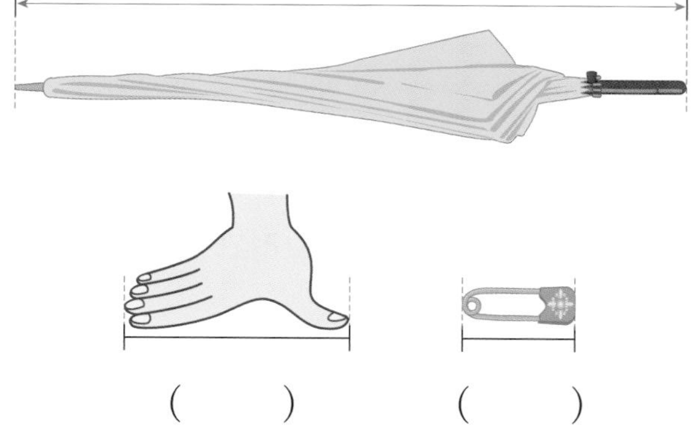

(　　)　　(　　)

241010-0742

**04** 지아가 뼘으로 칠판과 탁자의 긴 쪽의 길이를 재었습니다. 길이가 더 짧은 것은 무엇인가요?

| 칠판 | 탁자 |
|---|---|
| 8뼘 | 7뼘 |

(　　　　　　)

241010-0743

**05** □ 안에 알맞은 수를 써넣으세요.

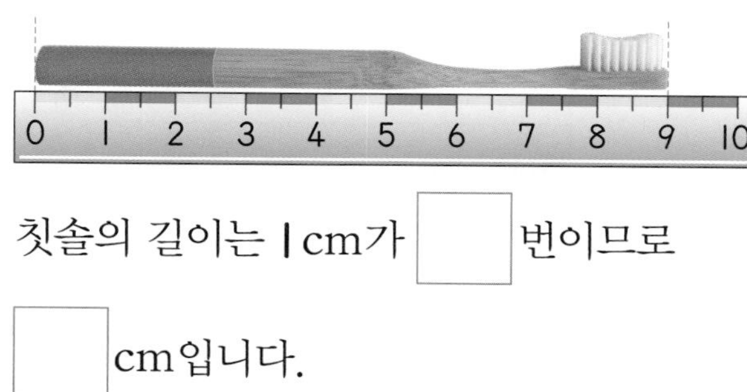


칫솔의 길이는 1 cm가 □번이므로 □cm입니다.

241010-0744

**06** 그림에서 가장 작은 사각형의 네 변의 길이는 모두 같고, 한 변의 길이는 1 cm입니다. 가장 큰 사각형의 네 변의 길이의 합은 몇 cm일까요?

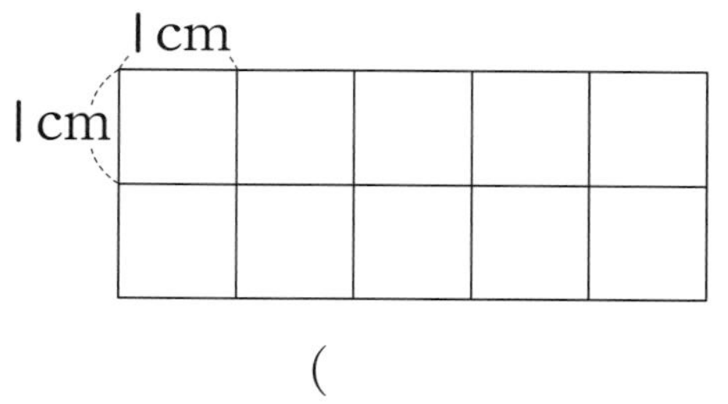


(　　　　　　)

241010-0745

**07** 종이로 만든 꽃의 길이를 쓰고 읽어 보세요.

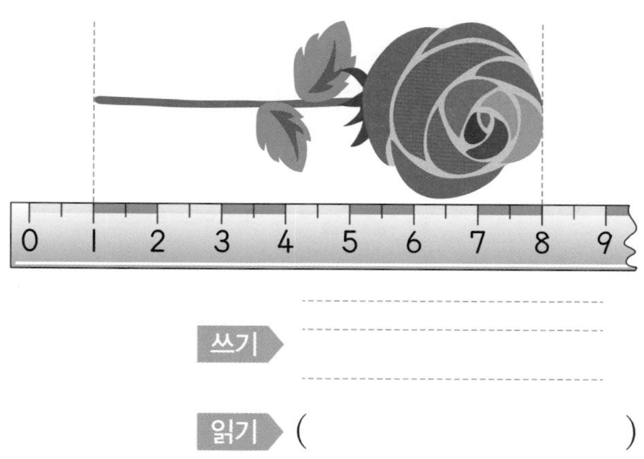


쓰기

읽기 (　　　　　　)

241010-0746

**08** 연필의 길이를 어림하고 자로 재어 확인해 보세요.

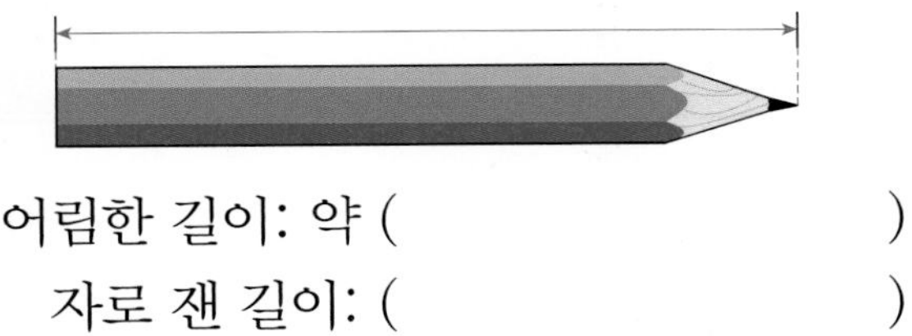

어림한 길이: 약 (　　　　　　　　)

자로 잰 길이: (　　　　　　　　)

241010-0747

**09** 열쇠의 길이는 약 몇 cm인가요?

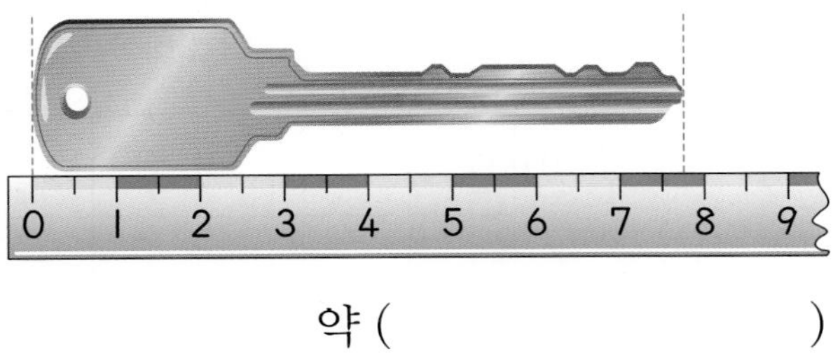


약 (　　　　　　　　)

241010-0748

**10** 송곳의 길이를 실제 길이에 가장 가깝게 어림한 사람은 누구인지 써 보세요.

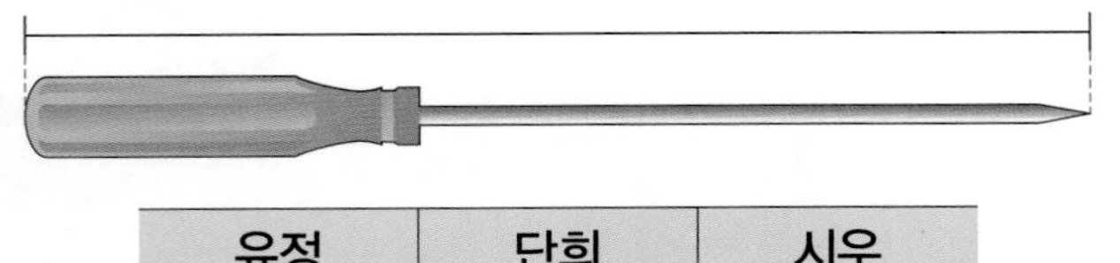

| 유정 | 단희 | 시우 |
|---|---|---|
| 약 10 cm | 약 5 cm | 약 9 cm |

(　　　　　　　　)

241010-0749

**11** 머리핀의 길이와 옷핀의 길이의 합은 몇 cm일까요?

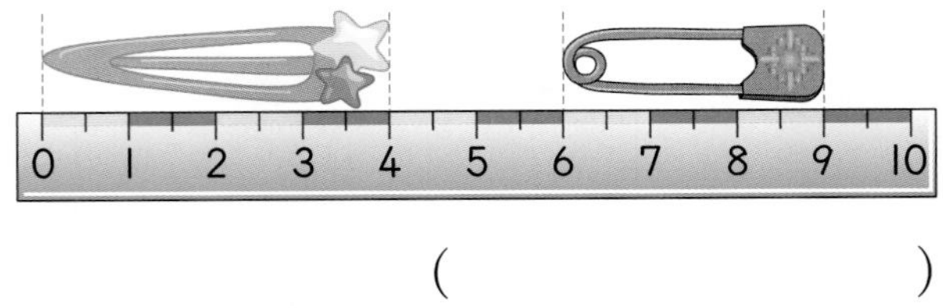


(　　　　　　　　)

241010-0750

**12** 삼각형의 각 변의 길이를 자로 재어 □ 안에 알맞은 수를 써넣으세요.

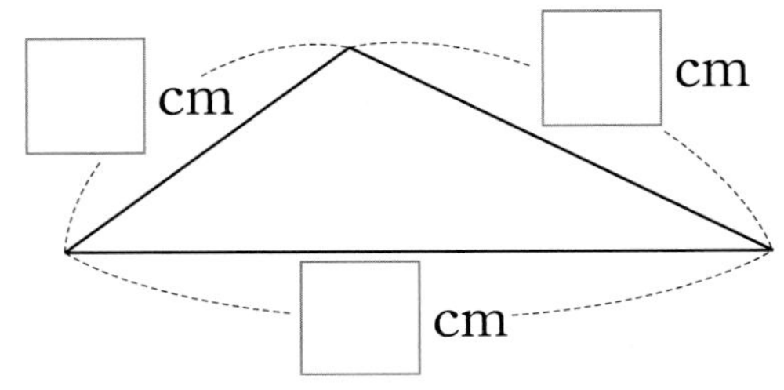


241010-0751

**13** 막대의 길이를 알아보려고 합니다. 알맞은 것에 ○표 하세요.

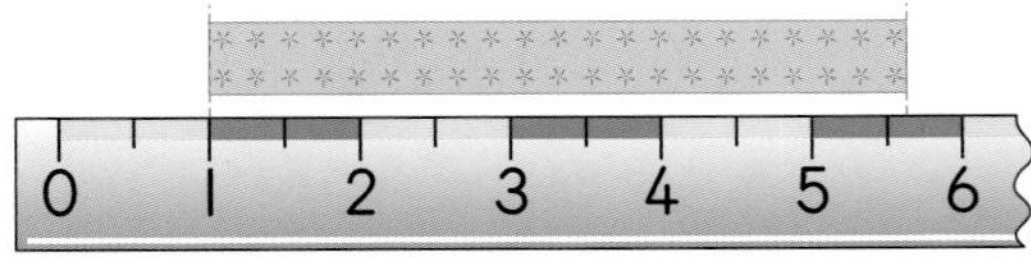


(1) 막대의 길이는 ( 4 cm , 5 cm , 6 cm ) 보다 길고, ( 4 cm , 5 cm , 6 cm )는 조금 안 됩니다.

(2) 막대의 길이는 ( 4 cm , 5 cm , 6 cm ) 에 가깝기 때문에 약 ( 4 cm , 5 cm , 6 cm )입니다.

정답과 풀이 57쪽

## 유형 1 1 cm를 이용하여 선 긋기

241010-0752

**01** 아래의 안내에 따라 선을 그어 도형을 완성해 보세요.

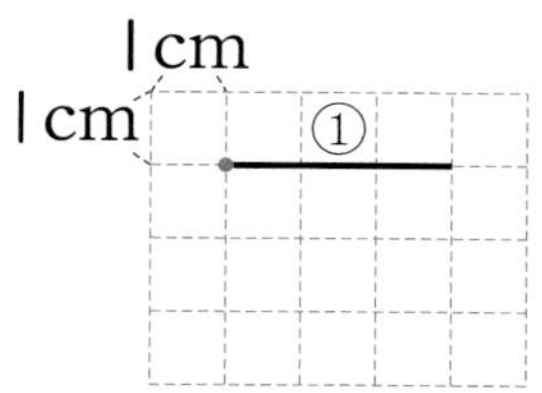


〈선을 긋는 순서〉

① 오른쪽으로 3 cm ② 아래쪽으로 2 cm
③ 왼쪽으로 3 cm ④ 위쪽으로 2 cm

비법 3 cm이면 작은 사각형의 3칸만큼, 2 cm이면 작은 사각형의 2칸만큼 선을 순서대로 그어 줍니다.

241010-0753

**02** 아래의 안내에 따라 개미가 움직인 길을 그렸습니다. □ 안에 알맞은 수를 써넣으세요.

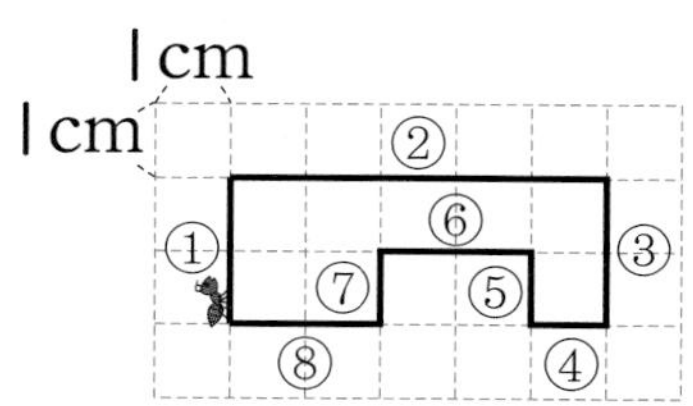


〈선을 긋는 순서〉

① 위쪽으로 2 cm ② 오른쪽으로 5 cm
③ 아래쪽으로 □ cm
④ 왼쪽으로 1 cm ⑤ 위쪽으로 1 cm
⑥ 왼쪽으로 □ cm
⑦ 아래쪽으로 1 cm
⑧ 왼쪽으로 □ cm

## 유형 2 여러 가지 단위로 길이 재기

241010-0754

**03** 지팡이의 길이를 연필로 재면 3번입니다. 연필의 길이를 재었더니 20 cm였다면, 지팡이의 길이는 몇 cm일까요?

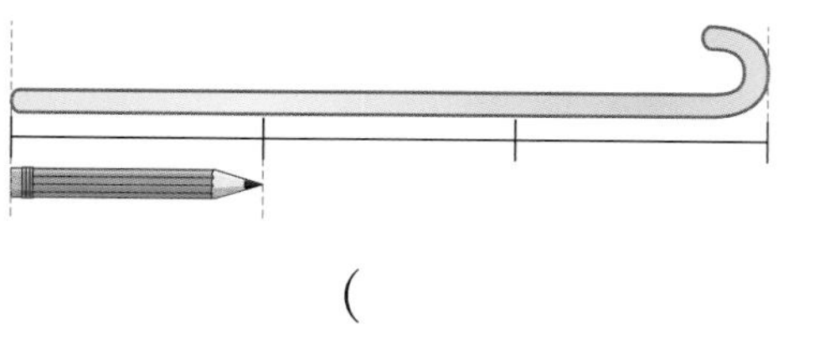

( )

비법 연필의 길이가 20 cm이므로 지팡이의 길이는 20 cm로 3번입니다.

241010-0755

**04** 손목시계의 길이를 클립으로 재면 5번입니다. 클립의 길이를 재었더니 3 cm였다면, 손목시계의 길이는 몇 cm일까요?

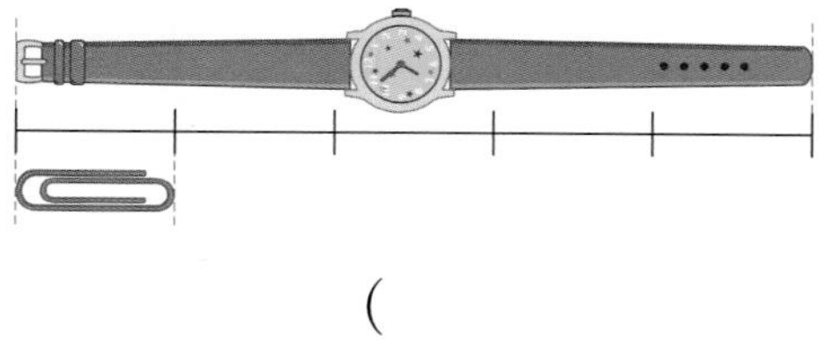

( )

241010-0756

**05** 지우개의 길이를 재었더니 5 cm였습니다. 막대의 길이는 몇 cm일까요?

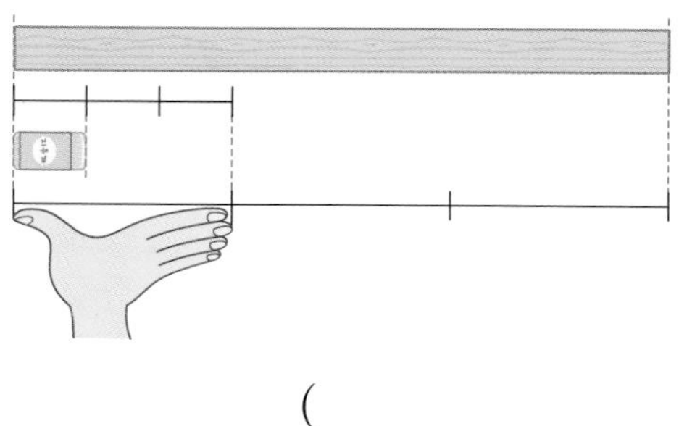

( )

### 유형 3 자로 잰 길이 비교하기

241010-0757

**06** 세 장의 색 테이프를 겹치지 않게 이어 붙이면 모두 몇 cm가 될까요?

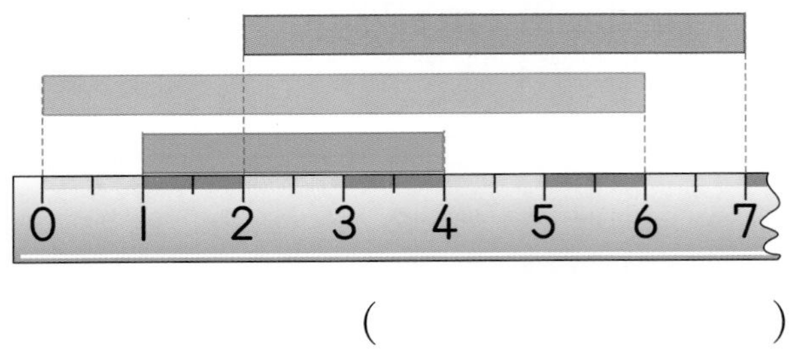


(　　　　　　　　)

비법 1 cm가 ●번이면 ●cm입니다.

241010-0758

**07** 세 개의 색 막대를 겹치지 않게 이어 붙이면 모두 몇 cm가 될까요?

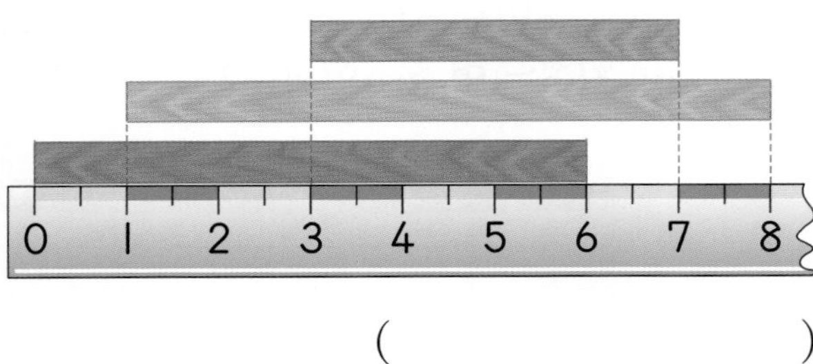


(　　　　　　　　)

241010-0759

**08** 세 마리의 물고기의 길이의 합은 몇 cm인지 구해 보세요.

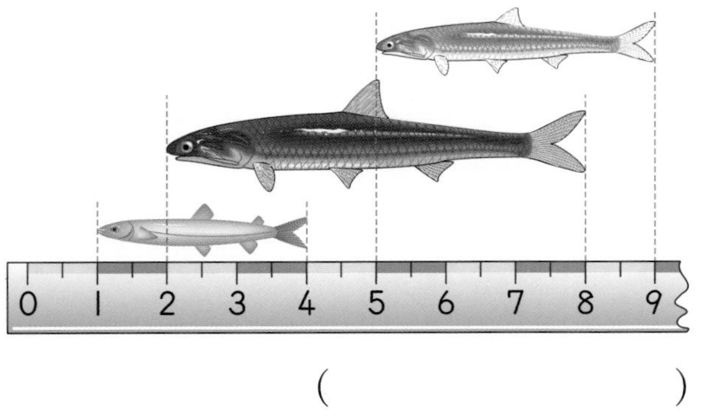


(　　　　　　　　)

### 유형 4 선의 길이 구하기

241010-0760

**09** 가장 작은 사각형의 네 변의 길이는 모두 같고 한 변의 길이는 1 cm입니다. 굵은 선의 길이는 몇 cm일까요?

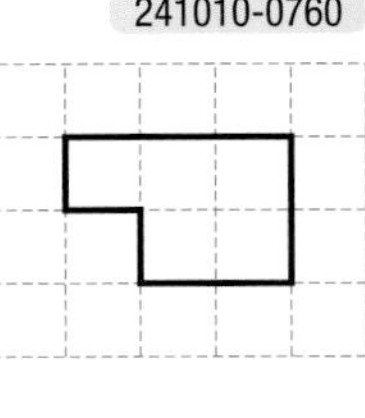

(　　　　　　　　)

비법 1 cm인 변이 모두 몇 개인지 세어서 길이를 구합니다.

241010-0761

**10** 가장 작은 사각형의 네 변의 길이는 모두 같고 한 변의 길이는 1 cm입니다. 굵은 선의 길이는 몇 cm일까요?

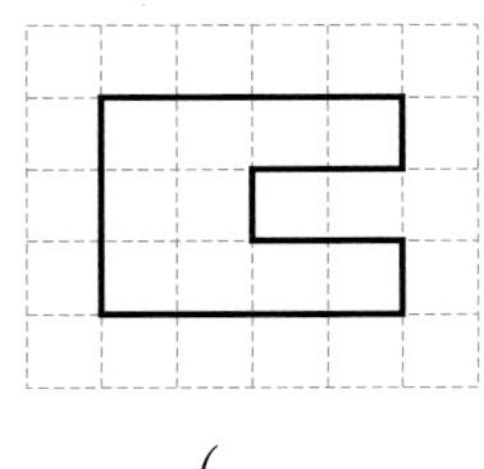

(　　　　　　　　)

241010-0762

**11** 가장 작은 사각형의 네 변의 길이는 모두 같고 한 변의 길이는 1 cm입니다. 길이가 25 cm인 끈으로 그림과 같은 모양을 만들었을 때, 사용하고 남은 끈의 길이는 몇 cm일까요?

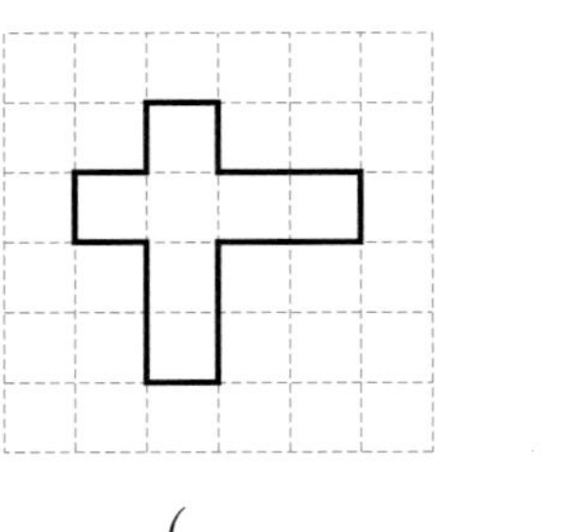

(　　　　　　　　)

241010-0763

**01** 칫솔의 길이는 클립으로 몇 번인가요?

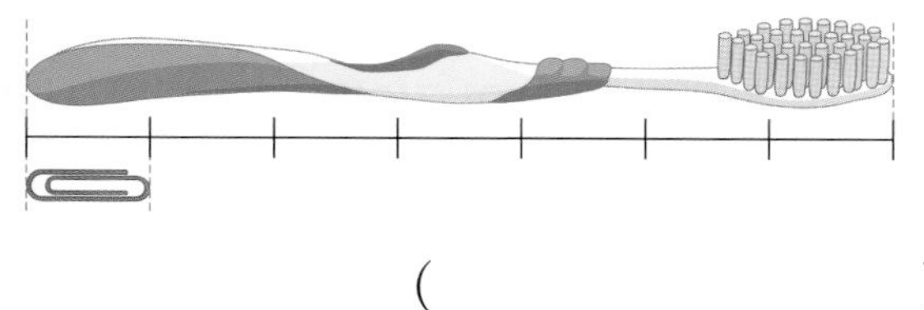

( )

241010-0764

**02** 스마트폰의 짧은 쪽의 길이를 잴 때 사용하기에 알맞은 단위에 ○표 하세요.

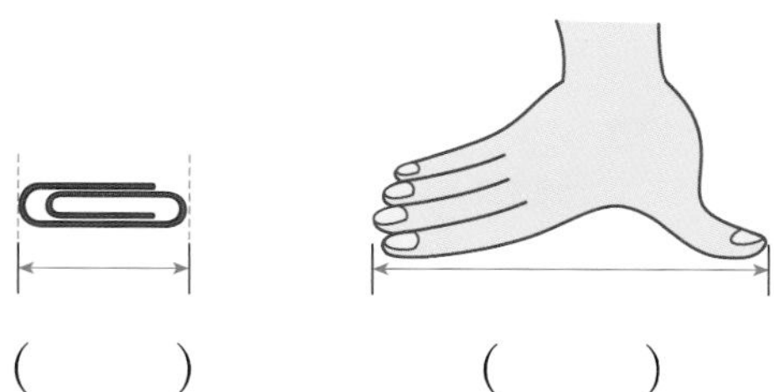

( ) ( )

241010-0765

**03** 책의 긴 쪽의 길이를 지우개와 볼펜으로 재어 보았습니다. 지우개와 볼펜으로 각각 몇 번인가요?

지우개 ( )

볼펜 ( )

241010-0766

**04** 세 사람이 모형으로 모양 만들기를 하였습니다. 가장 길게 연결한 사람은 누구인가요?

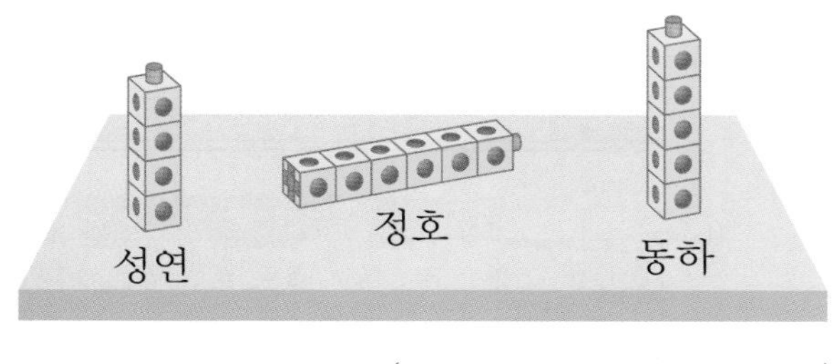


( )

241010-0767

**05** 서술형 나뭇잎의 길이를 누름 못과 옷핀으로 재는 횟수의 차는 몇 번인지 풀이 과정을 쓰고 답을 구해 보세요.

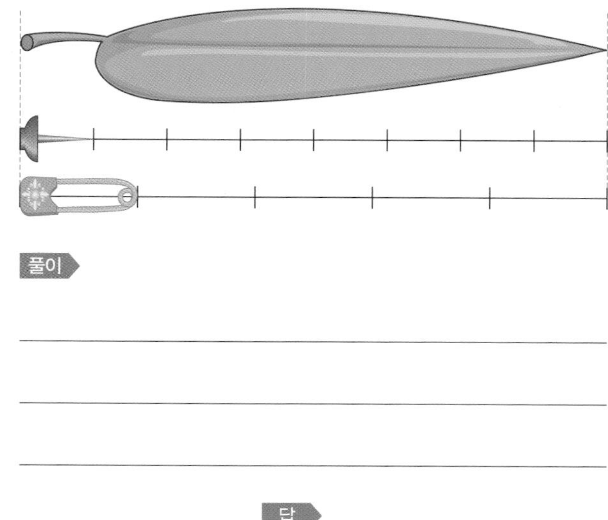

풀이

답

241010-0768

**06** 책상의 높이를 나무젓가락으로 재면 4번 재어야 합니다. 책상의 높이는 색연필로 몇 번일까요?

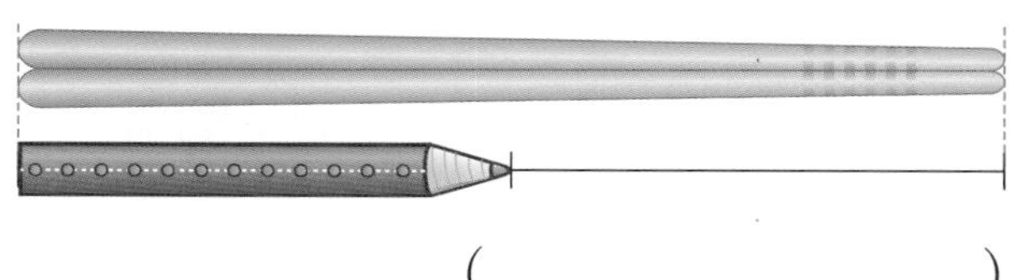

( )

241010-0769

**07** 교실 창문의 긴 쪽의 길이를 색 테이프 ㉠, ㉡, ㉢을 이용하여 재려고 합니다. 잰 횟수가 많은 것부터 순서대로 기호를 써 보세요.

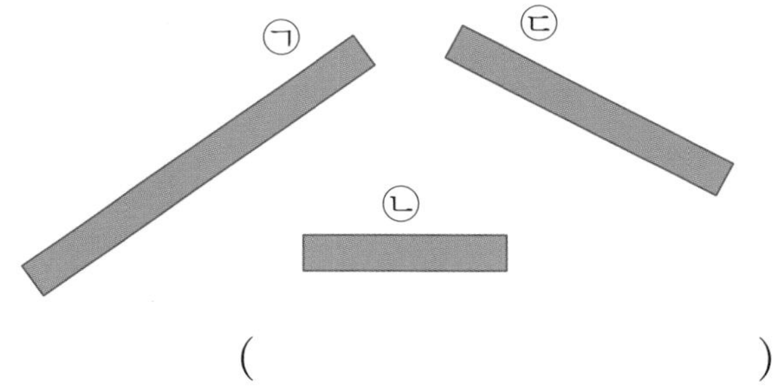


( )

4 단원

241010-0770

**08** 바르게 쓴 것에 ○표 하세요.

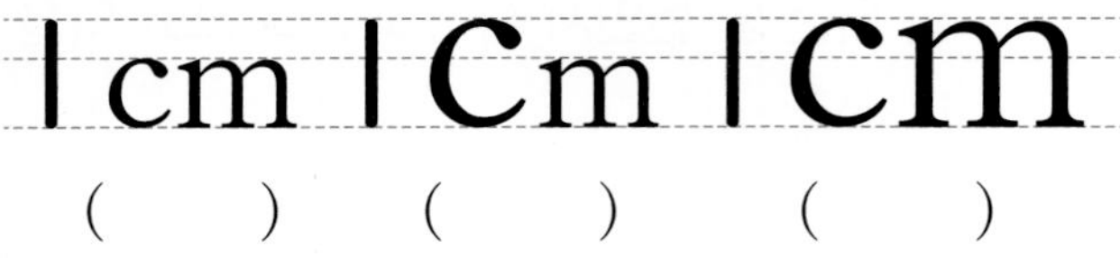


( ) ( ) ( )

241010-0771

**09** □ 안에 알맞은 수를 써넣으세요.

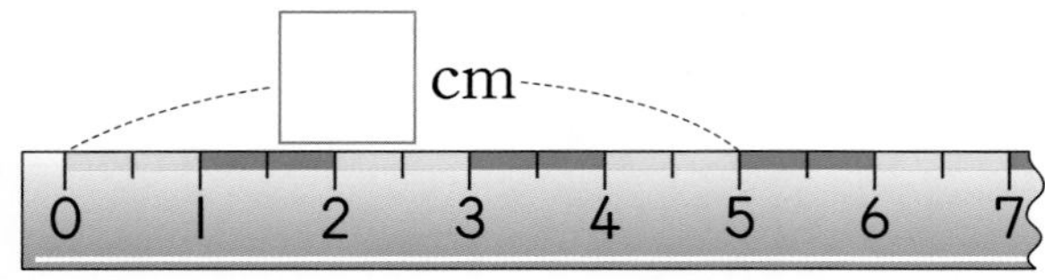


241010-0772

**10** 막대의 길이를 바르게 말한 사람의 이름을 써 보세요.

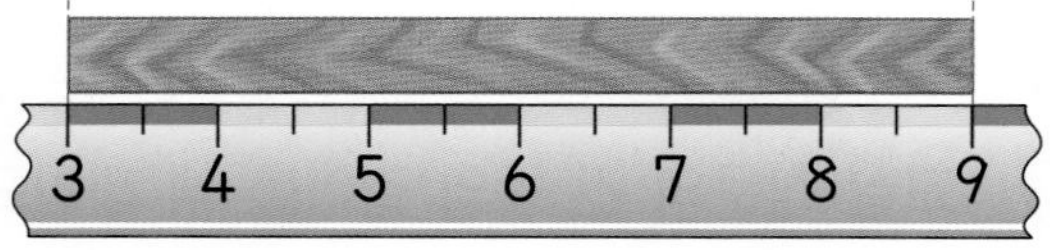


보람: 막대의 한쪽 끝이 3 cm이므로 막대의 길이는 3 cm야.
은지: 막대의 한쪽 끝이 9 cm이므로 막대의 길이는 9 cm야.
예원: 1 cm로 6번이므로 막대의 길이는 6 cm야.

( )

241010-0773

**11** 민우가 가지고 있는 지우개의 길이는 5 cm입니다. 민우가 가지고 있는 지우개를 이용하여 동화책의 긴 쪽의 길이를 재었더니 지우개로 6번이었습니다. 동화책의 긴 쪽의 길이는 몇 cm일까요?

( )

241010-0774

**12** 보기 에서 알맞은 길이를 골라 문장을 완성해 보세요.

보기

3 cm 70 cm 20 cm

(1) 젓가락의 길이는 □ 입니다.

(2) 클립의 길이는 □ 입니다.

241010-0775

**13** 빨간색 선의 길이를 자로 재어 몇 cm인지 쓰고 읽어 보세요.

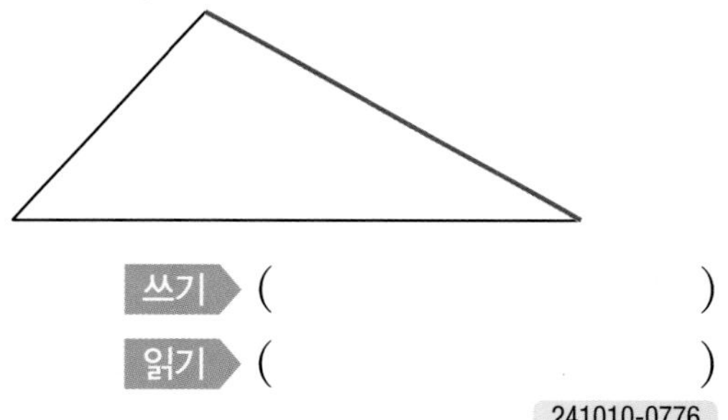

쓰기 ( )

읽기 ( )

241010-0776

**14** 색 테이프의 길이가 더 긴 것을 찾아 기호를 써 보세요.

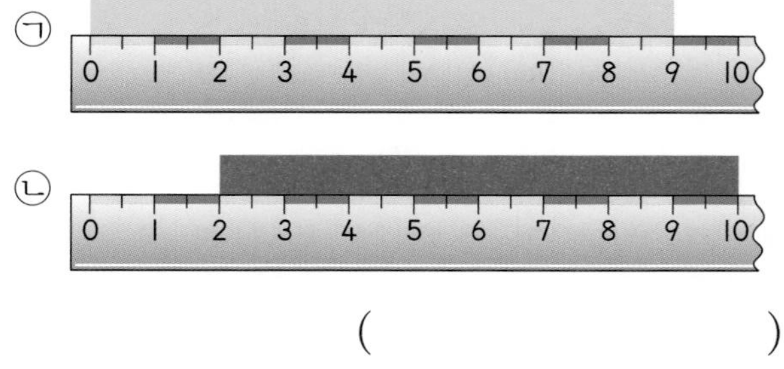


( )

241010-0777

**15** 머리핀의 길이만큼 점선을 따라 선을 그어 보세요.

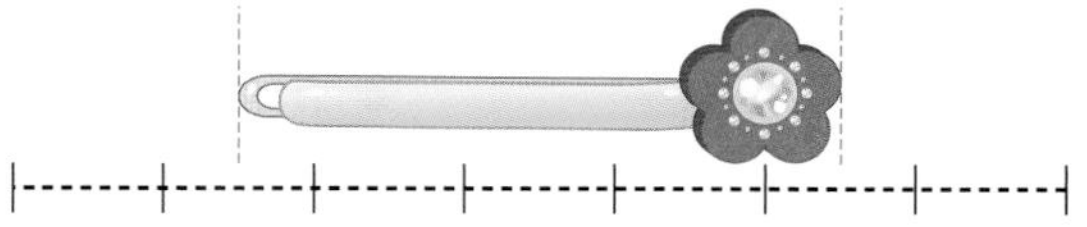

241010-0778

**16** 가의 길이와 나의 길이의 합을 구해 보세요.

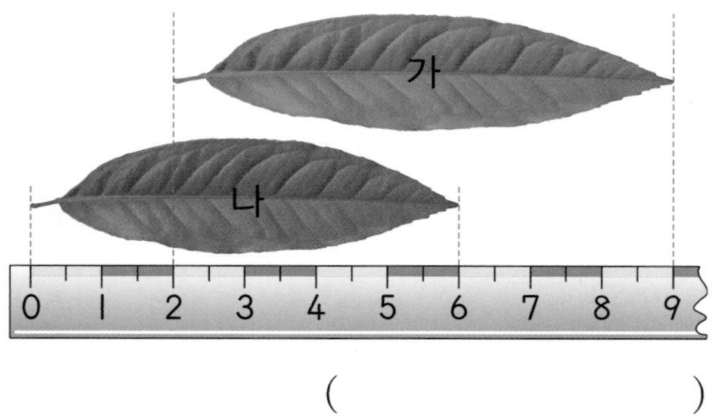


( )

241010-0779

실제 길이가 17 cm인 리본의 길이를 준수는 약 14 cm로 어림하였고, 진서는 약 19 cm로 어림하였습니다. 실제 길이에 더 가깝게 어림한 사람은 누구인지 풀이 과정을 쓰고 답을 구해 보세요.

풀이

답

241010-0780

**18** 명령어에 따라 출발점에서부터 ①~⑥의 순서대로 그은 것입니다. 명령어를 완성해 보세요.

명령어 안내

- 위쪽으로 2: 위로(↑) 2 cm 선 긋기
- 아래쪽으로 2: 아래로(↓) 2 cm 선 긋기
- 왼쪽으로 2: 왼쪽으로(←) 2 cm 선 긋기
- 오른쪽으로 2: 오른쪽으로(→) 2 cm 선 긋기

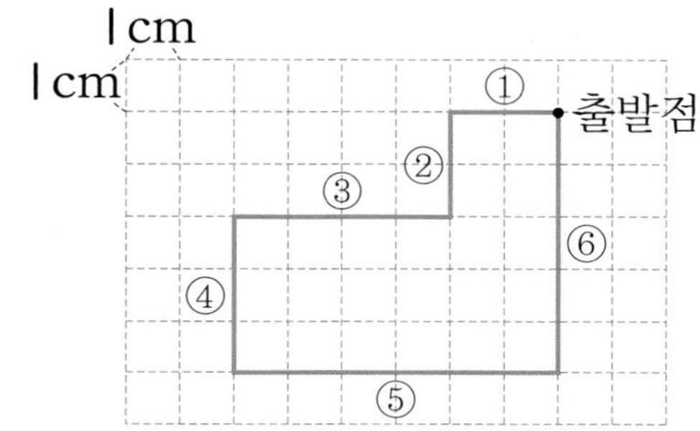


① 왼쪽으로 2 ② 아래쪽으로 2
③ 왼쪽으로 4 ④ ( )
⑤ ( ) ⑥ 위쪽으로 5

241010-0781

**19** 한 칸의 길이가 1 cm인 모눈종이 가와 나에 그은 초록색 선의 길이의 차는 몇 cm일까요?

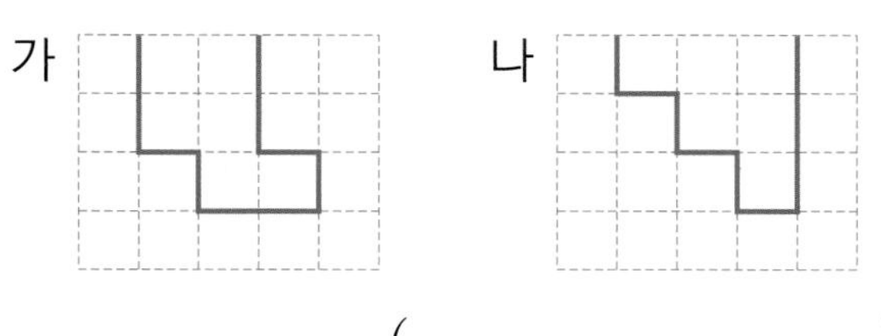


( )

241010-0782

**20** 실제 길이가 10 cm인 크레파스를 영민이는 약 12 cm로, 도형이는 약 9 cm로, 대호는 약 13 cm로 어림하였습니다. 실제 길이에 가장 가깝게 어림한 사람은 누구일까요?

( )

4 단원

241010-0783

**01** 도형을 아래와 같이 분류하였습니다. 분류 기준으로 알맞은 것에 ○표 하세요.

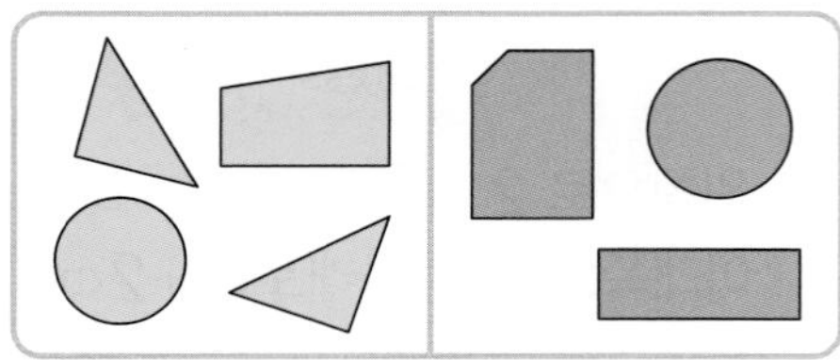

( 모양 , 색깔 , 크기 )

241010-0784

**02** 동전을 아래와 같이 분류하였습니다. □ 안에 알맞은 분류 기준을 써넣으세요.

| 분류 기준 | |
|---|---|

241010-0785

**03** 단추를 크기에 따라 분류할 수 있는 것에 ○표 하세요.

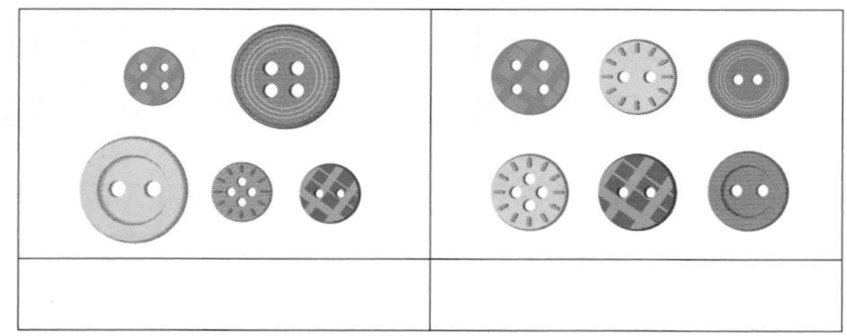

241010-0786

**04** 옷을 다음과 같이 분류하였습니다. 잘못 분류한 것에 △표 하세요.

| 반팔 옷 | 긴팔 옷 |
|---|---|
| | |

241010-0787

**05** 아래 기준에 따라 분류하려고 합니다. 빈칸에 알맞은 기호를 써넣으세요.

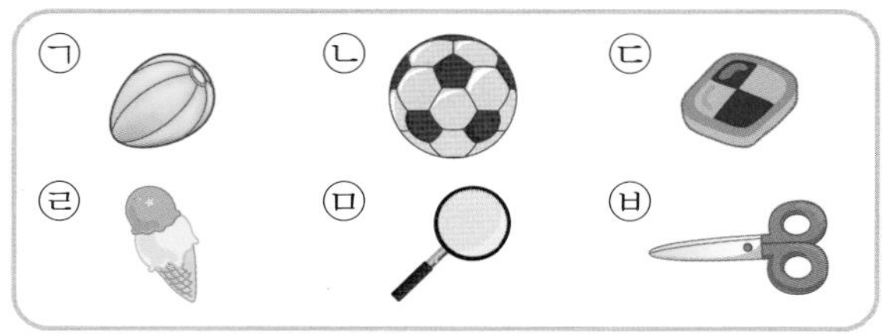


| 먹을 수 있는 것 | 먹을 수 없는 것 |
|---|---|
| | |

[06~07] 연주는 집안에서 사용하는 물건들을 사용하는 장소에 따라 분류하려고 합니다. 물음에 답하세요.

| 욕실 | 주방 |
|---|---|
| 가 | 나 |

241010-0788

**06** 칫솔은 어디에 분류해야 하는지 기호를 써 보세요.

( )

241010-0789

**07** 어머니께서 프라이팬을 새로 사 오셨습니다. 가와 나 중 어디에 두어야 하는지 기호를 써 보세요.

( )

[08~10] 동물을 분류하려고 합니다. 물음에 답하세요.

241010-0790

**08** 동물들을 분류하는 기준으로 알맞지 않은 것을 모두 골라 기호를 써 보세요.

㉠ 털이 있는 동물과 없는 동물
㉡ 사람들이 좋아하는 동물과 싫어하는 동물
㉢ 다리가 있는 동물과 없는 동물
㉣ 온순한 동물과 사나운 동물
㉤ 날개가 있는 동물과 없는 동물

( )

241010-0791

**09** 주어진 기준에 따라 분류하고 그 수를 세어 보세요.

| 분류 기준 | 활동하는 곳 |
|---|---|

| 활동하는 곳 | 하늘 | 땅 | 물 |
|---|---|---|---|
| 기호 | 다, 바, 아 | | |
| 동물 수 (마리) | | | |

241010-0792

**10** 다리 수에 따라 분류하고 그 수를 세어 보세요.

| 다리 수 | 없음 | 2개 | 4개 |
|---|---|---|---|
| 동물 수 (마리) | | | |

[11~13] 미소네 반 학생들이 좋아하는 운동을 조사하였습니다. 물음에 답하세요.

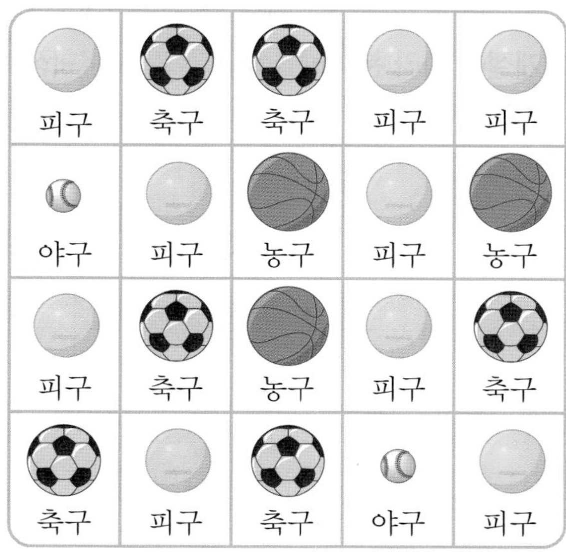

피구
축구
축구
피구
피구
야구
피구
농구
피구
농구
피구
축구
농구
피구
축구
축구
피구
축구
야구
피구


241010-0793

**11** 조사한 학생은 모두 몇 명인가요?

( )

241010-0794

**12** 좋아하는 운동을 종류에 따라 분류하고 그 수를 세어 보세요.

| 종류 | 피구 | 축구 | 야구 | 농구 |
|---|---|---|---|---|
| 학생 수 (명) | | | | |

241010-0795

**13** 분류한 결과를 보고 알 수 있는 사실이 아닌 것의 기호를 써 보세요.

㉠ 가장 적은 학생들이 좋아하는 운동은 야구입니다.
㉡ 축구를 좋아하는 학생과 농구를 좋아하는 학생은 모두 9명입니다.
㉢ 피구를 좋아하는 학생은 야구를 좋아하는 학생보다 6명 더 많습니다.

( )

5 단원

## 유형 1 조사한 내용 확인하기

241010-0796

**01** 상주네 반 학생들이 좋아하는 계절을 조사하여 계절에 따라 분류하였습니다. 조사한 학생이 모두 20명일 때, ㉠, ㉡, ㉢에 알맞은 계절을 써 보세요.

| 봄 | 가을 | 여름 | 여름 | 봄 |
|---|---|---|---|---|
| 가을 | 여름 | ㉠ | 겨울 | 여름 |
| 여름 | ㉡ | 봄 | 봄 | ㉢ |
| 봄 | 겨울 | 여름 | 여름 | 가을 |

| 계절 | 봄 | 여름 | 가을 | 겨울 |
|---|---|---|---|---|
| 학생 수(명) | 5 | 8 | 3 | 4 |

㉠ (　　　) ㉡ (　　　) ㉢ (　　　)

비법 봄을 좋아하는 학생은 5명이므로 조사한 내용에 봄이 5번 들어 있는지 확인합니다. 이어서 여름이 8번, 가을이 3번, 겨울이 4번 들어 있는지 순서대로 확인합니다.

241010-0797

**02** 구슬을 색깔에 따라 분류하였습니다. 구슬이 모두 16개일 때, ㉠, ㉡에 알맞은 구슬의 색깔을 써 보세요.

| ● | ● | ● | ● | ● | ㉡ | ● | ● |
|---|---|---|---|---|---|---|---|
| ● | ㉠ | ● | ● | ● | ● | ● | ● |

| 색깔 | 파란색 | 빨간색 | 노란색 |
|---|---|---|---|
| 구슬 수(개) | 3 | 8 | 5 |

㉠ (　　　) ㉡ (　　　)

## 유형 2 두 가지 기준으로 분류하기

241010-0798

**03** 사각형 모양이면서 파란색인 조각은 모두 몇 개인가요?

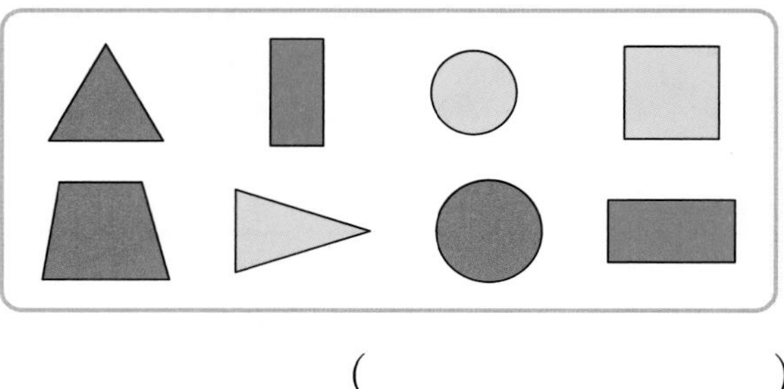

(　　　　　)

비법 사각형 모양의 조각들을 먼저 찾은 후, 그 중에서 파란색 조각을 찾습니다.

241010-0799

**04** 원 모양이면서 구멍이 2개인 단추는 모두 몇 개인가요?

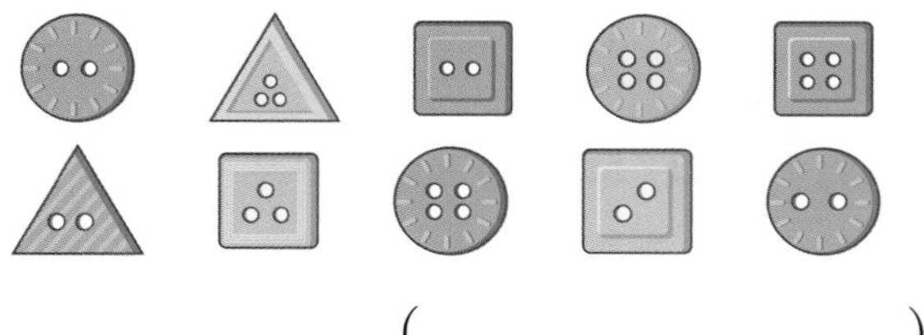

(　　　　　)

241010-0800

**05** 초록색 종이로 접은 종이배는 모두 몇 개인가요?

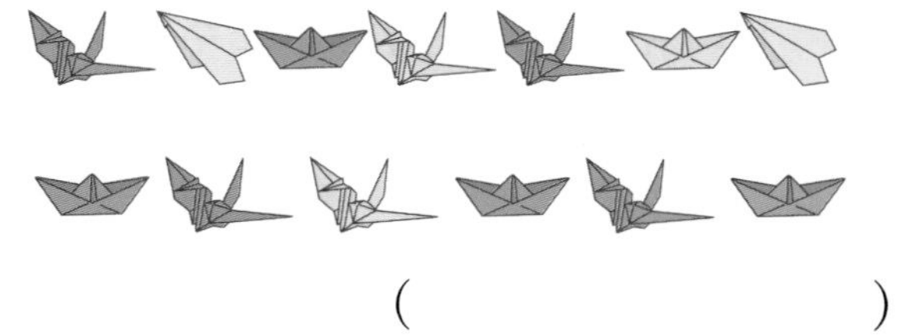

(　　　　　)

## 유형 3 잘못 분류된 것 찾기

241010-0801

**06** 간식을 종류에 따라 선반에 분류하였습니다. 잘못 분류된 것에 ○표 하세요.

| 과자 | |
|---|---|
| 빵 | |
| 사탕 | |

비법 ㉠에는 과자, ㉡에는 빵, ㉢에는 사탕만 들어 있는지 살펴봅니다.

241010-0802

**07** 옷을 종류에 따라 서랍에 분류하였습니다. 잘못 분류된 것에 모두 ○표 하세요.

| 윗옷 | |
|---|---|
| 바지 | |
| 치마 | |

241010-0803

**08** 악기를 연주 방법에 따라 분류하였습니다. 잘못 분류된 악기는 모두 몇 개인가요?

| 불기 | |
|---|---|
| 치기 | |

( )

## 유형 4 분류한 결과를 보고 말하기

241010-0804

**09** 경호네 반의 놀잇감 수를 조사한 것입니다. 놀잇감 수가 종류별로 비슷하려면 어떤 놀잇감을 더 준비해야 할까요?

| 종류 | 블록 | 컵 쌓기 | 보드게임 | 고무찰흙 |
|---|---|---|---|---|
| 놀잇감 수(개) | 5 | 2 | 6 | 5 |

( )

비법 놀잇감의 수가 가장 적은 것을 찾아봅니다.

241010-0805

**10** 수진이네 텃밭에 심은 모종 수를 조사한 것입니다. 모종 수가 종류별로 비슷하려면 어떤 모종을 더 심어야 할까요?

| 종류 | 고추 모종 | 오이 모종 | 토마토 모종 | 가지 모종 |
|---|---|---|---|---|
| 모종 수(개) | 13 | 14 | 7 | 13 |

( )

241010-0806

**11** 화단에 심을 꽃 수를 조사한 것입니다. 꽃 수를 종류별로 25송이씩 똑같이 심으려면 어떤 꽃들을 더 준비해야 하는지 꽃의 이름을 모두 써 보세요.

| 종류 | 튤립 | 팬지 | 장미 | 국화 |
|---|---|---|---|---|
| 꽃 수(송이) | 25 | 21 | 25 | 20 |

( )

241010-0807

**01** 분류 기준으로 알맞은 것에 ○표 하세요.

| 노란색 과일과 빨간색 과일 | ( ) |
|---|---|
| 비싼 과일과 싼 과일 | ( ) |

241010-0808

**02** 알맞은 분류 기준을 완성해 보세요.

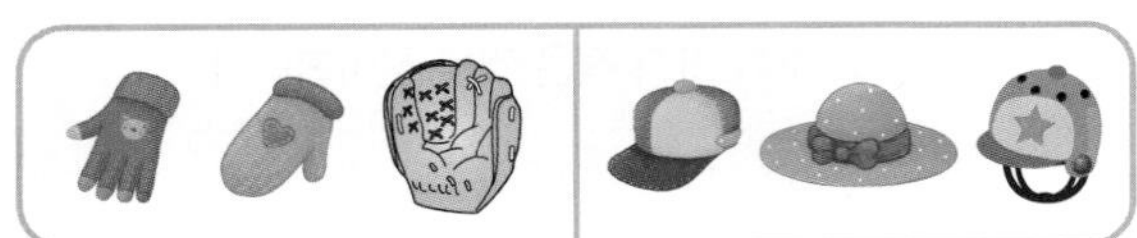

| 분류 기준 |
|---|
| ( )에 끼는 것과 ( )에 쓰는 것 |

241010-0809

**03** 수학 시간에 쓰는 물건과 체육 시간에 쓰는 물건으로 분류하여 기호를 써 보세요.

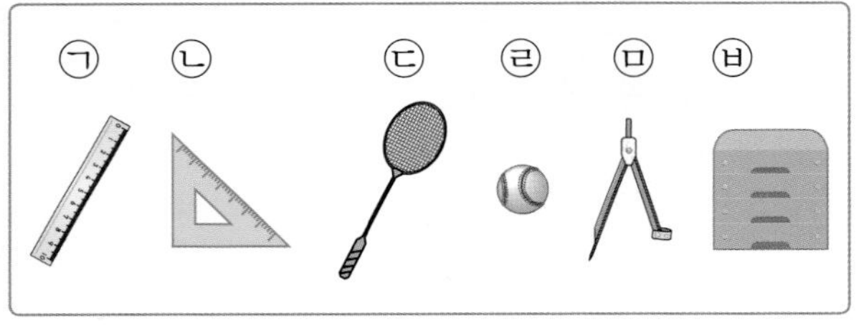


| 수학 시간에 쓰는 물건 | 체육 시간에 쓰는 물건 |
|---|---|
| | |

**[04~06]** 여러 가지 모양의 과자를 구웠습니다. 물음에 답하세요.

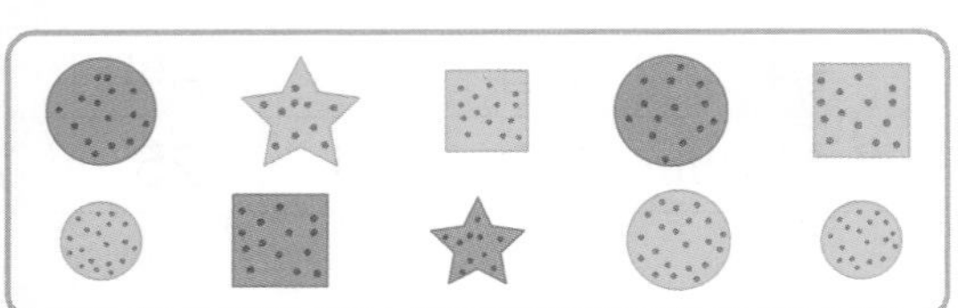

241010-0810

**04** 과자의 모양은 모두 몇 가지인가요?

( )

241010-0811

**05** 과자를 모양에 따라 분류하여 그 수를 세어 보세요.

| 모양 | (원) | (사각형) | (별) |
|---|---|---|---|
| 과자 수(개) | | | |

241010-0812

**06** 과자의 모양 중 개수가 가장 적은 과자를 개수가 가장 많은 과자만큼 더 구우려고 합니다. 어떤 모양의 과자를 몇 개 더 구워야 할까요?

( (원), (사각형), (별) ) 모양 과자, □개

**[07~08]** 미리네 반 학생들이 좋아하는 반려동물을 조사하였습니다. 물음에 답하세요.

| 강아지 | 금붕어 | 고양이 | 고양이 | 고양이 | 강아지 |
|---|---|---|---|---|---|
| 금붕어 | 강아지 | 금붕어 | 고양이 | 강아지 | 강아지 |

241010-0813

**07** 가장 많은 학생들이 좋아하는 반려동물의 이름을 써 보세요.

( )

241010-0814

**08** 조사한 학생 수는 모두 몇 명인가요?

( )

[09~12] 젤리를 분류하려고 합니다. 물음에 답하세요.

241010-0815

**09** 젤리를 다음과 같이 분류하였습니다. □ 안에 알맞은 말을 써넣으세요.

| 분류 기준 | 젤리의 □ |
|---|---|

241010-0816

**10** 젤리를 큰 것과 작은 것으로 분류하려고 합니다. 빈칸에 알맞은 기호를 써넣고, 큰 것과 작은 것의 수의 차는 몇 개인지 구해 보세요.

| 큰 것 | 작은 것 |
|---|---|
| | |

( )

241010-0817

**11** ♡ 모양이면서 빨간색인 젤리를 모두 찾아 기호를 써 보세요.

( )

241010-0818

**12** □ 안에 알맞은 모양과 말을 써넣으세요.

♣ 모양이면서 파란색인 젤리의 개수와 □ 모양이면서 □ 색인 젤리의 개수는 같습니다.

241010-0819

**13** 과자를 모양에 따라 분류하고 그 수를 세어 보세요.

| 모양 | | | |
|---|---|---|---|
| 세면서 표시하기 | | | |
| 과자 수(개) | | | |

241010-0820

**14** 서술형 모자를 색깔에 따라 분류하여 그 수가 가장 적은 색깔의 모자를 가장 많은 색깔의 모자 수에 맞추어 더 사려고 합니다. 어느 색깔의 모자를 몇 개 더 사면 좋을지 풀이 과정을 쓰고 답을 구해 보세요.

풀이

답

5 단원

[15~17] 어느 달의 날씨를 조사하였습니다. 물음에 답하세요.

| 일 | 월 | 화 | 수 | 목 | 금 | 토 |
|---|---|---|---|---|---|---|
| | 1 | 2 | 3 | 4 | 5 | 6 |
| 7 | 8 | 9 | 10 | 11 | 12 | 13 |
| 14 | 15 | 16 | 17 | 18 | 19 | 20 |
| 21 | 22 | 23 | 24 | 25 | 26 | 27 |
| 28 | 29 | 30 | | | | |

맑은 날 흐린 날 비 온 날

241010-0821

**15** 날씨의 날수를 세어 보고 가장 많은 날에 ○표 하세요.

( )

241010-0822

**16** 세영이는 비 온 날을 빼고 매일 줄넘기 연습을 하였습니다. 이 달에 세영이가 줄넘기를 한 날수는 며칠일까요?

( )

241010-0823

**17** □ 안에 알맞은 말을 써넣으세요.

□ 날의 날수에서 흐린 날의 날수를 빼면 □ 날의 날수가 됩니다.

241010-0824

**18** 서술형

20명의 친구들이 좋아하는 간식을 조사하였습니다. 대화를 읽고 컵라면을 좋아하는 친구는 몇 명인지 풀이 과정을 쓰고 답을 구해 보세요.

계령: 좋아하는 간식에는 과자, 핫도그, 컵라면, 김밥이 있어.
민섭: 과자를 좋아하는 친구가 6명, 김밥을 좋아하는 친구가 5명이야.
채석: 핫도그를 좋아하는 친구는 과자를 좋아하는 친구보다 1명이 더 적어.

풀이

답

[19~20] 신영이는 재활용 쓰레기를 분류하려고 합니다. 물음에 답하세요.

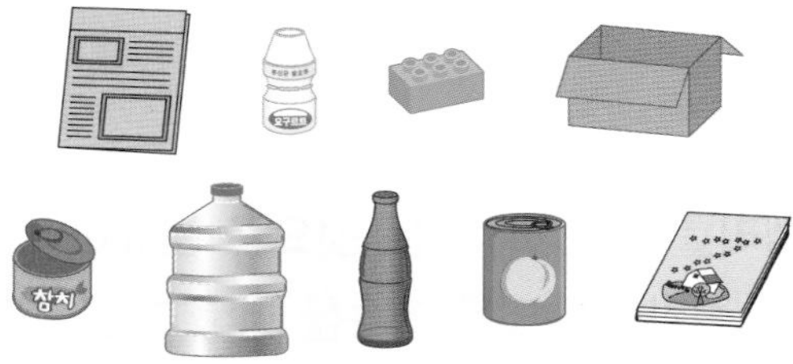

241010-0825

**19** 재료에 따라 아래와 같이 4가지로 분류하였을 때 캔류에 들어가는 것은 모두 몇 개인가요?

| 종이류 | 플라스틱류 | 병류 | 캔류 |
|---|---|---|---|

( )

241010-0826

**20** 플라스틱류와 병류를 재활용하면 1개당 칭찬 스티커를 1장씩 받을 수 있습니다. 신영이가 받을 수 있는 칭찬 스티커는 몇 장일까요?

( )

241010-0827

**01** 컵은 모두 몇 개인지 세어 보세요.

(                    )

241010-0828

**02** 오토바이의 바퀴는 모두 몇 개인지 세어 보세요.

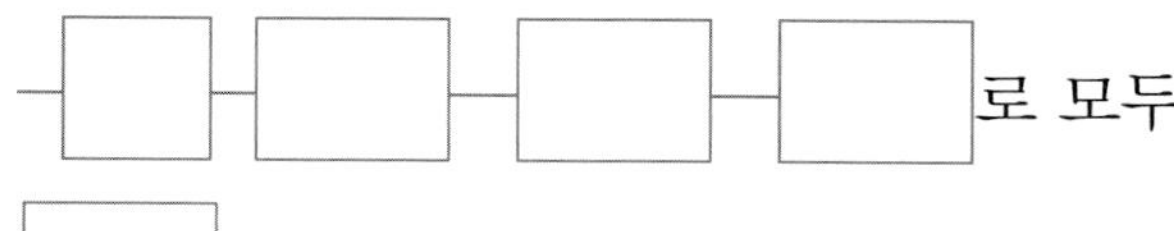

2씩 뛰어서 세어 보면 [2]-[4]-[6]-[ ]-[ ]-[ ]-[ ]로 모두 [ ]개입니다.

[03~04] 비행기가 모두 몇 대인지 세어 보려고 합니다. 물음에 답하세요.

241010-0829

**03** 3씩 묶어 세어 보세요.

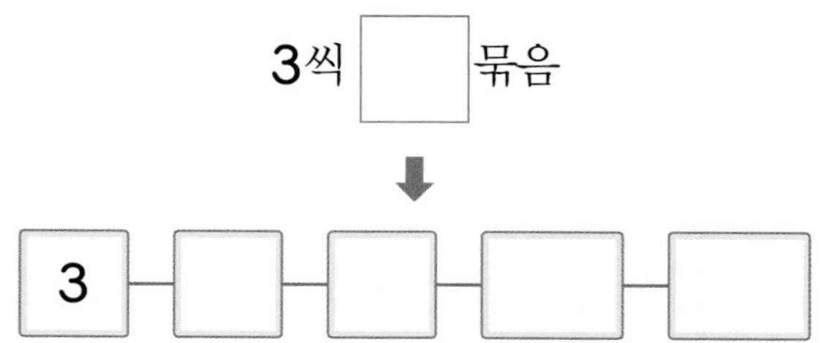

3씩 [ ] 묶음

↓

[3]-[ ]-[ ]-[ ]-[ ]

241010-0830

**04** 비행기는 모두 몇 대인가요?

(                    )

241010-0831

**05** □ 안에 알맞은 수를 써넣으세요.

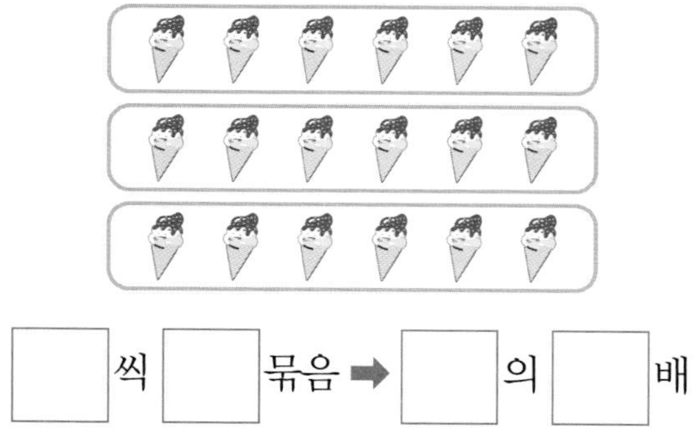

[ ]씩 [ ]묶음 ➡ [ ]의 [ ]배

241010-0832

**06** 흰 바둑돌은 검은 바둑돌의 4배만큼 있습니다. 빈 곳에 흰 바둑돌의 수만큼 ○를 그려 넣으세요.

241010-0833

**07** 초록색 막대의 길이는 주황색 막대의 길이의 몇 배일까요?

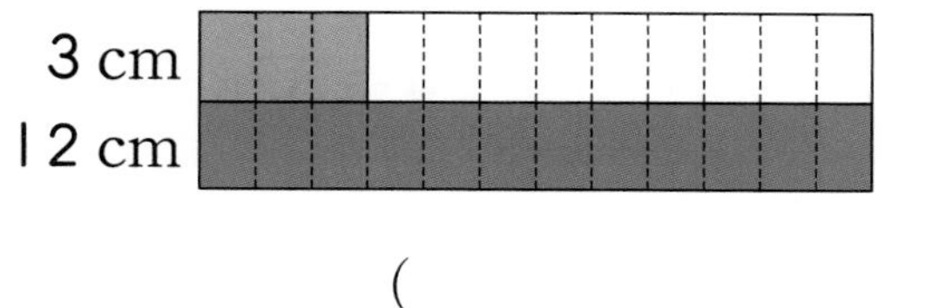


(                    )

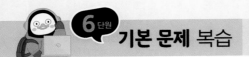

241010-0834

**08** □ 안에 알맞은 수나 말을 써넣으세요.

5의 □ 배는 5×□ (이)라고 쓰고
5 □ □ (이)라고 읽습니다.

241010-0835

**09** 관계있는 것끼리 선으로 이어 보세요.

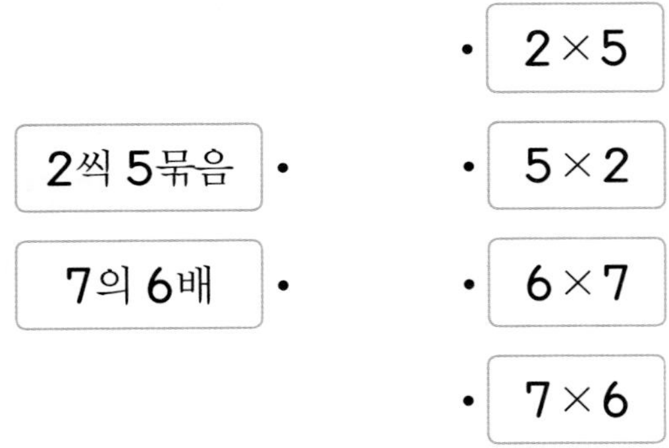


241010-0836

**10** 다음 식을 보고 □ 안에 알맞은 말을 써넣으세요.

$8\times4=32$

(1) 8 □ 4는 32와 □.

(2) 8과 4의 □ 은 32입니다.

241010-0837

**11** 얼룩말이 5마리 있습니다. 얼룩말의 다리는 모두 몇 개인지 □ 안에 알맞은 수를 써넣으세요.

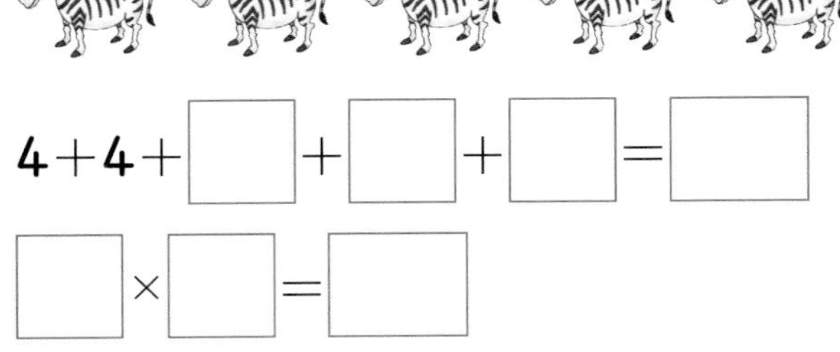

4+4+□+□+□=□

□×□=□

241010-0838

**12** 주사위 눈의 수는 모두 몇 개일까요?

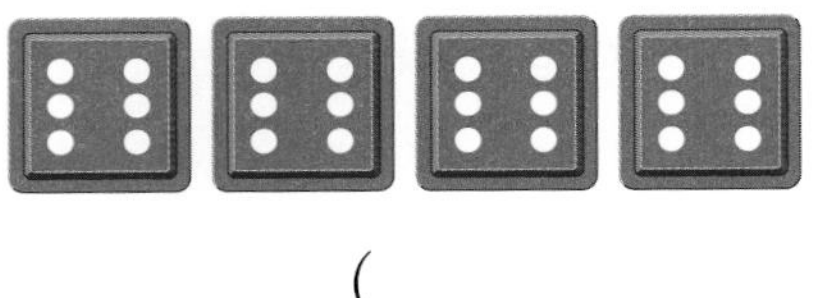

(　　　　　)

241010-0839

**13** 하트 모양이 모두 몇 개인지 여러 가지 곱셈식으로 나타내 보세요.

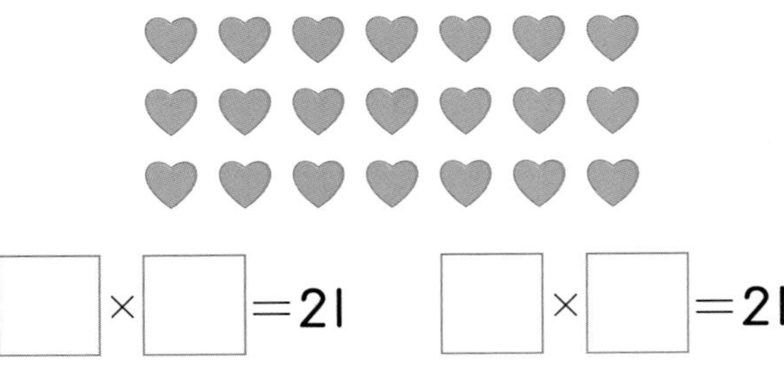

□×□=21　□×□=21

## 유형 1 몇의 몇 배 구하기

241010-0840

**01** ㉡은 3의 몇 배일까요?

㉠ 3의 4배인 수
㉡ ㉠보다 3 큰 수

( )

비법 3의 4배는 3+3+3+3입니다.
㉠보다 3 큰 수는 3+3+3+3+3입니다.

241010-0841

**02** ㉡은 6의 몇 배일까요?

㉠ 6의 7배인 수
㉡ ㉠보다 6 작은 수

( )

241010-0842

**03** ㉡은 4의 몇 배일까요?

㉠ 5의 5배인 수
㉡ ㉠보다 1 작은 수

( )

## 유형 2 곱의 크기 비교하기

241010-0843

**04** 사과와 배 중 어느 것이 더 많은지 구해 보세요.

사과: 8개씩 4상자
배: 7개씩 5상자

( )

비법 곱셈식으로 나타내어 각각의 곱을 비교합니다.

241010-0844

**05** 단팥빵과 크림빵 중 어느 것이 더 많은지 구해 보세요.

단팥빵: 5개씩 9상자
크림빵: 8개씩 5상자

( )

241010-0845

**06** 혜리와 재민이가 가진 색종이는 모두 몇 장인지 구해 보세요.

혜리: 나는 7장씩 4묶음 가지고 있어.
재민: 내가 가진 색종이는 6장씩 5묶음 이야.

( )

## 유형 3 곱하는 수 구하기

241010-0846

**07** □와 △에 들어갈 수의 합은 얼마일까요?

㉠ $5 \times \square = 10$
㉡ $\square \times \triangle = 16$

(                    )

비법 $5 \times \square = 10$에서 □에 들어갈 수를 구하려면 5를 몇 번 더해야 10이 되는지 구합니다. □에 들어갈 수를 찾으면 같은 방법으로 △에 들어갈 수도 구할 수 있습니다.

241010-0847

**08** □와 △에 들어갈 수의 합은 얼마일까요?

㉠ $3 \times \square = 18$
㉡ $\square \times \triangle = 48$

(                    )

241010-0848

**09** □와 △에 들어갈 수의 합은 얼마일까요?

㉠ $\square \times 7 = 21$
㉡ $\triangle \times \square = 24$

(                    )

## 유형 4 수 카드로 조건에 맞는 곱 구하기

241010-0849

**10** 수 카드 중 2장을 골라 카드에 적힌 두 수를 곱하려고 합니다. 곱이 가장 큰 경우 곱은 얼마인지 구해 보세요.

2 3 4 6

(                    )

비법 수를 큰 수부터 나열해서 가장 큰 수와 두 번째로 큰 수를 곱합니다.

241010-0850

**11** 수 카드 중 2장을 골라 카드에 적힌 두 수를 곱하려고 합니다. 곱이 가장 작은 경우 곱은 얼마인지 구해 보세요.

2 5 9 3

(                    )

241010-0851

**12** 수 카드 중 2장을 골라 카드에 적힌 두 수를 곱하려고 합니다. 곱이 두 번째로 큰 경우 곱은 얼마인지 구해 보세요.

2 9 7 3

(                    )

정답과 풀이 63쪽

[01~02] 장난감은 모두 몇 개인지 세어 보려고 합니다. 물음에 답하세요.

241010-0852

**01** 장난감을 하나씩 세어 보세요.

(　　　　　　　　)

241010-0853

**02** 장난감을 5개씩 묶어 세어 보세요.

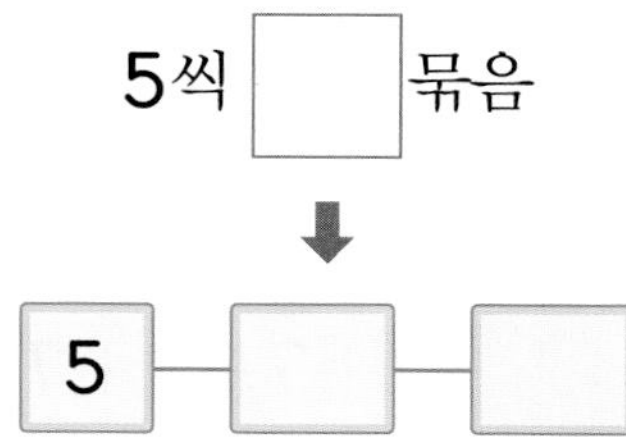


241010-0854

**03** 7씩 4번 뛰어 세었을 때 □ 안에 알맞은 수를 써넣으세요.

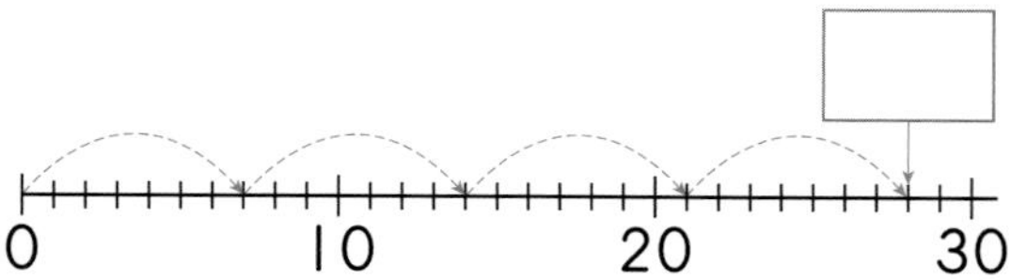


241010-0855

**04** 나비를 묶어 세려고 합니다. 물음에 답하세요.

(1) 나비를 4마리씩 묶어 보세요.

(2) 나비는 모두 몇 마리일까요?

(　　　　　　　　)

241010-0856

**05** 빵 8개를 몇씩 몇 묶음으로 묶으려고 합니다. □ 안에 알맞은 수를 써넣으세요.

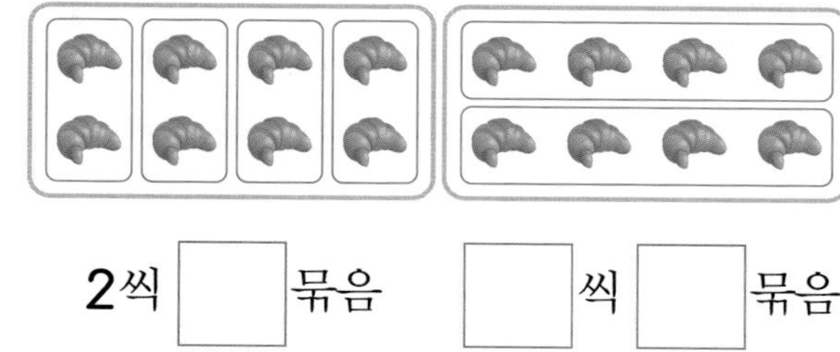

2씩 □ 묶음　　□ 씩 □ 묶음

241010-0857

**06** 포도를 보고 □ 안에 알맞은 수를 써넣으세요.

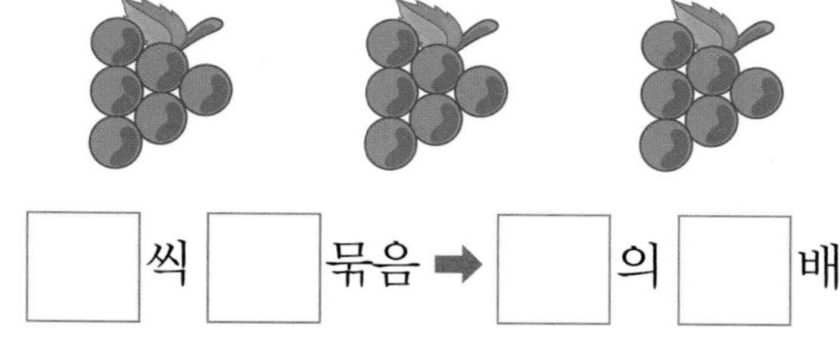

□ 씩 □ 묶음 ➡ □ 의 □ 배

241010-0858

**07** 바둑돌의 수를 바르게 묶어 센 것을 모두 찾아 색칠해 보세요.

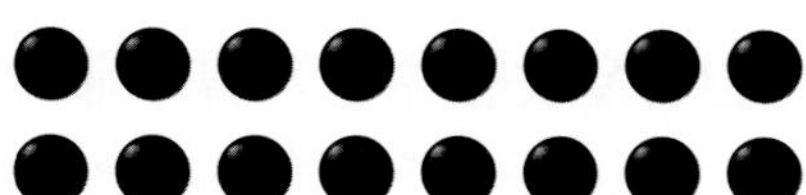

| 8씩 2묶음 | 3씩 6묶음 |
|---|---|
| 2씩 7묶음 | 4씩 4묶음 |

6 단원

[08~10] 그림을 보고 물음에 답하세요.

241010-0859

08 사탕의 수는 아이스크림 수의 몇 배일까요?

( )

241010-0860

09 초콜릿의 수는 아이스크림 수의 몇 배일까요?

( )

241010-0861

10 초콜릿의 수는 사탕의 수의 몇 배일까요?

( )

241010-0862

11 □ 안에 알맞은 수를 써넣으세요.

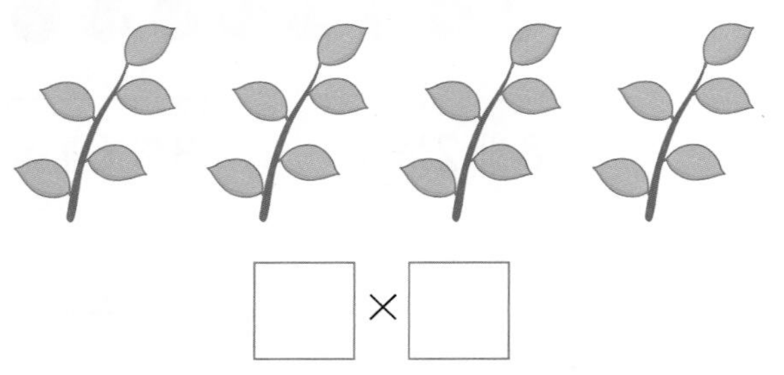

□ × □

241010-0863

12 관계 있는 것끼리 이어 보세요.

| | |
|---|---|
| 2의 5배 • | • 6×8 |
| 4 곱하기 7 • | • 2×5 |
| 6씩 8묶음 • | • 4×7 |

241010-0864

13 보기와 같이 나타내 보세요.

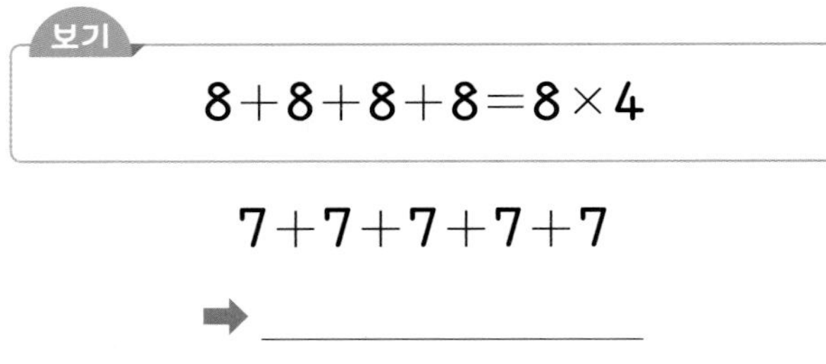


7+7+7+7+7

➡ ____________

241010-0865

14 은영이네 반에서 모둠별로 종이비행기를 접었습니다. 종이비행기의 수가 다른 모둠은 몇 모둠일까요?

| 모둠 | 종이비행기 수 |
|---|---|
| 1모둠 | 6×5 |
| 2모둠 | 6+6+6+6 |
| 3모둠 | 6개씩 4묶음 |

( )

[15~16] 만두의 수를 세려고 합니다. 물음에 답하세요.

241010-0866

**15** 만두의 수를 덧셈식으로 나타내 보세요.

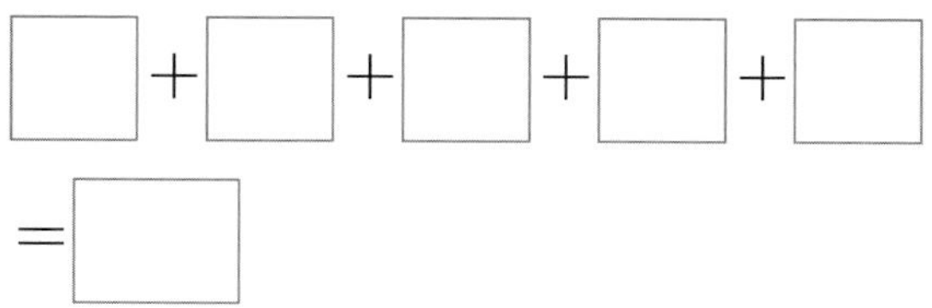

241010-0867

**16** 만두의 수를 곱셈식으로 나타내 보세요.

□ × □ = □

241010-0868

**17** 서술형 ■와 ▲의 합은 얼마인지 풀이 과정을 쓰고 답을 구해 보세요.

■×2=▲
■+8=▲

풀이

답

241010-0869

**18** 가장 큰 수에 ○표, 가장 작은 수에 △표 하세요.

| 9씩 2묶음 | 8의 2배 | 5 곱하기 4 |
|---|---|---|
| ( ) | ( ) | ( ) |

241010-0870

**19** 지운이는 성냥개비로 삼각형, 사각형을 번갈아 만들고 있습니다. 여섯 번째까지 만들었을 때 이용한 성냥개비는 모두 몇 개일까요?

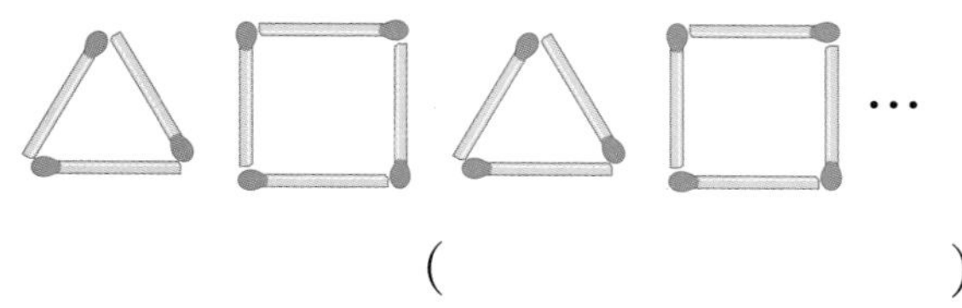

( )

241010-0871

**20** 서술형 진호는 5일 동안 오전과 오후에 읽은 책의 쪽수를 표에 기록하였습니다. 월요일부터 금요일까지 진호가 읽은 책은 모두 몇 쪽인지 풀이 과정을 쓰고 답을 구해 보세요.

| | 월 | 화 | 수 | 목 | 금 |
|---|---|---|---|---|---|
| 오전 | 3쪽 | 3쪽 | 3쪽 | 3쪽 | 3쪽 |
| 오후 | 0쪽 | 2쪽 | 0쪽 | 2쪽 | 2쪽 |

풀이

답

6 단원

memo

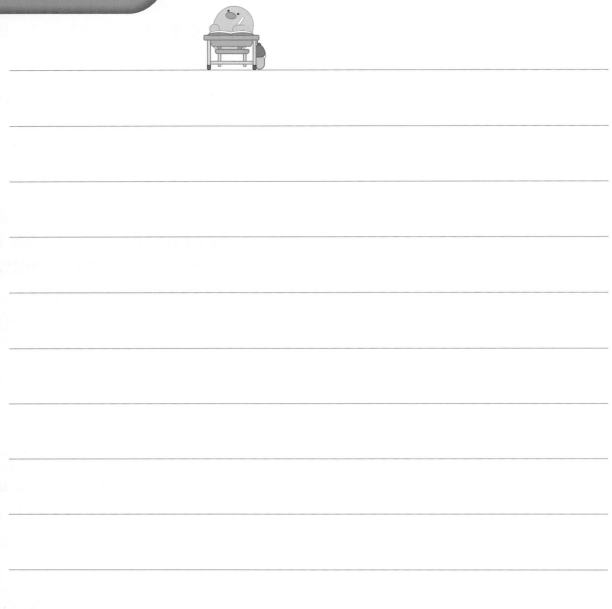

memo

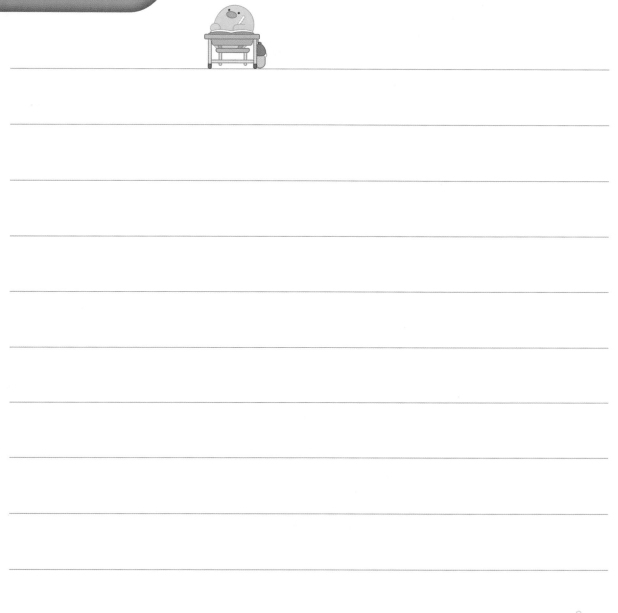

memo

EBS

# BOOK 3

# 풀이책

BOOK 3 풀이책으로 채점해 보고,
**틀린 문제의 풀이도 확인**해 보세요.

EBS

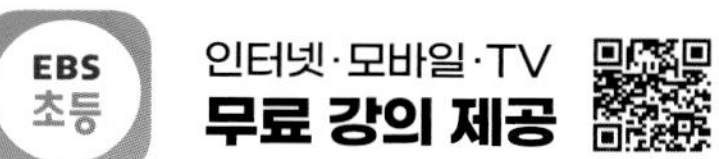


초 | 등 | 부 | 터 EBS

새 교육과정 반영

# 만점왕 수학 플러스

교과서 기본과 응용 문제를 한 번에 잡는 **교과서 기본+응용**

BOOK 3
풀이책

**'한눈에 보는 정답'** 보기
& **풀이책** 다운로드

2-1

교과서 기본과 응용 문제를 한 번에 잡는 **교과서 기본 + 응용**

BOOK 3
풀이책

2-1

# 한눈에 보는 정답

## BOOK 1

## 1단원 세 자리 수

### 교과서 개념 다지기 8~11쪽

01 (1) 100 (2) 백
02 (1) 100 / 100 (2) 60, 100 / 10
03 (1) 200, 이백 (2) 400, 사백 (3) 700, 칠백
04 (1) 300 (2) 500 (3) 6 (4) 9
05 (위에서부터) 600, 칠백, 800, 구백
06 (1) 예 / 1, 3, 6 (2) 136
07 3, 1, 4 / 314
08 (1) 오백이십삼 (2) 칠백오 (3) 869 (4) 420
09 (1) 백, 200 (2) 십, 50 (3) 일, 3
10 (1) 10, 7 / 10, 7 (2) (위에서부터) 0, 800, 0 / 800, 0

### 교과서 넘어 보기 12~15쪽

01 99, 100
02 10, 1
03 (1) 9, 0 / 90 (2) 1, 0, 0 / 100
04 70, 100
05 100 / 30, 100
06 ⑤
07 태민
08 5, 500
09
10 (1) × (2) × (3) ○
11 3, 4, 9 / 349
12 (1) 육백오십사 (2) 510 (3) 구백일
13 356, 삼백오십육
14 883원
15 111, 201, 210에 ○표
16 (1) 40, 6 / 40, 6 (2) 7, 0, 0 / 0
17 9, 7, 2
18 800, 40, 3
19 (1) 80 (2) 800 (3) 8
20

| 백의 자리(□) | 십의 자리(○) | 일의 자리(△) |
|---|---|---|
| □□ | ○○○ | △△△△ △△△△ |

21 245개
22 350개
23 504개
24 ㉠
25 ㉢
26 10개

### 교과서 개념 다지기 16~18쪽

01 (1) 300, 400, 500 (2) 530, 540, 550 (3) 550
02 334, 354
03 428, 430
04 1000, 천
05 (1) 3, 2 (2) 큽니다에 ○표
06 (1) (위에서부터) 4, 6, 0 / < (2) (위에서부터) 8, 2, 5, 7 / >
07 (1) 157에 ○표 (2) 139에 ○표
08 (1) (위에서부터) 6, 4, 7 / < (2) (위에서부터) 5, 3, 2 / >

### 교과서 넘어 보기 19~21쪽

27 426, 526, 626, 826
28 352, 372, 382
29 400, 401, 402
30 537, 637 / 100
31

32 275, 273
33 301, 291
34 1000 / (1) 1 (2) 999
35 (1) 601, 602, 603, 604 (2) 700, 600, 500, 400
36 (1) < (2) >
37 358, 371 (350, 360, 370, 380) , <
38 (위에서부터) 6, 9, 8 / 7, 3, 0 / (1) 734 (2) 698
39 739, 397, 379
40 우진
41 (1) 821 (2) 128
42 553
43 2, 3, 4, 5에 ○표
44 5, 6, 7, 8, 9에 ○표
45 7개

### 응용력 높이기 22~25쪽

대표 응용 1 1, 6 / 362
1-1 668
1-2 844
대표 응용 2 1 / 324, 324 / 324, 424, 524, 624, 724, 724
2-1 385
2-2 532
대표 응용 3 큰에 ○표, 742 / 작은에 ○표, 124
3-1 954, 345
3-2 981, 108
대표 응용 4 1 / 5 / 5, 7 / 157
4-1 943
4-2 745

### 단원 평가 LEVEL ❶ 26~28쪽

01 100
02 ㉢
03 6, 600
04
05 400번
06 356원
07 (위에서부터) 이백사십구, 510, 칠백일
08 ㉠
09 605개
10 523 / 0 / 7, 4
11 ⑤
12 529
13 261, 271, 281
14 (1) 100 (2) 809
15 (1) 거꾸로 뛰어에 ○표 (2) 461, 460, 459, 458, 457 (3) 457 / 457개
16 >
17 소율
18 457, 621, 626
19 (1) 735 (2) 709 (3) 3, 0, ㉠ / ㉠
20 653, 305

## 단원 평가 LEVEL ❷ 29~31쪽

01 100, 백　02 30자루

03 예 
| 100 | 100 | 100 |
|---|---|---|
| 100 | 100 | 100 |

04　05 200개

06 2, 8 / 200, 8　07 ㉡

08 102, 111, 201, 210에 ○표

09 (1) 938 (2) 369　10 (1) 600, 20, 1 (2) 200, 0

11 ( )( ○ )( △ )　12 △□□□○○○○○○○

13 599, 609, 619, 639　14 541　15 586

16 >

17 (1) 800, 801, 802, 803, 803 (2) 792, 802, 802 (3) ㉠ / ㉠　18 이서

19 (1) 6 (2) 0, 1, 2, 3, 4, 5 (3) 5 / 5

20 470, 471, 472

# 2단원 여러 가지 도형

## 교과서 개념 다지기 34~37쪽

01 (1) (2)

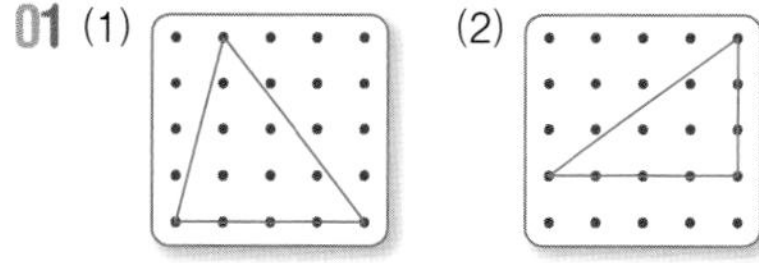

02

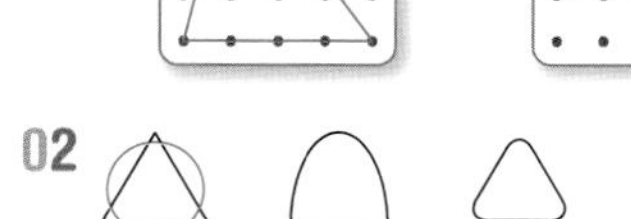

03 변, 꼭짓점

04 (1) (2)

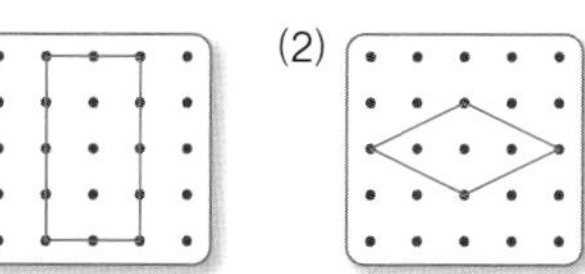

05 ( )( ○ )( )( ○ )

06 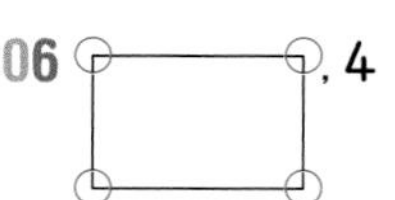 , 4

07 (1) ( )( )( ○ ) (2) 원

08 (1) ( ○ )( )( ) (2) ( )( ○ )( ) (3) ( )( )( ○ )

09 (1) 7개 (2) ①, ②, ③, ⑤, ⑦ (3) ④, ⑥

10 예

11 예

## 교과서 넘어 보기 38~39쪽

01 ㉠, ㉣　02 6개　03 ①, ⑤

04 (위에서부터) 변, 꼭짓점　05 사각형, 6개

06 (위에서부터) 3, 4, 4　07 ㉡

08 예　09 7개

10 ㉢　11　12 5, 2

13 예　14

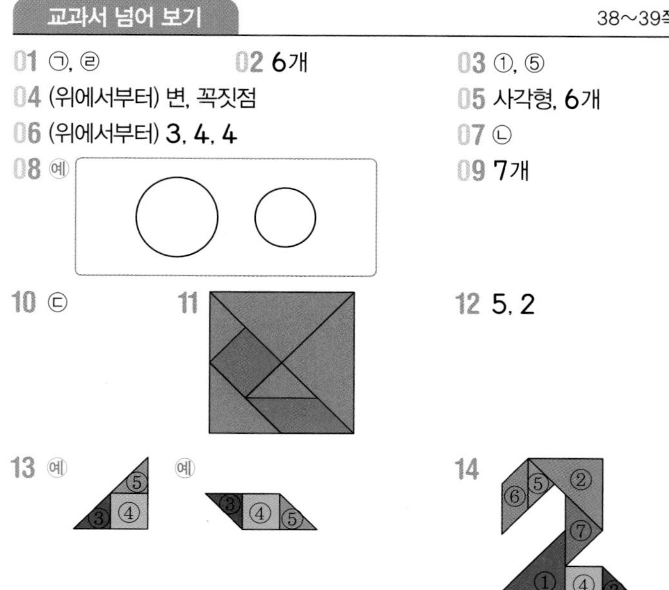

## 교과서 개념 다지기 40~41쪽

01　02

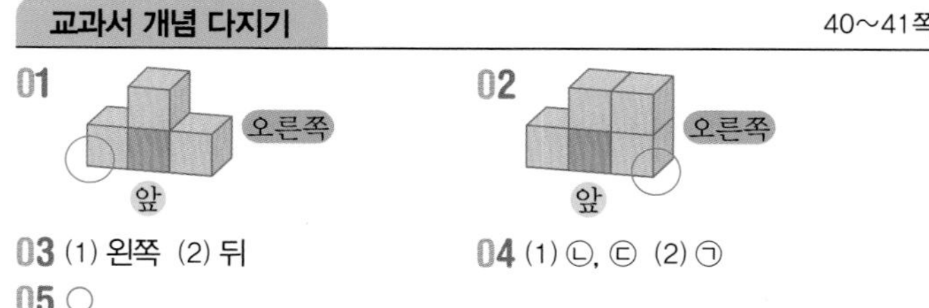


03 (1) 왼쪽 (2) 뒤　04 (1) ㉡, ㉢ (2) ㉠

05 ○

## 교과서 넘어 보기 42~43쪽

15　16　17

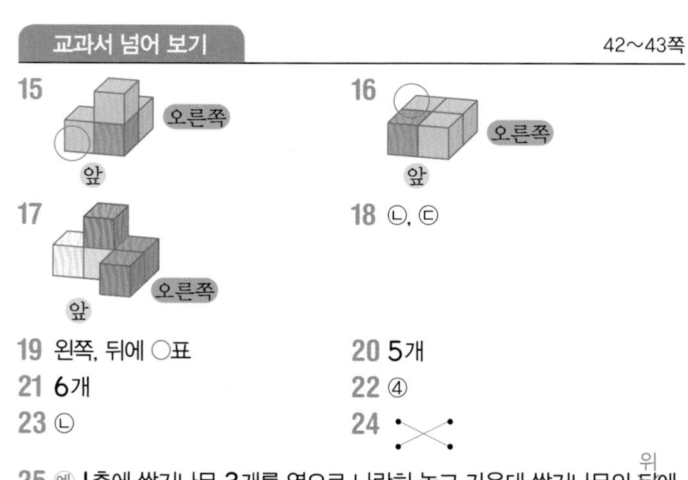


18 ㉡, ㉢

19 왼쪽, 뒤에 ○표　20 5개

21 6개　22 ④

23 ㉡　24

25 예 1층에 쌓기나무 3개를 옆으로 나란히 놓고 가운데 쌓기나무의 ~~뒤~~위에 쌓기나무 1개를, 오른쪽 쌓기나무의 ~~위~~뒤에 쌓기나무 ~~2~~1개를 놓습니다.

26　27

28 ⑤, ③

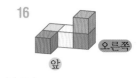

## 응용력 높이기 44~47쪽

대표 응용 1 3 / 3, 4 / 사각형 / 사각형

1-1 삼각형 1-2 삼각형

대표 응용 2 9, 3, 1 / 9, 3, 1, 13

2-1 9개 2-2 6개

대표 응용 3 3, 1 / ㉢

3-1 ( ○ )(   )(   ) 3-2 ㉠, ㉢

대표 응용 4 4 / 2 / 4, 2, 6

4-1 8개 4-2 ㉠

## 단원 평가 LEVEL ❶ 48~50쪽

01 (   )( ○ )(   ) 02 (왼쪽부터) 변, 꼭짓점

03 예 

04 사각형

05 ②, ④

06 예 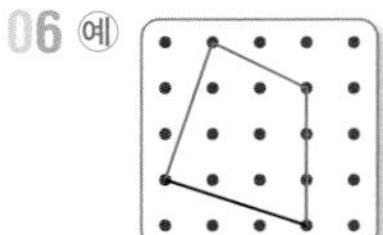

07 (위에서부터) 3, 4, 3, 4 08 원

09 ③ 10 (   )( × )(   )

11 (1) 4, 3 (2) 4, 4, 3, 3, 14 / 14개

12 6개 13 ( ○ )( ○ )(   )

14 예 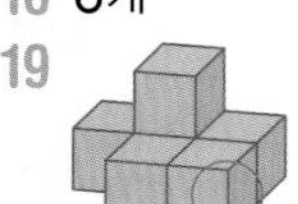


15 ㉡

16 6개 17 앞, 위 18 ④

19

20 (1) 6, 5, 4 (2) ㉠ / ㉠

## 단원 평가 LEVEL ❷ 51~53쪽

01 (   )(   )( ○ )

02 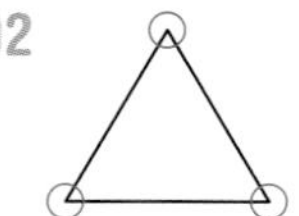

03 4개 04 4개 05 ㉠, ㉢, ㉤, ㉥

06 ㉡, ㉣, ㉤, ㉥ 07 ㉤, ㉥

08 (1) 6, 2 (2) 6, 2, 4 / 4개

09 8개 10 ㉠, ㉥ 11 ①, ④

12 

13 5, 2

14 예 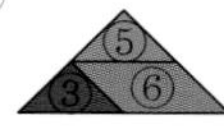


15 예 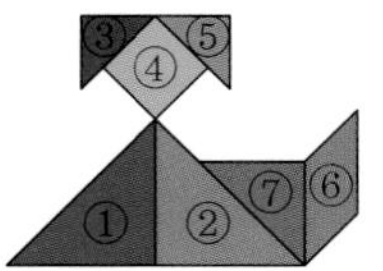


16 오른쪽 앞

17 ④, ②, 뒤 18 (   )( ○ )

19 3개 20 (1) 3, 1, 1 (2) 5 (3) 5, 12 / 12개

# 3단원 덧셈과 뺄셈

## 교과서 개념 다지기 56~58쪽

01 84

02 (1) (위에서부터) 1, 9, 3 (2) (위에서부터) 1, 3, 2 (3) 21 (4) 33

03 (1) 42 (2) 54

04 (1) (위에서부터) 1, 8, 1 (2) (위에서부터) 1, 9, 5
(3) (위에서부터) 1, 5, 2 (4) (위에서부터) 1, 8, 3

05 128

06 (1) 115 (2) 124

## 교과서 넘어 보기 59~60쪽

01 42 02 (1) 65 (2) 53

03 53+9에 ○표 04 8과 53에 ○표

05 10 06 42개

07

08 $\begin{array}{r} 63 \\ +\ 19 \\ \hline 82 \end{array}$

09 6, 6, 84 / 2, 2, 84

10 (1) 137 (2) 181 (3) 118 (4) 144

11 (위에서부터) 54, 123

12 (위에서부터) 4, 8

13 24, 59, 83 또는 59, 24, 83

교과서 속 응용 문제

14 (위에서부터) 2, 6 15 (위에서부터) 5, 4

16 8과 9에 ○표

## 교과서 개념 다지기 61~63쪽

01 27

02 (1) (위에서부터) 3, 10, 3, 9 (2) (위에서부터) 6, 10, 6, 7
(3) (위에서부터) 4, 10, 4, 3 (4) (위에서부터) 2, 10, 2, 8

03 34 04 22

05 (1) (위에서부터) 4, 10, 1, 8 (2) (위에서부터) 8, 10, 4, 1
(3) (위에서부터) 6, 10, 5, 5 (4) (위에서부터) 5, 10, 3, 9

06 26

07 (1) (위에서부터) 3, 10, 1, 6 (2) (위에서부터) 7, 10, 4, 5
(3) (위에서부터) 5, 10, 1, 9 (4) (위에서부터) 4, 10, 3, 8

## 교과서 넘어 보기 64~65쪽

17 19
18 (1) 28 (2) 34 (3) 76 (4) 58
19 62－4에 ○표
20 65와 6에 ○표
21 19개
22 60－27, 50－19에 색칠
23 
$$\begin{array}{r} 80 \\ -33 \\ \hline 47 \end{array}$$
24 4, 43, 4, 39 / 6, 33, 6, 39
25 (1) 26 (2) 35 (3) 37 (4) 58
26 (위에서부터) 27, 19
27 45, 26
28 성준
29 (위에서부터) 9, 6
30 (위에서부터) 0, 2
31 14

## 교과서 개념 다지기 66~70쪽

01 (1) (계산 순서대로) 55, 87, 87 (2) (계산 순서대로) 42, 42, 23, 23
02 (1) (계산 순서대로) 46, 65, 65 (2) (계산 순서대로) 36, 36, 18, 18
03 36, 48 / 48, 36
04 35, 27, 8 / 35, 8, 27
05 37, 66 / 29, 66
06 8, 4, 12 / 4, 8, 12
07 (1) 5 (2) 6
08 4＋□＝12, 8
09 (1) 4 (2) 6
10 17－□＝8, 9

## 교과서 넘어 보기 71~75쪽

32 (계산 순서대로) 73, 42, 42
33 (위에서부터) 97, 11, 74, 83 / 대, 한, 민, 국
34 (1) 54 (2) 25
35 28, 29
36 49
37 50장
38 ㉡
39 33, 28, 13 또는 28, 33, 13
40 81, 57, 24 / 81, 24, 57
41 29 / 65, 36, 29 / 65, 29, 36
42 9, 57, 48
43 120
44 (위에서부터) 49, 27 / 27, 49, 76 / 49, 27, 76
45 32－13＝19 또는 32－19＝13 / 13＋19＝32, 19＋13＝32
46 예 [그림] / 6
47 8＋□＝14
48 18＋□＝33
49 (1) 17 (2) 57
50 □＋8＝16, 8마리
51 [그림]
52 7＋□＝16, 9장
53 4
54 55－□＝27
55 (1) 15 (2) 61
56 87－□＝39
57 48명
58 ㉡, ㉢, ㉠
59 □－8＝13 / 21마리
60 19＋□＝47 / 28
61 94
62 28
63 82
64 36
65 55＋38－17＝76 또는 38＋55－17＝76

## 응용력 높이기 76~79쪽

대표 응용 1 74 / 74, 74, 45 / 45, 16, 53
1-1 75
1-2 45
대표 응용 2 29, 43 / 43 / 44, 45, 46
2-1 25, 26
2-2 66, 67, 68, 69
대표 응용 3 82 / 82 / 82, 23
3-1 39개
3-2 43개
대표 응용 4 74, 37, 37, 55
4-1 53
4-2 39

## 단원 평가 LEVEL ❶ 80~82쪽

01 35
02 (1) 62 (2) 65
03 (위에서부터) 81, 84, 62, 103
04 44, 80
05 
$$\begin{array}{r} 78 \\ +57 \\ \hline 135 \end{array}$$
06 3, 3, 82 / 3, 20, 82
07 182번
08 (1) 38 (2) 23
09 40, 10
10 (위에서부터) 3, 13, 23
11 (1) 80 (2) 80, 26 (3) 80, 26, 54 / 54개
12 ㉡
13 (1) 73, 52, 39 (2) 73, 39 (3) 73, 39, 34 / 34
14 덧셈식: 26, 57, 83 / 57, 26, 83
뺄셈식: 83, 26, 57 / 83, 57, 26
15 (1) × (2) ○
16 56, 17, 9에 ○표
17 16－□＝9
18 (1) 18, 23 (2) 58, 27
19 28, 29에 ○표
20 □＋56＝74 / 18

## 단원 평가 LEVEL ❷ 83~85쪽

01 (위에서부터) 1, 1, 8, 4
02 7, 7, 71
03 (위에서부터) 43, 54, 81
04 154명
05 17＋56에 ○표
06 (1) 54, 121 (2) 43, 122 (3) ㉡ / ㉡
07 50＋30＋6＋7＝80＋13＝93
08 63
09 21
10 80, 52
11 예 82－25＝85－25－3＝60－3＝57
12 16명
13 (1) 61, 42, 29 (2) 형윤, 미나 (3) 62, 29, 33 / 33개
14 53, 18
15 ㉣
16 $<$
17 (위에서부터) 36, 47 / 47, 36, 83 / 36, 47, 83
18 29, 29, 81
19 24＋□＝63 / 39
20 27＋□＝34, 7개

## 4단원 길이 재기

### 교과서 개념 다지기 88~91쪽

01 5
02 클립에 ○표
03 6, 6
04 4, 4 cm, 4 센티미터
05 ( ) (○) ( )
06 4, 4
07 4, 4
08 호진

### 교과서 넘어 보기 92~95쪽

01 3
02 4, 5
03 우산에 ○표
04 빨대
05 민준
06 6뼘
07 1 cm, 1 센티미터
08 (1) 7 (2) 13
09 10 cm
10 (선 잇기)
11 ㉡
12 5 cm
13 6, 6
14 (○) ( )
15 ㉠
16 5 cm
17 (선 잇기)
18 8 cm
19 5, 6, 가
20 ㉢
21 서우
22 혜수
23 찬영
24 민주
25 17 cm

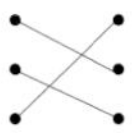

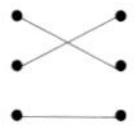

### 응용력 높이기 96~99쪽

대표 응용 1 2, 12 / 3, 4
1-1 8개
1-2 5번
대표 응용 2 8, 8
2-1 18 cm
2-2 4 cm
대표 응용 3 12 / 12, 12, 12, 36
3-1 36 cm
3-2 32 cm
대표 응용 4 6, 6 / 4, 4 / ㉠
4-1 ㉡
4-2 ㉡

### 단원 평가 LEVEL ❶ 100~102쪽

01 ( )(△) ( )(○)
02 7번
03 4번, 6번
04 ㉡
05 혜수, 8
06 예 (자 그림)
07 4 cm, 4 센티미터
08 ㉡
09 동선
10 1 cm, 1 cm, 출발점 (모눈 그림)

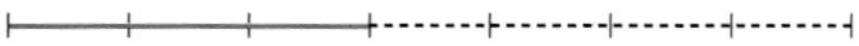

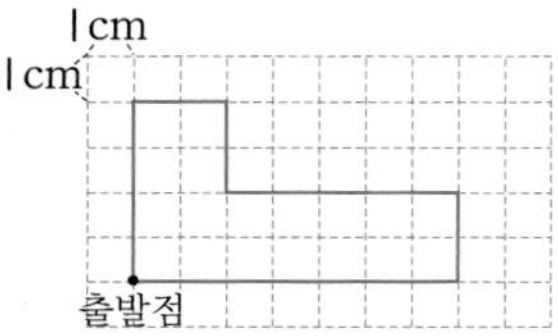

11 11 cm
12 (1) 6, 6 (2) 5, 5 (3) 11 / 11 cm
13 ( ) (○) ( )
14 5 cm
15 (1) 45 (2) 3 / 3뼘
16 회전목마
17 ㉡
18 어림한 길이: 예 6 / 자로 잰 길이: 6
19 6
20 서준

### 단원 평가 LEVEL ❷ 103~105쪽

01 3
02 7번
03 진아
04 12번, 15번
05 36 cm
06 ㉡
07 5 cm
08 (선 잇기)
09 예 (자 그림)
10 16 cm
11 2 cm
12 오른쪽으로 3, 왼쪽으로 8, 아래쪽으로 5
13 (1) 3 (2) 5 (3) 5 / 5 cm
14 13
15 12 cm
16 ㉡
17 경찰서
18 (1) 1 (2) 2 (3) 지혜 / 지혜
19 15 cm
20 지원

## 5단원 분류하기

### 교과서 개념 다지기 108~111쪽

01 ○ / (빈칸)
02 ( )(○)
03 ( )( )(○)
04 가, 라, 바 / 나, 다, 마, 사 / 아, 자
05 (○)( )(○)(○)(○)
06 예

| 종류 | 사과 | 포도 | 귤 | 복숭아 |
|---|---|---|---|---|
| 세면서 표시하기 | | | | |
| 과일 수(개) | 3 | 6 | 4 | 3 |

07

| 사탕의 맛 | 박하 맛 | 레몬 맛 | 딸기 맛 | 포도 맛 |
|---|---|---|---|---|
| 세면서 표시하기 | | | | |
| 사탕 수(개) | 3 | 4 | 8 | 5 |

08 딸기, 박하

## 교과서 넘어 보기
112~115쪽

01 (□ / ○) 02 (□ / □ / □ / ×) 03 ㉢

04 색깔에 따라, 길이에 따라 등 05 2, 4

06 ①, ⑥ / ③, ⑤ / ②, ④

07 ①, ②, ④, ⑥, ⑦ / ③, ⑤

08

| 구멍 수 | 2개 | 3개 | 4개 |
|---|---|---|---|
| 기호 | 가, 라, 바 | 다, 마 | 나, 사, 아 |

09 탬버린, 악기

10

| 선물 | 장난감 | 옷 | 동화책 |
|---|---|---|---|
| 세면서 표시하기 | ||||/ ||||/ | ||||/ ||||/ | ||||/ ||||/ |
| 친구 수(명) | 10 | 3 | 7 |

11 장난감 12 3명

13

| 종류 | 축구공 | 야구공 | 배구공 | 농구공 |
|---|---|---|---|---|
| 세면서 표시하기 | ||||/ ||||/ | ||||/ ||||/ | ||||/ ||||/ | ||||/ ||||/ |
| 공의 수(개) | 4 | 9 | 6 | 6 |

14 야구공 15 축구공, 야구공에 ○표

16 7, 4, 7, 12 17 빨간색, 노란색 18 초록색

19 4, 6, 5, 3 20 7, 5, 6 21 10, 8

22

| | 노란색 | 파란색 | 초록색 |
|---|---|---|---|
| 2개 | ㉤ | ㉡, ㉥, ㉧ | ㉢, ㉨ |
| 4개 | ㉠, ㉦ | ㉧ | ㉣ |

/ 2개

23 3장

## 응용력 높이기
116~119쪽

대표 응용 1 색깔

1-1 모양 1-2 ㉮ 색깔 / 모양

대표 응용 2 ㉣, ㉤ / ㉥

2-1 국어 교과서 2-2 ②, ⑥ / ④, ⑤, ⑧ / ①, ③, ⑦

대표 응용 3

| | 노란색 | 초록색 | 파란색 |
|---|---|---|---|
| 줄 무늬 | ① | 없음 | ④, ⑦, ⑨, ⑪ |
| 별 무늬 | ③, ⑤, ⑧ | ② | ⑥, ⑩ |

/ 2

3-1 3개 3-2 2장

대표 응용 4 3, 8, 5 / 떡볶이, 떡볶이

4-1 900 4-2 위인전, 13권

## 단원 평가 LEVEL ❶
120~122쪽

01 (선 잇기) 02 (○) / ( ) 03 3가지

04 하늘, 땅, 물 05 (100)에 △표

06

| 모양 | ♥ | ★ | ◆ |
|---|---|---|---|
| 번호 | ①, ⑤ ⑧, ⑨ | ②, ④, ⑦ | ③, ⑥ |

07 4, 2, 3 08 2개

09

| 맛 | 초콜릿 맛 | 바나나 맛 | 딸기 맛 |
|---|---|---|---|
| 우유 수(개) | 5 | 4 | 7 |

10 9, 7 11 15명 12 7

13 4, 3, 5, 3 14 파란색

15 (1) 5, 4, 3 (2) 풀, 가위 (3) 2 / 2개

16 (1) 8 (2) 6 (3) 주황, 연수 / 연수 17 세연

18

| 색깔 | 초록색 | 노란색 | 파란색 | 빨간색 | 보라색 |
|---|---|---|---|---|---|
| 종이컵 수(개) | 6 | 7 | 4 | 5 | 2 |

19 보라색 20 노란, 노란

## 단원 평가 LEVEL ❷
123~125쪽

01 ( )(○) 02 ㉡ 03 ㉮ 구멍의 수

04 ㉮ 모양 05 ④ 06 7, 2, 4, 5

07 18개 08 5개

09

| 모양 | ■ | ● |
|---|---|---|
| 세면서 표시하기 | ||||/ ||||/ | ||||/ ||||/ |
| 접시 수(개) | 4 | 6 |

10

| 색깔 | 초록색 | 노란색 | 빨간색 |
|---|---|---|---|
| 세면서 표시하기 | ||||/ | ||||/ | ||||/ |
| 접시 수(개) | 3 | 4 | 3 |

11

| | 초록색 | 노란색 | 빨간색 |
|---|---|---|---|
| ■ | ①, ③ | ⑧ | ④ |
| ● | ⑩ | ②, ⑤, ⑦ | ⑥, ⑨ |

12 사과 13 7명

14 (1) 4 (2) 6 (3) 연예인, 2 / 연예인, 2명

15

| | 빨간색 | 파란색 | 노란색 |
|---|---|---|---|
| ◆ | 1장 | 4장 | 1장 |
| ♥ | 1장 | 2장 | 2장 |
| ★ | 3장 | 1장 | 1장 |

16 5장 17 2장 18 빨간, 2, 3

19 초록색

20 (1) 4, 5, 2, 3 (2) 미국, 미국 (3) 4, 4 / 미국, 4

## 6단원 곱셈

### 교과서 개념 다지기 128~131쪽

01 (1) 9, 10 (2) 8, 10 (3) 10
02 (1) 3, 9 (2) 4, 9
03 4 / 12, 16 / 16
04 2 / 10 / 10
05 (1) 7 (2) 7, 7 (3) 7
06 (1) 5, 5 (2) 3, 3
07 (1) 3 (2) 6 (3) 2
08 (1) 5 (2) 5

### 교과서 넘어 보기 132~134쪽

01 10개
02 6, 9, 12
03 7, 2
04 14개
05 16마리
06 예 (그림), 12개
07 (1) 4 (2) 15, 20 (3) 20
08 (1) 5 (2) 5, 5 (3) 5
09 4, 4
10 (그림)
11 5, 5
12 6, 6
13 3배
14 (그림)
15 4배
16 수현
17 5 / 4
18 예 2, 9 / 3, 6 / 6, 3 / 9, 2

### 교과서 개념 다지기 135~138쪽

01 (1) 4, 4 (2) 4, 4 (3) 4, 곱하기, 4
02 8, 8
03 3, 8, 3
04 3, 6
05 4, 4, 4, 4, 4 / 4, 5
06 (1) 3 (2) 5
07 (1) 3, 27 (2) 곱
08 (1) 3 (2) 6, 6, 18 (3) 6, 3, 18 (4) 18
09 4, 4, 4, 16
10 (1) 3, 3, 3, 3, 12 (2) 3, 4, 12 (3) 12
11 (1) 21 / 7, 21 (2) 7, 7, 7, 21 / 7, 21
12 3, 18 / 6, 18 / 9, 18 / 2, 18

### 교과서 넘어 보기 139~141쪽

19 5, 4 / 5, 4 / 5, 4
20 3, 3 / 3, 3
21 8×6 / 8 곱하기 6
22 (그림)
23 (1) 6, 3 (2) 9, 7
24 ㉡
25 (1) 곱하기, 28 (2) 곱, 28
26 5배
27 (그림), 2×3=6
28 5+5+5+5+5+5=30, 5×6=30
29 7 / 3, 7, 21
30 36
31 8, 6, 3, 4
32

| 3 | 6 | 5 | 4 | 8 |
|---|---|---|---|---|
| 4 | 2 | 9 | 7 | 1 |
| 2 | 5 | 6 | 1 | 9 |
| 3 | 2 | 8 | 3 | 2 |
| 9 | 7 | 5 | 4 | 8 |

33 12조각
34 8잔
35 32살
36 12개
37 45개

### 응용력 높이기 142~145쪽

대표 응용 1 4, 8, 8 / 5, 10, 10
1-1 20개
1-2 25개
대표 응용 2 8, 8 / 4 / 4
2-1 2배
2-2 1개, 2개
대표 응용 3 8, 8, 8, 8, 7, 7 / 7
3-1 4장
3-2 5개
대표 응용 4 2, 2 / 2, 2, 4
4-1 6가지
4-2 6가지

### 단원 평가 LEVEL 1 146~148쪽

01 9개
02 20
03 ( ○ )( )
04 5 / 12, 16, 20
05 20마리
06 4 / 3, 4
07 3 / 6, 3
08 5배
09 4배
10 3배
11 7, 4 / 7, 4 / 7, 4
12 6×5
13 6+6+6+6+6+6=36
14 6×6=36
15 (1) 5 (2) 5, 5, 7, 7 (3) 35 / 35장
16 24개
17 45개
18 (1) 8, 8, 4 (2) 5, 5, 5, 5 (3) 4, 5, 9 / 9
19 예 2, 8 / 4, 4 / 8, 2
20 3개

### 단원 평가 LEVEL 2 149~151쪽

01 7권
02 12, 18, 24
03 3, 5
04 6, 9, 12, 15
05 ( ○ )( )
06 7, 3
07 지율
08 예 도넛의 수는 8의 2배입니다.
09 4배
10 (그림)
11 ( )( ○ )( )
12 1
13 4
14 8+8+8+8=32 / 8×4=32
15 5×6=30
16 (1) 12, 3, 9 (2) 9, 3 (3) 3 / 3배
17 6, 4, 2, 3
18 24살
19 13
20 (1) 4, 16 (2) 3, 9 (3) 16, 9, 25 / 25개

# BOOK 2

## 1단원 세 자리 수

### 기본 문제 복습 4~5쪽

01 예 (동전 그림)
02 (1) 1 (2) 2
03 (1) 500 (2) 9
04 ㉡
05 5, 3, 5, 535
06 (1) 오백구 (2) 461
07 (1) 300 (2) 십, 90 (3) 일, 2
08 900, 10, 4
09 307, 317
10 304
11 1000
12 (1) > (2) <
13 민주

### 응용 문제 복습 6~7쪽

01 424
02 719
03 279
04 318, 319
05 249, 250
06 552, 562
07 ㉡
08 ㉠
09 ㉠, ㉢, ㉡
10 670
11 208
12 140

### 단원 평가 8~10쪽

01 100
02 100
03 
04 8상자
05 예 민주는 하루 용돈이 900원입니다.
06 472
07 (1) 칠백이십오 (2) 908
08 재민
09 6, 5, 8
10 5, 50
11 99 ∩∩∩∩ |
12 562
13 1
14 112, 212, 512
15 180, 190, 200
16 ㉡
17 풀이 참조, 639
18 3, 4, 5에 ○표
19 ㉢, ㉠, ㉡
20 풀이 참조, 310

## 2단원 여러 가지 도형

### 기본 문제 복습 11~12쪽

01 삼각형
02 (위에서부터) 변, 꼭짓점
03 ㉡, ㉣, ㉤
04 (1) ○ (2) × (3) ○
05 8
06 원
07 7개
08 3
09 예 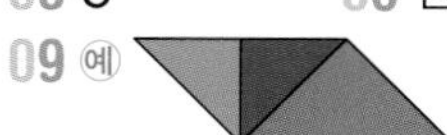
10 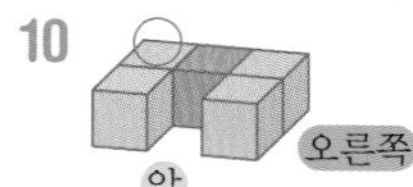

11 ④
12 위, 뒤
13 ㉢

### 응용 문제 복습 13~14쪽

01 예 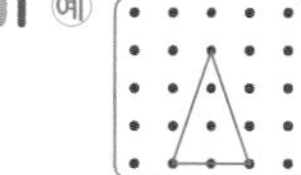
02 예 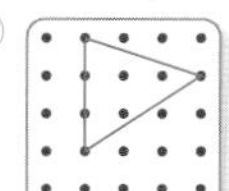
03 예 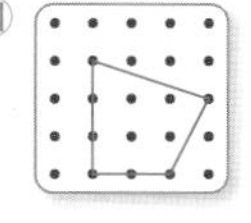
04 원
05 사각형
06 4개
07 삼각형, 4개
08 사각형, 4개
09 삼각형, 8개
10 ㉢
11 ㉡

### 단원 평가 15~17쪽

01 삼각형
02 2개
03 6개
04 예 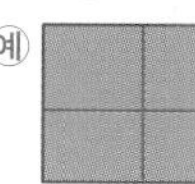
05 예 끊어진 부분이 있기 때문에 사각형이 아닙니다.
06 ㉠, ㉤
07 ㉢, ㉥
08 2
09 곧은 선, 있습니다에 ○표
10 ③
11 ③, ④
12 ( )( ○ )( ○ )
13 5개, 1개
14 예 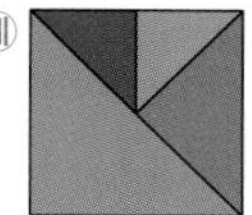
15 초록색
16 위, 앞
17 ②
18 재우
19 풀이 참조, 3개
20 ㉢, ㉤

## 3단원 덧셈과 뺄셈

### 기본 문제 복습 18~19쪽

01 (1) 64 (2) 44
02 66개
03 24, 39에 색칠
04 139
05 (1) 9 (2) 17 (3) 1
06 47
07 (선 잇기 그림)
08 70, 36
09 32마리
10 28, 34, 25, 40, 49, 48 / 독, 도, 는, 우, 리, 땅
11 57 / 82, 25, 57 / 82, 57, 25
12 ㉡
13 8개

### 응용 문제 복습 20~21쪽

01 6, 8
02 8, 4
03 4, 5
04 1, 2
05 8, 9
06 4개
07 142
08 104
09 74
10 34, 53
11 38, 58
12 39명, 46명

### 단원 평가 22~24쪽

01 (선 잇기 그림)
02 ( )<br>( ○ )
03 81, 150
04 ③
05 (위에서부터) 9, 6
06 2개
07 121
08 (위에서부터) 27, 36, 19, 28
09 143, 25
10 >
11 풀이 참조
12 ㉡, ㉢, ㉠, ㉣
13 52
14 92, 33, 59 / 92, 59, 33
15 58, 18, 76
16 36
17 66
18 풀이 참조, 4
19 25조각
20 풀이 참조, 13

## 4단원 길이 재기

### 기본 문제 복습 25~26쪽

01 ( △ )( ○ )( ) 02 4번 03 ( ○ )( )
04 탁자 05 9, 9 06 14 cm
07 7 cm, 7 센티미터 08 예 6 cm, 6 cm
09 8 cm 10 시우 11 7 cm
12 (왼쪽에서부터) 3, 6, 4
13 (1) 4 cm, 5 cm에 ○표 (2) 5 cm, 5 cm에 ○표

### 응용 문제 복습 27~28쪽

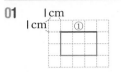

01 (1 cm, 1 cm 모눈 그림 ①) 02 2, 2, 2 03 60 cm
04 15 cm 05 45 cm
06 14 cm 07 17 cm
08 13 cm 09 10 cm
10 18 cm 11 9 cm

### 단원 평가 29~31쪽

01 7번 02 ( ○ )( ) 03 4번, 2번
04 정호 05 풀이 참조, 3번 06 8번
07 ㉡, ㉢, ㉠ 08 ( ○ )( )( ) 09 5
10 예원 11 30 cm
12 (1) 20 cm (2) 3 cm 13 4 cm, 4 센티미터
14 ㉠ 15 예
16 13 cm 17 풀이 참조, 진서
18 아래쪽으로 3, 오른쪽으로 6 19 1 cm
20 도형

## 5단원 분류하기

### 기본 문제 복습 32~33쪽

01 색깔에 ○표 02 예 금액 03 | ○ | |
04 | | △ | 05 ㉠, ㉢, ㉣ / ㉡, ㉤, ㉥
06 가 07 나 08 ㉡, ㉣
09

| 사는 곳 | 하늘 | 땅 | 물 |
|---|---|---|---|
| 기호 | 다, 바, 아 | 가, 라, 사, 자 | 나, 마 |
| 동물 수 (마리) | 3 | 4 | 2 |

10 2, 4, 3
11 20명
12 9, 6, 2, 3
13 ㉢

### 응용 문제 복습 34~35쪽

01 예 겨울, 여름, 겨울 02 예 빨간색, 노란색 03 2개
04 2개 05 3개

06
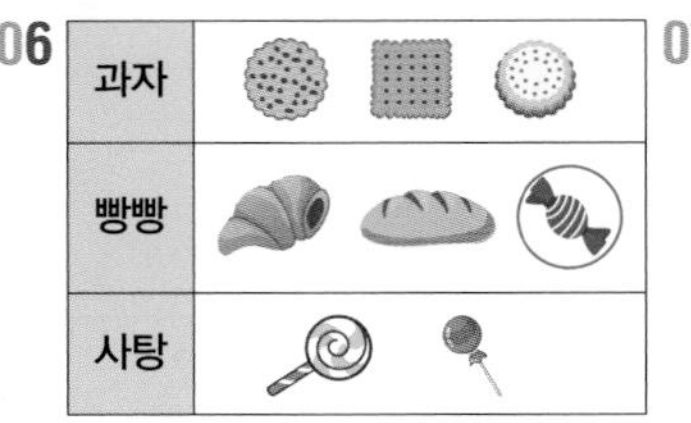


07

| 윗옷 | |
|---|---|
| 바지 | |
| 치마 | |

08 2개 09 컵 쌓기 10 토마토 모종
11 팬지, 국화

### 단원 평가 36~38쪽

01 ( ○ )
( )
02 손, 머리
03 ㉠, ㉡, ㉤ / ㉢, ㉣, ㉥
04 3가지 05 5, 3, 2 06 ★, 3
07 강아지 08 12명 09 모양
10 풀이 참조, 4개 11 나, 타 12 ★, 빨간
13 풀이 참조 14 풀이 참조, 초록색, 3개
15 ☼에 ○표 16 24일 17 맑은, 비 온
18 풀이 참조, 4명 19 2개 20 4장

## 6단원 곱셈

### 기본 문제 복습 39~40쪽

01 12개 02 8, 10, 12, 14, 14 03 5 / 6, 9, 12, 15
04 15대 05 6, 3 / 6, 3 06 (○○○○ / ○○○○)
07 4배 08 2, 2, 곱하기, 2
09 10 (1) 곱하기, 같습니다 (2) 곱
11 4, 4, 4, 20 / 4, 5, 20
12 24개
13 3, 7 / 7, 3

### 응용 문제 복습 41~42쪽

01 5배 02 6배 03 6배 04 배
05 단팥빵 06 58장 07 10 08 14
09 11 10 24 11 6 12 27

### 단원 평가 43~45쪽

01 15개 02 3 / 10, 15 03 28
04 (1) 예 (2) 12마리
05 4 / 4, 2 06 6, 3 / 6, 3 07 8씩 2묶음, 3씩 6묶음, 2씩 7묶음, 4씩 4묶음
08 2배 09 4배
10 2배 11 5, 4
12 13 7×5 14 1모둠
15 4, 4, 4, 4, 4, 20 16 4, 5, 20 17 풀이 참조, 24
18 ( )( △ )( ○ ) 19 21개 20 풀이 참조, 21쪽

BOOK

# 1 본책

## 1단원 세 자리 수

### 교과서 개념 다지기 8~11쪽

개념 1

01 (1) 100 (2) 백

02 (1) 100 / 100 (2) 60, 100 / 10

개념 2

03 (1) 200, 이백 (2) 400, 사백 (3) 700, 칠백

04 (1) 300 (2) 500 (3) 6 (4) 9

05 (위에서부터) 600, 칠백, 800, 구백

개념 3

06 (1) 예 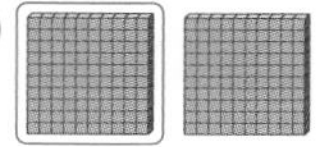 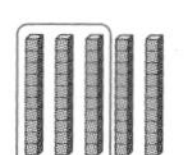 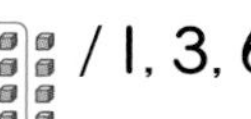 / 1, 3, 6

(2) 136

07 3, 1, 4 / 314

08 (1) 오백이십삼 (2) 칠백오 (3) 869 (4) 420

개념 4

09 (1) 백, 200 (2) 십, 50 (3) 일, 3

10 (1) 10, 7 / 10, 7

(2) (위에서부터) 0, 800, 0 / 800, 0

### 교과서 넘어 보기 12~15쪽

01 99, 100 02 10, 1

03 (1) 9, 0 / 90 (2) 1, 0, 0 / 100

04 70, 100 05 100 / 30, 100

06 ⑤ 07 태민

08 5, 500 09 (선 잇기)

10 (1) × (2) × (3) ○ 11 3, 4, 9 / 349

12 (1) 육백오십사 (2) 510 (3) 구백일

13 356, 삼백오십육 14 883원

15 111, 201, 210에 ○표

16 (1) 40, 6 / 40, 6 (2) 7, 0, 0 / 0

17 9, 7, 2 18 800, 40, 3

19 (1) 80 (2) 800 (3) 8

20

| 백의 자리(□) | 십의 자리(○) | 일의 자리(△) |
|---|---|---|
| □□ | ○○○ | △△△△ △△△△ |

교과서 속 응용 문제

21 245개 22 350개

23 504개 24 ㉠

25 ㉢ 26 10개

03 (1) 십 모형이 9개, 일 모형이 0개이면 90입니다.
(2) 백 모형이 1개, 십 모형이 0개, 일 모형이 0개이면 100입니다.

04 60보다 10만큼 더 큰 수는 70입니다.
90보다 10만큼 더 큰 수는 100입니다.

05 70보다 30만큼 더 큰 수는 100입니다.

06 ⑤ 100은 98보다 2만큼 더 큰 수입니다.

07 은지가 가지고 있는 돈은 98원, 태민이가 가지고 있는 돈은 100원, 수아가 가지고 있는 돈은 85원입니다. 따라서 가장 많은 돈을 가지고 있는 친구는 태민입니다.

08 100이 5개면 500입니다.

09 100이 1개이면 100이고, 백이라고 읽습니다.
100이 4개이면 400이고, 사백이라고 읽습니다.
100이 8개이면 800이고, 팔백이라고 읽습니다.

10 (1) 100이 3개이면 300입니다.
(2) 900은 100이 9개인 수입니다.

11 100이 3개, 10이 4개, 1이 9개인 수는 349입니다.

12 (1) 654는 육백오십사라고 읽습니다.
(2) 오백십을 숫자로 쓰면 510입니다.
(3) 901은 구백일이라고 읽습니다.

13 백 모형이 2개, 십 모형이 15개, 일 모형이 6개 있습니다. 십 모형 10개는 백 모형 1개와 같으므로 주어진 수 모형은 백 모형 3개, 십 모형 5개, 일 모형 6개와 같습니다. 따라서 수 모형이 나타내는 수는 356이고, 삼백오십육이라고 읽습니다.

14 그림에는 100원짜리 동전 8개, 10원짜리 동전 7개, 1원짜리 동전 13개가 있습니다. 1원짜리 동전 10개는 10원짜리 동전 1개와 같으므로 주어진 동전은 100원짜리 동전 8개, 10원짜리 동전 8개, 1원짜리 동전 3개와 같습니다.
따라서 100이 8개, 10이 8개, 1이 3개이면 883이므로 동전은 모두 883원입니다.

15 표를 이용하여 각각 수 모형이 몇 개 필요한지 알아봅니다.

| 수 | 백 모형 | 십 모형 | 일 모형 | 개수 |
|---|---|---|---|---|
| 101 | 1 | 0 | 1 | 2 |
| 110 | 1 | 1 | 0 | 2 |
| 111 | 1 | 1 | 1 | 3 |
| 201 | 2 | 0 | 1 | 3 |
| 202 | 2 | 0 | 2 | 4 |
| 210 | 2 | 1 | 0 | 3 |

16 (1) 546은 100이 5개, 10이 4개, 1이 6개입니다.
(2) 670은 100이 6개, 10이 7개, 1이 0개입니다.

17 구백칠십이를 수로 쓰면 972입니다. 972에서 백의 자리 숫자는 9, 십의 자리 숫자는 7, 일의 자리 숫자는 2입니다.

18 843에서
8은 백의 자리 숫자이고, 800을 나타냅니다.
4는 십의 자리 숫자이고, 40을 나타냅니다.
3은 일의 자리 숫자이고, 3을 나타냅니다.

19 (1) 2<u>8</u>4에서 8은 십의 자리 숫자이므로 80을 나타냅니다.
(2) <u>8</u>10에서 8은 백의 자리 숫자이므로 800을 나타냅니다.
(3) 15<u>8</u>에서 8은 일의 자리 숫자이므로 8을 나타냅니다.

20 238은 100이 2개, 10이 3개, 1이 8개인 수입니다.

21 100개씩 2상자: 200개
10개씩 4봉지: 40개
낱개 5개 : 5개
245개

22 100개씩 3상자: 300개
10개씩 5봉지: 50개
350개

23 100개씩 5상자: 500개
낱개 4개 : 4개
504개

24 ㉠ 500에서 5는 백의 자리 숫자이고, 500을 나타냅니다.
㉡ 795에서 5는 일의 자리 숫자이고, 5를 나타냅니다.
㉢ 651에서 5는 십의 자리 숫자이고, 50을 나타냅니다.
따라서 숫자 5가 나타내는 값이 가장 큰 것은 ㉠입니다.

25 ㉠ 710에서 7은 백의 자리 숫자이고, 700을 나타냅니다.
㉡ 271에서 7은 십의 자리 숫자이고, 70을 나타냅니다.
㉢ 987에서 7은 일의 자리 숫자이고, 7을 나타냅니다.
따라서 숫자 7이 나타내는 값이 가장 작은 것은 ㉢입니다.

26 ㉠의 7은 백의 자리 숫자이므로 나타내는 값은 700입니다.
㉡의 7은 십의 자리 숫자이므로 나타내는 값은 70입니다.
➡ 700은 70이 10개인 수입니다.

16~18쪽

개념 5

01 (1) 300, 400, 500
(2) 530, 540, 550
(3) 550

02 334, 354　　03 428, 430

04 1000, 천

개념 6

05 (1) 3, 2 (2) 큽니다에 ○표

06 (1) (위에서부터) 4, 6, 0 / <
(2) (위에서부터) 8, 2, 5, 7 / >

개념 7

07 (1) 157에 ○표 (2) 139에 ○표

08 (1) (위에서부터) 6, 4, 7 / <
(2) (위에서부터) 5, 3, 2 / >

교과서 넘어 보기　19~21쪽

27 426, 526, 626, 826

28 352, 372, 382　　29 400, 401, 402

30 537, 637 / 100

31

32 275, 273　　33 301, 291

34 1000 / (1) 1 (2) 999

35 (1) 601, 602, 603, 604
(2) 700, 600, 500, 400

36 (1) < (2) >

37
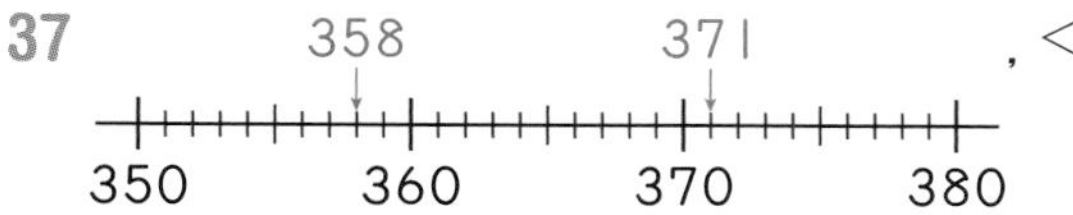


38 (위에서부터) 6, 9, 8 / 7, 3, 0 /
(1) 734 (2) 698

39 739, 397, 379

40 우진　　41 (1) 821 (2) 128

42 553

교과서 속 응용 문제

43 2, 3, 4, 5에 ○표　　44 5, 6, 7, 8, 9에 ○표

45 7개

27 100씩 뛰어 세면 백의 자리 수가 1씩 커집니다.

28 10씩 뛰어 세면 십의 자리 수가 1씩 커집니다.

29 1씩 뛰어 세면 일의 자리 수가 1씩 커집니다.

30 백의 자리 수가 1씩 커지므로 100씩 뛰어 세었습니다.

31 10씩 뛰어 세면 십의 자리 수가 1씩 커집니다.
470−480−490−500−510−520

32 1씩 거꾸로 뛰어 세면 일의 자리 수가 1씩 작아집니다.
276−275−274−273−272

33 10씩 거꾸로 뛰어 세면 십의 자리 수가 1씩 작아집니다.
321−311−301−291−281

34 (1) 999보다 1만큼 더 큰 수는 1000입니다.
(2) 996부터 1씩 뛰어 세면 일의 자리 수가 1씩 커집니다.
996−997−998−999
따라서 996부터 1씩 3번 뛰어 센 수는 999입니다.

35 (1) 1씩 뛰어 세면 일의 자리 수가 1씩 커집니다.
600−601−602−603−604
(2) 100씩 거꾸로 뛰어 세면 백의 자리 수가 1씩 작아집니다.
800−700−600−500−400

36 (1) 백의 자리 수를 비교하면 459<659입니다.
4<6
(2) 백의 자리 수가 같으므로 십의 자리 수를 비교하면 750>728입니다.
5>2

37 358과 371을 수직선 위에 표시하면 다음과 같습니다.

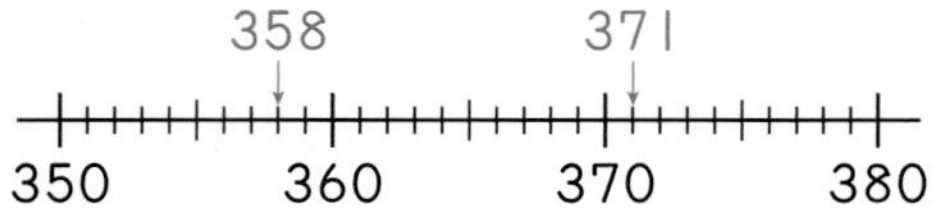


수직선에서 오른쪽에 있을수록 더 큰 수이므로 358<371입니다.

38 734, 698, 730에서 백의 자리 수를 비교하면 6<7이므로 698이 가장 작습니다. 734와 730을 비교하면 백의 자리 수와 십의 자리 수가 각각 같으므로 일의 자리 수를 비교합니다. 4>0이므로 734>730입니다. 따라서 세 수 중 가장 큰 수는 734입니다.

39 397, 739, 379에서 백의 자리 수를 비교하면 3<7이므로 가장 큰 수는 739입니다. 397과 379는 백의 자리 수가 같으므로 십의 자리 수를 비교하면 9>7이므로 397>379입니다.
따라서 739>397>379입니다.

40 157, 153, 159는 백의 자리 수와 십의 자리 수가 각각 같으므로 일의 자리 수를 비교하면 3<7<9이므로 가장 큰 수는 159입니다. 따라서 줄넘기를 가장 많이 한 학생은 우진입니다.

41 (1) 8>2>1이므로 만들 수 있는 가장 큰 세 자리 수는 백의 자리, 십의 자리, 일의 자리에 큰 수부터 순서대로 놓으면 됩니다. ➡ 821
(2) 1<2<8이므로 만들 수 있는 가장 작은 세 자리 수는 백의 자리, 십의 자리, 일의 자리에 작은 수부터 순서대로 놓으면 됩니다. ➡ 128

42
- 백의 자리 수는 4보다 크고 6보다 작으므로 5입니다.
- 십의 자리 숫자는 50을 나타내므로 십의 자리 수는 5입니다.
- 십의 자리 수와 일의 자리 수의 합은 8이고 십의 자리 수는 5이므로 일의 자리 숫자는 3입니다.

따라서 조건에 맞는 세 자리 수는 553입니다.

43 956과 95□는 백의 자리 수와 십의 자리 수가 각각 같으므로 956>95□에서 6>□입니다.
따라서 주어진 수 중 □ 안에 들어갈 수 있는 수는 6보다 작은 수인 2, 3, 4, 5입니다.

44 784와 78□는 백의 자리 수와 십의 자리 수가 각각 같으므로 784<78□에서 4<□입니다.
따라서 주어진 수 중 □ 안에 들어갈 수 있는 수는 4보다 큰 수인 5, 6, 7, 8, 9입니다.

**45** 462와 4□1은 백의 자리 수가 같으므로 십의 자리 수를 비교합니다. 6>□일 때 □ 안에 들어갈 수 있는 수는 0, 1, 2, 3, 4, 5입니다. □=6일 때 462>461이므로 □ 안에는 6도 들어갈 수 있습니다.
따라서 □ 안에 들어갈 수 있는 수는 0, 1, 2, 3, 4, 5, 6으로 모두 7개입니다.

**응용력 높이기** 22~25쪽

대표 응용 1 1, 6 / 362

1-1 668　　1-2 844

대표 응용 2 1 / 324, 324 / 324, 424, 524, 624, 724, 724

2-1 385　　2-2 532

대표 응용 3 큰에 ○표, 742 / 작은에 ○표, 124

3-1 954, 345　　3-2 981, 108

대표 응용 4 1 / 5 / 5, 7 / 157

4-1 943　　4-2 745

**1-1** 100이 5개면 500, 10이 16개면 100이 1개, 10이 6개인 수와 같고, 1이 8개면 8이므로 100이 6개, 10이 6개, 1이 8개인 수는 668입니다.

**1-2** 100이 7개이면 700, 10이 13개이면 100이 1개, 10이 3개인 수와 같고, 1이 14개이면 10이 1개, 1이 4개인 수와 같으므로 100이 8개, 10이 4개, 1이 4개인 수는 844입니다.

**2-1** 어떤 수는 420에서 10씩 4번 거꾸로 뛰어 세면 구할 수 있습니다.
420−410−400−390−380에서 어떤 수는 380이고, 380에서 1씩 5번 뛰어 센 수는 380−381−382−383−384−385입니다.

**2-2** 어떤 수는 279에서 10씩 5번 뛰어 세면 구할 수 있습니다.
279−289−299−309−319−329이므로 어떤 수는 329입니다.
329에서 100씩 2번 뛰어 센 수는 329−429−529입니다.
529에서 1씩 3번 뛰어 센 수는 529−530−531−532입니다.

**3-1** 9>5>4>3이므로 만들 수 있는 가장 큰 세 자리 수는 백의 자리, 십의 자리, 일의 자리에 큰 수부터 순서대로 놓으면 됩니다. ➡ 954
3<4<5<9이므로 만들 수 있는 가장 작은 세 자리 수는 백의 자리, 십의 자리, 일의 자리에 작은 수부터 순서대로 놓으면 됩니다. ➡ 345

**3-2** 9>8>1>0이므로 만들 수 있는 가장 큰 세 자리 수는 백의 자리, 십의 자리, 일의 자리에 큰 수부터 순서대로 놓으면 됩니다. ➡ 981
0<1<8<9이므로 만들 수 있는 가장 작은 세 자리 수는 백의 자리, 십의 자리, 일의 자리에 작은 수부터 순서대로 놓으면 됩니다. 이때 백의 자리에 0이 올 수 없으므로, 백의 자리에는 두 번째로 작은 수인 1이 와야 합니다. ➡ 108

**4-1** ㉠에서 899보다 큰 세 자리 수의 백의 자리 수는 9입니다.
㉡에서 십의 자리 숫자가 나타내는 값이 40이므로 십의 자리 수는 4입니다.
㉢에서 일의 자리 수는 십의 자리 수보다 1만큼 더 작은 수이므로 4−1=3입니다.
따라서 조건을 모두 만족하는 수는 943입니다.

**4-2** ㉠에서 647보다 크고 800보다 작은 수이므로 6□□ 또는 7□□인 수입니다.
㉡에서 십의 자리 수가 백의 자리 수보다 4만큼 더 작으므로 62□ 또는 73□이고, 이 중에서

647보다 큰 수는 73□입니다.
㉢에서 백의 자리 수, 십의 자리 수, 일의 자리 수의 합이 15이므로 73□에서 □는 5입니다.
따라서 조건을 모두 만족하는 수는 735이므로 735보다 10만큼 더 큰 수는 745입니다.

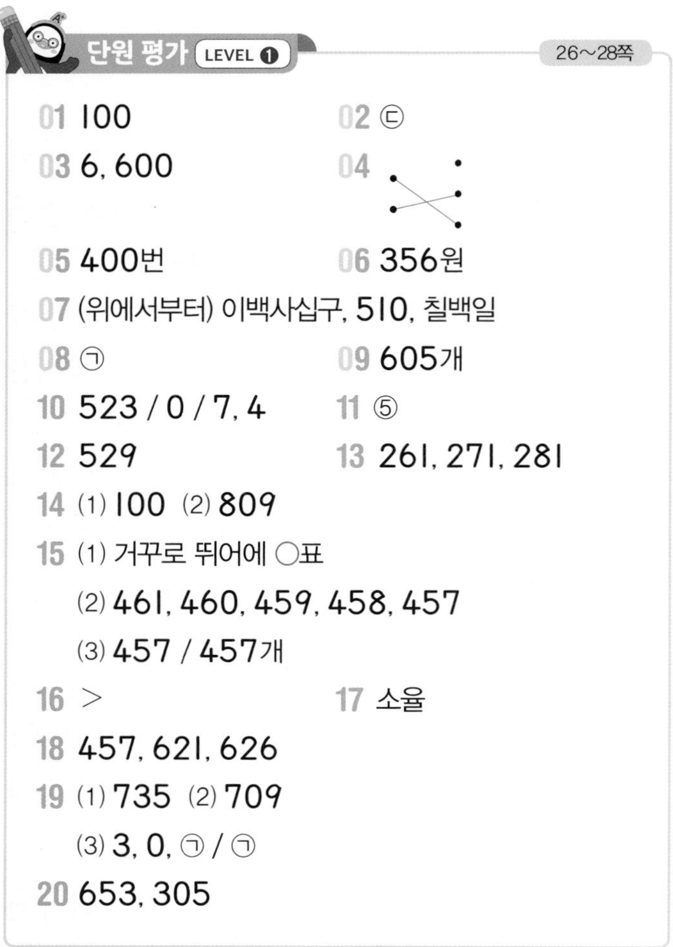

단원 평가 LEVEL ❶ 26~28쪽

01 100
02 ㉢
03 6, 600
04
05 400번
06 356원
07 (위에서부터) 이백사십구, 510, 칠백일
08 ㉠
09 605개
10 523 / 0 / 7, 4
11 ⑤
12 529
13 261, 271, 281
14 (1) 100 (2) 809
15 (1) 거꾸로 뛰어에 ○표
(2) 461, 460, 459, 458, 457
(3) 457 / 457개
16 >
17 소율
18 457, 621, 626
19 (1) 735 (2) 709
(3) 3, 0, ㉠ / ㉠
20 653, 305

01 구슬이 한 줄에 10개씩 10줄 있습니다. 10이 10개이면 100이므로 구슬은 모두 100개입니다.

02 ㉢ 100은 90보다 10만큼 더 큰 수입니다.

03 백 모형이 6개이면 600입니다.

04 100은 백이라고 읽습니다.
500은 오백이라고 읽습니다.

05 100이 4개이면 400이므로 시준이는 4일 동안 줄넘기를 모두 400번 넘었습니다.

06 100원짜리 동전 3개는 300원, 10원짜리 동전 5개는 50원, 1원짜리 동전 6개는 6원이므로 동전은 모두 356원입니다.

07 249는 이백사십구라고 읽습니다.
오백십은 510이라고 씁니다.
701은 칠백일이라고 읽습니다.

08 ㉡ 100이 3개, 10이 8개 ➡ 380
㉢ 삼백팔십 ➡ 380
따라서 나타내는 수가 다른 것은 ㉠입니다.

09 100개씩 5상자는 500개, 10개씩 10봉지는 100개, 낱개로 5개이므로 사탕은 모두 605개입니다.

10 백의 자리 숫자가 5, 십의 자리 숫자가 2, 일의 자리 숫자가 3이므로 523입니다.
203에서 십의 자리 숫자는 0입니다.
784에서 백의 자리 숫자는 7, 일의 자리 숫자는 4입니다.

11 숫자 5가 나타내는 수는 ① 5 ② 500 ③ 5 ④ 500 ⑤ 50입니다.

12

| 백의 자리 | 십의 자리 | 일의 자리 |
|---|---|---|
| 5 | 2 | 9 |

➡ 529

13 241부터 10씩 뛰어 세면
241 − 251 − 261 − 271 − 281입니다.

14 (1) 백의 자리 수가 1씩 커지고 있으므로 100씩 뛰어 셌습니다.
(2) 409부터 100씩 뛰어 세면
409 − 509 − 609 − 709 − 809이므로
★에 알맞은 수는 809입니다.

16 백 모형의 수가 같으므로 십 모형의 수가 더 많은 351이 338보다 더 큽니다. ➡ 351 > 338

**17** 451과 449는 백의 자리 수가 같으므로 십의 자리 수를 비교하면 $5>4$이므로 $451>449$입니다.
따라서 번호표의 수가 더 작은 소율이가 먼저 축제에 입장할 수 있습니다.

**18** 백의 자리 수를 비교하면 $6>4$이므로 457이 가장 작습니다. 621과 626은 백의 자리 수와 십의 자리 수가 같으므로 일의 자리 수를 비교하면 $1<6$이므로 $621<626$입니다.
➡ $457<621<626$

**20** $6>5>3>0$이므로 만들 수 있는 가장 큰 세 자리 수는 백의 자리, 십의 자리, 일의 자리에 큰 수부터 순서대로 놓으면 됩니다. ➡ 653
$0<3<5<6$이므로 만들 수 있는 가장 작은 세 자리 수는 백의 자리, 십의 자리, 일의 자리에 작은 수부터 순서대로 놓으면 됩니다. 이때 백의 자리에 0이 올 수 없으므로, 백의 자리에는 두 번째로 작은 수인 3이 와야 합니다. ➡ 305

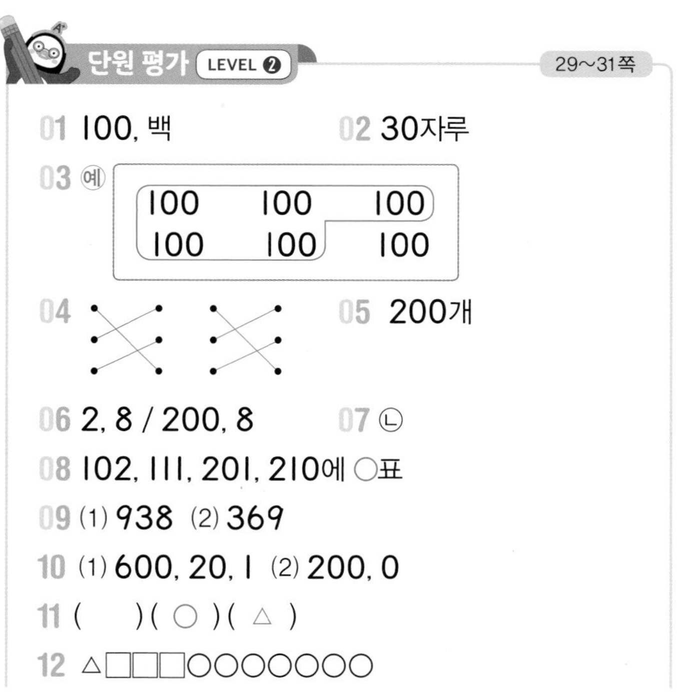
단원 평가 LEVEL ❷ 29~31쪽

01 100, 백 02 30자루
03 예 100 100 100 / 100 100 100
04
05 200개
06 2, 8 / 200, 8 07 ㉡
08 102, 111, 201, 210에 ○표
09 (1) 938 (2) 369
10 (1) 600, 20, 1 (2) 200, 0
11 ( )( ○ )( △ )
12 △□□□○○○○○○○○

13 599, 609, 619, 639
14 541 15 586
16 >
17 (1) 800, 801, 802, 803, 803
(2) 792, 802, 802 (3) ㉠ / ㉠
18 이서
19 (1) 6 (2) 0, 1, 2, 3, 4, 5 (3) 5 / 5
20 470, 471, 472

**01** 99보다 1만큼 더 큰 수, 10이 10개인 수는 모두 100입니다. 100은 백이라고 읽습니다.

**02** 70보다 30만큼 더 큰 수는 100이므로 연필은 30자루 더 있어야 합니다.

**04** 100이 9개이면 900이고, 구백이라고 읽습니다.
100이 7개이면 700이고, 칠백이라고 읽습니다.
100이 4개이면 400이고, 사백이라고 읽습니다.

**05** 10이 20개이면 200이므로 강낭콩은 모두 200개입니다.

**06** 268은 100이 2개, 10이 6개, 1이 8개인 수입니다. 100이 2개이면 200, 10이 6개이면 60, 1이 8개면 8이므로 $268=200+60+8$입니다.

**07** ㉡ 809는 팔백구라고 읽습니다.

**08** 표를 이용하여 각각 수 모형이 몇 개 필요한지 알아봅니다.

| 수 | 백 모형 | 십 모형 | 일 모형 | 개수 |
|---|---|---|---|---|
| 101 | 1 | 0 | 1 | 2 |
| 102 | 1 | 0 | 2 | 3 |
| 111 | 1 | 1 | 1 | 3 |
| 201 | 2 | 0 | 1 | 3 |
| 202 | 2 | 0 | 2 | 4 |
| 210 | 2 | 1 | 0 | 3 |

BOOK 1 본책

09 (1) 백의 자리 숫자가 9이므로 9□□인 수를 찾습니다. → 938

(2) 십의 자리 숫자가 6이므로 □6□인 수를 찾습니다. → 369

10 (1) 621은 100이 6개, 10이 2개, 1이 1개인 수입니다. 100이 6개이면 600, 10이 2개이면 20, 1이 1개면 1이므로 621=600+20+1입니다.

(2) 203은 100이 2개, 10이 0개, 1이 3개인 수입니다. 100이 2개이면 200, 10이 0개이면 0, 1이 3개이면 3이므로 203=200+0+3입니다.

11 숫자 6이 나타내는 값이 564는 60, 628은 600, 936은 6입니다. 따라서 숫자 6이 나타내는 값이 가장 큰 수는 628이고, 가장 작은 수는 936입니다.

12

| 백의 자리(△) | 십의 자리(□) | 일의 자리(○) |
|---|---|---|
| △ | □□□ | ○○○○○○○○ |

13 579에서 589로 십의 자리 수가 1 커졌으므로 10씩 뛰어 센 수를 빈칸에 써넣습니다.

14 백의 자리 수가 1씩 커졌으므로 우주는 100씩 뛰어 셌습니다.
241부터 100씩 3번 뛰어 센 수는
241−341−441−541이므로 541입니다.

15 20씩 뛰어 세면 십의 자리 수가 2씩 커집니다.
486−506−526−546−566−586이므로 486부터 20씩 5번 뛰어 센 수는 586입니다.

16 354와 352는 백의 자리 수와 십의 자리 수가 같으므로 일의 자리 수를 비교하면 4>2이므로 354>352입니다.

18 35□, 2□7, 34□의 크기를 비교합니다. 백의 자리 수를 비교하면 3>2이므로 2□7이 가장 작습니다. 35□과 34□은 백의 자리 수가 같으므로 십의 자리 수를 비교합니다.
5>4이므로 35□>34□입니다.
따라서 이서가 색종이를 가장 많이 가지고 있습니다.

20 백의 자리 숫자가 4, 십의 자리 숫자가 7인 세 자리 수를 47□라고 하면 47□<473인 수를 찾아야 합니다.
47□와 473은 백의 자리 수와 십의 자리 수가 각각 같으므로 47□<473에서 □<3입니다.
따라서 조건에 맞는 수는 470, 471, 472입니다.

# 2단원 여러 가지 도형

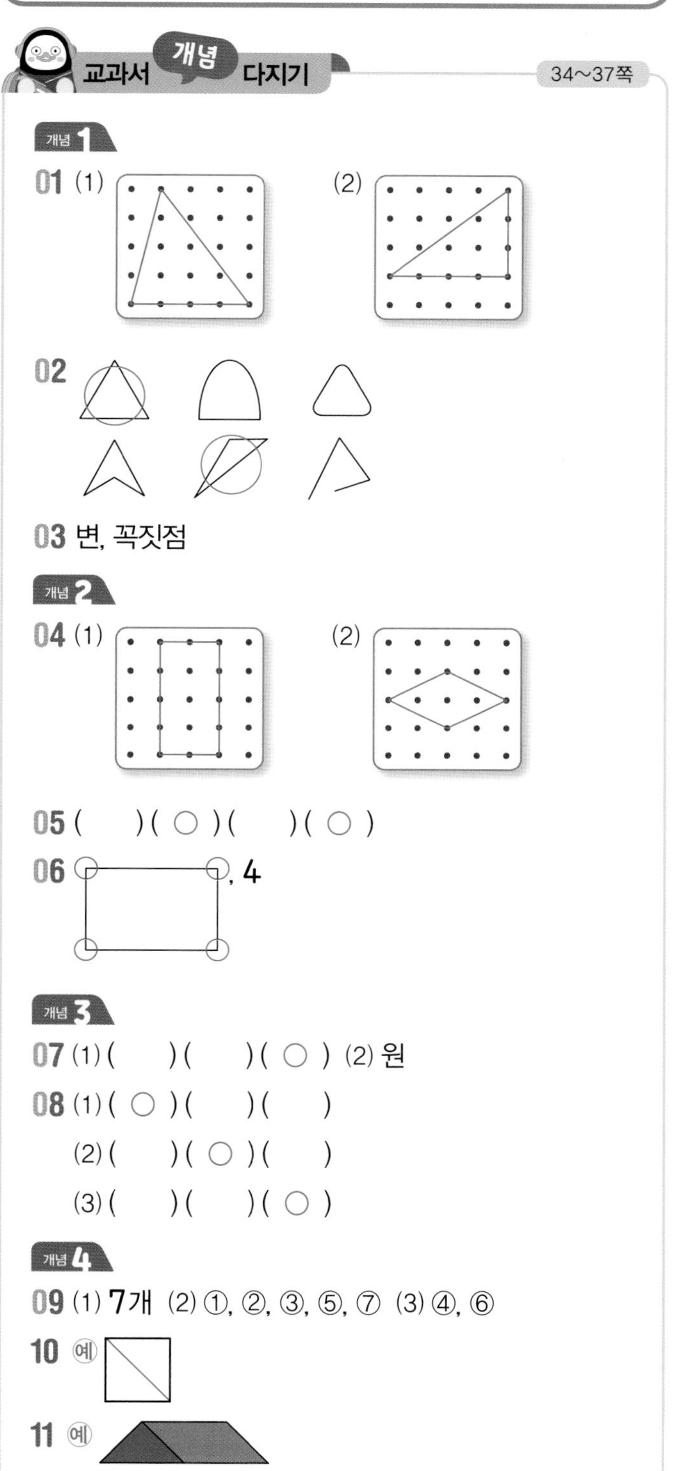

## 교과서 개념 다지기 34~37쪽

개념 1

01 (1) (2)

02

03 변, 꼭짓점

개념 2

04 (1) (2)

05 (  )( ○ )(  )( ○ )

06 , 4

개념 3

07 (1) (  )(  )( ○ ) (2) 원

08 (1) ( ○ )(  )(  )

(2) (  )( ○ )(  )

(3) (  )(  )( ○ )

개념 4

09 (1) 7개 (2) ①, ②, ③, ⑤, ⑦ (3) ④, ⑥

10 예

11 예

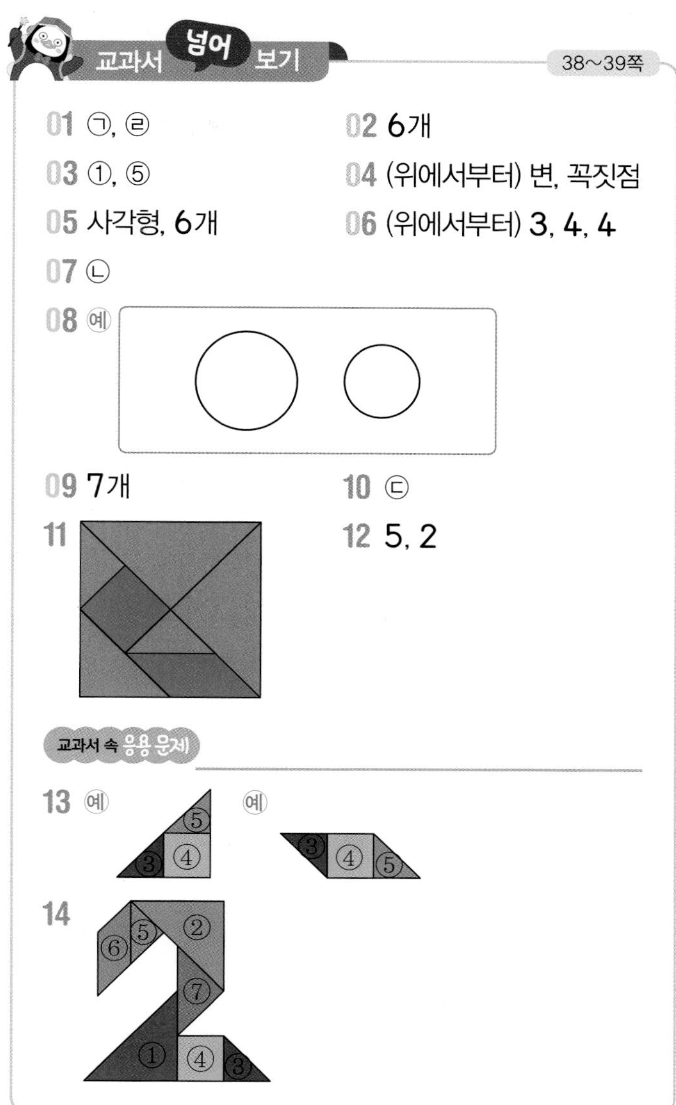

## 교과서 넘어 보기 38~39쪽

01 ㉠, ㉣

02 6개

03 ①, ⑤

04 (위에서부터) 변, 꼭짓점

05 사각형, 6개

06 (위에서부터) 3, 4, 4

07 ㉡

08 예

09 7개

10 ㉢

11

12 5, 2

교과서 속 응용 문제

13 예 예

14

01 삼각형은 변과 꼭짓점이 각각 3개인 도형이므로 ㉠, ㉣입니다.

02

03 ① 변과 꼭짓점이 4개보다 많기 때문에 사각형이 아닙니다.

⑤ 굽은 선이 있는 도형이기 때문에 사각형이 아닙니다.

04 삼각형과 사각형에서 곧은 선을 변이라 하고, 두 곧은 선이 만나는 점을 꼭짓점이라고 합니다.

05 색종이를 점선을 따라 자르면 변 4개로 둘러싸인 도형이 6개 생깁니다. 따라서 사각형이 6개 생깁니다.

06 삼각형은 변이 3개, 꼭짓점이 3개입니다.
사각형은 변이 4개, 꼭짓점이 4개입니다.

07 ㉡ 삼각형과 사각형은 끊어진 부분이 없습니다.

08 동전, 모양 자 등을 이용하여 크기가 다른 원을 2개 그립니다.

09 겹치는 부분에 주의하여 원의 수를 세면 원은 7개입니다.

10 모든 원의 모양은 같지만 크기는 다를 수 있습니다. 따라서 틀린 설명은 ㉢입니다.

11 3개의 변으로 둘러싸인 도형은 빨간색, 4개의 변으로 둘러싸인 도형은 파란색으로 색칠합니다.

12 칠교판 조각 중 삼각형은 5개, 사각형은 2개입니다.

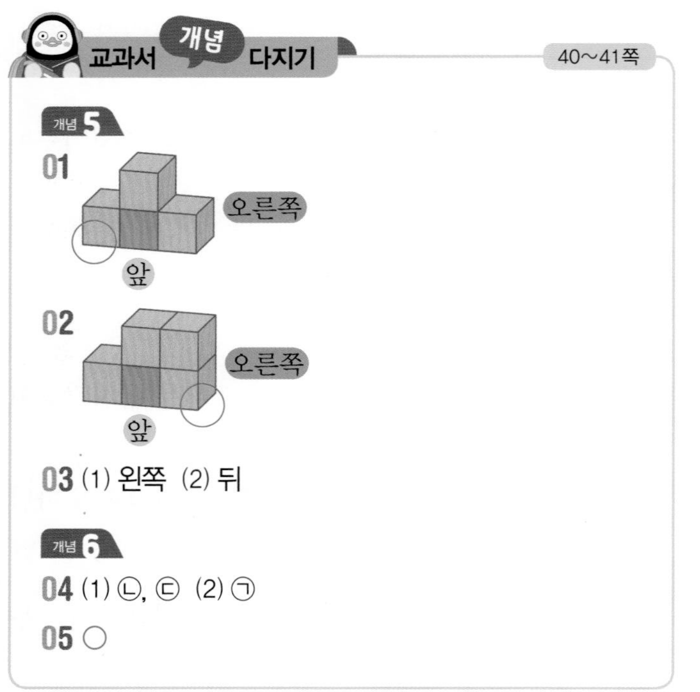

교과서 개념 다지기 40~41쪽

개념 5

01


02


03 (1) 왼쪽 (2) 뒤

개념 6

04 (1) ㉡, ㉢ (2) ㉠

05 ○

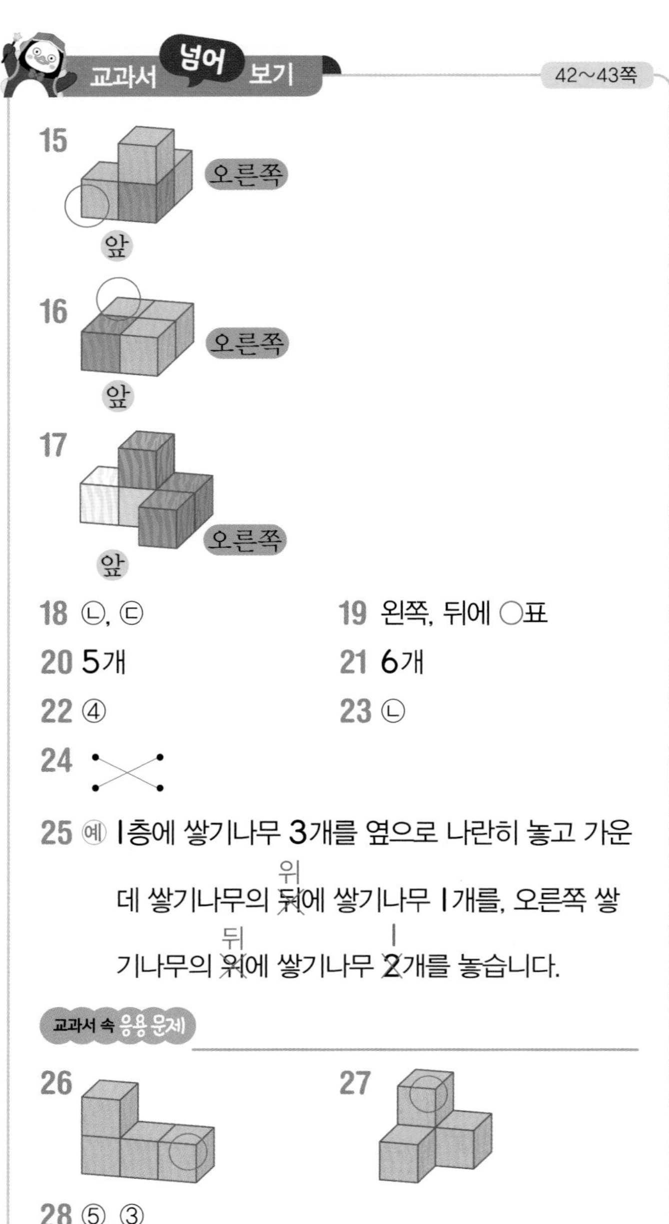

교과서 넘어 보기 42~43쪽

15


16


17


18 ㉡, ㉢

19 왼쪽, 뒤에 ○표

20 5개

21 6개

22 ④

23 ㉡

24

25 예 1층에 쌓기나무 3개를 옆으로 나란히 놓고 가운데 쌓기나무의 ~~뒤~~ 위에 쌓기나무 1개를, 오른쪽 쌓기나무의 ~~위~~ 뒤에 쌓기나무 ~~2~~ 1개를 놓습니다.

교과서 속 응용 문제

26

27

28 ⑤, ③

18 ㉡, ㉢은 1층에 쌓기나무 4개를, 2층에 쌓기나무 1개를 쌓은 모양입니다.

20 1층에 4개, 2층에 1개를 쌓으려면 쌓기나무가 4+1=5(개) 필요합니다.

21 1층에 5개, 2층에 1개를 쌓으려면 쌓기나무가 5+1=6(개) 필요합니다.

22 왼쪽 모양에서 ④를 빼면 오른쪽과 똑같은 모양을 만들 수 있습니다.

**23** ㉠ 1층에 3개, 2층에 1개, 3층에 1개이므로 $3+1+1=5$(개)입니다.

㉡ 1층에 4개, 2층에 2개이므로 $4+2=6$(개)입니다.

㉢ 1층에 4개, 2층에 1개이므로 $4+1=5$(개)입니다.

**24** 1층에 3개, 2층에 2개가 있는 모양은 오른쪽 모양입니다. 3개가 옆으로 나란히 있고, 오른쪽 쌓기나무 뒤에 1개가 있는 모양은 왼쪽 모양입니다.

**26** ④를 ③의 위로 옮겨야 합니다.

**28** 왼쪽과 오른쪽 모양을 비교하여 다른 부분을 찾습니다.

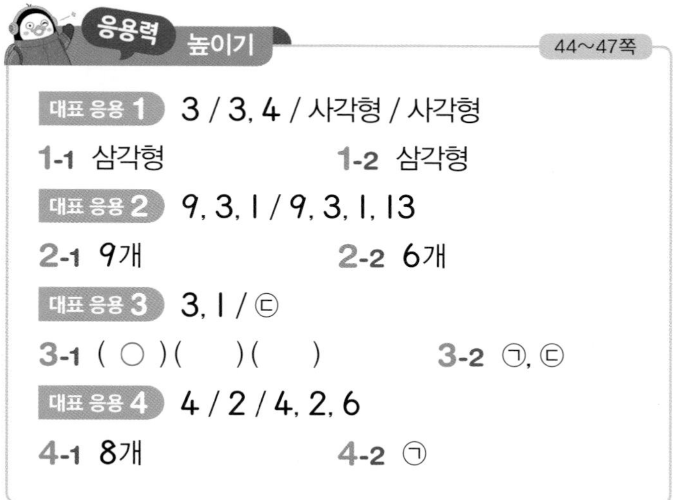

**응용력 높이기** 44~47쪽

대표 응용 1 3 / 3, 4 / 사각형 / 사각형

1-1 삼각형　　1-2 삼각형

대표 응용 2 9, 3, 1 / 9, 3, 1, 13

2-1 9개　　2-2 6개

대표 응용 3 3, 1 / ㉢

3-1 ( ○ )(　)(　)　　3-2 ㉠, ㉢

대표 응용 4 4 / 2 / 4, 2, 6

4-1 8개　　4-2 ㉠

**1-1** 사각형의 꼭짓점의 수는 4개입니다. 사각형 꼭짓점의 수보다 1 작은 수는 $4-1=3$입니다. 꼭짓점의 수가 3개이고 곧은 선으로 둘러싸인 도형은 삼각형입니다. 따라서 설명하는 도형의 이름은 삼각형입니다.

**1-2** 삼각형의 변의 수와 꼭짓점의 수의 합은 $3+3=6$입니다. 따라서 설명하는 도형의 이름은 삼각형입니다.

**2-1** 모양: 4개　　모양: 2개

모양: 2개　　모양: 1개

따라서 찾을 수 있는 크고 작은 사각형은 모두 $4+2+2+1=9$(개)입니다.

**2-2** 보라색 삼각형 1개로 이루어진 삼각형은 1개,
보라색 삼각형을 포함하여
작은 삼각형 2개로 이루어진 삼각형은 2개,
작은 삼각형 3개로 이루어진 삼각형은 2개,
작은 삼각형 4개로 이루어진 삼각형은 1개입니다.
따라서 찾을 수 있는 크고 작은 삼각형은 모두 $1+2+2+1=6$(개)입니다.

**3-1** 앞에서 보면 1층에 나란히 3개가 보이고 왼쪽과 오른쪽 쌓기나무 위로 각각 1개씩 보입니다.

**3-2** ㉠ ㉡ ㉢

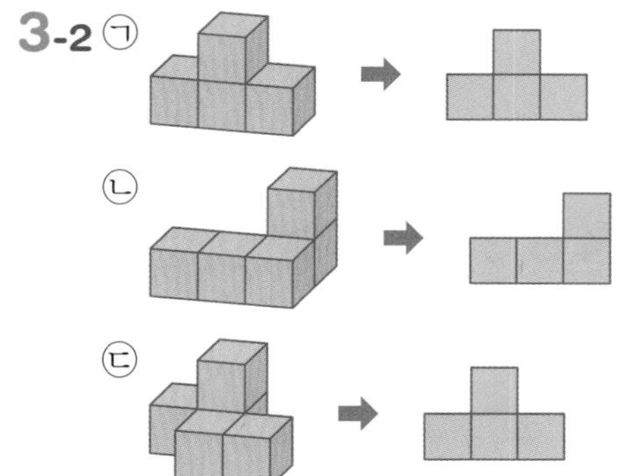

**4-1** 1층에 있는 쌓기나무는 가려진 쌓기나무를 포함하여 6개입니다. 2층에 있는 쌓기나무는 2개입니다. 따라서 필요한 쌓기나무는 $6+2=8$(개)입니다.

**4-2** ㉠: 1층에 있는 쌓기나무는 가려진 쌓기나무를 포함하여 6개입니다. 2층에 있는 쌓기나무는 3개입니다. 따라서 사용한 쌓기나무는 $6+3=9$(개)입니다.

㉡: 1층에 있는 쌓기나무는 가려진 쌓기나무를 포함하여 5개입니다. 2층에 있는 쌓기나무는 2개입니다. 3층에 있는 쌓기나무는 1개입니다.

사용한 따라서 쌓기나무는 $5+2+1=8$(개) 입니다.

따라서 쌓기나무의 수가 더 많은 것은 ㉠입니다.

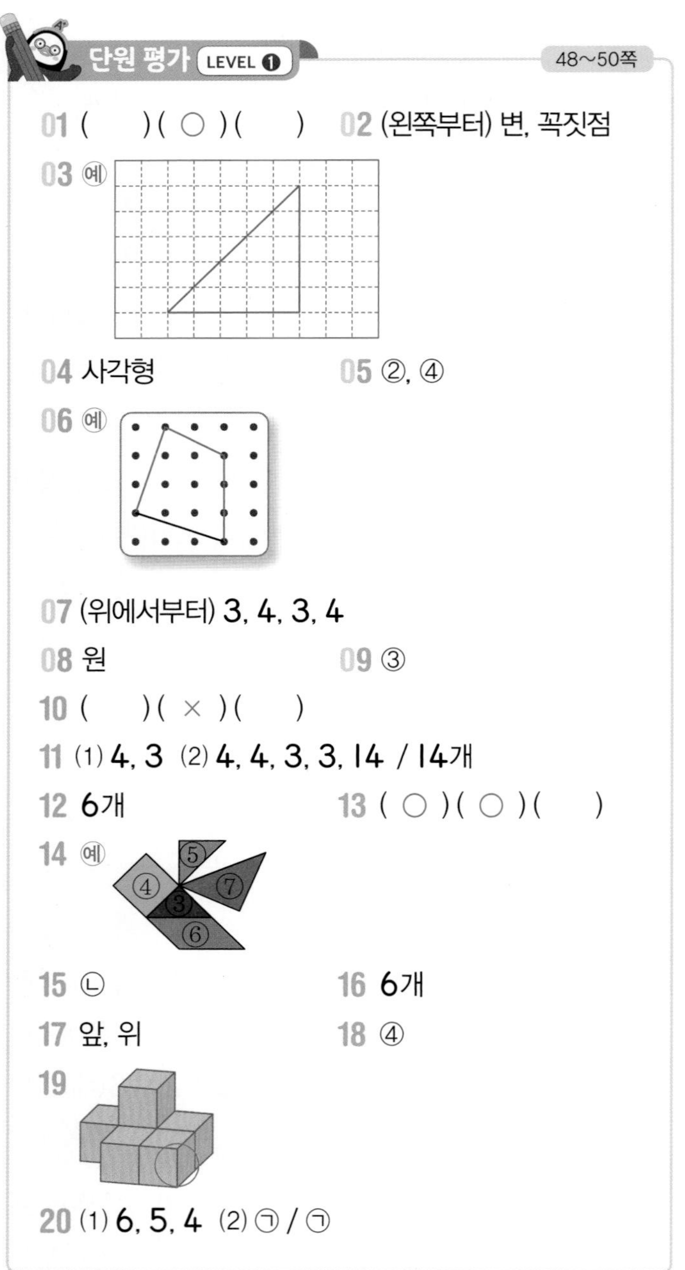

단원 평가 LEVEL ❶
48~50쪽
01 ( )( ○ )( ) 02 (왼쪽부터) 변, 꼭짓점
03 예
04 사각형 05 ②, ④
06 예
07 (위에서부터) 3, 4, 3, 4
08 원 09 ③
10 ( )( × )( )
11 (1) 4, 3 (2) 4, 4, 3, 3, 14 / 14개
12 6개 13 ( ○ )( ○ )( )
14 예
④
⑤
⑦
③
⑥
15 ㉡ 16 6개
17 앞, 위 18 ④
19
20 (1) 6, 5, 4 (2) ㉠ / ㉠


01 곧은 선으로 둘러싸여 있고 변과 꼭짓점이 3개인 모양을 찾습니다.

02 삼각형에서 곧은 선을 변이라 하고, 두 곧은 선이 만나는 점을 꼭짓점이라고 합니다.

03 자를 사용하여 변과 꼭짓점이 3개인 삼각형을 그립니다.

04 곧은 선으로 둘러싸여 있고 변과 꼭짓점이 4개이므로 사각형입니다.

05 변과 꼭짓점이 각각 4개인 도형과 같은 모양의 물건은 ② 액자와 ④ 서류 봉투입니다.

06 주어진 선까지 모두 4개의 변으로 둘러싸인 도형이 되도록 그립니다.

07 삼각형은 변과 꼭짓점이 각각 3개이고, 사각형은 변과 꼭짓점이 각각 4개입니다.

08 굽은 선으로 둘러싸여 있고, 어느 쪽에서 보아도 똑같이 동그란 모양은 원입니다.

09 동그란 모양이 있는 물건으로 원을 그릴 수 있습니다. ③의 상자는 곧은 선으로만 둘러싸여 있어 원을 그릴 수 없습니다.

10 어느 쪽에서 보아도 똑같이 동그란 모양을 찾습니다.

12 겹치는 부분에 주의하며 원의 수를 셉니다.

13 칠교판에는 삼각형 모양 조각 5개와 사각형 모양 조각 2개가 있습니다.

15 ㉠: 한 층에 1개씩 3층까지 있으므로
$1+1+1=3$(개)입니다.
㉡: 1층에 3개, 2층에 1개이므로
$3+1=4$(개)입니다.
㉢: 1층에 2개, 2층에 1개이므로
$2+1=3$(개)입니다.

16 1층에 5개, 2층에 1개이므로 $5+1=6$(개)입니다.

18

노란색 쌓기나무는 ④입니다.

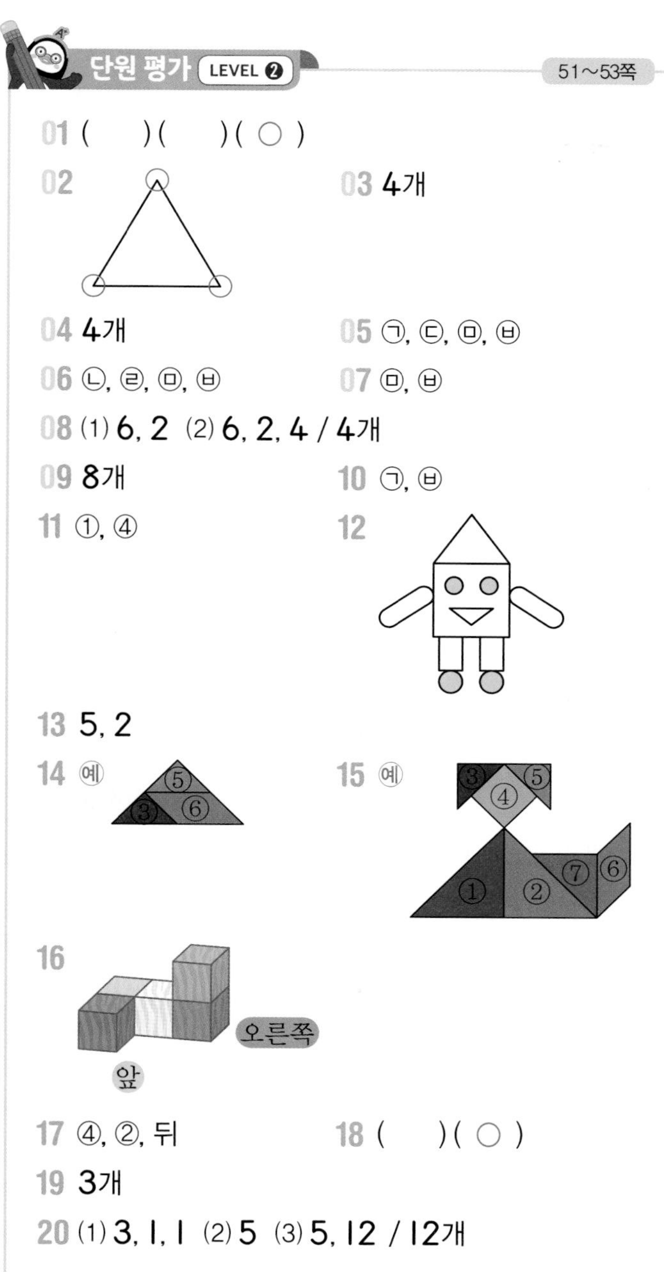

단원 평가 LEVEL 2
51~53쪽
01 ( )( )( ○ )
02
03 4개
04 4개
05 ㉠, ㉢, ㉤, ㉥
06 ㉡, ㉣, ㉤, ㉥
07 ㉤, ㉥
08 (1) 6, 2 (2) 6, 2, 4 / 4개
09 8개
10 ㉠, ㉥
11 ①, ④
12
13 5, 2
14 예
15 예
16
오른쪽
앞
17 ④, ②, 뒤
18 ( )( ○ )
19 3개
20 (1) 3, 1, 1 (2) 5 (3) 5, 12 / 12개


01

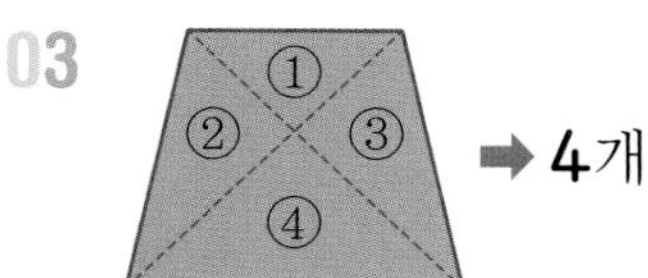

세 점을 곧은 선으로 이으면 삼각형이 만들어집니다.

02 두 곧은 선이 만나는 점을 찾아 ○표 합니다.

03 ➡ 4개

04 곧은 선으로 둘러싸여 있고 변과 꼭짓점이 4개인 도형을 찾습니다.

05 삼각형은 3개의 곧은 선으로 둘러싸인 도형으로 변이 3개, 꼭짓점이 3개입니다.

06 사각형은 4개의 곧은 선으로 둘러싸인 도형으로 변이 4개, 꼭짓점이 4개입니다.

07 삼각형과 사각형은 곧은 선으로 둘러싸인 도형으로 변과 꼭짓점이 있습니다.

09

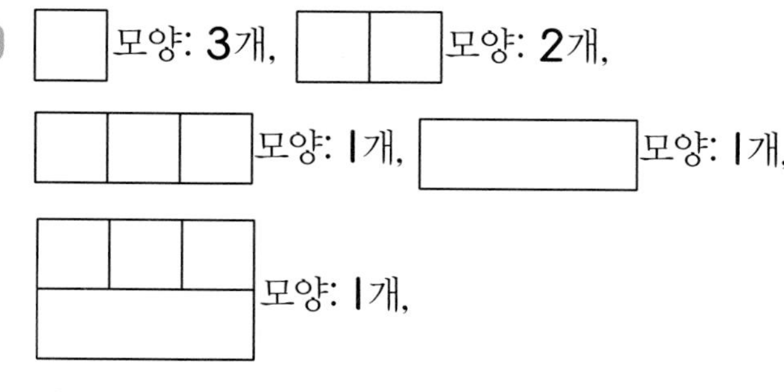


따라서 찾을 수 있는 크고 작은 사각형은 모두 $3+2+1+1+1=8$(개)입니다.

10 어느 쪽에서 보아도 똑같이 동그란 모양을 찾습니다.

11 ① 모든 원의 모양은 같지만 크기가 다를 수 있습니다.
④ 원은 곧은 선이 없습니다.

12 어느 쪽에서 보아도 똑같이 동그란 모양을 찾아 색칠합니다.

19 왼쪽: ➡ 3개

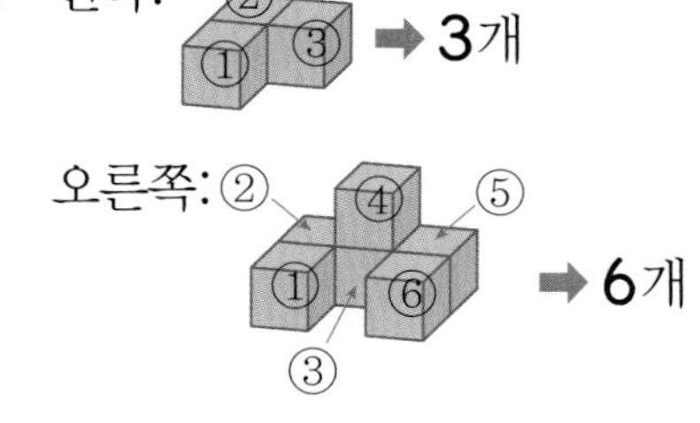

오른쪽: ➡ 6개

쌓기나무는 3개 더 필요합니다.

# 3단원 덧셈과 뺄셈

56~58쪽

개념 1

01 84

02 (1) (위에서부터) 1, 9, 3 (2) (위에서부터) 1, 3, 2
(3) 21 (4) 33

개념 2

03 (1) 42 (2) 54

04 (1) (위에서부터) 1, 8, 1 (2) (위에서부터) 1, 9, 5
(3) (위에서부터) 1, 5, 2 (4) (위에서부터) 1, 8, 3

개념 3

05 128

06 (1) 115 (2) 124

교과서 넘어 보기 59~60쪽

01 42

02 (1) 65 (2) 53

03 53+9에 ○표

04 8과 53에 ○표

05 10

06 42개

07 (선 잇기)

08 $\begin{array}{r} 63 \\ +\ 19 \\ \hline 82 \end{array}$

09 6, 6, 84 / 2, 2, 84

10 (1) 137 (2) 181 (3) 118 (4) 144

11 (위에서부터) 54, 123

12 (위에서부터) 4, 8

13 24, 59, 83 또는 59, 24, 83

교과서 속 응용 문제

14 (위에서부터) 2, 6

15 (위에서부터) 5, 4

16 8과 9에 ○표

01 일 모형 7+5=12(개)는 십 모형 1개와 일 모형 2개가 되므로 십 모형 3+1=4(개), 일 모형 2개가 됩니다. 따라서 37+5=42입니다.

02 (1) $\begin{array}{r} {}^{1}\ \ \\ 57 \\ +\ \ 8 \\ \hline 65 \end{array}$ (2) $\begin{array}{r} {}^{1}\ \ \\ 44 \\ +\ \ 9 \\ \hline 53 \end{array}$

03 53+9=62, 56+5=61

04 일의 자리 수끼리의 합이 11인 두 수는 49와 2, 53과 8, 43과 8입니다.
49+2=51, 53+8=61, 43+8=51이므로 맞힌 두 수는 53과 8입니다.

05 일의 자리 수끼리의 합인 7+8=15에서 10을 십의 자리로 받아올림하여 십의 자리 위에 작게 1로 나타낸 것이므로 □ 안의 숫자 1이 실제로 나타내는 수는 10입니다.

06 27+15=42이므로 민철이가 가지고 있는 종이 비행기는 모두 42개입니다.

07 36+16=52, 34+17=51,
39+12=51, 38+14=52

08 일의 자리에서 십의 자리로 받아올림한 수 1을 십의 자리에 더하지 않았습니다.

09 [방법 1] 38에 40을 먼저 더하고 6을 더합니다.
[방법 2] 38을 40으로 생각하고 계산한 후 2를 뺍니다.

10 (1) $\begin{array}{r} {}^{1}\ \ \\ 65 \\ +\ 72 \\ \hline 137 \end{array}$ (2) $\begin{array}{r} {}^{1\,1}\ \ \\ 84 \\ +\ 97 \\ \hline 181 \end{array}$ (3) $\begin{array}{r} {}^{1}\ \ \\ 72 \\ +\ 46 \\ \hline 118 \end{array}$ (4) $\begin{array}{r} {}^{1\,1}\ \ \\ 55 \\ +\ 89 \\ \hline 144 \end{array}$

11 $28+26=54 \Rightarrow 54+69=123$

12
$$\begin{array}{r} {\scriptstyle 1\ 1}\phantom{0} \\ 6\ 4 \\ +\ 8\ 9 \\ \hline 1\ 5\ 3 \end{array}$$

13 두 수의 합이 될 수 있는 수는 83입니다. 일의 자리에서 받아올림한 후 십의 자리 수가 8이 되는 경우는 $24+59=83$입니다.

14
$$\begin{array}{r} \boxed{㉠}\ 5 \\ +\ 5\ \boxed{㉡} \\ \hline 8\ 1 \end{array}$$

• 일의 자리: 5+㉡=11에서 5+6=11이므로 ㉡=6
• 십의 자리: 1+㉠+5=8에서 6+2=8이므로 ㉠=2

15
$$\begin{array}{r} 9\ \boxed{㉠} \\ +\ \boxed{㉡}\ 7 \\ \hline 1\ 4\ 2 \end{array}$$

• 일의 자리: ㉠+7=12에서 5+7=12이므로 ㉠=5
• 십의 자리: 1+9+㉡=14에서 10+4=14이므로 ㉡=4

16
$$\begin{array}{r} 4\ 4 \\ +\ 7\ \boxed{㉠} \\ \hline 1\ 2\ 1 \end{array}$$

• 일의 자리: 4+㉠=11에서 4+7=11이므로 ㉠=7
• 주어진 문제에서는 44+7□의 합이 121보다 커야 하므로 □ 안에 들어갈 수 있는 수는 8, 9입니다.

61~63쪽

개념 4

01 27
02 (1) (위에서부터) 3, 10, 3, 9
(2) (위에서부터) 6, 10, 6, 7
(3) (위에서부터) 4, 10, 4, 3
(4) (위에서부터) 2, 10, 2, 8

개념 5

03 34 04 22
05 (1) (위에서부터) 4, 10, 1, 8
(2) (위에서부터) 8, 10, 4, 1
(3) (위에서부터) 6, 10, 5, 5
(4) (위에서부터) 5, 10, 3, 9

개념 6

06 26
07 (1) (위에서부터) 3, 10, 1, 6
(2) (위에서부터) 7, 10, 4, 5
(3) (위에서부터) 5, 10, 1, 9
(4) (위에서부터) 4, 10, 3, 8

64~65쪽

17 19
18 (1) 28 (2) 34 (3) 76 (4) 58
19 62−4에 ○표 20 65와 6에 ○표
21 19개
22 60−27, 50−19에 색칠
23
$$\begin{array}{r} 8\ 0 \\ -\ 3\ 3 \\ \hline 4\ 7 \end{array}$$
24 4, 43, 4, 39 / 6, 33, 6, 39
25 (1) 26 (2) 35 (3) 37 (4) 58
26 (위에서부터) 27, 19
27 45, 26 28 성준

교과서 속 응용 문제

29 (위에서부터) 9, 6 30 (위에서부터) 0, 2
31 14

17 십 모형 1개를 일 모형 10개로 바꾼 후 일 모형 15개에서 일 모형 6개를 빼면 십 모형 1개, 일 모형 9개가 남습니다.
따라서 $25-6=19$입니다.

18 (1) $35-7=28$ (2) $42-8=34$

(3) 81−5=76 (4) 64−6=58

**19** 62−4=58, 65−8=57

**20** 십의 자리에서 받아내림하여 차를 구했을 때 십의 자리 수가 5인 두 수는 65와 6입니다. 따라서 65−6=59이므로 맞힌 두 수는 65와 6입니다.

**21** 40−21=19이므로 한 상자에는 감자보다 고구마가 19개 더 많이 들어 있습니다.

**22** 60−27=33, 40−22=18
50−19=31, 30−11=19

**23** 십의 자리에서 받아내림을 하지 않고 일의 자리 수 중 큰 수인 3에서 0을 빼어 잘못 계산했습니다.

**24** [방법 1] 73에서 30을 먼저 빼고 4를 더 뺍니다.
[방법 2] 73에서 40을 뺀 후 6을 더합니다.

**25** (1)
$$\begin{array}{r} {}^{3}\ {}^{10} \\ \not{4}\ 5 \\ -\ 1\ 9 \\ \hline 2\ 6 \end{array}$$
(2)
$$\begin{array}{r} {}^{8}\ {}^{10} \\ \not{9}\ 3 \\ -\ 5\ 8 \\ \hline 3\ 5 \end{array}$$
(3)
$$\begin{array}{r} {}^{5}\ {}^{10} \\ \not{6}\ 4 \\ -\ 2\ 7 \\ \hline 3\ 7 \end{array}$$
(4)
$$\begin{array}{r} {}^{7}\ {}^{10} \\ \not{8}\ 1 \\ -\ 2\ 3 \\ \hline 5\ 8 \end{array}$$

**26** 62−35=27 ➡ 46−27=19

**27** 계산 결과가 가장 큰 수가 되도록 하려면 빼는 수가 가장 작아야 합니다.
따라서 71−45=26입니다.

**28** 80−45=35, 64−26=38이므로 계산 결과가 더 큰 카드를 들고 있는 사람은 성준입니다.

**29**
$$\begin{array}{r} 7\ 1 \\ -\ \ \boxed{㉠} \\ \hline \boxed{㉡}\ 2 \end{array}$$
• 일의 자리: 10+1−㉠=2,
11−㉠=2,
11−9=2이므로
㉠=9
• 십의 자리: 7−1=㉡, ㉡=6

**30**
$$\begin{array}{r} 9\ \boxed{㉠} \\ -\ \boxed{㉡}\ 7 \\ \hline 6\ 3 \end{array}$$
• 일의 자리: 10+㉠−7=3,
3+㉠=3,
3+0=3이므로
㉠=0
• 십의 자리: 9−1−㉡=6, 8−㉡=6,
8−2=6이므로 ㉡=2

**31**
$$\begin{array}{r} \boxed{㉡}\ 1 \\ -\ 3\ \boxed{㉠} \\ \hline 4\ 5 \end{array}$$
• 일의 자리: 10+1−㉠=5,
11−㉠=5,
11−6=5이므로 ㉠=6
• 십의 자리: ㉡−1−3=4,
8−1−3=4이므로 ㉡=8
➡ ㉠+㉡=6+8=14

66~70쪽

개념 7

**01** (1) (계산 순서대로) 55, 87, 87
(2) (계산 순서대로) 42, 42, 23, 23

**02** (1) (계산 순서대로) 46, 65, 65
(2) (계산 순서대로) 36, 36, 18, 18

개념 8

**03** 36, 48 / 48, 36

**04** 35, 27, 8 / 35, 8, 27

개념 9

**05** 37, 66 / 29, 66

**06** 8, 4, 12 / 4, 8, 12

개념 10

**07** (1) 5 (2) 6

**08** 4+□=12, 8

개념 11

**09** (1) 4 (2) 6

**10** 17−□=8, 9

71~75쪽

32 (계산 순서대로) 73, 42, 42
33 (위에서부터) 97, 11, 74, 83 / 대, 한, 민, 국
34 (1) 54 (2) 25
35 28, 29
36 49
37 50장
38 ㉡
39 33, 28, 13 또는 28, 33, 13
40 81, 57, 24 / 81, 24, 57
41 29 / 65, 36, 29 / 65, 29, 36
42 9, 57, 48
43 120
44 (위에서부터) 49, 27 / 27, 49, 76 / 49, 27, 76
45 32−13=19 또는 32−19=13 / 13+19=32, 19+13=32
46 예

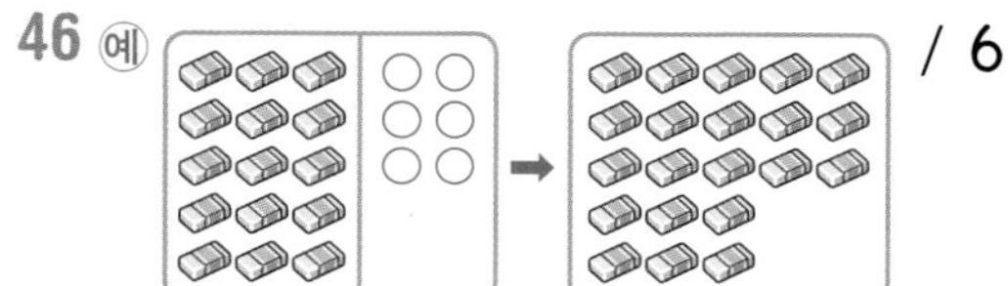

/ 6

47 8+□=14
48 18+□=33
49 (1) 17 (2) 57
50 □+8=16, 8마리
51
52 7+□=16, 9장
53 4
54 55−□=27
55 (1) 15 (2) 61
56 87−□=39
57 48명
58 ㉡, ㉢, ㉠
59 □−8=13 / 21마리

**교과서 속 응용 문제**

60 19+□=47 / 28
61 94
62 28
63 82
64 36
65 55+38−17=76 또는 38+55−17=76

**32** 앞에서부터 두 수씩 순서대로 계산합니다.
47+26=73,
73−31=42

**33** 24+38+35=62+35=97 (국)
62−36−15=26−15=11 (대)
83+25−34=108−34=74 (민)
75−19+27=56+27=83 (한)

**34** (1) 60−23+17=54
37
54

(2) 29+13−17=25
42
25

**35** 수 카드 중에서 한 장을 골라 계산 결과가 51이 되는 계산식을 만들어 봅니다.
세 수를 계산하여 51이 되는 계산식은
42−28+37=14+37=51,
42+29−20=71−20=51입니다.

**36** 26+38−15=□, 앞에서부터 순서대로 계산하면 26+38=64, 64−15=49입니다.

**37** (지금 재경이가 가지고 있는 색종이 수)
=43−19+26
=24+26=50(장)

**38** ㉠ 48+32−27=80−27=53
㉡ 25−16+49=9+49=58
따라서 계산 결과가 더 큰 것은 ㉡입니다.

**39** 계산 결과가 48이 되도록 □ 안에 수를 넣어 계산해 봅니다.
33+28−13=61−13=48

**40** 덧셈식 57+24=81을 보고 뺄셈식으로 나타내면 81−57=24, 81−24=57입니다.

**41** 수 카드를 사용하여 덧셈식을 완성하면
36+29=65이므로 뺄셈식으로 나타내면
65−36=29, 65−29=36입니다.

42 세 수 9, 48, 57로 덧셈식을 만들면 48+9=57입니다. 이 덧셈식을 뺄셈식으로 만들면 57−48=9, 57−9=48입니다.

43 덧셈과 뺄셈의 관계를 이용하여 식으로 나타내면 73−47=26 ➡ 47+26=73입니다.

73−47=26

47+26=73

따라서 ㉠+㉡=47+73=120입니다.

44 뺄셈식을 만들면 76−49=27, 76−27=49입니다.

46 지우개가 21개가 되도록 ○를 6개 그렸으므로 15+□=21에서 □=6입니다.

47 더해지는 초콜릿 수를 □라고 하여 덧셈식을 만들면 8+□=14입니다.

48 18에서 □만큼 더 가서 33이 되었으므로 18+□=33입니다.

49 (1) 34+□=51 ➡ 51−34=17

(2) □+27=84 ➡ 84−27=57

50

꿀벌이 16마리가 되도록 ○를 그려 보면 8개입니다. 따라서 덧셈식은 □+8=16이고, □는 8입니다.

51 8+□=13 ➡ 13−8=5

□+39=45 ➡ 45−39=6

26+□=32 ➡ 32−26=6

□+17=22 ➡ 22−17=5

52 7+□=16 ➡ 16−7=9

53 연필을 6자루 남기려면 4자루를 지워야 합니다.

54 55에서 □만큼 되돌아와서 27이 되었으므로 55−□=27입니다.

55 (1) 40−□=25를 덧셈식으로 나타내면 25+□=40입니다. 뺄셈식으로 나타내면 40−25=□이므로 □=15입니다.

(2) □−44=17을 덧셈식으로 나타내면 17+44=□이므로 □=61입니다.

56 교실에 들어간 학생 수를 □라고 하여 식을 만들면 87−□=39입니다.

57 87−□=39를 덧셈식으로 나타내면 39+□=87입니다. 뺄셈식으로 나타내면 87−39=□이므로 □=48입니다.

58 ㉠ 18−□=13을 덧셈식으로 나타내면 13+□=18입니다. 뺄셈식으로 나타내면 18−13=□이므로 □=5입니다.

㉡ □−2=5를 덧셈식으로 나타내면 5+2=□이므로 □=7입니다.

㉢ 30−□=24를 덧셈식으로 나타내면 24+□=30입니다. 뺄셈식으로 나타내면 30−24=□이므로 □=6입니다.

따라서 7>6>5이므로 □의 값이 큰 것부터 순서대로 기호를 쓰면 ㉡, ㉢, ㉠입니다.

59 처음 공원에 있던 참새 수를 □라고 하여 식을 만들면 □−8=13입니다.

□−8=13을 덧셈식으로 나타내면 13+8=□이므로 □=21입니다.

60 어떤 수를 □라고 하여 덧셈식을 만들면 19+□=47입니다. 뺄셈식으로 나타내면 47−19=□이므로 □=28입니다.

61 어떤 수를 □라고 하여 뺄셈식을 만들면 □−56=38입니다. 덧셈식으로 나타내면 38+56=□이므로 □=94입니다.

**62** 어떤 수를 □라고 하여 덧셈식을 만들면 □+29=73입니다. 뺄셈식으로 나타내면 73−29=□이므로 □=44입니다.
따라서 어떤 수는 44이므로 어떤 수에서 16을 빼면 44−16=28이 됩니다.

**63** 덧셈식의 계산 결과가 가장 크려면 큰 수부터 순서대로 세 수를 더해야 합니다.
따라서 35+29+18=64+18=82입니다.

**64** 뺄셈식의 계산 결과가 가장 크려면 가장 큰 수에서 가장 작은 수와 두 번째로 작은 수를 빼야 합니다.
따라서 뺄셈식은
81−19−26=62−26=36입니다.
또는 81−26−19=36으로 계산해도 됩니다.

**65** 계산 결과가 가장 큰 계산식을 완성하려면 먼저 가장 큰 수와 두 번째로 큰 수를 더한 후, 가장 작은 수를 빼야 합니다.
따라서 55+38−17=93−17=76입니다.
또는 38+55−17=76으로 답해도 됩니다.

## 응용력 높이기

76~79쪽

**대표 응용 1** 74 / 74, 74, 45 / 45, 16, 53
**1-1** 75 **1-2** 45
**대표 응용 2** 29, 43 / 43 / 44, 45, 46
**2-1** 25, 26 **2-2** 66, 67, 68, 69
**대표 응용 3** 82 / 82 / 82, 23
**3-1** 39개 **3-2** 43개
**대표 응용 4** 74, 37, 37, 55
**4-1** 53 **4-2** 39

**1-1** 어떤 수를 □로 하여 잘못된 계산식을 쓰면 □+18−27=57입니다.
이제 □+18을 ★로 바꾸어 생각하면
★−27=57, ★=57+27=84입니다.
따라서 □+18=84, 84−18=□, □=66입니다.
바르게 계산하면
66−18+27=48+27=75입니다.

**1-2** 어떤 수를 □로 하여 잘못된 계산식을 쓰면 □−17−17=26입니다.
이제 □−17을 ★로 바꾸어 생각하면
★−17=26, ★=26+17=43입니다.
따라서 □−17=43, 43+17=□, □=60입니다.
바르게 계산하면 60+17+17=77+17=94이고 94−49=45입니다.

**2** [다른 풀이] □=42일 때 29+42=71(×)
□=43일 때 29+43=72(×)
□=44일 때 29+44=73(○)
□=45일 때 29+45=74(○)
□=46일 때 29+46=75(○)
따라서 □ 안에 들어갈 수 있는 수는 44, 45, 46입니다.

**2-1** 70−□=46이라 하고 덧셈식으로 나타내면 46+□=70입니다.
뺄셈식으로 나타내면 70−46=□이므로 □=24입니다.
70−□가 46보다 작으려면 □는 24보다 커야 합니다. 따라서 □ 안에 들어갈 수 있는 수는 25, 26입니다.

**2-2** 94−□=29라 하고 덧셈식으로 나타내면 29+□=94입니다.
뺄셈식으로 나타내면 94−29=□이므로 □=65입니다.
94−□가 29보다 작으려면 □는 65보다 커야 합니다. 따라서 □는 십의 자리 수가 6인 두 자리 수이므로 66, 67, 68, 69입니다.

**3-1** 백군이 넣은 콩 주머니의 수는
$48+47=95$(개)입니다.
청군이 넣은 콩 주머니의 수는
$\square+56=95$(개)입니다.
따라서 청군 남학생이 넣은 콩 주머니의 수는
$95-56=39$개입니다.

**3-2** 백군이 넣은 콩 주머니의 수는
$36+56=92$(개)입니다.
청군이 넣은 콩 주머니의 수는
$33+\square=92-16=76$(개)입니다.
따라서 청군 여학생이 넣은 콩 주머니의 수는
$\square+33=76$, $76-33=43$(개)입니다.

**4-1** $35◈47=35+47-29=82-29=53$

**4-2** $46◎53=46+46-53=92-53=39$

## 단원 평가 LEVEL ❶

80~82쪽

01 35
02 (1) 62 (2) 65
03 (위에서부터) 81, 84, 62, 103
04 44, 80
05
$$\begin{array}{r} 7\,8 \\ +\,5\,7 \\ \hline 1\,3\,5 \end{array}$$
06 3, 3, 82 / 3, 20, 82
07 182번
08 (1) 38 (2) 23
09 40, 10
10 (위에서부터) 3, 13, 23
11 (1) 80 (2) 80, 26 (3) 80, 26, 54 / 54개
12 ㉡
13 (1) 73, 52, 39 (2) 73, 39
(3) 73, 39, 34 / 34
14 덧셈식: 26, 57, 83 / 57, 26, 83
뺄셈식: 83, 26, 57 / 83, 57, 26
15 (1) × (2) ○
16 56, 17, 9에 ○표
17 $16-\square=9$
18 (1) 18, 23 (2) 58, 27
19 28, 29에 ○표
20 $\square+56=74$ / 18

**01** 일 모형 $6+9=15$(개)는 십 모형 1개와 일 모형 5개가 되므로 십 모형 $2+1=3$(개), 일 모형 5개가 됩니다. 따라서 $26+9=35$입니다.

**02** (1)
$$\begin{array}{r} {\scriptstyle 1}\phantom{0} \\ 5\,4 \\ +\phantom{0}\,8 \\ \hline 6\,2 \end{array}$$
(2)
$$\begin{array}{r} {\scriptstyle 1}\phantom{0} \\ 3\,7 \\ +\,2\,8 \\ \hline 6\,5 \end{array}$$

**03** $43+38=81$, $19+65=84$,
$43+19=62$, $38+65=103$

**04** $29+15=44$ ➡ $44+36=80$

**05** 일의 자리에서 십의 자리로 받아올림한 수 1을 십의 자리에 더하지 않았습니다.
$$\begin{array}{r} {\scriptstyle 1}\,{\scriptstyle 1}\phantom{0} \\ 7\,8 \\ +\,5\,7 \\ \hline 1\,3\,5 \end{array}$$

**06** [방법 1] 17을 20으로 생각하여 더한 후 3을 뺍니다.
[방법 2] 65를 62와 3으로 가른 후 3에 17을 더하여 20을 만들고 62를 더합니다.

**07** (어제 넘은 줄넘기 횟수)+(오늘 넘은 줄넘기 횟수)$=87+95=182$(번)

**08** (1)
$$\begin{array}{r} {\scriptstyle 3}\;{\scriptstyle 10} \\ \not{4}\,4 \\ -\phantom{0}\,6 \\ \hline 3\,8 \end{array}$$
(2)
$$\begin{array}{r} {\scriptstyle 4}\;{\scriptstyle 10} \\ \not{5}\,0 \\ -\,2\,7 \\ \hline 2\,3 \end{array}$$

**09** 십의 자리에서 받아내림하면 십의 자리 수는 1 작아지므로 ㉠에 알맞은 수는 $5-1=4$이고, ㉠이 실제로 나타내는 수는 40입니다.

십의 자리에서 일의 자리로 10을 받아내림하였으므로 ㉡이 실제로 나타내는 수는 10입니다.

10 $40-37=3$, $50-37=13$, $60-37=23$

12 ㉠ $74-46=28$, ㉡ $92-68=24$
따라서 ㉡이 ㉠보다 더 작습니다.

14 수 카드를 사용하여 만들 수 있는 덧셈식은 $26+57=83$, $57+26=83$이고, 뺄셈식은 $83-26=57$, $83-57=26$입니다.

15 (1) 덧셈과 뺄셈이 섞여 있는 식은 앞에서부터 순서대로 계산해야 합니다.
➡ $62-25+19=37+19=56$

16 일의 자리 수끼리의 합의 일의 자리 숫자가 2가 되는 세 수를 고릅니다.
➡ $6+7+9=22$로 일의 자리 숫자가 2입니다.
따라서 $56+17+9=82$이므로 합이 82가 되는 세 수는 56, 17, 9입니다.

17 사용한 색종이 수를 □라고 하면 $16-□=9$입니다.

18 (1) $□+23=41$ ➡ $41-23=□$, $□=18$
$18+23=41$ ➡ $41-23=18$, $□=23$
(2) $85-□=27$을 덧셈식으로 나타내면 $□+27=85$이므로 $85-27=□$, $□=58$입니다.
$58+27=85$ ➡ $85-27=58$, $□=27$

19 $37+□=64$로 생각하면 $64-37=27$이므로 □는 27입니다. 그런데 $37+□$가 64보다 커야 하므로 □ 안에 들어갈 수 있는 27보다 커야 합니다. 따라서 □ 안에 들어갈 수 있는 수는 28, 29입니다.

20 어떤 수를 □로 하여 식을 만들면 $□+56=74$입니다. 덧셈과 뺄셈의 관계를 이용하면 $74-56=□$이므로 어떤 수는 18입니다.

## 단원 평가 LEVEL ❷

83~85쪽

01 (위에서부터) 1, 1, 8, 4 02 7, 7, 71
03 (위에서부터) 43, 54, 81
04 154명 05 $17+56$에 ○표
06 (1) 54, 121 (2) 43, 122 (3) ㉡ / ㉡
07 $50+30+6+7=80+13=93$
08 63 09 21
10 80, 52
11 ⓔ $82-25=85-25-3=60-3=57$
12 16명
13 (1) 61, 42, 29 (2) 형윤, 미나
(3) 62, 29, 33 / 33개
14 53, 18 15 ㉣
16 <
17 (위에서부터) 36, 47 / 47, 36, 83 / 36, 47, 83
18 29, 29, 81 19 $24+□=63$ / 39
20 $27+□=34$, 7개

01
$$\begin{array}{r} {\scriptstyle 1}\phantom{8} \\ 88 \\ +\ 96 \\ \hline 184 \end{array}$$

02 17을 10과 7로 가르기 한 후 54에 10을 먼저 더하고 7을 더합니다.

03 $26+17=43$, $37+17=54$, $64+17=81$

04 (2일 동안 입장한 사람 수)
=(어제 입장한 사람 수)+(오늘 입장한 사람 수)
$=65+89=154$(명)

05 $17+56=73$, $33+39=72$

08
$$\begin{array}{r} {\scriptstyle 6\ 10} \\ \not{7}\,2 \\ -\ \ 9 \\ \hline 63 \end{array}$$



BOOK 1 본책

09 70−49=21

10 일의 자리 수끼리의 차가 8이 되는 경우를 찾으면 80−52=28입니다.

11 82를 85로 생각하여 계산한 후 3을 뺍니다.

12 83−67=16이므로 연지네 학교의 2학년 학생은 3학년 학생보다 16명 더 많습니다.

14 계산 결과가 가장 작게 되려면 수 카드로 가장 큰 두 자리 수를 만들어 71에서 빼야 합니다. 수 카드의 수 2, 3, 5로 만들 수 있는 가장 큰 두 자리 수는 53입니다.
따라서 계산 결과가 가장 작은 수가 되는 뺄셈식은 71−53=18입니다.

15 ㉠ 26+19=45 ㉡ 82−38=44
㉢ 28+35−17=63−17=46
㉣ 90−53+16=37+16=53
따라서 계산 결과가 가장 큰 것은 ㉣입니다.

16 52+21−38=73−38=35
70−37+9=33+9=42

17 83과 36의 차는 47이므로 83−36=47입니다. 83과 47의 차는 36이므로 83−47=36입니다. 덧셈식으로 나타내면 47+36=83, 36+47=83입니다.

18 81−29=52 ➡ 29+52=81

19 24에서 □만큼 더 가서 63이 되었으므로 24+□=63입니다.
따라서 뺄셈식으로 나타내면 63−24=□이므로 □=39입니다.

20 더 모아야 하는 구슬 수를 □라 하여 식을 만들면 27+□=34입니다.
27+□=34를 뺄셈식으로 나타내면 34−27=□, □=7입니다.

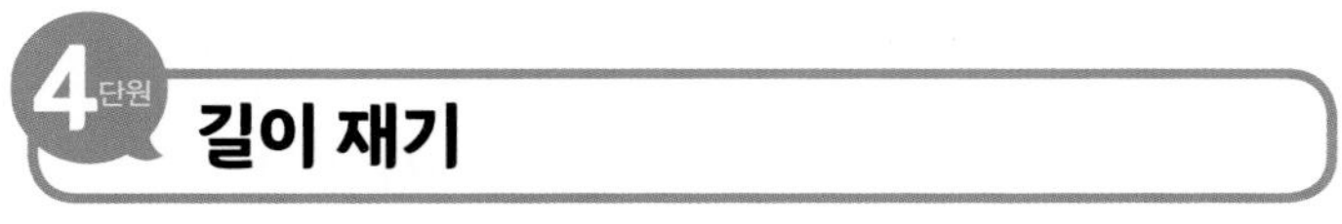

## 4단원 길이 재기

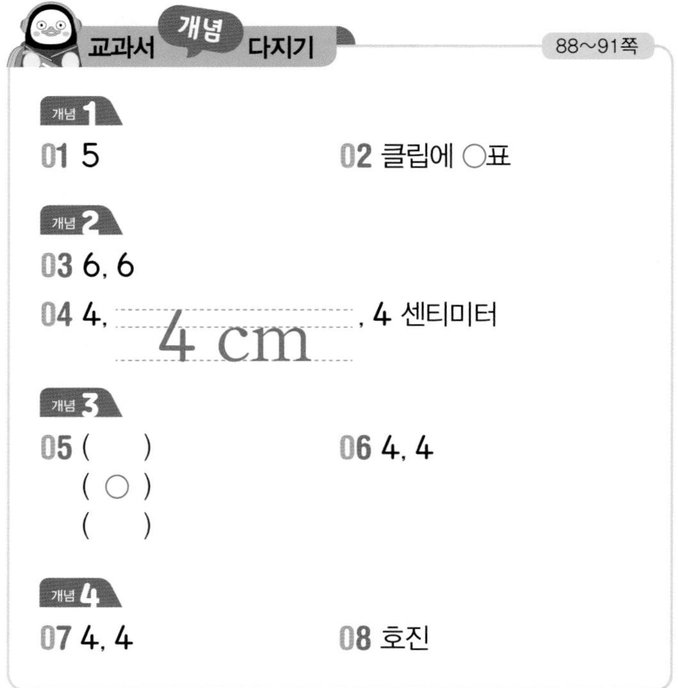

교과서 개념 다지기 88~91쪽

개념 1

01 5
02 클립에 ○표

개념 2

03 6, 6
04 4, 4 cm, 4 센티미터

개념 3

05 ( ) (○) ( )
06 4, 4

개념 4

07 4, 4
08 호진

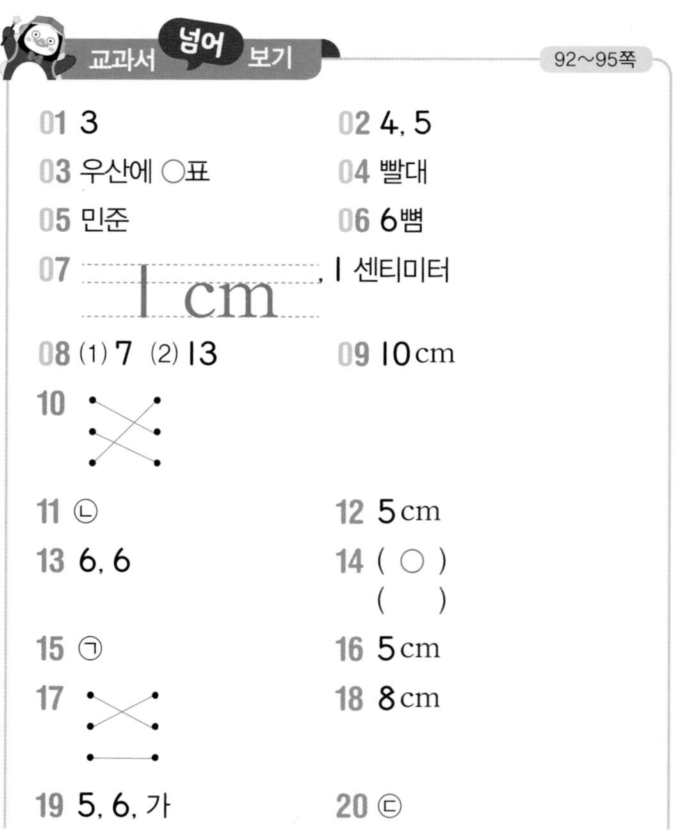

교과서 넘어 보기 92~95쪽

01 3
02 4, 5
03 우산에 ○표
04 빨대
05 민준
06 6뼘
07 1 cm, 1 센티미터
08 (1) 7 (2) 13
09 10 cm
10
11 ㉡
12 5 cm
13 6, 6
14 (○) ( )
15 ㉠
16 5 cm
17
18 8 cm
19 5, 6, 가
20 ㉢

교과서 속 응용 문제

21 서우
22 혜수
23 찬영
24 민주
25 17 cm

01 손목에서 어깨까지 뼘의 길이로 3번이므로 승연이의 팔 길이는 3뼘입니다.

02 보라 색연필의 길이는 클립 4개를 연결한 길이와 같고, 초록 색연필의 길이는 클립 5개를 연결한 길이와 같습니다.

03 우산의 길이가 가장 깁니다.

04 지우개로 잰 횟수가 많을수록 길이가 긴 물건입니다. 따라서 길이가 가장 긴 물건은 빨대입니다.

05 길이를 잴 때 사용되는 단위의 길이가 짧을수록 잰 횟수는 많습니다. 우산, 가위, 지우개 중 길이가 가장 짧은 것은 지우개입니다. 따라서 잰 횟수가 가장 많은 친구의 이름은 민준입니다.

06 발 길이로 4번의 길이는 3뼘으로 2번과 같으므로 6뼘의 길이와 같습니다.

09 연필의 길이는 2 cm인 클립으로 5번이므로 $2+2+2+2+2=10$ (cm)입니다.

10 1 cm가 5번이면 5 cm, 1 cm가 9번이면 9 cm, 1 cm가 4번이면 4 cm입니다.

11 색 테이프의 한쪽 끝을 자의 눈금 0에 맞추고, 색 테이프의 다른 쪽 끝에 있는 자의 눈금을 읽습니다.

12 머리핀의 한쪽 끝이 자의 눈금 0에 맞추어져 있으므로 다른 쪽 끝에 있는 자의 눈금을 읽으면 5 cm입니다.

13 2 cm부터 8 cm까지 1 cm가 6번 있습니다. 따라서 못의 길이는 6 cm입니다.

14 위쪽 연필의 길이는 6 cm이고, 아래쪽 연필의 길이는 5 cm입니다. 따라서 길이가 더 긴 것은 위쪽 연필입니다.

15 ㉠은 1 cm가 7번이므로 7 cm입니다. ㉡은 한쪽 끝이 자의 눈금 0에 맞춰져 있으므로 다른 쪽 끝에 있는 자의 눈금을 읽으면 6 cm입니다. ㉢은 1 cm가 6번이므로 6 cm입니다.

16 열쇠의 오른쪽 끝이 5 cm 눈금에 가까우므로 열쇠의 길이는 약 5 cm입니다.

17 나무젓가락의 실제 길이는 약 17 cm, 누름 못의 실제 길이는 약 2 cm, 머리핀의 실제 길이는 약 7 cm입니다.

18 리모컨 모형의 한쪽 끝이 8 cm에 가까우므로 리모컨 모형의 길이는 약 8 cm입니다.

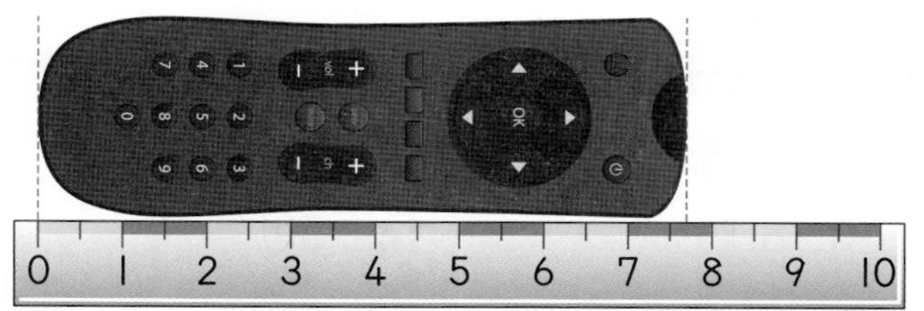


19 자로 재어 보면 가는 약 5 cm이고, 나는 약 6 cm이므로 4 cm에 더 가깝게 어림하여 자른 것은 가입니다.

20 긴 쪽의 길이를 구하면 ㉠은 3 cm가 3번이므로 9 cm, ㉡은 3 cm가 5번이므로 15 cm, ㉢은 3 cm가 4번이므로 12 cm, ㉣은 3 cm가 7번이므로 21 cm입니다.

21 재어 나타낸 수가 9번으로 모두 같으므로 재는 단위의 길이가 가장 긴 것을 찾습니다. 클립, 누름 못, 볼펜 중 길이가 가장 긴 것은 볼펜입니다.

22 옷핀, 뼘, 성냥개비 중 길이가 가장 긴 단위는 뼘입니다.

23 재어 나타낸 수가 작을수록 뼘의 길이가 깁니다.

**24** 민주는 지우개의 한쪽 끝을 자의 눈금 0에 맞추었으므로 지우개의 다른 쪽 끝에 있는 자의 눈금을 읽으면 6 cm입니다.
유진이는 지우개의 한쪽 끝을 자의 눈금 9 cm에 맞추었으므로 그 눈금에서 14 cm까지 1 cm가 몇 번 들어가는지 세어 보면 5 cm입니다.
따라서 길이가 더 긴 지우개를 가진 사람은 민주입니다.

**25** 슬기가 잘라 온 종이띠의 길이는 5 cm입니다. 또 유찬이가 잘라 온 종이띠의 길이는 4 cm, 현지가 잘라 온 종이띠의 길이는 8 cm입니다. 따라서 세 사람이 잘라 온 종이띠를 겹치지 않게 모두 연결하면 길이는 $5+4+8=17$ (cm)입니다.

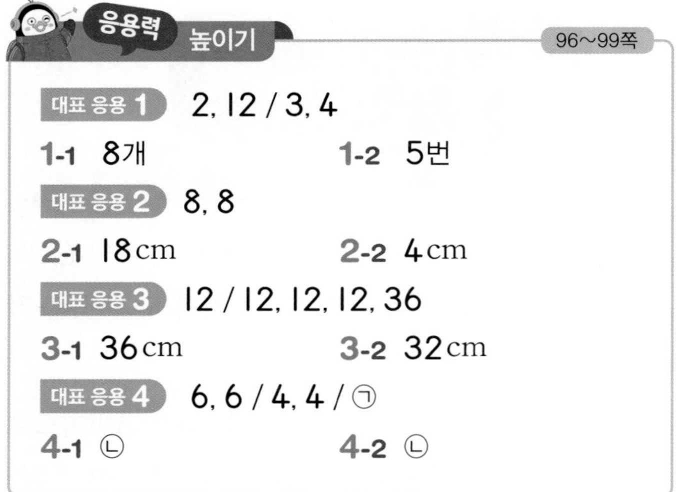
응용력 높이기 96~99쪽

대표 응용 1 2, 12 / 3, 4
1-1 8개 1-2 5번
대표 응용 2 8, 8
2-1 18 cm 2-2 4 cm
대표 응용 3 12 / 12, 12, 12, 36
3-1 36 cm 3-2 32 cm
대표 응용 4 6, 6 / 4, 4 / ㉠
4-1 ㉡ 4-2 ㉡

**1-1** 클립 3개의 길이는 지우개 1개의 길이와 같으므로 클립 6개의 길이는 지우개 2개의 길이와 같습니다. 또, 색연필 1자루의 길이는 지우개 3개의 길이와 같으므로 색연필 2자루의 길이는 지우개 6개의 길이와 같습니다. 따라서 클립 6개와 색연필 2자루의 길이는 지우개 8개의 길이와 같으므로 지우개는 8개가 필요합니다.
[다른 풀이] 색연필 1자루의 길이는 클립 9개의 길이와 같으므로 클립 6개와 색연필 2자루를 연결한 길이는 $6+9+9=24$, 즉 클립 24개의 길이와 같습니다. 또, 지우개 1개의 길이는 클립 3개의 길이와 같습니다.
따라서 $3+3+3+3+3+3+3+3=24$에서 3이 8번이면 24이므로 세미에게 필요한 지우개는 8개입니다.

**1-2** 붓 1자루의 길이는 □으로 5칸의 길이와 같으므로 탁자의 긴 쪽의 길이는 □으로 $5+5+5=15$(칸)입니다. 따라서 연필 1자루의 길이는 □으로 3칸의 길이와 같으므로 15칸이 되려면 5번입니다.

**2-1** 굵은 선에는 1 cm인 변이 모두 18개 있으므로 굵은 선의 길이는 18 cm입니다.

**2-2** 주어진 그림의 굵은 선의 길이는 1 cm가 16번이므로 16 cm입니다. 따라서 길이가 20 cm인 끈으로 길이가 16 cm인 모양을 만들고 남은 끈의 길이는 $20-16=4$(cm)입니다.

**3-1** 지우개 3개를 연결한 길이는
$3+3+3=9$(cm)입니다.
사각형의 네 변의 길이가 모두 같으므로
한 변의 길이를 4번 더하면
$9+9+9+9=36$(cm)입니다

**3-2** 색연필로 9번의 길이가 36 cm이므로
$4+4+4+4+4+4+4+4+4=36$에서 색연필 1개의 길이는 4 cm입니다. 따라서 사각형의 네 변의 길이는 4 cm를 8번 더하면
$4+4+4+4+4+4+4+4=32$(cm)입니다.

**4-1** 송곳의 길이는 6 cm입니다. ㉠의 길이는 1 cm가 7번이므로 7 cm입니다. ㉡의 길이는 1 cm가 6번이므로 6 cm입니다. 따라서 송곳과 길이가 같은 것은 ㉡입니다.

**4-2** 물고기의 길이는 7 cm입니다. ㉠의 길이는 1 cm가 6번이므로 6 cm입니다. ㉡의 길이는 1 cm가 8번이므로 8 cm입니다. ㉢의 길이는 1 cm가 7번이므로 7 cm입니다. 따라서 물고기보다 길이가 더 긴 것은 ㉡입니다.

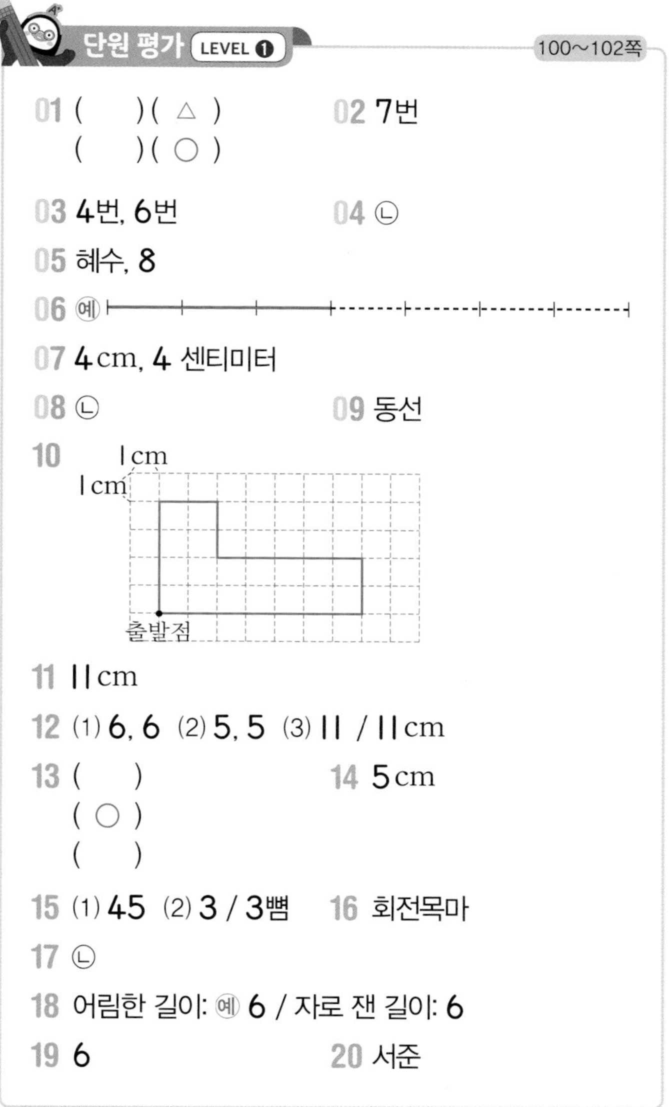

## 단원 평가 LEVEL ❶

100~102쪽

**01** ( )( △ ) / ( )( ○ )
**02** 7번
**03** 4번, 6번
**04** ㉡
**05** 혜수, 8
**06** 예
**07** 4 cm, 4 센티미터
**08** ㉡
**09** 동선
**10**

**11** 11 cm
**12** (1) 6, 6 (2) 5, 5 (3) 11 / 11 cm
**13** ( ) / ( ○ ) / ( )
**14** 5 cm
**15** (1) 45 (2) 3 / 3뼘
**16** 회전목마
**17** ㉡
**18** 어림한 길이: 예 6 / 자로 잰 길이: 6
**19** 6
**20** 서준

**02** 지팡이의 길이는 뼘으로 7번입니다.

**03** 우산의 길이는 가위로 4번, 크레파스로 6번입니다.

**04** 길이를 재는 단위의 길이가 짧을수록 잰 횟수가 많으므로 잰 횟수가 가장 많은 것은 ㉡입니다.

**05** 혜수의 1뼘은 경미의 1뼘보다 클립으로 1번만큼 더 깁니다. 따라서 8뼘이면 클립으로 8번만큼 더 깁니다.

[다른 풀이] 경미의 1뼘은 클립으로 4번이고 경미가 자른 종이띠의 길이는 8뼘이므로 클립으로 $4+4+4+4+4+4+4+4=32$(번)입니다.
또, 혜수의 1뼘은 클립으로 5번이고 혜수가 자른 종이띠의 길이는 8뼘이므로 클립으로 $5+5+5+5+5+5+5+5=40$(번)입니다.
따라서 혜수의 종이띠가 클립으로 $40-32=8$(번)만큼 더 깁니다.

**07** 나뭇잎의 길이는 1 cm가 4번이므로 4 cm입니다. 4 cm는 4 센티미터라고 읽습니다.

**08** ㉠의 길이는 1 cm가 6번이므로 6 cm입니다. ㉡의 길이는 1 cm가 7번이므로 7 cm입니다.

**09** 동선: 1 cm로 11번이면 11 cm입니다.
영재: 2 cm로 5번이면 1 cm로 10번이므로 10 cm입니다.
11 cm > 10 cm > 9 cm이므로 길이가 가장 긴 물건을 가진 사람의 이름은 동선입니다.

**10** ① 위쪽으로(↑) 4 cm 선 긋기
② 오른쪽으로(→) 2 cm 선 긋기
③ 아래쪽으로(↓) 2 cm 선 긋기
④ 오른쪽으로(→) 5 cm 선 긋기
⑤ 아래쪽으로(↓) 2 cm 선 긋기
⑥ 왼쪽으로(←) 7 cm 선 긋기

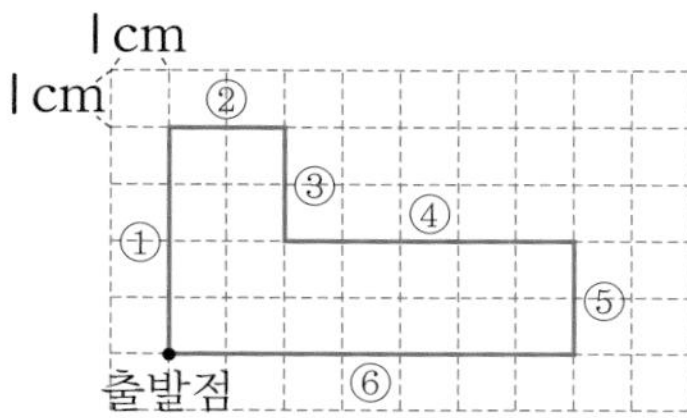


**11** 수첩의 긴 쪽의 길이는 짧은 쪽의 길이보다 공깃돌로 4번 더 길므로 공깃돌로 $7+4=11$(번)입니

다. 따라서 수첩의 긴 쪽의 길이는 1 cm가 11번이므로 11 cm입니다.

13 ㉠의 길이는 7 cm이고, ㉡의 길이는 1 cm로 7번이므로 7 cm입니다. 따라서 ㉠과 ㉡의 길이는 같습니다.

14 5 cm보다 길지만 5 cm에 가까우므로 약 5 cm입니다.

16 매표소에서 각각의 놀이기구까지의 거리를 자로 재어 보면 회전목마는 2 cm, 범퍼카는 3 cm, 공중그네는 3 cm입니다. 따라서 매표소에서 가장 가까운 놀이기구는 회전목마입니다.

17 ㉠은 1 cm가 11번으로 11 cm이고, ㉡은 1 cm가 14번으로 14 cm입니다.

20 예 자로 재어 확인해 보면 윤지는 약 3 cm, 서준은 약 4 cm, 민아는 약 3 cm입니다. 따라서 4 cm에 가장 가까운 끈은 서준입니다.

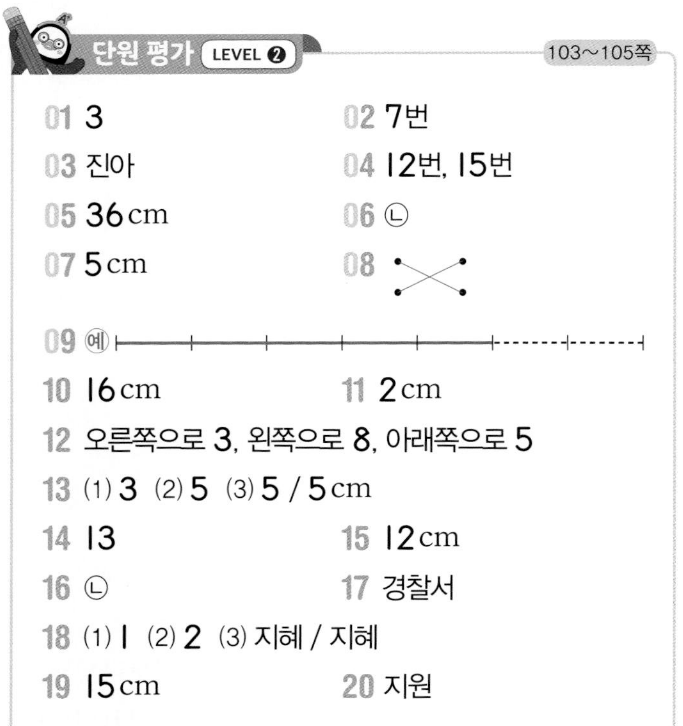
단원 평가 LEVEL 2 103~105쪽

01 3
02 7번
03 진아
04 12번, 15번
05 36 cm
06 ㉡
07 5 cm
08
09 예
10 16 cm
11 2 cm
12 오른쪽으로 3, 왼쪽으로 8, 아래쪽으로 5
13 (1) 3 (2) 5 (3) 5 / 5 cm
14 13
15 12 cm
16 ㉡
17 경찰서
18 (1) 1 (2) 2 (3) 지혜 / 지혜
19 15 cm
20 지원

01 울타리의 길이는 양팔로 3번입니다.

02 볼펜의 길이는 클립으로 7번입니다.

03 걸음으로 잰 횟수가 더 많을수록 한 걸음의 길이가 짧습니다. 따라서 $42>40>39$이므로 한 걸음의 길이가 가장 짧은 사람은 진아입니다.

04 빗자루의 길이는 국자로 4번, 젓가락으로 5번입니다. 따라서 빗자루로 3번의 길이는 국자로 $4+4+4=12$(번)이고, 젓가락으로 $5+5+5=15$(번)입니다.

05 책상의 짧은 쪽의 길이는 12 cm로 3번입니다. $12+12+12=36$이므로 책상의 짧은 쪽의 길이는 36 cm입니다.

06 자의 눈금에 정확히 맞추어 잰 것은 ㉡입니다.

07 빨간색 테이프의 길이는 1 cm가 3번, 파란색 테이프의 길이는 1 cm가 2번입니다. 따라서 두 색 테이프를 겹치지 않게 이어 붙인 길이는 1 cm가 5번이므로 5 cm입니다.

09 막대의 길이는 1 cm가 5번이므로 5 cm입니다.

10 빨간 선에는 1 cm인 변이 모두 16개 있으므로 빨간 선의 길이는 16 cm입니다.

11 사각형의 가장 짧은 변은 ○표 한 부분입니다.

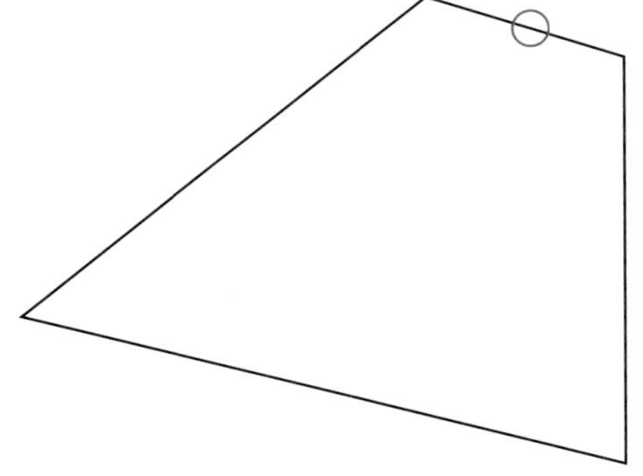

따라서 자로 재어 보면 2 cm입니다.

12 ③ 오른쪽으로 3 cm 선 긋기를 한 것이므로 명령어는 '오른쪽으로 3'입니다.

⑤ 왼쪽으로 8 cm 선 긋기를 한 것이므로 명령어는 '왼쪽으로 8'입니다.

⑥ 아래로 5 cm 선 긋기를 한 것이므로 명령어는 '아래쪽으로 5'입니다.

**14** 크레파스의 길이가 10 cm이므로 자의 한쪽 끝의 눈금 3에서 다른 쪽 끝까지 1 cm가 10번 들어가야 합니다. 따라서 □ 안에 알맞은 눈금의 수는 13입니다.

**15** 나뭇잎의 길이는 옷핀으로 3번입니다.
따라서 옷핀의 길이가 4 cm이므로 나뭇잎의 길이는 $4+4+4=12$(cm)입니다.

**16** 자로 길이를 재어 보면 ㉠의 길이는 약 6 cm이고, ㉡의 길이는 약 3 cm입니다.
4 cm와 어림한 길이의 차가
㉠은 $6-4=2$(cm), ㉡은 $4-3=1$(cm)이므로 4 cm에 더 가까운 종이띠는 ㉡입니다.

**17** 학교에서 각각의 건물까지의 거리를 재어 보면 우체국까지는 약 2 cm, 소방서까지는 약 3 cm, 경찰서까지는 약 4 cm입니다.
따라서 학교에서 가장 멀리 있는 건물은 경찰서입니다.

**19** 길이가 9 cm인 연필의 길이는 클립으로 3번이므로 $3+3+3=9$에서 클립의 길이는 3 cm입니다.
따라서 볼펜의 길이는 클립으로 5번쯤이므로 $3+3+3+3+3=15$에서 약 15 cm입니다.

**20** 지원이는 책꽂이의 긴 쪽의 길이를 호영이가 어림한 길이인 약 92 cm보다 5 cm 더 길다고 생각하므로 약 $92+5=97$(cm)로 어림하였습니다.
따라서 실제 길이에 더 가깝게 어림한 친구는 지원입니다.

# 5단원 분류하기

108~111쪽

개념 1

01 (○) ( )

02 ( )( ○ )

개념 2

03 ( )( )( ○ )

04 가, 라, 바 / 나, 다, 마, 사 / 아, 자

개념 3

05 ( ○ )( )( ○ )( ○ )( ○ )

06 예

| 종류 | 사과 | 포도 | 귤 | 복숭아 |
|---|---|---|---|---|
| 세면서 표시하기 | | | | |
| 과일 수(개) | 3 | 6 | 4 | 3 |

개념 4

07

| 사탕의 맛 | 박하 맛 | 레몬 맛 | 딸기 맛 | 포도 맛 |
|---|---|---|---|---|
| 세면서 표시하기 | | | | |
| 사탕 수(개) | 3 | 4 | 8 | 5 |

08 딸기, 박하

교과서 넘어 보기

112~115쪽

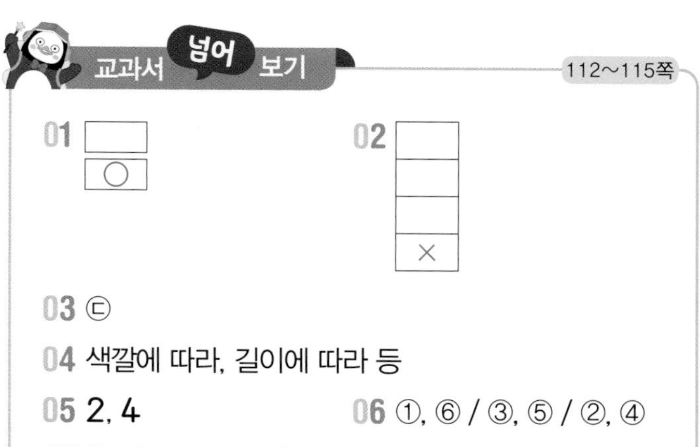

01 ( ) (○)

02 ( )( )( )( × )

03 ㉢

04 색깔에 따라, 길이에 따라 등

05 2, 4

06 ①, ⑥ / ③, ⑤ / ②, ④

07 ①, ②, ④, ⑥, ⑦ / ③, ⑤

08

| 구멍 수 | 2개 | 3개 | 4개 |
|---|---|---|---|
| 기호 | 가, 라, 바 | 다, 마 | 나, 사, 아 |

09 탬버린, 악기

10

| 선물 | 장난감 | 옷 | 동화책 |
|---|---|---|---|
| 세면서 표시하기 | 𝍸𝍸 | /// | 𝍸 // |
| 친구 수(명) | 10 | 3 | 7 |

11 장난감

12 3명

13

| 종류 | 축구공 | 야구공 | 배구공 | 농구공 |
|---|---|---|---|---|
| 세면서 표시하기 | //// | 𝍸 //// | 𝍸 / | 𝍸 / |
| 공의 수(개) | 4 | 9 | 6 | 6 |

14 야구공

15 축구공, 야구공에 ○표

16 7, 4, 7, 12

17 빨간색, 노란색

18 초록색

교과서 속 응용 문제

19 4, 6, 5, 3

20 7, 5, 6

21 10, 8

22

| | 노란색 | 파란색 | 초록색 |
|---|---|---|---|
| 2개 | ㉤ | ㉡, ㉥, ㉺ | ㉢, ㉨ |
| 4개 | ㉠, ㉦ | ㉧ | ㉣ |

/ 2개

23 3장

01 예쁜 신발과 예쁘지 않은 신발은 사람에 따라 다르게 분류할 수 있습니다.

02 빠르고 느린 것은 사람마다 기준이 다르므로 서로 다른 결과가 나올 수 있습니다. 따라서 동물을 분류하려고 할 때, 분류 기준으로 알맞지 않습니다.

03 맛이 있고 없고는 사람에 따라 다르므로 분명한 분류 기준이 아닙니다.

04 색깔에 따라 빨간색과 파란색으로 분류할 수 있습니다. 종류에 따라 연필과 색연필로 분류할 수 있습니다. 등

05 다리가 없는 것: 가(물고기), 마(달팽이)
다리가 2개인 것: 나(홍학), 라(펭귄)
다리가 4개인 것: 다(호랑이), 바(거북)

09 장난감 서랍에 장난감이 아닌 탬버린이 들어 있습니다. 탬버린을 악기 서랍으로 옮겨야 합니다.

11 가장 많은 친구들이 받고 싶어 하는 선물은 장난감입니다.

12 장난감을 받고 싶어 하는 친구 수는 10명이고, 동화책을 받고 싶어 하는 친구 수는 7명이므로 $10-7=3$(명) 더 많습니다.

14 야구공이 9개로 가장 많습니다.

15 축구공이 야구공보다 더 적으므로 축구공을 야구공보다 더 많이 사야 합니다.

16 팔린 티셔츠의 수는 빨간색이 7벌, 초록색이 4벌, 노란색이 7벌, 파란색이 12벌입니다.

17 빨간색 티셔츠가 7벌, 노란색 티셔츠가 7벌이므로 같은 개수로 팔렸습니다. 따라서 팔린 개수가 같은 티셔츠는 빨간색 티셔츠와 노란색 티셔츠입니다.

18 초록색 티셔츠는 4벌로 가장 적게 팔렸습니다. 따라서 가장 적게 준비해도 되는 티셔츠는 초록색입니다.

19 색깔에 따라 분류하여 세어 보면 초록색은 4개, 빨간색은 6개, 노란색은 5개, 파란색은 3개입니다.

20 모양에 따라 분류하여 세어 보면 삼각형 모양은 7개, 원 모양은 5개, 사각형 모양은 6개입니다.

21 연결 부분의 모양에 따라 분류하여 세어 보면 볼록한 것이 있는 것은 10개, 볼록한 것이 없는 것은 8개입니다.

22 구멍이 4개인 노란색 단추는 ㉠, ㉦의 2개입니다.

23 

카드는 그려진 무늬에 따라 ♥, ★로 분류할 수 있고, 색깔에 따라 노란색, 파란색, 빨간색으로 분류할 수 있습니다. 카드를 그려진 무늬와 색깔에 따라 분류하면 다음과 같습니다.

| | 노란색 | 파란색 | 빨간색 |
|---|---|---|---|
| ♥ | ①, ⑦ | ⑥, ⑬, ⑮ | ③, ④, ⑭ |
| ★ | ⑨, ⑫ | ②, ⑤ | ⑧, ⑩, ⑪ |

따라서 하트가 그려진 파란색 카드는 ⑥, ⑬, ⑮의 3장입니다.

## 응용력 높이기

116~119쪽

대표 응용 1 색깔

1-1 모양

1-2 예 색깔 / 모양

대표 응용 2 ㉣, ㉤ / ㉥

2-1 국어 교과서

2-2 ②, ⑥ / ④, ⑤, ⑧ / ①, ③, ⑦

대표 응용 3

| | 노란색 | 초록색 | 파란색 |
|---|---|---|---|
| 줄 무늬 | ① | 없음 | ④, ⑦, ⑨, ⑪ |
| 별 무늬 | ③, ⑤, ⑧ | ② | ⑥, ⑩ |

/ 2

3-1 3개

3-2 2장

대표 응용 4 3, 8, 5 / 떡볶이, 떡볶이

4-1 900

4-2 위인전, 13권

1-1 사탕을 살펴보면 서로 크기가 다르므로 크기는 분류된 기준은 아닙니다. 각 묶음끼리의 차이점을 찾아보면 모양이 다른 것을 알 수 있습니다. 따라서 분류 기준은 사탕의 모양입니다.

1-2 블록을 살펴보면 모양과 색깔이 서로 다릅니다.

2-1 국어 교과서는 책꽂이의 교과서 칸으로 분류되어야 합니다.

2-2 동물의 다리 수를 세어 보면, ①은 4개, ②는 없고, ③은 4개, ④는 2개, ⑤는 2개, ⑥은 없고, ⑦은 4개, ⑧은 2개입니다.

3-1 컵을 색깔과 손잡이 있고 없고의 두 가지 기준으로 분류하면 다음과 같습니다.

| | 빨간색 | 노란색 | 초록색 |
|---|---|---|---|
| 손잡이 있음 | ①, ⑪ | ② | ③, ⑤, ⑧ |
| 손잡이 없음 | ⑥ | ④, ⑦, ⑨ | ⑩, ⑫ |

따라서 손잡이가 있는 초록색 컵은 ③, ⑤, ⑧의 3개입니다.

3-2 빨간색 카드는 모두 6장입니다.
기준이가 가진 카드는 숫자 2와 3이 쓰여 있지 않으므로 숫자 1이 쓰여 있습니다.
따라서 기준이가 가진 카드는 숫자 1이 쓰여 있는 빨간색 카드이므로 2장입니다.

4-1 동전을 종류에 따라 분류하고 그 수를 세어 보면 다음과 같습니다.

| 종류 | 100원짜리 | 50원짜리 | 10원짜리 |
|---|---|---|---|
| 동전 수(개) | 9 | 7 | 8 |

따라서 100원짜리 동전 수가 가장 많으므로 불우이웃돕기 성금으로 낼 수 있는 돈은 900원입니다.

4-2 동화책이 20권으로 가장 많고, 위인전이 7권으로 가장 적습니다. 따라서 위인전을 $20-7=13$(권) 더 사야 합니다.

## 단원 평가 LEVEL ❶

120~122쪽

01 (선 잇기)

02 ( ○ )
( )

03 3가지

04 하늘, 땅, 물

05 (100원짜리 동전)에 △표

06

| 모양 | ♥ | ★ | ◆ |
|---|---|---|---|
| 번호 | ①, ⑤ ⑧, ⑨ | ②, ④, ⑦ | ③, ⑥ |

07 4, 2, 3

08 2개

09

| 맛 | 초콜릿 맛 | 바나나 맛 | 딸기 맛 |
|---|---|---|---|
| 우유 수(개) | 5 | 4 | 7 |

10 9, 7

11 15명

12 7

13 4, 3, 5, 3

14 파란색

15 (1) 5, 4, 3 (2) 풀, 가위 (3) 2 / 2개

16 (1) 8 (2) 6 (3) 주황, 연수 / 연수

17 세연

18

| 색깔 | 초록색 | 노란색 | 파란색 | 빨간색 | 보라색 |
|---|---|---|---|---|---|
| 종이컵 수(개) | 6 | 7 | 4 | 5 | 2 |

19 보라색

20 노란, 노란

01 위쪽의 빵은 빵의 종류로, 아래쪽의 빵은 빵의 크기로 분류할 수 있습니다.

02 편한 신발, 불편한 신발은 사람마다 기준이 다르므로 서로 다른 결과가 나올 수 있습니다. 따라서 분류 기준으로 알맞지 않습니다.

03 다리 수가 0개, 2개, 4개인 동물로 분류할 수 있습니다.

04 활동하는 곳에 따라 분류하면 하늘(참새, 독수리), 땅(기린, 고양이, 달팽이, 호랑이), 물(상어, 흰동가리)로 분류할 수 있습니다.

05 100원짜리는 동전이므로 지폐로 분류할 수 없습니다.

07 초콜릿 색 과자가 4개, 흰색 과자가 2개, 노란색 과자가 3개입니다.

08 ♥모양의 과자는 ①, ⑤, ⑧, ⑨이고, 초콜릿 색 과자는 ①, ④, ⑦, ⑨입니다. 따라서 ♥모양이면서 초콜릿 색인 과자는 ①, ⑨로 2개입니다.

09

| 맛 | 초콜릿 맛 | 바나나 맛 | 딸기 맛 |
|---|---|---|---|
| 세면서 표시하기 | | | |
| 우유 수(개) | 5 | 4 | 7 |

10 종이 팩에 든 우유는 9개이고, 플라스틱 병에 든 우유는 7개입니다.

12 조사한 학생 수는 15명이고, 달리기, 축구, 줄넘기를 선택한 학생 수는 2+3+3=8(명)이므로 피구를 선택한 학생 수는 15−8=7(명)입니다.

13 으로 표시하면서 센 후 그 수를 세어 보면 빨간색 가방은 4개, 노란색 가방은 3개, 파란색 가방은 5개, 검은색 가방은 3개입니다.

14 파란색 가방이 5개로 가장 많습니다.

16 색깔에 따라 분류하면 다음과 같습니다.

| 색깔 | 주황색 | 초록색 |
|---|---|---|
| 카드 수 (장) | 8 | 6 |

따라서 주황색이 더 많으므로 연수가 이깁니다.

17 숫자와 알파벳으로 분류하면 다음과 같습니다.

| 종류 | 숫자 | 알파벳 |
|---|---|---|
| 카드 수 (장) | 8 | 6 |

따라서 숫자가 더 많으므로 세연이가 이깁니다.

19 보라가 2개로 가장 적습니다.

20 노랑을 좋아하는 학생이 7명으로 가장 많습니다.

## 단원 평가 LEVEL ❷

123~125쪽

01 (　)(○)
02 ㉡
03 예 구멍의 수
04 예 모양
05 ④
06 7, 2, 4, 5
07 18개
08 5개

09

| 모양 | ■ | ● |
|---|---|---|
| 세면서 표시하기 | //// //// | //// //// |
| 접시 수(개) | 4 | 6 |

10

| 색깔 | 초록색 | 노란색 | 빨간색 |
|---|---|---|---|
| 세면서 표시하기 | //// | //// | //// |
| 접시 수(개) | 3 | 4 | 3 |

11

| | 초록색 | 노란색 | 빨간색 |
|---|---|---|---|
| ■ | ①, ③ | ⑧ | ④ |
| ● | ⑩ | ②, ⑤, ⑦ | ⑥, ⑨ |

12 사과
13 7명
14 (1) 4 (2) 6 (3) 연예인, 2 / 연예인, 2명

15

| | 빨간색 | 파란색 | 노란색 |
|---|---|---|---|
| ◆ | 1장 | 4장 | 1장 |
| ♥ | 1장 | 2장 | 2장 |
| ★ | 3장 | 1장 | 1장 |

16 5장
17 2장
18 빨간, 2, 3
19 초록색
20 (1) 4, 5, 2, 3 (2) 미국, 미국 (3) 4, 4 / 미국, 4

01 모두 같은 색이면 색깔을 분류 기준으로 할 수 없습니다.

02 무섭거나 무섭지 않은 것의 분류 기준은 사람에 따라 다른 결과가 나올 수 있으므로 알맞은 분류 기준이 아닙니다.

03 단추의 구멍이 2개인 것과 4개인 것으로 분류하였습니다.

04 단추가 원 모양인 것과 사각형 모양인 것으로 분류하였습니다.

05 ④번 파란색 바지는 흰 옷이 아닌 옷으로 분류해야 합니다.

06 //// ////으로 표시하면서 센 후 그 수를 세어 보면 연필은 7개, 가위는 2개, 풀은 4개, 지우개는 5개입니다.

08 연필이 7개로 가장 많고, 가위가 2개로 가장 적습니다. 따라서 $7-2=5$(개) 더 많습니다.

09 빠뜨리거나 중복되지 않도록 표시를 하면서 수를 셉니다.

12 사과를 좋아하는 학생이 6명으로 가장 많습니다.

13 포도를 좋아하는 학생은 4명이고, 귤을 좋아하는 학생은 3명이므로 $4+3=7$(명)입니다.

14 장래 희망에 따라 분류하여 그 수를 세어 보면 다음과 같습니다.

| 장래 희망 | 과학자 | 연예인 | 의사 | 운동선수 |
|---|---|---|---|---|
| 학생 수(명) | 4 | 6 | 3 | 3 |

18 빨간색은 5장, 파란색은 7장, 노란색은 4장입니다. 따라서 메모지를 7장으로 같게 하려면 빨간색 메모지를 2장, 노란색 메모지를 3장 더 모아야 합니다.

19 가장 많은 색깔은 17장인 빨간색입니다. 나머지 색깔을 17장만큼 준비하려면 파란색은 5장, 노란색은 2장, 초록색은 6장 준비해야 합니다. 따라서 가장 많이 준비해야 하는 색깔의 색종이는 초록색입니다.

BOOK 1 본책

# 6단원 곱셈

128~131쪽

개념 1

01 (1) 9, 10 (2) 8, 10 (3) 10

02 (1) 3, 9 (2) 4, 9

개념 2

03 4 / 12, 16 / 16

04 2 / 10 / 10

개념 3

05 (1) 7 (2) 7, 7 (3) 7

06 (1) 5, 5 (2) 3, 3

개념 4

07 (1) 3 (2) 6 (3) 2

08 (1) 5 (2) 5

교과서 넘어 보기

132~134쪽

01 10개

02 6, 9, 12

03 7, 2

04 14개

05 16마리

06 예  , 12개

07 (1) 4 (2) 15, 20 (3) 20

08 (1) 5 (2) 5, 5 (3) 5

09 4, 4

10 (그림)

11 5, 5

12 6, 6

13 3배

14 (그림)

15 4배

16 수현

교과서 속 응용 문제

17 5 / 4

18 예 2, 9 / 3, 6 / 6, 3 / 9, 2

01 하나씩 세어 보면 모두 10개입니다.

02 3씩 뛰어 세면 3−6−9−12입니다.

03 야구공을 2개씩 묶으면 7묶음입니다.
야구공을 7개씩 묶으면 2묶음입니다.

04 2개씩 7묶음은 14개이므로 야구공은 모두 14개입니다. 또는 7개씩 2묶음은 14개이므로 야구공은 모두 14개입니다.

05 물고기는 4마리씩 4묶음이므로 16마리입니다.

06 예 ○가 4개씩 3묶음이면 ○는 모두 12개입니다.

08 (1) 모자를 3개씩 묶으면 5묶음입니다.
(2) 3씩 5묶음은 3의 5배입니다.
(3) 모자의 수는 3의 5배입니다.

09 색연필은 7씩 4묶음이므로 7의 4배입니다.

10 연결 큐브는 2씩 2묶음이므로 2의 2배입니다.
나뭇잎은 5씩 3묶음이므로 5의 3배입니다.
구슬은 3씩 3묶음이므로 3의 3배입니다.

11 우유는 2씩 5묶음이므로 우유의 수는 2의 5배입니다.

12 야구르트는 5씩 6묶음이므로 야구르트의 수는 5의 6배입니다.

13 토끼의 수는 3마리입니다. 거북을 3마리씩 묶으면 3묶음이 되므로 거북의 수는 3의 3배입니다. 따라서 거북의 수는 토끼의 수의 3배입니다.

14 지호는 구슬을 8개 가지고 있고 은진이는 지호가 가진 구슬 수의 1배를 가지고 있으므로 8의 1배만

큼 그리면 됩니다. 8의 1배는 8씩 1묶음과 같으므로 8씩 1묶음을 그리면 됩니다.

**15** 빨간색 연결 모형의 수는 2개입니다. 파란색 연결 모형을 2개씩 묶으면 4묶음이 됩니다. 따라서 파란색 연결 모형의 수는 2의 4배이므로 빨간색 연결 모형의 수의 4배가 됩니다.

**16** 수현: 빨간색 모형을 2번 이어 붙이면 초록색 연결 모형의 수와 같아집니다.

**17** 케이크의 수는 4씩 5묶음, 5씩 4묶음으로 나타낼 수 있습니다.

**18** 쿠키의 수는 2씩 9묶음, 3씩 6묶음, 6씩 3묶음, 9씩 2묶음으로 나타낼 수 있습니다.

135~138쪽

**개념 5**

**01** (1) 4, 4 (2) 4, 4 (3) 4, 곱하기, 4

**02** 8, 8 **03** 3, 8, 3

**개념 6**

**04** 3, 6

**05** 4, 4, 4, 4, 4 / 4, 5

**06** (1) 3 (2) 5 **07** (1) 3, 27 (2) 곱

**개념 7**

**08** (1) 3 (2) 6, 6, 18 (3) 6, 3, 18 (4) 18

**09** 4, 4, 4, 16

**10** (1) 3, 3, 3, 3, 12 (2) 3, 4, 12 (3) 12

**개념 8**

**11** (1) 21 / 7, 21 (2) 7, 7, 7, 21 / 7, 21

**12** 3, 18 / 6, 18 / 9, 18 / 2, 18

139~141쪽

**19** 5, 4 / 5, 4 / 5, 4 **20** 3, 3 / 3, 3

**21** 8×6 / 8 곱하기 6 **22**

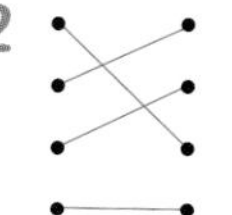

**23** (1) 6, 3 (2) 9, 7 **24** ㉡

**25** (1) 곱하기, 28 (2) 곱, 28

**26** 5배

**27** 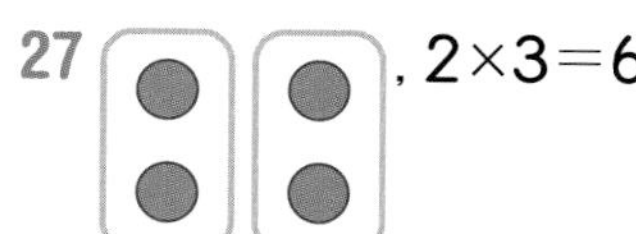, $2\times3=6$

**28** $5+5+5+5+5+5=30$, $5\times6=30$

**29** 7 / 3, 7, 21 **30** 36

**31** 8, 6, 3, 4 **32**

| | | | | |
|---|---|---|---|---|
| 3 | 6 | 5 | 4 | 8 |
| 4 | 2 | 9 | 7 | 1 |
| 2 | 5 | 6 | 1 | 9 |
| 3 | 2 | 8 | 3 | 2 |
| 9 | 7 | 5 | 4 | 8 |

**33** 12조각 **34** 8잔

**교과서 속 응용 문제**

**35** 32살 **36** 12개

**37** 45개

**19** 바나나는 5개씩 4묶음이므로 5의 4배입니다. 5의 4배는 5×4라고 씁니다.

**20** 당근은 3개씩 3묶음이므로 3의 3배입니다. 3의 3배는 3×3이라고 씁니다.

**21** 8의 6배는 8×6이라고 씁니다. 8×6은 8 곱하기 6이라고 읽습니다.

**22** 3씩 6묶음은 3×6입니다.
6의 8배는 6×8입니다.
7 곱하기 2는 7×2입니다.
9와 2의 곱은 9×2입니다.

**23** (1) $6+6+6$은 $6\times3$과 같습니다.
(2) $9+9+9+9+9+9+9$는 $9\times7$과 같습니다.

**24** ㉡ $4+4+4+4+4+4$는 $4\times6$과 같습니다.

**26** 노란색 막대의 길이는 2 cm이고, 파란색 막대의 길이는 10 cm입니다. $2+2+2+2+2=10$이고, $2\times5=10$과 같습니다.
따라서 파란색 막대의 길이는 노란색 막대의 길이의 5배입니다.

**27**

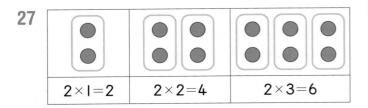

| ●● (1묶음) | ●● ●● (2묶음) | ●● ●● ●● (3묶음) |
|---|---|---|
| $2\times1=2$ | $2\times2=4$ | $2\times3=6$ |

**28** 과일 사탕 한 개당 과일 수는 5개이고 과일은 5의 6배입니다.
덧셈식: $5+5+5+5+5+5=30$
곱셈식: $5\times6=30$

**30** 몇의 4배가 되어 나오는 규칙이므로 숫자 9를 넣으면 9의 4배인 수가 나옵니다.
9의 4배 ➡ $9\times4=36$이므로 나오는 수는 36입니다.

**31** 도넛을 3씩 8묶음으로 묶으면 3의 8배이므로 $3\times8=24$, 4씩 6묶음으로 묶으면 4의 6배이므로 $4\times6=24$, 8씩 3묶음으로 묶으면 8의 3배이므로 $8\times3=24$, 6씩 4묶음으로 묶으면 6의 4배이므로 $6\times4=24$로 나타낼 수 있습니다.

**32** 곱이 18이 되는 두 수는 2와 9, 3과 6, 6과 3, 9와 2가 있습니다.

**33** 치킨 4조각을 시킨 손님은 3명이므로 준비해야 하는 치킨은 $4\times3=4+4+4=12$(조각)입니다.
따라서 치킨은 12조각 필요합니다.

**34** 주스 2잔을 시킨 손님은 4명이므로 준비해야 하는 주스는 $2\times4=2+2+2+2=8$(잔)입니다.

**35** 경민이 어머니의 나이는 경민이 나이의 8배이므로 4의 8배입니다.
4의 8배
➡ $4\times8=4+4+4+4+4+4+4+4=32$
이므로 경민이 어머니의 나이는 32살입니다.

**36** 삼각형 1개를 만들기 위해서는 성냥개비 3개가 필요합니다. 삼각형 4개를 만들기 위해서 필요한 성냥개비의 수는 3의 4배입니다.
3의 4배 ➡ $3\times4=3+3+3+3=12$이므로 성냥개비는 12개가 필요합니다.

**37** 선영이가 딴 토마토의 수는 3의 3배입니다.
➡ $3\times3=3+3+3=9$(개)
지영이가 딴 토마토의 수는 9의 5배입니다.
➡ $9\times5=9+9+9+9+9=45$(개)

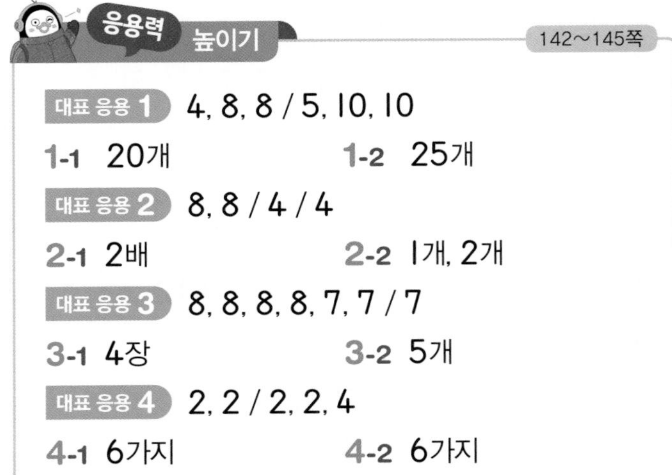
응용력 높이기 142~145쪽

대표 응용 1 4, 8, 8 / 5, 10, 10
1-1 20개　　1-2 25개
대표 응용 2 8, 8 / 4 / 4
2-1 2배　　2-2 1개, 2개
대표 응용 3 8, 8, 8, 8, 7, 7 / 7
3-1 4장　　3-2 5개
대표 응용 4 2, 2 / 2, 2, 4
4-1 6가지　　4-2 6가지

**1-1**

| 첫째 | $4\times1=4$ |
|---|---|
| 둘째 | $4\times2=4+4=8$ |
| 셋째 | $4\times3=4+4+4=12$ |
| 넷째 | $4\times4=4+4+4+4=16$ |
| 다섯째 | $4\times5=4+4+4+4+4=20$ |

따라서 다섯째에 놓아야 하는 바둑돌은 20개입니다.

**1-2** 첫째, 둘째 모양이 반복되므로 10째까지는 첫째, 둘째 모양이 5번 반복됩니다.
따라서 첫째, 둘째 모양이 $3+2=5$(개)씩 5번 반복되므로 이용한 쌓기나무는 모두
$5\times5=5+5+5+5+5=25$(개)입니다.

**2-1** 빨간색 막대 3개를 연결하면
$6+6+6=18$ (cm)가 됩니다. 합이 18이 될 때까지 보라색 막대를 연결해 보면 $9+9=18$이므로 18은 9의 2배입니다. 따라서 빨간색 막대 3개를 연결한 길이는 보라색 막대 길이의 2배입니다.

**2-2** 초록색 막대와 노란색 막대를 여러 개 그려 합이 13 cm가 되는 경우를 찾습니다.

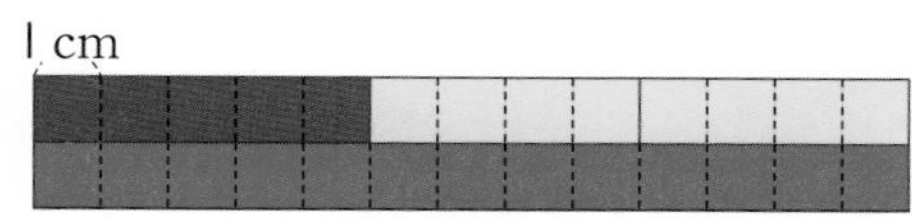


따라서 초록색 막대 1개, 노란색 막대 2개를 연결하면 파란색 막대의 길이와 같아집니다.

**3-1** 색종이 한 장으로 하트 모양 4개를 만들 수 있습니다. 하트 모양 16개를 만들기 위해서 필요한 색종이는 $4\times$■$=16$에서 4를 4번 더해야 16이므로 ■는 4입니다.

**3-2** 성냥개비 6개로 모양 1개를 만들 수 있습니다.
삼각형 2개: $6\times2=6+6=12$(개)
삼각형 3개: $6\times3=6+6+6=18$(개)
삼각형 4개: $6\times4=6+6+6+6=24$(개)
삼각형 5개: $6\times5=6+6+6+6+6$
$=30$(개)
삼각형 6개: $6\times6=6+6+6+6+6+6$
$=36$(개)
$6\times$■$<31$에서 ■에 들어갈 수 있는 가장 큰 수는 5입니다.

**4-1** 모자 1가지마다 선택할 수 있는 신발은 운동화, 장화, 슬리퍼로 3가지입니다.
모자의 종류는 2가지이므로 모자와 신발을 각각 하나씩 고르는 방법은 $3\times2=3+3=6$(가지)입니다.

**4-2** 윗옷 1가지마다 선택할 수 있는 바지는 파란색, 분홍색으로 2가지입니다.
윗옷은 파란색, 노란색, 빨간색 3가지이므로 윗옷과 바지를 각각 한 개씩 고르는 방법은
$2\times3=2+2+2=6$(가지)입니다.

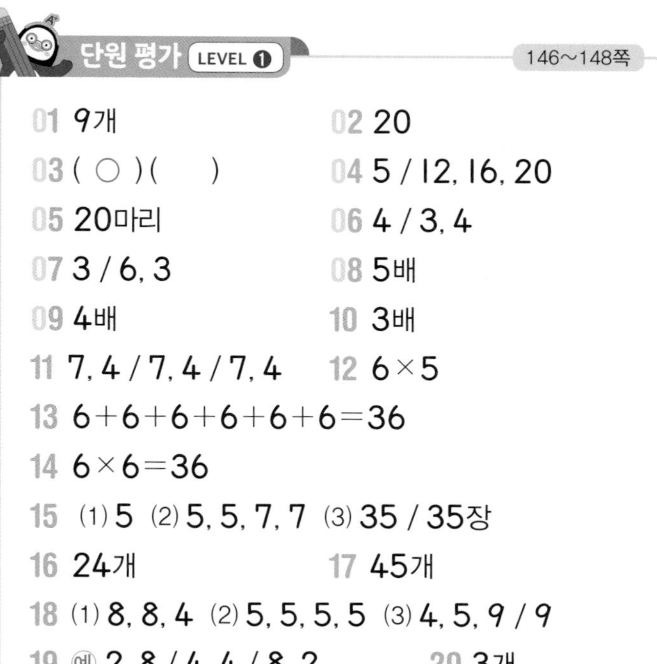
단원 평가 LEVEL ❶ 146~148쪽

01 9개 02 20
03 ( ○ )( ) 04 5 / 12, 16, 20
05 20마리 06 4 / 3, 4
07 3 / 6, 3 08 5배
09 4배 10 3배
11 7, 4 / 7, 4 / 7, 4 12 $6\times5$
13 $6+6+6+6+6+6=36$
14 $6\times6=36$
15 (1) 5 (2) 5, 5, 7, 7 (3) 35 / 35장
16 24개 17 45개
18 (1) 8, 8, 4 (2) 5, 5, 5, 5 (3) 4, 5, 9 / 9
19 예 2, 8 / 4, 4 / 8, 2 20 3개

01 풍선을 하나씩 세어 보면 모두 9개입니다.

02 5씩 뛰어 세면 5－10－15－20입니다.

03 체리는 2개가 한 묶음이고 모두 4묶음이 있으므로 2씩 4묶음입니다.

04 오리를 4마리씩 묶으면 5묶음입니다. 오리를 4씩 묶어 세면 4－8－12－16－20입니다.

06 풍선은 3개씩 4묶음이고 3씩 4묶음은 3의 4배입니다.

07 핫도그는 6개씩 3묶음이고 6씩 3묶음은 6의 3배입니다.

08 딸기를 2개씩 묶으면 5묶음이고 2씩 5묶음은 2의 5배입니다.

09 재경이는 쌓기나무를 5개 쌓았습니다. 윤주는 쌓기나무를 5개씩 4묶음을 쌓았습니다.
따라서 윤주가 쌓은 쌓기나무의 수는 재경이가 쌓은 쌓기나무의 수의 4배입니다.

10 도토리 수를 구하지 않고도 알 수 있습니다. 도토리 주머니를 하은이는 2개, 지후는 6개를 만들었습니다. 주머니 6개를 2개씩 묶으면 2씩 3묶음이므로 2의 3배가 됩니다.
따라서 지후가 가진 도토리의 수는 하은이가 가진 도토리의 수의 3배입니다.

11 촛불은 7씩 4묶음이므로 7의 4배입니다.
7의 4배를 7×4라고 씁니다.

12 6씩 5묶음을 곱셈식으로 나타내면 6×5입니다.

13 구슬은 6개씩 6묶음입니다.
덧셈식: 6을 6번 더합니다.
6＋6＋6＋6＋6＋6＝36

14 6의 6배 ➡ 6×6＝36

16 버스 한 대에 바퀴가 4개씩 6대이므로 4의 6배입니다. 따라서 버스 바퀴는 모두
4×6＝4＋4＋4＋4＋4＋4＝24(개)입니다.

17 말이 가진 당근의 수는 5의 9배입니다. 따라서 말이 가진 당근은 5×9＝45(개)입니다.

19 2씩 8묶음 ➡ 2×8＝16
4씩 4묶음 ➡ 4×4＝16
8씩 2묶음 ➡ 8×2＝16

20 껌을 한 통에 5개씩 넣어 6통을 포장하기 위해 필요한 껌의 개수는 5씩 6묶음이므로
5×6＝5＋5＋5＋5＋5＋5＝30(개)입니다.
30－27＝3이므로 껌은 3개 더 필요합니다.

## 단원 평가 LEVEL ❷

149~151쪽

01 7권
02 12, 18, 24
03 3, 5
04 6, 9, 12, 15
05 ( ○ )(　)
06 7, 3
07 지율
08 예 도넛의 수는 8의 2배입니다.
09 4배
10 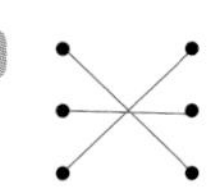
11 (　)( ○ )(　)
12 1
13 4
14 8＋8＋8＋8＝32 / 8×4＝32
15 5×6＝30
16 (1) 12, 3, 9 (2) 9, 3 (3) 3 / 3배
17 6, 4, 2, 3
18 24살
19 13
20 (1) 4, 16 (2) 3, 9 (3) 16, 9, 25 / 25개

01 책을 하나씩 세어 보면 모두 7권입니다.

02 6씩 뛰어 세면 6－12－18－24입니다.

03 축구공을 3개씩 묶으면 5묶음입니다.

04 축구공을 3씩 묶어 세면 3－6－9－12－15입니다.

05 한 묶음의 수가 3인 것을 찾습니다. 오른쪽 그림은 4씩 묶었습니다.

06 무당벌레는 7씩 3묶음입니다.
7씩 3묶음 ➡ 7의 3배

07 달걀을 4개씩 묶으면 3묶음이므로 잘못 설명한 사람은 지율입니다.

08 8의 2배를 뜻하는 문장을 만들었으면 정답입니다.

09 멜론은 4개입니다. 방울토마토를 4개씩 묶으면 4묶음이 되므로 방울토마토의 수는 멜론의 수의 4배입니다.

10 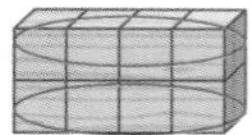 의 2배

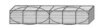

의 2배

의 2배

11 연필은 5씩 3묶음이므로 5의 3배입니다.
5의 3배 ➡ 5×3

12 빵의 수는 6개이고 6씩 묶으면 1묶음입니다.
6씩 1묶음 ➡ 6의 1배 ➡ 6×1

13 피자는 8씩 4묶음이므로 8의 4배입니다.

14 8의 4배
➡ 8＋8＋8＋8＝32
➡ 8×4＝32

15 5＋5＋5＋5＋5＋5＝30은 5×6＝30으로 나타낼 수 있습니다.

17 2씩 6묶음 ➡ 2×6＝12
6씩 2묶음 ➡ 6×2＝12
3씩 4묶음 ➡ 3×4＝12
4씩 3묶음 ➡ 4×3＝12

18 태리 나이는 2의 4배이므로
2×4＝2＋2＋2＋2＝8(살)입니다.
삼촌의 나이는 8의 3배이므로
8×3＝8＋8＋8＝24(살)입니다.

19 8＋8＋8＋8＋8＋8＝48
➡ 8×6＝48이므로 ♥는 6입니다.
■를 2번 더해 14가 되는 수를 찾으면
7＋7＝14이므로 ■는 7입니다.
따라서 ♥＋■＝6＋7＝13

## 1단원 세 자리 수

### 1단원 기본 문제 복습 4~5쪽

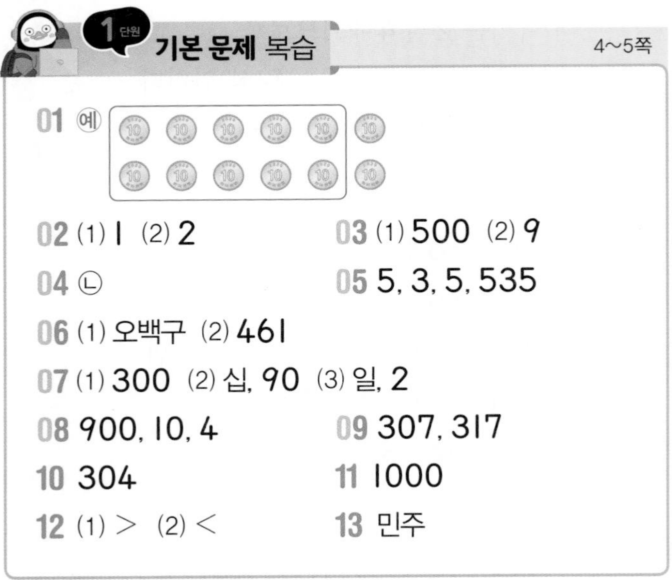

01 예 (10원 동전 그림)
02 (1) 1 (2) 2
03 (1) 500 (2) 9
04 ㉡
05 5, 3, 5, 535
06 (1) 오백구 (2) 461
07 (1) 300 (2) 십, 90 (3) 일, 2
08 900, 10, 4
09 307, 317
10 304
11 1000
12 (1) > (2) <
13 민주

03 (1) 100이 5개인 수는 500입니다.
(2) 900은 100이 9개인 수입니다.

04 ㉡ 칠백은 100이 7개인 수입니다.

05 백 모형이 5개, 십 모형이 3개, 일 모형이 5개이므로 수 모형이 나타내는 수는 535입니다.

07 392에서
(1) 3은 백의 자리 숫자이고, 300을 나타냅니다.
(2) 9는 십의 자리 숫자이고, 90을 나타냅니다.
(3) 2는 일의 자리 숫자이고, 2를 나타냅니다.

08 914는 100이 9개, 10이 1개, 1이 4개인 수입니다. 100이 9개이면 900, 10이 1개이면 10, 1이 4개이면 4이므로 914=900+10+4입니다.

09 10씩 뛰어 세면 십의 자리 숫자가 1씩 커집니다.
287−297−307−317−327

10 704부터 100씩 거꾸로 4번 뛰어 세어 봅니다.
704−604−504−404−304이므로 ㉠에 알맞은 수는 304입니다.

11 999보다 1만큼 더 큰 수는 1000이고, 천이라고 읽습니다.

12 (1) 624와 610은 백의 자리 수가 같으므로 십의 자리 수를 비교하면 2>1이므로 624>610입니다.
(2) 325와 326은 백의 자리 수와 십의 자리 수가 각각 같으므로 일의 자리 수를 비교하면 5<6이므로 325<326입니다.

13 211, 215, 201의 크기를 비교합니다.
백의 자리 수가 모두 같으므로 십의 자리 수를 비교하면 201이 가장 작습니다. 211과 215는 백의 자리 수와 십의 자리 수가 각각 같으므로 일의 자리 수를 비교하면 211<215입니다.
따라서 민주가 동화책을 가장 많이 가지고 있습니다.

### 1단원 응용 문제 복습 6~7쪽

01 424
02 719
03 279
04 318, 319
05 249, 250
06 552, 562
07 ㉡
08 ㉠
09 ㉠, ㉢, ㉡
10 670
11 208
12 140

01 364부터 20씩 뛰어 세면 364−384−404−424−444−…입니다. 이 중에서 420과 430 사이에 있는 수는 424입니다.

02 119부터 200씩 뛰어 세면 119−319−519−719−919−…입니다. 이 중에서 700과 900 사이에 있는 수는 719입니다.

**03** 159부터 30씩 뛰어 세면 159－189－219－249－279－309－…입니다.
이 중에서 백의 자리 수가 2이면서 가장 큰 수는 279입니다.

**04** □는 317보다 크고 320보다 작은 수이므로 317과 320 사이에 있는 수입니다.
따라서 □ 안에 들어갈 수 있는 세 자리 수는 318, 319입니다.

**05** □는 248보다 크고 251보다 작은 수이므로 248과 251 사이에 있는 수입니다.
따라서 □ 안에 들어갈 수 있는 세 자리 수는 249, 250입니다.

**06** 545보다 크고 570보다 작은 수 중에서 일의 자리 수가 2인 수는 5△2인데, 이 중에서 △에 올 수 있는 수는 5, 6이므로 조건에 알맞은 수는 552, 562입니다.

**07** 백의 자리 수를 비교하면 $3<4$이므로 ㉢이 가장 작습니다.
㉠ 4□5와 ㉡ 49□는 □ 안에 가장 큰 9가 들어가도 $495<499$이므로 ㉠<㉡입니다.
따라서 가장 큰 수는 ㉡입니다.

**08** 백의 자리 수를 비교하면 $7<8$이므로 ㉡이 가장 큽니다.
㉠ 70□와 ㉢ 7□3은 □ 안에 가장 작은 0이 들어가도 $700<703$이므로 ㉠<㉢입니다.
따라서 가장 작은 수는 ㉠입니다.

**09** 백의 자리 수를 비교하면 $5<6$이므로 ㉡이 가장 작습니다.
㉠ 6□1과 ㉢ 60□는 □ 안에 가장 작은 0이 들어가도 $601>600$이므로 ㉠>㉢입니다.
따라서 큰 수부터 순서대로 기호를 쓰면 ㉠, ㉢, ㉡입니다.

**10** 만들 수 있는 세 자리 수의 백의 자리에는 0이 올 수 없습니다. $0<6<7$이므로 수 카드로 만들 수 있는 수 중 가장 작은 수는 607, 두 번째로 작은 수는 670입니다.

**11** 만들 수 있는 세 자리 수의 백의 자리에는 0이 올 수 없습니다. $0<2<3<8$이므로 수 카드로 만들 수 있는 수 중 가장 작은 수는 203, 두 번째로 작은 수는 208입니다.

**12** 만들 수 있는 세 자리 수의 백의 자리에는 0이 올 수 없습니다. $0<1<4<9$이므로 수 카드로 만들 수 있는 수 중 가장 작은 수는 104, 두 번째로 작은 수는 109, 세 번째로 작은 수는 140입니다.

BOOK 2 복습책

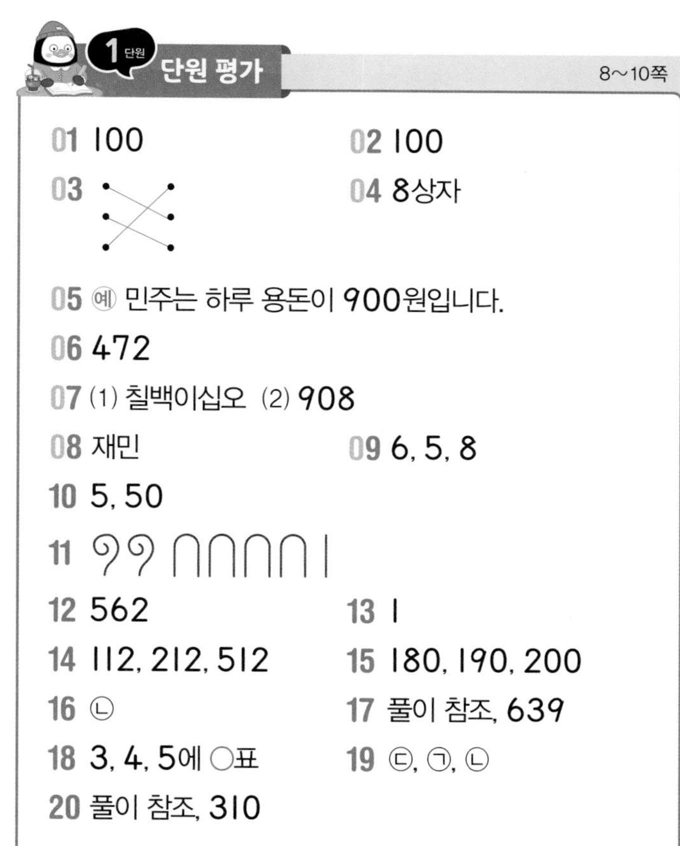

1단원 단원 평가 8~10쪽

01 100
02 100
03
04 8상자
05 예 민주는 하루 용돈이 900원입니다.
06 472
07 (1) 칠백이십오 (2) 908
08 재민
09 6, 5, 8
10 5, 50
11
12 562
13 1
14 112, 212, 512
15 180, 190, 200
16 ㉡
17 풀이 참조, 639
18 3, 4, 5에 ○표
19 ㉢, ㉠, ㉡
20 풀이 참조, 310

**01** 99보다 1만큼 더 큰 수는 100입니다.

**02** 곶감이 한 줄에 10개씩 10줄 있습니다. 10이 10

개이면 100이므로 곶감은 모두 100개입니다.

**03** 200은 10이 20개인 수입니다.
300은 100이 3개인 수입니다.
700은 칠백이라고 읽습니다.

**04** 800은 100이 8개이므로 지우개 800개를 한 상자에 100개씩 담으면 8상자가 됩니다.

**05** 900을 넣어 다양한 이야기를 지어 봅니다.

**06** 백 모형이 4개, 십 모형이 7개, 일 모형이 2개이므로 수 모형이 나타내는 수는 472입니다.

**08** 100이 5개, 10이 12개이면 620입니다.

**09** 육백오십팔을 수로 쓰면 658입니다. 658에서 백의 자리 숫자는 6, 십의 자리 숫자는 5, 일의 자리 숫자는 8입니다.

**10**

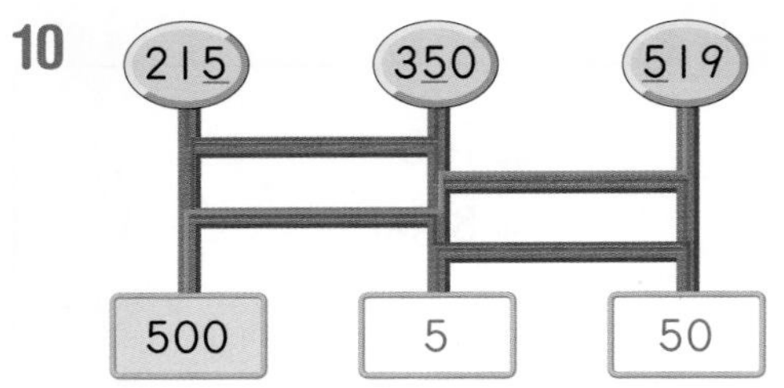


215에서 숫자 5는 일의 자리 숫자이고, 5를 나타냅니다.
350에서 숫자 5는 십의 자리 숫자이고, 50을 나타냅니다.
519에서 숫자 5는 백의 자리 숫자이고, 500을 나타냅니다.

**11** 241은 100이 2개, 10이 4개, 1이 1개인 수입니다.

**12** 100을 나타내는 감긴 밧줄이 5개,
10을 나타내는 뒤꿈치 뼈가 6개,
1을 나타내는 막대기가 2개이므로 그림이 나타내는 수는 562입니다.

**13** 일의 자리 수가 1씩 커졌으므로 1씩 뛰어 센 것입니다.

**14** 100씩 뛰어 세면 백의 자리 수가 1씩 커지므로 빈칸에 알맞은 수를 순서대로 쓰면 112, 212, 512입니다.

**15** 10씩 뛰어 세면 십의 자리 수가 1씩 커지므로 빈칸에 알맞은 수를 순서대로 쓰면 180, 190, 200입니다.

**16** 칠백육십이를 수로 쓰면 762입니다.
762와 764는 백의 자리 수와 십의 자리 수가 각각 같으므로 일의 자리 수를 비교하면 $2<4$이므로 $762<764$입니다.

**17** 예 어떤 수는 749보다 100 작은 649입니다. … 50 %
따라서 어떤 수 649보다 10 작은 수는 639입니다. … 50 %

**18** □가 2일 때 $326>325$입니다. 따라서 □ 안에는 2보다 큰 수가 들어가야 하므로 3, 4, 5에 ○표 합니다.

**19** ㉠ 651, ㉡ 661, ㉢ 650은 백의 자리 수가 같으므로 십의 자리 수를 비교하면 $5<6$이므로 ㉡이 가장 큽니다.
㉠ 651, ㉢ 650에서 백의 자리 수와 십의 자리 수가 각각 같으므로 일의 자리 수를 비교하면 $1>0$이므로 ㉠>㉢입니다.
따라서 작은 수부터 순서대로 기호를 쓰면 ㉢, ㉠, ㉡입니다.

**20** 예 백의 자리 수가 3인 세 자리 수는 3□□입니다. … 30 %
합이 1인 두 수는 0과 1이므로 조건을 만족하는 세 자리 수는 301, 310입니다. … 50 %
따라서 조건을 만족하는 세 자리 수 중에서 가장 큰 수는 310입니다. … 20 %

# 2단원 여러 가지 도형

## 2단원 기본 문제 복습 11~12쪽

01 삼각형
02 (위에서부터) 변, 꼭짓점
03 ㉡, ㉣, ㉤
04 (1) ○ (2) × (3) ○
05 8　　06 원
07 7개　　08 3
09 예

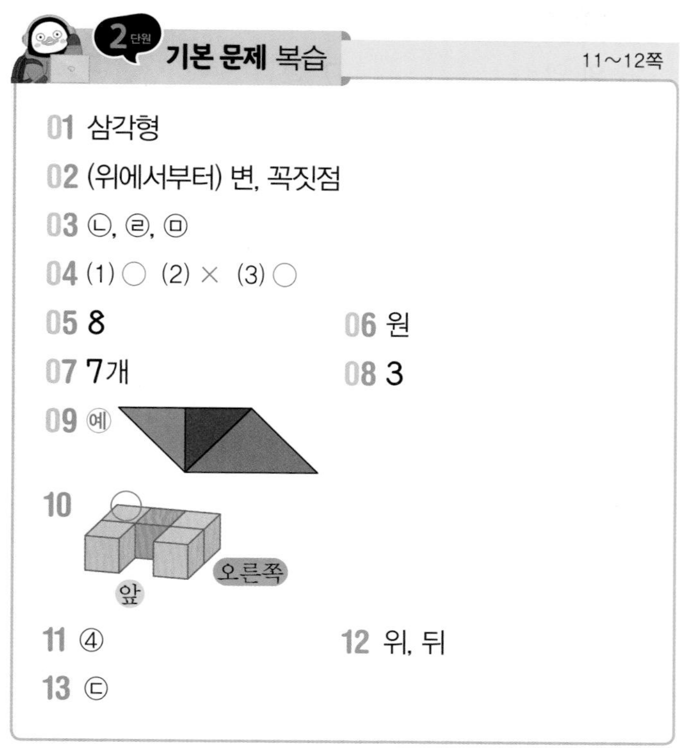


11 ④　　12 위, 뒤
13 ㉢

01 3개의 변으로 둘러싸인 도형은 삼각형입니다.

02 삼각형에서 곧은 선을 변이라고 합니다. 두 곧은 선이 만나는 점을 꼭짓점이라고 합니다.

03 사각형은 4개의 변으로 둘러싸인 도형이므로 ㉡, ㉣, ㉤입니다

04 (2) 사각형은 꼭짓점이 4개이므로 두 곧은 선이 만나는 점은 4개입니다.

05 사각형은 변이 4개, 꼭짓점이 4개이므로 변의 수와 꼭짓점의 수의 합은 8입니다.

07 겹치는 부분에 주의하여 원의 수를 세면 원은 7개입니다.

08 칠교판 조각 중에서 삼각형은 5개, 사각형은 2개입니다.
따라서 삼각형은 사각형보다 $5-2=3$(개) 더 많습니다.

11 왼쪽 모양에서 1층의 오른쪽 쌓기나무의 위에 쌓기나무 1개를 더 놓아야 하므로 놓아야 할 자리는 ④입니다.

13 ㉠ 1층에 3개, 2층에 1개, 3층에 1개가 필요합니다.
㉡ 쌓기나무 3개를 옆으로 나란히 놓고 가운데 쌓기나무 위에 2개를 놓은 것입니다.
따라서 쌓은 모양을 바르게 설명한 것은 ㉢입니다.

## 2단원 응용 문제 복습 13~14쪽

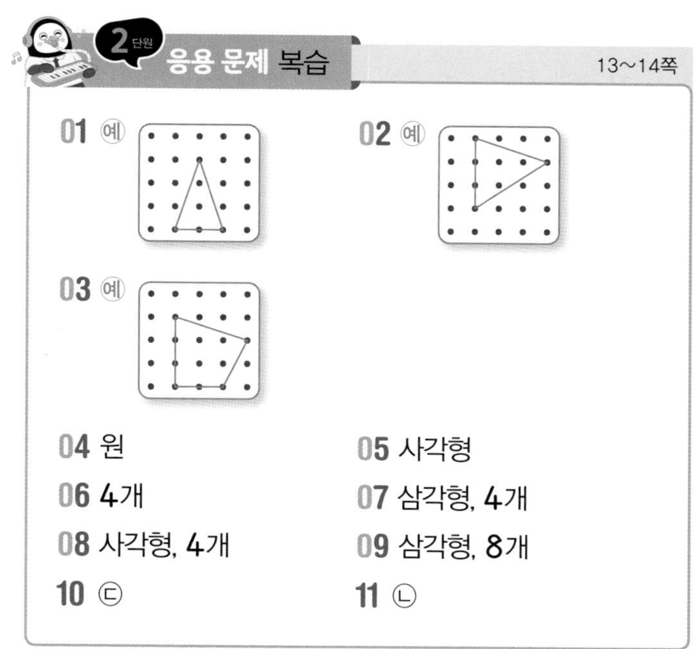


04 원　　05 사각형
06 4개　　07 삼각형, 4개
08 사각형, 4개　　09 삼각형, 8개
10 ㉢　　11 ㉡

01 3개의 변으로 둘러싸인 도형은 삼각형입니다. 도형 안쪽에 점이 2개가 되도록 삼각형을 그립니다.

02 3개의 변으로 둘러싸인 도형은 삼각형입니다. 도형 안쪽에 점이 3개가 되도록 삼각형을 그립니다.

03 변과 꼭짓점이 삼각형보다 한 개씩 더 많은 도형은 사각형입니다. 도형 안쪽에 점이 4개가 되도록 사각형을 그립니다.

04 이용한 도형을 세어 보면 삼각형이 3개, 사각형이 4개, 원이 5개입니다. 따라서 가장 많이 이용한 도형은 원입니다.

**05** 이용한 도형을 세어 보면 삼각형이 2개, 사각형이 5개, 원이 3개입니다. 따라서 가장 많이 이용한 도형은 사각형입니다.

**06** 이용한 도형을 세어 보면 삼각형이 3개, 사각형이 7개, 원이 4개입니다. 따라서 가장 많이 이용한 도형은 가장 적게 이용한 도형보다 7−3=4(개) 더 많습니다.

**07** 2번 접은 색종이를 펼쳐 접은 선을 따라 자르면 삼각형이 4개 만들어집니다.

**08** 2번 접은 색종이를 펼쳐 접은 선을 따라 자르면 사각형이 4개 만들어집니다.

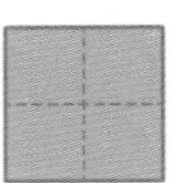

**09** 3번 접은 색종이를 펼쳐 접은 선을 따라 자르면 삼각형이 8개 만들어집니다.

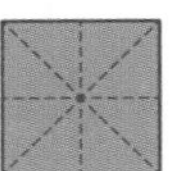

**10** ㉢: 쌓기나무가 1층에 2개, 2층에 1개 있습니다. 따라서 ㉢은 설명에 맞게 쌓은 모양이 아닙니다.

**11** 2층에 쌓기나무가 2개인지 확인합니다.
㉡: 쌓기나무가 1층에 5개, 2층에 1개 있습니다. 따라서 ㉡은 설명에 맞게 쌓은 모양이 아닙니다.

## 2단원 단원 평가 15~17쪽

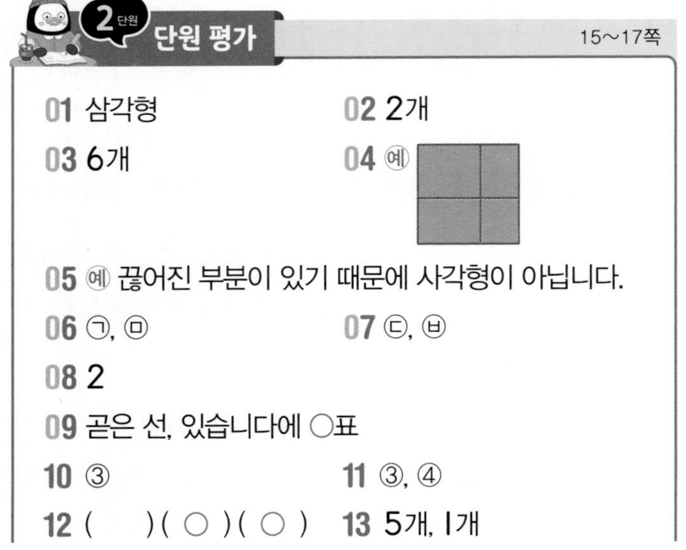

01 삼각형 02 2개
03 6개 04 예
05 예 끊어진 부분이 있기 때문에 사각형이 아닙니다.
06 ㉠, ㉤ 07 ㉢, ㉥
08 2
09 곧은 선, 있습니다에 ○표
10 ③ 11 ③, ④
12 ( )( ○ )( ○ ) 13 5개, 1개

14 예 15 초록색
16 위, 앞 17 ②
18 재우 19 풀이 참조, 3개
20 ㉢, ㉤

**01** 자의 모양을 본떠 그리면 3개의 변으로 둘러싸인 도형과 같은 모양이 되므로 삼각형입니다.

**02** 삼각형은 3개의 곧은 선으로 둘러싸인 도형입니다. 따라서 1개의 곧은 선이 있으므로 곧은 선을 2개 더 그어야 합니다.

**03** 

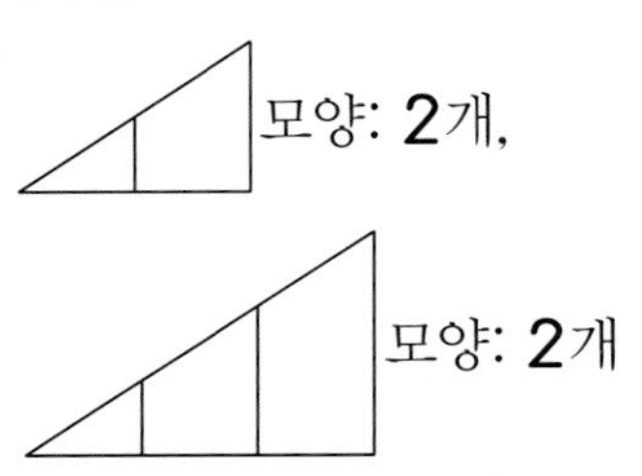

모양: 2개, 모양: 2개, 모양: 2개
따라서 도형에서 찾을 수 있는 크고 작은 삼각형은 모두 2+2+2=6(개)입니다.

**04** 변이 4개인 도형이 4개가 되도록 곧은 선을 그어 봅니다.

**05** 예 끊어진 부분이 있기 때문에 사각형이 아닙니다. … 100 %

**06** 3개의 변으로 둘러싸인 도형은 ㉠, ㉤입니다.

**07** 4개의 변으로 둘러싸인 도형은 ㉢, ㉥입니다.

**08** 사각형은 삼각형보다 변과 꼭짓점이 각각 1개씩 더 많으므로 ■는 1, ▲는 1입니다.
따라서 ■+▲=2입니다.

**10** 동그란 모양의 물건을 본떠 원을 그릴 수 있습니다. 따라서 동그란 모양의 물건을 찾으면 ③입니다.

11 원은 어느 쪽에서 보아도 동그란 모양이므로 ③, ④입니다.

12 원은 곧은 선이 없고 어느 쪽에서 보아도 동그랗고 뾰족한 부분이 없습니다.

15 

㉠에 초록색을 칠했습니다.

17 왼쪽 모양의 가운데 쌓기나무의 위에 쌓기나무 1개를 더 놓아야 하므로 놓아야 할 자리는 ②입니다.

18 현진이가 만든 모양: 1층에 4개, 2층에 1개이므로 쌓기나무를 $4+1=5$(개) 사용했습니다.
재우가 만든 모양: 1층에 5개, 2층에 1개이므로 쌓기나무를 $5+1=6$(개) 사용했습니다.
따라서 재우가 더 많은 쌓기나무를 사용하였습니다.

19 예 태영이가 사용한 쌓기나무는 1층에 5개, 2층에 2개이므로 $5+2=7$(개)입니다. … 50 %
따라서 사용하고 남은 쌓기나무는 $10-7=3$(개)입니다. … 50 %

20 왼쪽 모양과 오른쪽 모양을 비교하여 다른 부분을 찾습니다.

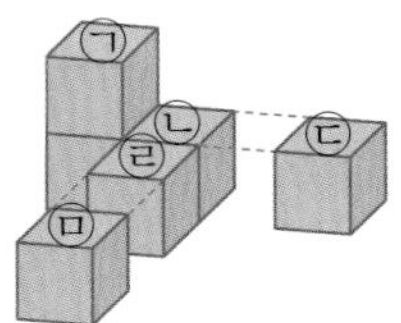


따라서 오른쪽 모양과 같게 만들기 위해 왼쪽 모양에서 빼내야 하는 쌓기나무는 ㉢, ㉤입니다.

## 3단원 덧셈과 뺄셈

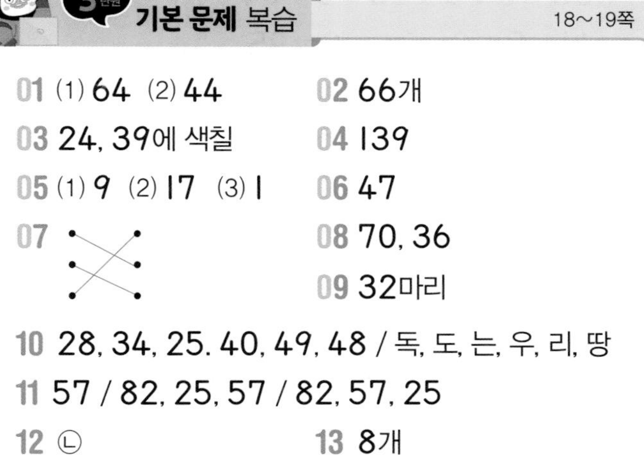

3단원 기본 문제 복습 18~19쪽

01 (1) 64 (2) 44
02 66개
03 24, 39에 색칠
04 139
05 (1) 9 (2) 17 (3) 1
06 47
07
08 70, 36
09 32마리
10 28, 34, 25, 40, 49, 48 / 독, 도, 는, 우, 리, 땅
11 57 / 82, 25, 57 / 82, 57, 25
12 ㉡
13 8개

01 (1) $56+8=64$ (2) $5+39=44$

02 (두 사람이 캔 고구마의 수)
=(민석이가 캔 고구마의 수)+(동생이 캔 고구마의 수)
$=38+28=66$(개)

03 일의 자리 수끼리의 합이 13인 두 수는 24와 19, 24와 39입니다. 따라서 $24+19=43$, $24+39=63$이므로 24와 39에 색칠합니다.

04 모양이 같은 두 개의 도형은 사각형이므로 두 수의 합은 $56+83=139$입니다.

05 (1) $38+19=38+10+9=48+9=57$
(2) $38+19=38+2+17=40+17=57$
(3) $38+19=38+20-1=58-1=57$

06 $83-36=47$

07 $54-39=15$, $62-48=14$, $31-15=16$

08 계산 결과가 34이므로 십의 자리에서 받아내림하여 계산하였을 때 일의 자리 수가 4가 되는 두 수를 찾습니다. ➡ $70-36=34$

**09** $50-18=32$(마리)

**10** $13+8+7=21+7=28$
$36-8+6=28+6=34$
$41-7-9=34-9=25$
$54-6-8=48-8=40$
$47+5-3=52-3=49$
$46+8-6=54-6=48$

**11** 세 수를 이용하여 덧셈식을 완성하면
$25+57=82$입니다. 뺄셈식으로 나타내면
$82-25=57$, $82-57=25$입니다.

**12** ㉠ $29+\square=62$에서 $62-29=\square$, $\square=33$
㉡ $\square+18=77$에서 $77-18=\square$, $\square=59$
㉢ $\square-29=21$에서 $21+29=\square$, $\square=50$

**13** 동생에게 준 사탕의 수를 □라 하면
$23-\square=15$입니다.
덧셈과 뺄셈의 관계를 이용하여 뺄셈식으로 바꾸면 $23-15=\square$, $\square=8$입니다.
따라서 동생에게 준 사탕은 8개입니다.

## 3단원 응용 문제 복습 20~21쪽

| | |
|---|---|
| **01** 6, 8 | **02** 8, 4 |
| **03** 4, 5 | **04** 1, 2 |
| **05** 8, 9 | **06** 4개 |
| **07** 142 | **08** 104 |
| **09** 74 | **10** 34, 53 |
| **11** 38, 58 | **12** 39명, 46명 |

**01** 5와 ㉡을 더했을 때 일의 자리 수가 3이 되는 경우는 $5+8=13$이므로 ㉡은 8입니다.
십의 자리 계산에서 $1+㉠+7=14$이므로
$㉠+8=14$, $㉠=14-8=6$입니다.

**02** 2에서 ㉡을 뺐을 때 일의 자리 수가 8이 되려면 십의 자리인 ㉠에서 받아내림을 해야 합니다. 받아내림한 수 10과 2를 더해서 $12-㉡=8$이므로
$㉡=12-8=4$입니다.
십의 자리 계산에서 $㉠-1-2=5$이므로
$㉠-3=5$, $㉠=5+3=8$입니다.

**03** 일의 자리 계산에서 $㉡+㉡=10$이므로 $㉡=5$입니다.
십의 자리 계산에서 $1+㉠+5=10$이므로
$㉠+6=10$, $㉠=10-6=4$입니다.

**04** $\square=1$일 때, $49+1=50$ (○)
$\square=2$일 때, $49+2=51$ (○)
$\square=3$일 때, $49+3=52$ (×)
따라서 □ 안에 들어갈 수 있는 수는 1, 2입니다.

**05** $\square=9$일 때, $32-9=23$ (○)
$\square=8$일 때, $32-8=24$ (○)
$\square=7$일 때, $32-7=25$ (×)
따라서 □ 안에 들어갈 수 있는 수는 8, 9입니다.

**06** $\square=9$일 때, $74-9=65$ (○)
$\square=8$일 때, $74-8=66$ (○)
$\square=7$일 때, $74-7=67$ (○)
$\square=6$일 때, $74-6=68$ (○)
$\square=5$일 때, $74-5=69$ (×)
따라서 □ 안에 들어갈 수 있는 수는 6, 7, 8, 9로 4개입니다.

**07** $8>6>5$이므로 만들 수 있는 가장 큰 수는 86, 가장 작은 수는 56입니다.
따라서 가장 큰 수와 가장 작은 수의 합은
$86+56=142$입니다.

**08** $9>8>6$이므로 만들 수 있는 가장 큰 수는 98이고, 나머지 수 카드의 수는 6입니다.
따라서 가장 큰 수와 나머지 수 카드의 수의 합은

98+6=104입니다.

**09** 9>7>1이므로 만들 수 있는 두 번째로 큰 수는 91이고, 가장 작은 수는 17입니다.
따라서 두 번째로 큰 수와 가장 작은 수의 차는 91−17=74입니다.

**10** 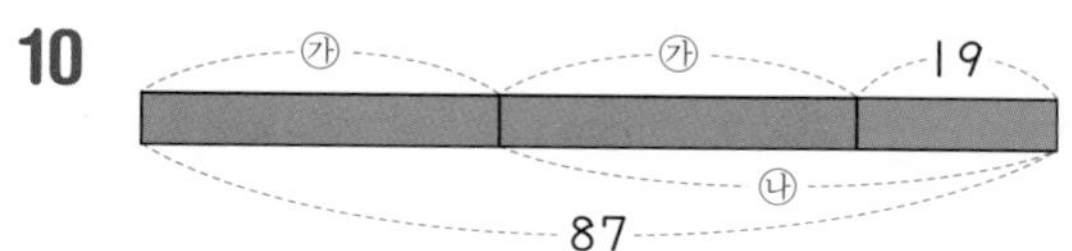


㉯=㉮+19, ㉮+㉯=87
➡ ㉮+㉮+19=87
덧셈과 뺄셈의 관계를 이용하면
㉮+㉮=87−19=68, 34+34=68이므로
㉮=34, ㉯=34+19=53입니다.

**11** ㉮=㉯−20, ㉮+㉯=96
➡ ㉯+㉯−20=96
덧셈과 뺄셈의 관계를 이용하면
㉯+㉯=96+20=116, 58+58=116이므로 ㉯=58, ㉮=58−20=38입니다.

**12** 남학생 수를 ㉮명, 여학생 수를 ㉯명으로 하면
㉯=㉮+7, ㉮+㉯=85 ➡ ㉮+㉮+7=85
덧셈과 뺄셈의 관계를 이용하면
㉮+㉮=85−7=78, 39+39=78이므로
㉮=39, ㉯=39+7=46입니다.
따라서 남학생은 39명, 여학생은 46명입니다.

## 3단원 단원 평가 22~24쪽

01 (선 잇기)
02 ( ) (○)
03 81, 150
04 ③
05 (위에서부터) 9, 6
06 2개
07 121
08 (위에서부터) 27, 36, 19, 28
09 143, 25
10 >
11 풀이 참조
12 ㉡, ㉢, ㉠, ㉣
13 52
14 92, 33, 59 / 92, 59, 33
15 58, 18, 76
16 36
17 66
18 풀이 참조, 4
19 25조각
20 풀이 참조, 13

**01** 56+8=64, 43+9=52, 55+6=61
45+7=52, 55+9=64, 58+3=61

**03** 36+45=81
81+69=150

**04** (도연이가 가지고 있는 색종이 수)
=(빨간색 색종이 수)+(파란색 색종이 수)
=54+47=101(장)

**05**
$$\begin{array}{r} 7\,㉠ \\ +\ ㉡\,2 \\ \hline 1\,4\,1 \end{array}$$

• 일의 자리: ㉠+2=11에서
11−2=㉠, ㉠=9
• 십의 자리: 1+7+㉡=14에서
8+㉡=14, 14−8=㉡, ㉡=6

**06** 47+86=133, 77+59=136입니다.
따라서 133<13□<136이므로 □ 안에 들어갈 수 있는 수는 4, 5로 2개입니다.

**07** 두 자리 수 중에서 가장 큰 수를 만들려면 수 카드에서 가장 큰 수인 8을 십의 자리, 두 번째로 큰 수인 7을 일의 자리로 해야 합니다.
➡ 가장 큰 두 자리 수: 87
또, 두 자리 수 중에서 가장 작은 수를 만들려면 수

카드에서 가장 작은 수인 3을 십의 자리, 두 번째로 작은 수인 4를 일의 자리로 해야 합니다.

➡ 가장 작은 두 자리 수: 34

따라서 가장 큰 수와 가장 작은 수의 합은 $87+34=121$입니다.

**08** $82-55=27$
$63-27=36$
$82-63=19$
$55-27=28$

**09** $84+59=143$, $84-59=25$

**10** $60-24=36$, $90-58=32$

**11** 예 [방법 1] $92-57=90-57+2$
$=33+2=35$ … 30 %

➡ [설명] 92를 $90+2$로 생각하고 90에서 57을 뺀 후 2를 더합니다. … 20 %

[방법 2] $92-57$
$=92-60+3=32+3=35$
… 30 %

➡ [설명] 57을 $60-3$으로 생각하고 92에서 60을 뺀 후 3을 더합니다. … 20 %

**12** ㉠ $76+18-29=94-29=65$
㉡ $94-25+41=69+41=110$
㉢ $58+27+19=85+19=104$
㉣ $82-26-18=56-18=38$
따라서 $110>104>65>38$이므로 계산 결과가 큰 것부터 순서대로 쓰면 ㉡, ㉢, ㉠, ㉣입니다.

**13** • ★+★+★$=15+15+15=45$
➡ ♠$=45$
• ♠+♠$-38=45+45-38$
$=90-38=52$
➡ ♣$=52$

**14** $33+59=92$ → $92-33=59$ $33+59=92$ → $92-59=33$

**15** $76-58=18$ ➡ $18+58=76$

**16** $73-\square=37$ ➡ $\square+37=73$
➡ $73-37=\square$, $\square=36$

**17** $28+\square=94$ ➡ $94-28=\square$, $\square=66$

**18** 예
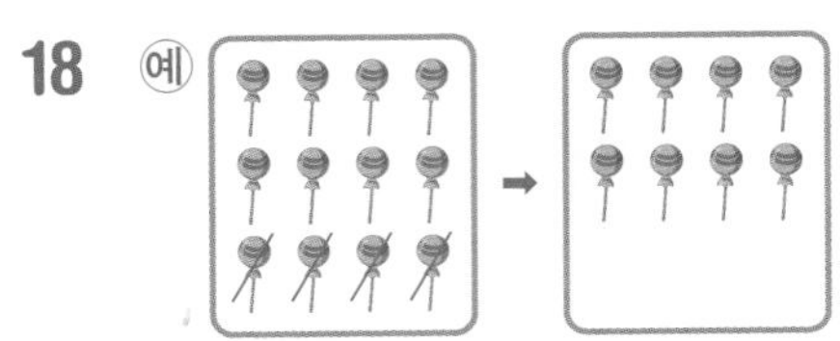

**19** (가족들이 먹은 수박의 조각)
=(쟁반에 있던 수박의 조각)−(남은 조각)
$=43-18=25$(조각)

**20** 예 어떤 수를 □라고 하여 식을 세우면 $\square+39=91$입니다. … 30 %
뺄셈식으로 나타내면 $91-39=\square$이므로 $\square=52$입니다. … 40 %
따라서 바르게 계산하면 $52-39=13$입니다.
… 30 %

# 4단원 길이 재기

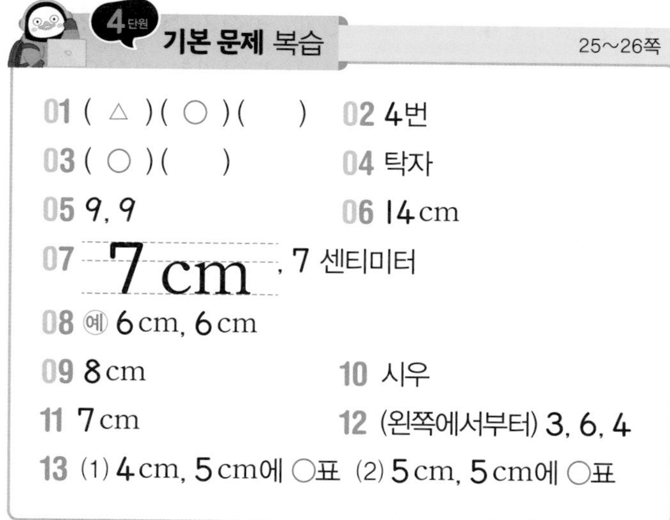

4단원 **기본 문제** 복습 25~26쪽

01 ( △ )( ○ )(    )　02 4번
03 ( ○ )(    )　04 탁자
05 9, 9　06 14 cm
07 7 cm, 7 센티미터
08 예 6 cm, 6 cm
09 8 cm　10 시우
11 7 cm　12 (왼쪽에서부터) 3, 6, 4
13 (1) 4 cm, 5 cm에 ○표 (2) 5 cm, 5 cm에 ○표

**03** 우산은 여러 번 재어야 하는 옷핀보다 뼘으로 재는 것이 더 편리합니다.

**04** 뼘으로 잰 횟수가 더 적은 쪽이 더 짧습니다.

**06** 가장 큰 사각형의 네 변의 길이의 합은 1 cm가 14번이므로 14 cm입니다.

**07** 종이로 만든 꽃의 길이는 1 cm가 7번이므로 7 cm입니다. 따라서 7 cm라 쓰고 7 센티미터라고 읽습니다.

**08** 연필의 길이를 엄지손톱으로 재어 보면 엄지손톱 6번 정도이므로 연필의 길이는 약 6 cm라고 어림할 수 있습니다.
연필의 길이를 자로 재어 보면 6 cm입니다.

**09** 열쇠의 오른쪽 끝이 8 cm 눈금에 가까우므로 열쇠의 길이는 약 8 cm입니다.

**10** 송곳의 길이를 자로 재어 보면 8 cm입니다.
따라서 8 cm에 가장 가깝게 어림한 사람은 시우입니다.

**11** 머리핀의 길이는 1 cm가 4번이므로 4 cm이고, 옷핀의 길이는 1 cm가 3번이므로 3 cm입니다.
따라서 머리핀의 길이와 옷핀의 길이의 합은 1 cm가 7번이므로 7 cm입니다.

**12** 변의 한쪽 끝을 자의 눈금 0에 맞춘 뒤 변의 다른 쪽 끝에 있는 자의 눈금을 읽습니다.

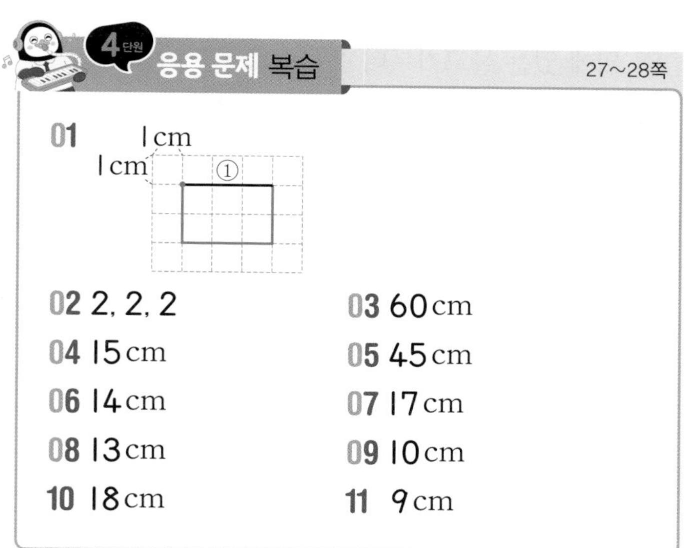

4단원 **응용 문제** 복습 27~28쪽

01


02 2, 2, 2　03 60 cm
04 15 cm　05 45 cm
06 14 cm　07 17 cm
08 13 cm　09 10 cm
10 18 cm　11 9 cm

**01**

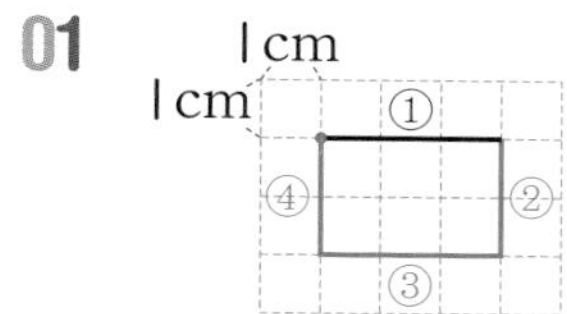


**03** 연필의 길이가 20 cm이므로 지팡이의 길이는 20 cm로 3번입니다. 따라서 지팡이의 길이는 20+20+20=60(cm)입니다.

**04** 클립의 길이가 3 cm이므로 손목시계의 길이는 3 cm로 5번입니다. 따라서 손목시계의 길이는 3+3+3+3+3=15(cm)입니다.

**05** 한 뼘의 길이는 지우개로 3번이므로
5+5+5=15(cm)입니다. 따라서 막대의 길이는 뼘으로 3번이므로 15+15+15=45(cm)입니다.

**06** 보라색 테이프는 5 cm, 분홍색 테이프는 6 cm, 초록색 테이프는 3 cm입니다.

따라서 세 장의 색 테이프를 겹치지 않게 이어 붙이면 $5+6+3=14$(cm)입니다.

**07** 연두색 막대는 4 cm, 노란색 막대는 7 cm, 파란색 막대는 6 cm입니다. 따라서 세 개의 색 막대를 겹치지 않게 이어 붙이면 $4+7+6=17$(cm)입니다.

**08** 위에 있는 물고기부터 순서대로 길이가 각각 4 cm, 6 cm, 3 cm입니다. 따라서 세 마리의 물고기의 길이의 합은 $4+6+3=13$(cm)입니다.

**09** 1 cm인 변이 모두 10개 있으므로 굵은 선의 길이는 10 cm입니다.

**10** 1 cm인 변이 모두 18개 있으므로 굵은 선의 길이는 18 cm입니다.

**11** 그림과 같은 모양에는 1 cm인 변이 모두 16개 있으므로 16 cm입니다. 따라서 사용하고 남은 끈의 길이는 $25-16=9$(cm)입니다.

## 4단원 단원 평가 29~31쪽

| | |
|---|---|
| 01 7번 | 02 ( ○ )(   ) |
| 03 4번, 2번 | 04 정호 |
| 05 풀이 참조, 3번 | 06 8번 |
| 07 ㉡, ㉢, ㉠ | 08 ( ○ )(   )(   ) |
| 09 5 | 10 예원 |
| 11 30 cm | 12 (1) 20 cm (2) 3 cm |
| 13 4 cm, 4 센티미터 | 14 ㉠ |
| 15 예 (그림) | |
| 16 13 cm | 17 풀이 참조, 진서 |
| 18 아래쪽으로 3, 오른쪽으로 6 | |
| 19 1 cm | 20 도형 |

**02** 재려는 물건의 길이보다 재는 물건의 길이가 길면 물건의 길이를 잴 수 없습니다.

**04** 성연이가 4개, 정호가 6개, 동하가 5개를 연결하여 만든 모양이므로 가장 길게 연결한 사람은 정호입니다.

**05** 예 나뭇잎의 길이는 누름 못으로 8번입니다. … 30 %

나뭇잎의 길이는 옷핀으로 5번입니다. … 30 %

따라서 누름 못과 옷핀으로 재는 횟수의 차는 $8-5=3$(번)입니다. … 40 %

**06** 나무젓가락의 길이가 색연필로 2번이고 책상의 높이는 나무젓가락으로 4번이므로 책상의 높이는 색연필로 8번입니다.

**07** 색 테이프의 길이가 짧을수록 재어 나타낸 수가 큽니다. 각각의 색 테이프의 길이를 재어 보면 ㉠ 4 cm, ㉡ 2 cm, ㉢ 3 cm입니다. 따라서 잰 횟수가 많은 것부터 순서대로 기호를 쓰면 ㉡, ㉢, ㉠입니다.

**09** 1 cm로 5번이므로 5 cm입니다.

**10** 막대의 한쪽 끝이 자의 0에 있지 않으므로 1 cm로 몇 번인지를 세어야 합니다.

**11** 5 cm로 6번이므로 5를 6번 더하면 30 cm입니다.

**13** 빨간색 선의 길이를 자로 재어 보면 4 cm이고 4 센티미터라고 읽습니다.

**14** ㉠은 색 테이프의 한쪽 끝이 자의 0에 있고 다른 한쪽 끝이 9 cm이므로 길이는 9 cm입니다.
㉡은 색 테이프의 한쪽 끝이 자의 0에 있지 않고 1 cm로 세었을 때 8번이므로 길이는 8 cm입니다.
따라서 색 테이프의 길이가 더 긴 것은 ㉠입니다.

**16** 가의 길이는 1 cm가 7번이므로 7 cm이고, 나의

길이는 1 cm가 6번이므로 6 cm입니다.
따라서 가의 길이와 나의 길이의 합은
7+6=13(cm)입니다.

**17** ㉠ 준수가 어림한 길이와 실제 길이의 차는
17−14=3(cm)입니다. … 30 %
진서가 어림한 길이와 실제 길이의 차는
19−17=2(cm)입니다. … 30 %
따라서 실제 길이에 더 가깝게 어림한 사람은 진서입니다. … 40 %

**18** ① 왼쪽으로 2 ➡ ② 아래쪽으로 2 ➡ ③ 왼쪽으로 4 ➡ ④ 아래쪽으로 3 ➡ ⑤ 오른쪽으로 6 ➡ ⑥ 위쪽으로 5

**19** 가에 그은 초록색 선의 길이는 1 cm가 10번이므로 10 cm이고, 나에 그은 초록색 선의 길이는 1 cm가 9번이므로 9 cm입니다.
따라서 두 초록색 선의 길이의 차는
10−9=1(cm)입니다.

**20** 실제 길이와 어림한 길이의 차를 각각 구해 보면 영민이는 약 2 cm, 도형이는 약 1 cm, 대호는 약 3 cm입니다. 따라서 실제 길이에 가장 가깝게 어림한 사람은 도형입니다.

## 5단원 분류하기

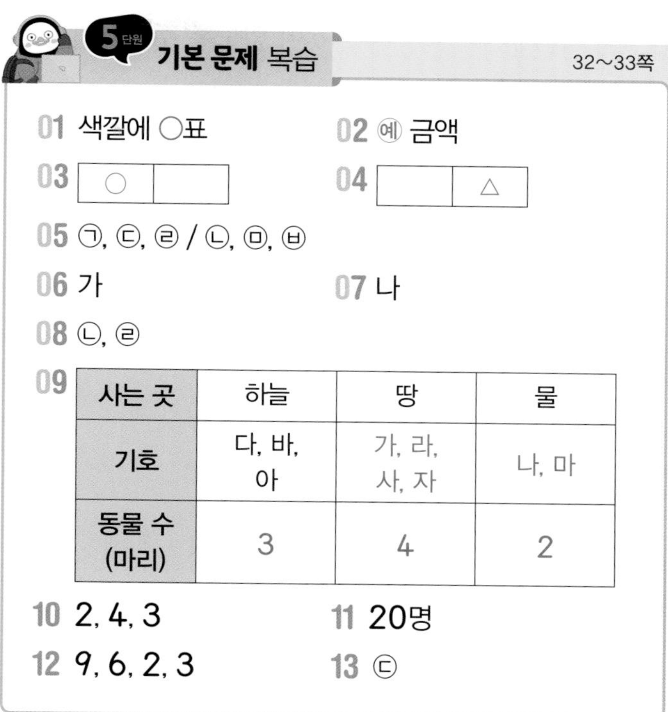

### 5단원 기본 문제 복습 32~33쪽

01 색깔에 ○표　　02 ㉠ 금액

03 | ○ | |

04 | | △ |

05 ㉠, ㉢, ㉣ / ㉡, ㉤, ㉥

06 가　　07 나

08 ㉡, ㉣

09

| 사는 곳 | 하늘 | 땅 | 물 |
|---|---|---|---|
| 기호 | 다, 바, 아 | 가, 라, 사, 자 | 나, 마 |
| 동물 수 (마리) | 3 | 4 | 2 |

10 2, 4, 3　　11 20명

12 9, 6, 2, 3　　13 ㉢

**01** 도형을 색깔에 따라 노란색과 주황색으로 분류하였습니다.

**02** 동전을 금액에 따라 10원, 100원, 500원으로 분류하였습니다.

**03** 왼쪽 단추는 크기에 따라 분류할 수 있고, 오른쪽 단추는 색깔에 따라 분류할 수 있습니다.

**04** 은 반팔 옷입니다.

**06** 칫솔은 주로 욕실에서 사용하므로 가에 분류합니다.

**07** 프라이팬은 주로 주방에서 사용하므로 나에 두어야 합니다.

**08** ㉡ 사람들이 좋아하는 동물과 싫어하는 동물,
㉣ 온순한 동물과 사나운 동물은 사람마다 다르게 생각할 수 있으므로 분류 기준이 명확하지 않습니다.

BOOK 2 복습책

10 다리가 없는 동물은 나, 마이고, 2개인 동물은 다, 라, 바, 아이며, 4개인 동물은 가, 사, 자입니다.

12 두 번 세거나 빠뜨리는 것이 없도록 주의하면서 세어 봅니다.

13 ㉢ 피구를 좋아하는 학생은 9명이고 야구를 좋아하는 학생은 2명입니다.
따라서 피구를 좋아하는 학생은 야구를 좋아하는 학생보다 $9-2=7$(명) 더 많습니다.

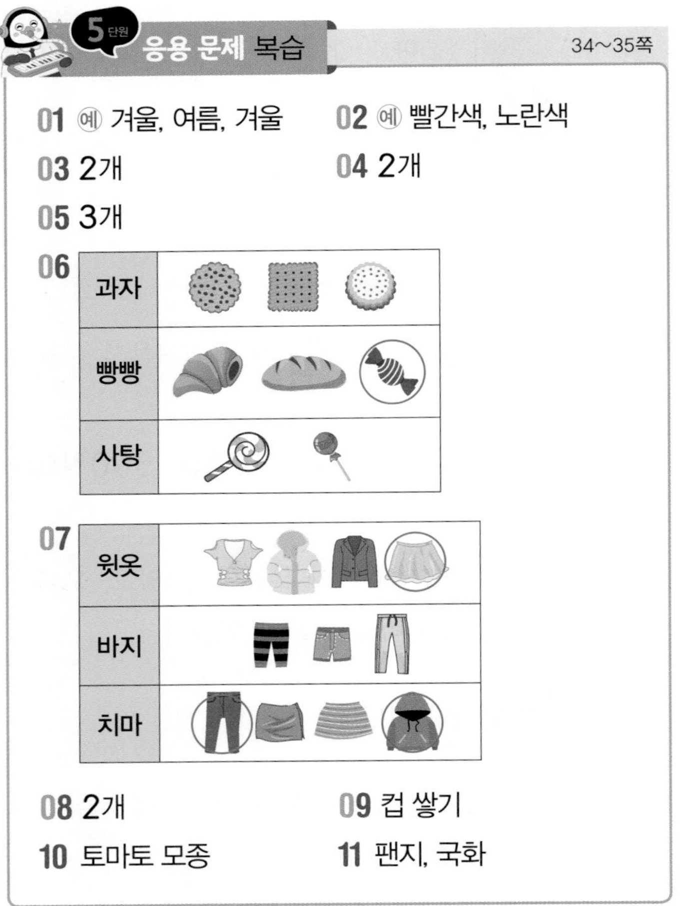

## 5단원 응용 문제 복습 34~35쪽

01 예 겨울, 여름, 겨울
02 예 빨간색, 노란색
03 2개
04 2개
05 3개

06

| 과자 | |
|---|---|
| 빵빵 | |
| 사탕 | |

07

| 윗옷 | |
|---|---|
| 바지 | |
| 치마 | |

08 2개
09 컵 쌓기
10 토마토 모종
11 팬지, 국화

01 여름을 좋아하는 학생은 8명인데 7번만 있고, 겨울을 좋아하는 학생은 4명인데 2번만 있습니다. 따라서 ㉠, ㉡, ㉢에 알맞은 계절은 여름이 1번, 겨울이 2번입니다.
답은 순서에 관계 없습니다.

02 빨간색 구슬은 8개인데 7개만 있고, 노란색 구슬은 5개인데 4개만 있습니다. 따라서 ㉠, ㉡에 알맞은 색깔은 빨간색 1개, 노란색 1개입니다.
답은 순서에 관계 없습니다.

03 사각형 모양의 조각은 , , , 입니다.
이 중 파란색 조각은 , 로 2개입니다.

04 원 모양의 단추는 , , , 입니다. 이 중 구멍이 2개인 단추는 , 로 2개입니다.

05 초록색 종이로 접은 것을 ○표 하면

입니다. 이 중 종이배는 3개입니다.

06 은 사탕으로 이동해야 합니다.

07 는 치마로, 는 바지로, 는 윗옷으로 이동해야 합니다.

08 는 치는 악기이고, 는 부는 악기이므로 잘못 분류된 악기는 모두 2개입니다.

09 컵 쌓기의 수가 가장 적으므로 놀잇감의 수가 종류별로 비슷하려면 컵 쌓기를 더 준비해야 합니다.

10 토마토 모종 수가 가장 적으므로 모종 수가 종류별로 비슷하려면 토마토 모종을 더 심어야 합니다.

11 튤립과 장미는 25송이씩이므로 25송이보다 부족한 팬지와 국화를 더 준비해야 합니다.

## 5단원 단원 평가

36~38쪽

01 ( ○ )
( )

02 손, 머리
03 ㉠, ㉡, ㉤ / ㉢, ㉣, ㉥
04 3가지
05 5, 3, 2
06 ★, 3
07 강아지
08 12명
09 모양
10 풀이 참조, 4개
11 나, 타
12 ★, 빨간
13 풀이 참조
14 풀이 참조, 초록색, 3개
15 ☀에 ○표
16 24일
17 맑은, 비 온
18 풀이 참조, 4명
19 2개
20 4장

03 자, 삼각자, 컴퍼스는 수학 시간에 쓰는 물건이고, 배드민턴 채, 야구공, 뜀틀은 체육 시간에 쓰는 물건입니다.

05 과자를 모양에 따라 ● 모양, ■ 모양, ★ 모양으로 분류하여 그 수를 세어 보면 각각 5개, 3개, 2개입니다.

06 과자의 모양 중 개수가 가장 적은 과자는 ★ 모양으로 2개이고, 개수가 가장 많은 과자는 ● 모양으로 5개입니다. 따라서 ★ 모양의 과자를 3개 더 구워야 합니다.

07

| 동물 | 강아지 | 금붕어 | 고양이 |
|---|---|---|---|
| 학생 수(명) | 5 | 3 | 4 |

10

| 큰 것 | 작은 것 |
|---|---|
| 가, 다, 라, 마, 사, 아, 차, 타 | 나, 바, 자, 카 |

따라서 큰 것과 작은 것의 수의 차는 $8-4=4$(개)입니다.

11 ♡ 모양 젤리는 나, 아, 카, 타이고, 이 중 빨간색은 나, 타입니다.

12 ♣ 모양이면서 파란색 젤리는 3개입니다. 따라서 ★ 모양이면서 빨간색 젤리의 수와 같습니다.

13

| 모양 | | | |
|---|---|---|---|
| 세면서 표시하기 | //// | // | /// |
| 과자 수(개) | 4 | 2 | 3 |

14 예 파란색 모자는 3개, 검은색 모자는 5개, 초록색 모자는 2개입니다. … 50 %
따라서 가장 많은 색깔은 검은색이고, 가장 적은 색깔은 초록색이므로 초록색 모자를
$5-2=3$(개) 더 사야 합니다. … 50 %

15 ☀가 15개, ☁가 9개, ☂가 6개입니다.
따라서 맑은 날은 15일, 흐린 날은 9일, 비 온 날은 6일입니다.

16 30일 중 비 온 날 6일을 빼고 매일 줄넘기를 하였으므로 세영이가 줄넘기를 한 날수는
$30-6=24$(일)입니다.

17 맑은 날은 15일, 흐린 날은 9일, 비 온 날은 6일이므로 맑은 날의 날수에서 흐린 날의 날수를 빼면 비 온 날의 날수가 됩니다.

18 예 20명의 친구들이 좋아하는 간식의 종류는 4가지입니다. … 20 %
과자는 6명, 핫도그는 $6-1=5$(명), 김밥은 5명이 좋아합니다. … 40 %
따라서 컵라면을 좋아하는 친구는
$20-6-5-5=4$(명)입니다. … 40 %

19 캔류는 참치 캔, 복숭아 캔의 2개입니다.

20 플라스틱류가 3개이고 병류가 1개이므로 신영이가 받을 수 있는 칭찬 스티커는 $3+1=4$(장)입니다.

BOOK 2 복습책

# 6단원 곱셈

## 6단원 기본 문제 복습 39~40쪽

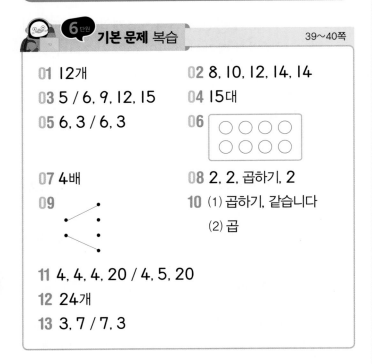

01 12개
02 8, 10, 12, 14, 14
03 5 / 6, 9, 12, 15
04 15대
05 6, 3 / 6, 3
06 ○○○○ / ○○○○
07 4배
08 2, 2, 곱하기, 2
09
10 (1) 곱하기, 같습니다
(2) 곱
11 4, 4, 4, 20 / 4, 5, 20
12 24개
13 3, 7 / 7, 3

**03** 비행기를 3씩 묶어 세어 보면 5묶음입니다.
3－6－9－12－15입니다.

**06** 검은 바둑돌은 2개이고 흰 바둑돌은 검은 바둑돌의 4배만큼 있으므로 2의 4배입니다. 따라서 바둑돌 2개를 4번 그립니다.

**07** 초록색 막대: 12 cm, 주황색 막대: 3 cm
주황색 막대를 4번 이어 붙이면 초록색 막대의 길이와 같아집니다. 따라서 초록색 막대는 주황색 막대의 4배입니다.

**09** 2씩 5묶음을 곱셈식으로 나타내면 $2\times5$입니다.
7의 6배를 곱셈식으로 나타내면 $7\times6$입니다.

**11** 다리의 수: 4의 5배
덧셈식: $4+4+4+4+4=20$
곱셈식: $4\times5=20$

**12** 주사위 눈의 수가 6개씩 4개이므로 6의 4배입니다. 따라서 주사위 눈의 수는
$6\times4=6+6+6+6=24$(개)입니다.

**13** 3씩 7묶음 ➡ $3\times7=21$
7씩 3묶음 ➡ $7\times3=21$

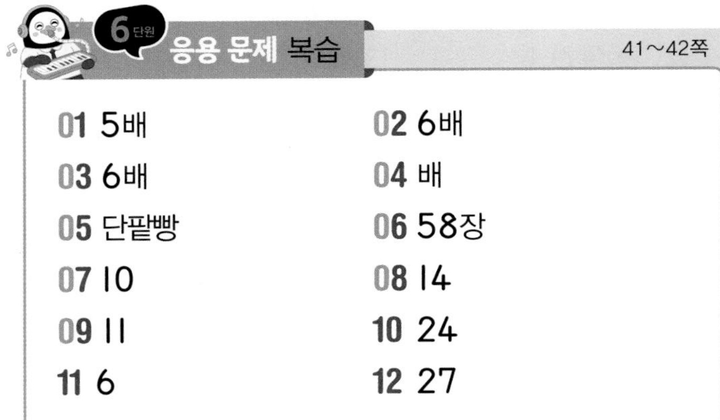
## 6단원 응용 문제 복습 41~42쪽

| | |
|---|---|
| 01 5배 | 02 6배 |
| 03 6배 | 04 배 |
| 05 단팥빵 | 06 58장 |
| 07 10 | 08 14 |
| 09 11 | 10 24 |
| 11 6 | 12 27 |

**01** ㉠ 3의 4배인 수는 $3+3+3+3=12$입니다.
㉡ 12보다 3 큰 수는 15입니다.
$3+3+3+3+3=15$이므로
15는 3의 5배입니다.
따라서 ㉡은 3의 5배입니다.

**02** ㉠ 6의 7배인 수는
$6+6+6+6+6+6+6=42$입니다.
㉡ 42보다 6 작은 수는 36입니다.
$6+6+6+6+6+6=36$이므로
36은 6의 6배입니다.
따라서 ㉡은 6의 6배입니다.

**03** ㉠ 5의 5배인 수는 $5+5+5+5+5=25$입니다.
㉡ 25보다 1 작은 수는 24입니다.
$4+4+4+4+4+4=24$이므로
24는 4의 6배입니다.
따라서 ㉡은 4의 6배입니다.

**04** 사과: 8개씩 4상자

➡ $8\times4=8+8+8+8=32$(개)

배: 7개씩 5상자

➡ $7\times5=7+7+7+7+7=35$(개)

$35>32$이므로 배가 더 많습니다.

**05** 단팥빵: 5개씩 9상자

➡ $5\times9=5+5+5+5+5+5+5+5+5=45$(개)

크림빵: 8개씩 5상자

➡ $8\times5=8+8+8+8+8=40$(개)

$45>40$이므로 단팥빵이 더 많습니다.

**06** 혜리: 7장씩 4묶음

➡ $7\times4=7+7+7+7=28$(장)

재민: 6장씩 5묶음

➡ $6\times5=6+6+6+6+6=30$(장)

두 사람이 가진 색종이의 수는 모두 $28+30=58$(장)입니다.

**07** ㉠ $5\times\square=10$에서 5를 2번 더해야 10이 되므로, □에 알맞은 수는 2입니다.

㉡ $2\times\triangle=16$에서 2를 8번 더해야 16이 되므로 △에 알맞은 수는 8입니다.

따라서 □와 △에 알맞은 수의 합은 $2+8=10$입니다.

**08** ㉠ $3\times\square=18$에서 3을 6번 더해야 18이 되므로 □ 안에 알맞은 수는 6입니다.

㉡ $6\times\triangle=48$에서 6을 8번 더해야 48이 되므로 △에 알맞은 수는 8입니다.

따라서 □와 △에 알맞은 수의 합은 $6+8=14$입니다.

**09** ㉠ $\square\times7=21$에서 3을 7번 더해야 21이 되므로 □에 알맞은 수는 3입니다.

㉡ $\triangle\times3=24$에서 8을 3번 더해야 24가 되므로 △에 알맞은 수는 8입니다.

따라서 □와 △에 알맞은 수의 합은 $3+8=11$입니다.

**10** 곱하는 두 수가 클수록 곱이 커집니다.

$6>4>3>2$이므로 가장 큰 수인 6과 다음으로 큰 수인 4의 곱이 가장 큽니다.

따라서 가장 큰 곱은 $6\times4=24$입니다.

**11** 곱하는 두 수가 작을수록 곱이 작아집니다.

$2<3<5<9$이므로 가장 작은 수인 2와 다음으로 작은 수인 3의 곱이 가장 작습니다.

따라서 가장 작은 곱은 $2\times3=6$입니다.

**12** 곱하는 두 수가 클수록 곱이 커집니다.

$9>7>3>2$이므로 가장 큰 수인 9와 다음으로 큰 수인 7의 곱이 가장 큽니다. 두 번째로 곱이 크려면 가장 큰 수와 세 번째 큰 수를 곱합니다.

따라서 두 번째로 큰 곱은 $9\times3=27$입니다.

## 6단원 단원 평가 43~45쪽

01 15개
02 3 / 10, 15
03 28
04 (1) 예
(2) 12마리
05 4 / 4, 2
06 6, 3 / 6, 3
07 8씩 2묶음, 3씩 6묶음, 2씩 7묶음, 4씩 4묶음
08 2배
09 4배
10 2배
11 5, 4

BOOK 2 복습책

12 (선 잇기)　　13 $7 \times 5$
14 1모둠　　15 4, 4, 4, 4, 4, 20
16 4, 5, 20　　17 풀이 참조, 24
18 (　)( △ )( ○ )　　19 21개
20 풀이 참조, 21쪽

**01** 하나씩 세어 보면 장난감은 모두 15개입니다.

**02** 5개씩 묶어 세어 보면 5씩 3묶음이고, 5－10－15로 장난감은 모두 15개입니다.

**05** 빵은 2씩 4묶음, 4씩 2묶음로 나타낼 수 있습니다.

**07** 바둑돌은 2씩 8묶음, 8씩 2묶음, 4씩 4묶음으로 묶을 수 있습니다.

**08** 아이스크림은 3개이고, 사탕을 3개씩 묶으면 2묶음이므로 사탕의 수는 아이스크림 수의 2배입니다.

**09** 아이스크림은 3개이고, 초콜릿을 3개씩 묶으면 4묶음이므로 초콜릿의 수는 아이스크림 수의 4배입니다.

**10** 사탕의 수는 6개이고, 초콜릿을 6개씩 묶으면 2묶음이므로 초콜릿의 수는 사탕 수의 2배입니다.

**11** 잎이 5장씩 4묶음이므로 5의 4배입니다.
5의 4배 ➡ $5 \times 4$

**12** 2의 5배 ➡ $2 \times 5$
4 곱하기 7 ➡ $4 \times 7$
6씩 8묶음 ➡ $6 \times 8$

**14** 1모둠의 종이비행기 수
➡ $6 \times 5 = 6+6+6+6+6 = 30$(개)
2모둠의 종이비행기 수
➡ $6+6+6+6 = 24$(개)
3모둠의 종이비행기 수
➡ 6개씩 4묶음
➡ $6 \times 4 = 6+6+6+6 = 24$(개)
따라서 종이비행기의 수가 다른 모둠은 1모둠입니다.

**17** 예 ■×2＝■＋■＝▲이고, ■＋8＝▲이므로 ■＝8입니다. … 30 %
■＋■＝▲에서 $8+8=16$이므로 ▲＝16입니다. … 30 %
따라서 ■와 ▲의 합은 $8+16=24$입니다. … 40 %

**18** 9씩 2묶음 ➡ $9 \times 2 = 9+9 = 18$
8의 2배 ➡ $8 \times 2 = 8+8 = 16$
5 곱하기 4
➡ $5 \times 4 = 5+5+5+5 = 20$
$20 > 18 > 16$이므로 5 곱하기 4에 ○표, 8의 2배에 △표 합니다.

**19** 삼각형, 사각형 모양이 반복되므로 6번째까지는 삼각형, 사각형 모양이 3번 반복됩니다.
성냥개비가 $3+4=7$(개)씩 3번 반복되므로 7의 3배입니다. 따라서 이용한 성냥개비는 모두 $7 \times 3 = 21$(개)입니다.

**20** 예 오전에는 3쪽씩 5일간 읽었으므로 3의 5배
➡ $3 \times 5 = 15$ … 30 %
오후에는 2쪽씩 3일간 읽었으므로 2의 3배
➡ $2 \times 3 = 6$ … 30 %
진호가 읽은 책의 쪽수는 $15+6=21$(쪽)입니다. … 40 %

EBS

EBS와 함께하는

# 자기주도 학습 초등 · 중학 교재 로드맵

예비 초등 | 1학년 | 2학년 | 3학년 | 4학년 | 5학년 | 6학년

## 전과목 기본서/평가

BEST **만점왕** 국어/수학/사회/과학
교과서 중심 초등 기본서

**만점왕 통합본** 학기별(8책) HOT
바쁜 초등학생을 위한 국어·사회·과학 압축본

**만점왕 단원평가** 학기별(8책)
한 권으로 학교 단원평가 대비

**기초학력 진단평가** 초2~중2
초2부터 중2까지 기초학력 진단평가 대비

## 국어

### 독해
**4주 완성 독해력** 1~6단계
학년별 교과 연계 단기 독해 학습

### 문학

### 문법

### 어휘
**어휘가 독해다!** 초등 국어 어휘 1~2단계
1, 2학년 교과서 필수 낱말 + 읽기 학습

**어휘가 독해다!** 초등 국어 어휘 기본
3, 4학년 교과서 필수 낱말 + 읽기 학습

**어휘가 독해다!** 초등 국어 어휘 실력
5, 6학년 교과서 필수 낱말 + 읽기 학습

### 한자
**참 쉬운 급수 한자** 8급/7급 II/7급
한자능력검정시험 대비 급수별 학습

**어휘가 독해다!** 초등 한자 어휘 1~4단계
하루 1개 한자 학습을 통한 어휘 + 독해 학습

### 쓰기
**참 쉬운 글쓰기** 1-따라 쓰는 글쓰기
맞춤법·받아쓰기로 시작하는 기초 글쓰기 연습

**참 쉬운 글쓰기** 2-문법에 맞는 글쓰기/3-목적에 맞는 글쓰기
초등학생에게 꼭 필요한 기초 글쓰기 연습

### 문해력
**어휘/쓰기/ERI독해/배경지식/디지털독해가 문해력이다**
평생을 살아가는 힘, 문해력을 키우는 학기별 • 단계별 종합 학습

**문해력 등급 평가** 초1~중1
내 문해력 수준을 확인하는 등급 평가

## 영어

**EBS ELT 시리즈** | 권장 학년 : 유아~중1

EBS Big Cat
Collins BIG CAT
다양한 스토리를 통한 영어 리딩 실력 향상

EBS Big Cat
Shinoy and the Chaos Crew
흥미롭고 몰입감 있는 스토리를 통한 풍부한 영어 독서

EBS easy learning
easy learning
저연령 학습자를 위한 기초 영어 프로그램

### 독해
**EBS랑 홈스쿨 초등 영독해** Level 1~3
다양한 부가 자료가 있는 단계별 영독해 학습

**EBS 기초 영독해**
중학 영어 내신 만점을 위한 첫 영독해

### 문법
**EBS랑 홈스쿨 초등 영문법** 1~2
다양한 부가 자료가 있는 단계별 영문법 학습

**EBS 기초 영문법** 1~2 HOT
중학 영어 내신 만점을 위한 첫 영문법

### 어휘
**EBS랑 홈스쿨 초등 필수 영단어** Level 1~2
다양한 부가 자료가 있는 단계별 영단어 테마 연상 종합 학습

### 쓰기

### 듣기
**초등 영어듣기평가 완벽대비** 학기별(8책)
듣기 + 받아쓰기 + 말하기 All in One 학습서

## 수학

### 연산
**만점왕 연산** Pre 1~2단계, 1~12단계
과학적 연산 방법을 통한 계산력 훈련

### 개념

### 응용
**만점왕 수학 플러스** 학기별(12책)
교과서 중심 기본 + 응용 문제

### 심화
**만점왕 수학 고난도** 학기별(6책)
상위권 학생을 위한 초등 고난도 문제집

### 특화
**초등 수해력** 영역별 P단계, 1~6단계(14책)
다음 학년 수학이 쉬워지는 영역별 초등 수학 특화 학습서

## 사회

### 사회/역사
**초등학생을 위한 多담은 한국사 연표**
연표로 흐름을 잡는 한국사 학습

**매일 쉬운 스토리 한국사** 1~2 /**스토리 한국사** 1~2
하루 한 주제를 이야기로 배우는 한국사/ 고학년 사회 학습 입문서

## 과학

### 과학

## 기타

### 창체
**창의체험 탐구생활** 1~12권
창의력을 키우는 창의체험활동·탐구

### AI
**쉽게 배우는 초등 AI** 1(1~2학년)
초등 교과와 융합한 초등 1~2학년 인공지능 입문서

**쉽게 배우는 초등 AI** 2(3~4학년)
초등 교과와 융합한 초등 3~4학년 인공지능 입문서

**쉽게 배우는 초등 AI** 3(5~6학년)
초등 교과와 융합한 초등 5~6학년 인공지능 입문서